맛의 원리

전면 개정판(4판)

맛의 원리 전면 개정판(4판)

제1판 제1쇄 발행 2015년 3월 21일
제2판 제1쇄 발행 2018년 5월 25일
제3판 제1쇄 발행 2020년 10월 30일
제4판 제1쇄 발행 2022년 11월 20일
제4판 제3쇄 발행 2024년 8월 20일

지은이 최낙언
펴낸이 임용훈

편집 전민호
용지 (주)정림지류
인쇄 올인피앤비

펴낸곳 예문당
출판등록 1978년 1월 3일 제305-1978-000001호
주소 서울시 영등포구 문래동 6가 19(선유로 9길 10) SK V1 CENTER 603호
전화 02-2243-4333~4
팩스 02-2243-4335
이메일 master@yemundang.com
블로그 www.yemundang.com
페이스북 www.facebook.com/yemundang
인스타그램 @yemundang

ISBN 978-89-7001-629-0 14470
      978-89-7001-631-3 14470 (세트)

맛의 즐거움은 어디에서 오는가?

FOOD PLEASURE

맛의 원리

전면 개정판(4판)

최낙언 지음

예문당

<맛 시리즈>를 마무리하면서

『Flavor, 맛이란 무엇인가』를 출간한지도 벌써 10년이다. 원래는 첨가물이나 맛과 향에 대한 오해가 너무 많다고 생각해서 쓴 책인데, 어쩌다 제목이 '맛이란 무엇인가'가 되는 바람에 나의 맛에 대한 고민이 시작되었다. 오랫동안 식품회사 연구소에서 근무했지만 "맛은 그때그때 다르고, 사람마다 다르다"라고 할 정도로 너무나 감각적이고 개별적인 현상이라 '맛이란 무엇이다'라고 구체적으로 설명할 수 없다고 생각했다. 그래도 이왕 맛 이야기를 꺼냈고, 식품의 성패를 좌우하는 가장 결정적인 요소인 맛에 대한 마땅한 책이나 교육이 없어서 과학적으로 설명되는 부분이라도 정리해 나가다 보니 여기까지 오게 되었다.

식품 일을 하다 보면 소비자가 말하는 '맛있다'의 의미가 진짜로 무엇인지 의문이 들 때가 많다. 시제품을 만들어 아무리 소비자 조사를 해봐도 성패를 장담할 수 없는 것은 그만큼 '맛있다'는 말에 포함된 의미가 복잡하기 때문일 것이다. 그래서 내가 제품개발 업무를 마무리할 때쯤 내렸던 결론인 "맛을 미각과 후각 위주로 생각하는 좁은 시각에서 벗어나 음식을 통해 느낄 수 있는 즐거움의 총합으로 생각해보자"라는 취지로 2015년에 『맛의 원리』 초판을 냈다. 맛에 방향성을 찾거나, 소비자의 마음을 이해하고자 할 때 도움이 되기를 바라는 마음에서였다.

이후로도 맛에 대한 여러 가지 책을 써왔고, 그중 몇 권의 책을 묶어 '맛 시리즈'로 정리했다. 식품의 의미와 핵심 분자를 다룬 『물성의 원리』, 맛의 바탕을 이루는 물성에 대한 이론과 기술을 다룬 『물성의 기술』, 후각과 향기 물질을 상세히 다룬 『향의 언어』, 맛을 감각하고 지각하는 원리를 다룬 『감각 착각 환각』 그리고 이 책 『맛의 원리』이다.

이렇게 역할을 나누어 정리하다 보니 『맛의 원리』를 맛에 대한 중심을 잡고, 가장 균형있게 설명한 책으로 가다듬을 필요성을 느꼈다. 그래서 목차부터 완전히 새로 정리하고, 그림이나 설명을 보완하여 최종 정리했다. 나름 열심히 가다듬었지만 그래도 책을 읽다 보면 고작 '맛있다'는 말 한마디가 뭐 이리 복잡하단 말인가 하는 생각이 들 것이다. 맛에서 중요하고 공통적인 것만 골라 최대한 간결하게 설명했는데도 그렇다. 맛은 그만큼 어렵고 복잡한데, 우리가 평소 음식에 대해 워낙 많은 경험과 지식을 쌓고 있기 때문에 쉽다고 착각하는 것이다.

우리는 날마다 음식을 먹는다. 무엇을 먹을지 고민하거나 요리를 하거나 음식을 먹는데 최소 하루에 1시간 이상 사용한다. 평생 3만 시간 이상을 '맛과 향'에 투자하는 셈이다. 어떤 분야의 전문가가 되기 위해서는 1만 시간의 훈련이 필요하다고 하는데, 그렇게 보면 우리 모두가 음식과 맛에 관한한 전문가인 것이다. 그러니 기존보다 약간 더 잘하려고 해도 정말 어렵다. 맛을 제대로 구현하는 방법이 한 가지라면 그것을 망치는 방법은 적어도 1만 배는 될 것이다.

맛은 평생 찾아오는 유일한 즐거움이다. 맛의 즐거움이 어디에서 오는지 그 원리를 알고 음식을 대한다면, 그 순간들의 의미가 조금은 더 깊어질 것이고, 추억 속에 깊이 새겨질 것이다.

2022. 9.

최 낙 언

이제 맛도 과학이 설명할 수 있을까?

사람들은 맛을 추구한다. 하다못해 사찰 음식도 나름의 맛을 추구한다. 그래서 세상에는 맛있는 음식, 요리법, 맛집 이야기가 넘친다. 그런데 막상 맛이 무엇인지 물으면 대답은 궁색해진다. 맛있다고 하는 음식의 맛을 설명해 달라고 하거나 맛있다고 느낀 이유를 설명해 달라고 하면 그다지 할 말이 없어지는 것이다. 대부분이 음식을 '맛있다, 맛없다' 정도로 구분할 뿐, 그 맛에 대하여 구체적으로 설명하지 못하고 그 평가마저 상황에 따라 자주 변한다. 왜 그러는 것일까?

보통은 맛을 두고 인문학이나 감성의 영역이지 과학의 영역이 아니라고 생각한다. 그래서 맛을 과학적으로 이야기하는 경우는 거의 없고 제대로 된 맛의 이론도 없다. 식품 과학과 요리의 과학을 말하지만 이는 성분이나 가공법에 대한 내용이지 왜 그렇게 해야 맛이 있는지, 그것을 왜 맛있다고 하는지에 대한 내용은 아니다. 나 자신도 맛을 과학적으로 설명할 수 있을 거라고 생각하지 않으면서 식품회사에서 25년 넘게 근무했다.

그러다 2년 전 『Flavor, 맛이란 무엇인가』라는 책을 쓰게 되었다. 미각과 향(후각)에 대한 오해를 풀기 위해 쓰기 시작했는데, 책을 쓰는 과정에서 맛에 대하여 진지하게 생각해볼 기회를 가졌고, 마무리할 즈음에 스티븐 위더리의 『사람들은 왜 정크 푸드를 좋아할까?(국내 미출간)』를 보게 되었다. 저자는 수백 가지 맛의 이론을 조사하고 그중에서 16가지 맛의 이론을 이용하여 소위 정크 푸드라고 일컬어지는 식품들의 인기비결을 꼼꼼히 분석한다. 모두들 비난만 했지 막상 정크 푸드가 왜 그렇게 오랫동안 많은 사람의 사랑을 받고 있는지에 대해서는 제대로 알려고 하지 않았는데, 그는 그 이유를 가장 먼저 과학적으로 밝히려 했다. 내가 본 제대로 된 첫 번째 맛의 이론서였다.

하지만 조금 아쉬웠던 것도 사실이다. 여러 이론을 사례별로 다양하게 적용하고 있지만, 그런 이론이 성립하게 된 배경이나 전체를 포괄하는 이론은 없었기 때문이다. 그래서 나는 주변의 자연과학을 이용하여 좀 더 포괄적인 맛의 이론을 직접 만들어보고 싶었다. 신경과학, 생리학 등에서 맛의 인지와 쾌락의 원리를 찾고, 맛의 심리 중에서 상식적으로 이해하기 힘든 부분은 진화심리학에서 답을 찾고자 했다. 질병마저 진화적 이유가 있다는데 우리가 좋아하는 음식에 마땅한 진화적 이유가 없다는 것은 이상하다고 느꼈기 때문이다.

모든 사람이 맛의 이유나 배경이 되는 과학을 알아야 하거나, 맛을 체계적으로 설명할 수 있어야 한다고 생각하지는 않는다. 하지만 맛의 이유와 원리를 좀 더 과학적으로 알아야 하는 사람들이 있다. 요리를 직업으로 하는 사람, 음식을 가르치는 사람, 음식을 남들에게 평하는 사람이다. 그런데 음식을 하는 사람이 어느 때 맛있다고 하는지를 알지 못한다면 제품을 완성할 때까지 남보다 많은 시행착오를 겪을 수밖에 없고, 완성한 제품에 대해 확신을 가지기도 힘들다. 확신이 없으면 그것을 지키기도 힘든 것이다.

어떠한 경우든 음식은 맛이 있어야 잘 팔린다. 보통 '맛' 하면 입이나 코로 느끼는 감각 정도로만 생각한다. 심지어 사전에도 맛은 '음식 등을 혀에 댈 때 느끼는 감각'으로 정의되어 있다. 너무나 협소하고 의미 없는 정의이다. 흔히 맛있다, 맛없다고 말할 때 혀로 느끼는 미각은 전체 맛의 10%도 채 설명하지 못한다. 그래서 이 책에서 나머지 90%에 대한 탐색을 통해 나름 맛을 새롭게 설명해 보고자 한다. 맛을 제대로 정의하고 원리를 알고 기준을 세우면 식품 개발 과정에서 많은 시행착오를 줄일 수 있고, 완성한 제품에 대해 확신을 가질 수 있을 것이다.

보통 요리사나 식품연구원은 음식의 재료나 기술에만 관심이 많고 정작 맛을 감각하고 판단하는 소비자의 마음을 움직이는 원리에는 무관심한 경우가 많다. 하지만 성공은 재료나 기술보다는 소비자의 마음을 사로잡는 데 있다. 맛은 식품이 결정하는 게 아니라 소비자의 마음이 결정하는 것이기 때문이다. 사람들은 설탕이 달다고 느끼지만 사실 설탕은 혀의 미각 수용체 중 단맛을 감지하는 수용체와 결합할 뿐이다. 그리고 수용체는 뇌에 전기적 신호를 보낸다. 뇌는 그 신호를 단맛으로 해석할 뿐, 실제로 그 물질이 가지고 있는 특징은 아니다. 분자에는 맛도 향도 색도 없다. 수천만 가지 화학물질 중에서 생존에 필요한 극히 일부 분자에만 적합한 감각 수용체를 만들어 내 몸이 그렇게 느낄 뿐이다. 따라서 "우리는 왜 설탕을 달게 느끼도록 진화했을까?" 하는 것이 올바른 질문이며, "설탕은 왜 단맛일까?" 하는 질문은 완전히 틀린 것이다. 그런데 이런 기본적인 내용부터 맛의 즐거움이란 어떻게 완성되는지를 체계적으로 살펴보는 교육이나 서적은 아직 없다.

맛을 완전히 과학적으로 이해하기는 힘들고 꼭 그럴 필요도 없다. 하지만 지금은 맛에 대한 과학적인 이해가 부족하다 보니 엉터리 불량지식이 너무나 많다. 또한 식품 개발자에게 적합한 맛의 접근 방법도 없어서 불필요한 시행착오를 하면서 시간과 비용을 낭비하는 경우도 많다. 그래서 이 책을 쓰게 된 것이다.

식품의 여러 분야에는 각각 오랜 경험과 탁월한 감각을 가진 사람이 많다. 그런데 그 경험이 적절히 정리되고 융합하여 통합적 활용되지 못하고 있다. 이 책이 바로 맛에 대한 이론을 통합적으로 정리하는 작은 계기가 되었으면 정말 좋겠다. 그리고 식품을 하지 않는 사람들에게도 조금은 도움이 되었으면 좋겠다. 맛을 아는 것이 나를 아는 것이고, 나를 아는 것이 맛을 아는 것이다. 맛의 실체를 알고 내가 왜 그것을 좋아하는지를 제대로 알면 자신의 취향에 자신감을 가질 수 있다.

나는 맛을 아는 것이 단순히 즐거움의 수단이 아니라 우리 자신을 이해하는 좋은 수단이 되기를 기대한다. 맛을 알려면 단순히 식품 재료와 성분 그리고 우리 몸의 감각기관을 아는 것뿐 아니라 우리의 몸과 뇌 그리고 욕망이 어떻게 작동하는지 알아야 하기 때문이다.

이제 『Flavor, 맛이란 무엇인가』로 시작된 맛에 대한 이야기가 어느 정도 마무리된 것 같아 기쁘다. 이런 기쁨을 누릴 수 있도록 물심양면으로 배려해주고 지원해주신 ㈜시아스 최진철 대표님과 임직원 여러분께 무한한 감사를 드린다.

2015. 3.
최 낙 언

CONTENTS

들어가면서   **〈맛 시리즈〉를 마무리하면서** / 4

초판 서문   **이제 맛도 과학이 설명할 수 있을까?** / 6

PART 1   맛은 오미오감에서 시작된다 / 14

1. 미각, 맛은 단순하지만 깊이가 있다 / 16
- 우리는 맛을 잘 모른다
- 단맛(에너지원), 먹어야 산다
- 신맛, 살아 있다는 증거
- 짠맛, 소금은 인류 최초이자 최후의 식품첨가물
- 감칠맛, 단백질의 원천
- 쓴맛, 달면 삼키고 쓰면 뱉어야 한다
- 6번째 맛은 무엇일까

2. 후각, 향은 다양하지만 흔들리기 쉽다 / 82
- 맛의 다양성은 향에 의한 것이다
- 향신료가 중세 유럽을 깨어나게 했다
- 식물은 인간을 위해 향을 만들지 않는다
- 인간이 즐기는 향은 대부분 인간이 만든 것이다
- 향은 다양하지만 흔들리기 쉽다
- 맛을 말로 표현하기 힘든 이유

3. 촉각, 물성은 생각보다 대단히 중요하다 / 120
- 물성이 맛의 바탕이고 정체성이다
- 물성은 식품 현상 중에 가장 논리적이다
- 물성은 좋아하는 이유도 논리적이다

4. 시각, 우리는 맨 처음 눈으로 맛을 본다 / 140
- 보기 좋은 떡이 먹기도 좋다
- 라벨만 사라져도 맛의 상당 부분이 사라진다
- 보는 즐거움, 보여주는 즐거움

PART 2   **맛의 방정식,
맛은 음식을 통한 즐거움의 총합이다** / 154

1. 리듬, 맛은 입과 코로 듣는 음악이다 / 156
- 맛에서 중요한 것은 성분보다 리듬이다
- 맛에서 물성이 중요한 진짜 이유
- 긴장의 즐거움과 이완의 즐거움
  · 새로움의 추구는 인간만의 독특한 현상이다
  · 맛의 기본은 익숙함/편안함이다

2. 영양, 맛은 살아가는 힘이다 / 188
- 허기가 최고의 반찬이다
- 맛은 생존수단이다
  · 우리 몸은 소화 잘되고 속편한 음식을 좋아한다
  · 위험하거나 수상한 음식을 싫어한다
- 맛은 칼로리에 비례한다
- 모든 다이어트가 실패하는 이유

3. 감정, 맛의 절반은 뇌가 만든다 / 226
- 맛은 심리의 게임이다
- 맛은 도파민 분출량에 비례한다
- 뇌는 적절한 행동을 결정하기 위한 수단이다

4. 맛의 방정식, 맛은 음식을 통한 즐거움의 총합이다 / 250
- '맛의 방정식'을 찾아본 이유
- 맛은 더하기가 아니고 곱하기다
- 맛의 방정식? 아직 예측은커녕 사후평가도 힘들다

PART 3 맛은 뇌가 그린 풍경이다 / 278

1. 맛이 어려운 진짜 이유 / 280
- 백인백색, 감각과 경험은 사람마다 다르다
- 공감각, 모든 감각은 동시에 작동하며 서로 영향을 준다
- 되먹임, 어느 것이 먼저인지 구분도 힘들다
- 흔들림, 상반된 욕망의 시소게임

2. 뇌는 어떻게 풍경을 그릴까 / 314
- 감각은 단순하지만 너무나 유동적이다
- 지각은 단호하지만 너무나 즉흥적이다
- 신뢰성은 검증과 상호억제에서 만들어진다
- 뇌의 호불호에는 이유가 있다

3. 맛은 존재하는 것이 아니고 발견하는 것이다 / 354
- 맛은 풍경처럼 다양하다
- 드러난 맛과 숨겨진 맛
- 본연의 맛과 최고의 맛
- 맛은 개인적이라 취향이 있고, 사회적이라 유행이 있다

4. 나에게 맛이란 / 382
- 맛은 내 안의 욕망을 이해하는 과정
- 맛은 앞으로도 계속될 관찰의 대상
- 맛은 주관적이라 다양성이 있고, 객관적이라 과학이 있다

요약   **나의 맛에 대한 생각 정리** / 404

사례   **많은 사람이 좋아하는 음식에는**
            충분한 이유가 있다 / 412
            – 아이스크림을 좋아하는 이유
            – 초콜릿을 좋아하는 이유
            – 콜라를 좋아하는 이유
            – 피자를 좋아하는 이유
            – 떡볶이를 좋아하는 이유

마치면서   **우리는 날마다 음식을 먹는다** / 454
            – 맛이란 무엇인가?
            – 좋은 관찰자가 될 필요가 있다

참고서적 / 464

PART 1

맛은 오미오감에서
시작된다

맛은 감각에서 시작된다.

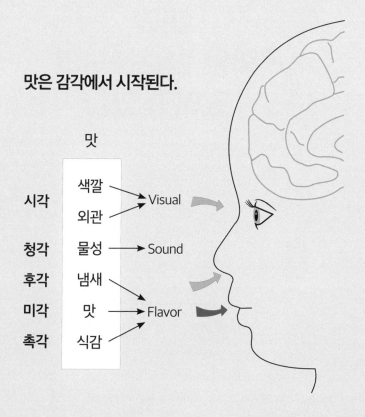

맛

| 시각 | 색깔 | → Visual |
| 외관 |
청각	물성	→ Sound
후각	냄새
미각	맛	→ Flavor
촉각	식감

1장.
미각,
맛은 단순하지만
깊이가 있다

미각은 5가지로 단순하다.
하지만 그 의미까지 단순하지는 않다.
맛 중독은 있어도 향 중독은 없다.

맛은 음식을 먹어볼지 말지, 계속 먹을지 말지
나중에 또 먹을지 말지를 결정하기 위한 것이고,
입으로 느끼는 맛은 그런 판단을 위한
가치 측정의 시작이다.
그러니 혀조차 만족시키지 못한다면
성공할 가능성이 별로 없는 것이다.

소금은 맛의 꽃이다.

세상에 소금보다 적은 양으로
음식 맛을 완전히 바꿀 수 있는 것은 없다.
소금은 아무리 음식을 골고루 먹어도
필요량을 감당할 수 없어서
반드시 따로 챙겨먹어야 했다.
소금이야말로 인류 최초의 식품첨가물이자
최후의 첨가물일 것이다.

사진: 소금이 결정화되면서 꽃처럼 피어오르는 모습.

① 우리는 맛을 잘 모른다

식품에서 가장 중요한 것은 무엇일까? 영양학자나 식품 전문가는 영양, 안전, 위생, 건강이 중요하다고 말할 것이다. 정부 기관에도 안전과 위생을 책임지는 '식품의약품안전처'가 있고, 영양과 건강을 담당하는 '보건복지부'가 있다. 그런데 언론과 인터넷에서 다루어지는 식품 이야기는 대부분 맛과 맛집에 치중되어 있다. 식당이나 식품회사는 모두 맛과 가격으로 경쟁할 뿐 안전이나 영양으로 경쟁하지 않는다. 그래서 맛만 좋으면 나머지는 용서되는 경우도 있다.

루왁 커피는 커피 열매를 사향 고양이에게 먹인 후 소화되지 않고 배설된 속씨를 수집해서 씻고 말려서 만든 것인데도 최고급 커피로 대접받는다. 맛이 위생을 이긴 것이다. 복어에는 청산가리보다 훨씬 치명적인 독인 테트로도톡신이 들어 있는 경우가 있어서 종종 치명적인 사고를 일으키지만 고급 요리로 대접받는다. 고기는 아무리 구워 먹는 것보다 삶아 먹는 것이 안전하다고 말해도 소용없고, 사람들은 거기에 더해 발암물질인 술(Alcohol)까지 곁들인다. 맛이 안전을 이긴 것이다. 그러니 식품회사와 식당의 운명은 맛에 달려 있다고 해도 과언이 아니다.

그럼에도 우리는 생각보다 맛에 대해 잘 모른다. 아무런 설명 없이

맛은 오미오감에서 시작된다

루왁 커피를 주면 그것이 루왁 커피인지 모르고, 복요리에는 어떤 특별한 맛이 있는지 설명하기 힘들다. "떡볶이는 맛없는 음식이다!"라고 하면 화를 낼 사람은 많아도 그것을 왜 그렇게 많은 사람이 좋아하는지 설명할 수 있는 사람은 그다지 많지 않다.

우리는 음식을 먹자마자, 아니 어쩌면 먹기도 전에 이미 그 맛이 어떠할 지 판단을 내리지만 왜 그런 판단을 했는지, 수많은 음식 중에서 왜 그 음식이 유난히 사랑을 받는지 구체적으로 설명하기는 쉽지 않다. 맛은 우리에게 너무나 익숙하지만, 우리는 생각보다 맛에 대해 잘 모르고, 맛의 기본적인 것도 잘못 알고 있는 경우가 많다. 예를 들어 '혀의 맛 지도(Tongue map)'나 '오미의 의미' 같은 것이다.

혀로 느끼는 맛은 5가지뿐이고, 매운맛은 맛이 아니다

지금 과학자들이 인정하는 맛(미각)은 단맛, 신맛, 짠맛, 쓴맛, 감칠맛 이렇게 5가지뿐이다. 오랫동안 단맛, 신맛, 짠맛, 쓴맛 이렇게 4가지만 인정받다가 지난 100년 사이에 감칠맛이 추가되어 5가지가 된 것이다. 감칠맛의 발견에는 일본인 화학자 이케다 키쿠나에(池田菊苗) 박사의 공이 크다. 그는 맛이 4가지뿐이라는 서양 과학에 의문을 품고 맛에 대한 탐구를 시작한다. 다시마를 우린 국물에는 분명 단맛, 짠맛, 신맛, 쓴맛으로는 설명할 수 없는 그냥 맛있는 맛(우마미, 감칠맛)이 있음을 확신하고, 그 성분이 무엇인지 조사한 것이다. 그 결과 아미노산인 '글루탐산'이 감칠맛을 낸다는 사실을 알아내어 MSG를 개발한다. 그러다 1997년 생쥐의 맛봉오리(미뢰)에서 감칠맛 수용체가 발견되고, 2002년 사람의 혀에서도 감칠맛 수용체가 발견되면서 감칠맛은 누구도 부인할 수 없는 5번째 맛이 되었다.

우리나라는 과거부터 매운맛을 오미의 하나로 생각했지만, 매운맛은 혀의 미각 수용체로 느끼는 것이 아니라 온몸에 존재하는 온도 수용체로 느끼는 것이므로 미각에 포함되지 않는다. 우리 몸에는 몇 가지 온도 수용체가 있는데, 고추의 캡사이신은 그중 가장 고온을 담당하는 온도 수용체(TRPV1)와 결합한다. 원래는 42℃ 이상의 높은 온도에서 활성화되는 수용체인데, 우연히 캡사이신과 결합해도 활성화된다. 미각 수용체는 혀에만 있으므로 설탕물을 눈에 바른다고 단맛이 느껴지지 않지만, 온도 수용체는 온몸에 있어서 고추를 눈에 바르면 엄청난 통증이 유발된다. 그러니 매운맛은 미각이 아니고, 통각 수용체도 따로 있으므로 통각보다는 온도 감각이라고 하는 것이 더 정확하다.

그럼 혀에 존재하는 맛의 종류는 오직 이 5가지뿐일까? 과학자들은 6번째 맛의 후보로 지방, 탄수화물, 칼슘 등 여러 후보를 탐색하고 있지만 아직 공인된 것은 없다. 나중에 6번째 맛이 발견된다고 해도 지금의 5가지 맛에 비해 크게 중요할 것 같지도 않다. 많은 관심을 가지고 연구를 했는데도 아직 발견되지 않았다는 것은 그만큼 역할이 작다는 의미이기 때문이다. 그러니 혀로 느끼는 맛은 5가지뿐이라고 생각하는 것이 맛의 실체를 파악하는데 훨씬 효과적이다.

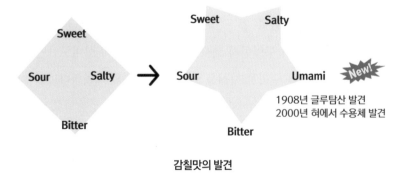

감칠맛의 발견

맛은 오미오감에서 시작된다

과거의 맛 지도는 틀렸다

'혀의 맛 지도(Tongue map, Taste map)'는 맛에 대해 가장 흔하게 잘못 알려진 사례다. 1901년 D. P. 하니히 교수는 독일 생리학 교과서에 개인적으로 실험한 간단한 내용을 실었다. 혀의 부위별로 4가지 맛을 테스트했더니 어느 부분이 살짝 더, 혹은 덜 민감하게 반응하더라는 내용이었다. 그런데 이를 영어로 번역하는 과정에서 혀의 부위에 따라 각기 다른 특정한 맛이 느껴지는 것처럼 잘못 알려지게 되었다. 그 후로 모든 교과서가 혀끝은 단맛만 느끼고, 양옆은 짠맛과 신맛, 뒷부분은 쓴맛만 느끼는 것처럼 가르쳤다. 하지만 실제로는 혀의 위치와 상관없이 모든 부위에서 모든 맛을 느낄 수 있으며, 단지 정도에만 차이가 있다. 어느 쪽은 신맛을 더 잘 느끼고 어느 쪽은 쓴맛을 더 잘 느끼는 정도의 차이일 뿐이다. 이처럼 모두 맛에 관심이 많다고 하지만, 틀린 맛 지도를 100년간 믿을 정도로 맛의 과학에 무지하기도 하다.

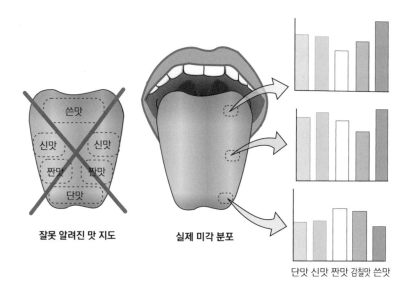

잘못 알려진 맛 지도   실제 미각 분포

단맛 신맛 짠맛 감칠맛 쓴맛

혀의 맛 지도와 미각의 분포

미각의 종류는 단순하지만 의미까지 단순하지는 않다

나는 맛을 설명할 때 주로 미각보다 후각을 먼저 말한다. 후각의 의미를 알아야 미각과 맛에 대한 의미 있는 질문이 시작되기 때문이다. 내가 10년 전 『Flavor, 맛이란 무엇인가』를 통해 처음으로 "사과에 사과 맛은 없고 사과 향만 있다. 과일뿐 아니라 당신이 생각하는 모든 요리의 다양성은 0.1%도 안 되는 향기 성분에 의한 것이다"라고 하자 음식을 만드는 많은 사람이 충격에 빠졌다. 당시에는 첨가물이나 가공식품을 무작정 폄하하는 방송과 언론 때문에 식재료에는 각각의 독특한 맛 성분이 있거나 사과 자체(전체)가 사과 맛을 낸다고 생각하는 경우가 많았다. 그래서 우유에 바나나 향 0.1%만 넣고 만든 바나나 맛 우유는 절대 먹어서는 안 되는 가짜 식품이라는 주장이 사실처럼 받아들여졌다. 그런 풍토에서 사과에는 단맛과 신맛만 있고, 사과의 독특한 풍미는 0.1%도 안 되는 향기 성분에서 나온다는 말은 충격일 수밖에 없었을 것이다.

마찬가지로 바나나 맛 성분이나 딸기 맛 성분 같은 것은 없다. 오로지 그런 향이 있을 뿐이다. 우리가 음식을 먹을 때 느껴지는 다양한 풍미는 입 뒤로 코와 연결된 작은 통로를 통해 휘발한 그 미량의 향기 물질에서 비롯된 것이다. 그래서 맛을 연구하는 과학자들은 맛에서 미각이 5~20%, 후각(향)이 80~95%의 역할을 한다고 말한다. 하지만 이 또한 사실이 아니다. 일반인은 감각의 모호함 때문에 사과 향을 사과 맛으로 착각하고, 과학자는 후각의 다양성에 현혹되어 미각의 중요성을 과소평가하는 것이다. 만약에 향이 맛(Food pleasure)의 90%의 역할을 한다면, 우리는 맹물에 향만 추가한 제품을 마시면서도 90%의 만족감을 느껴야 한다. 하지만 그런 제품은 한 번도 성공한 적이 없다.

과일의 단맛이 부족하면 단지 미각만 줄어드는 것이 아니라 향도 빛

맛은 오미오감에서 시작된다

을 잃는다. 짠맛(소금)도 그렇게 작용해서 간이 부족한 음식은 향도 부족하게 느껴진다. 후각에 이상이 생기면 음식의 다양한 풍미가 사라지고, 모든 음식이 똑같은 맛으로 느껴져 힘들지만, 미각을 상실하면 더 심한 고통이 될 수 있다. 음식에서 아무런 맛 성분이 느껴지지 않으면 종이나 고무를 씹은 것처럼 수상하고 이질적으로 느껴져 삼키기조차 힘들어진다. 미각은 생존에 필수적인 영양분과 직접 관련된 것이라 소금 중독, 설탕 중독, 탄수화물 중독 같은 맛 중독은 있어도 향 중독은 없다. 보건당국은 "소금을 줄여라", "설탕을 줄여라"라고 하지만 우리가 왜 소금을 그렇게 좋아하는지, 왜 그렇게 단것을 좋아하는지 속 시원하게 말해주는 경우는 없다.

오미는 알고 보면 하나하나가 생각보다 대단히 중요하다. 그래서 나는 감칠맛에 대해 『감칠맛과 MSG』, 신맛에 대해 『요리의 방점, 경이로운 신맛』을 썼으며, 이후 짠맛에 대한 책도 출간 예정이다. 각각 한 권으로 써야 할 만큼 복잡한 내용이므로 여기서는 그 의미만 압축적으로 설명하고 넘어가겠다. 우리가 음식을 먹는 데 있어서 가장 본질적인 내용이므로 이번 챕터가 이 책에서 가장 어렵게 느껴질 수 있을 것이다.

맛을 무엇부터 설명하면 좋을까? 수용체 측면에서는 단맛, 감칠맛, 쓴맛 그리고 짠맛, 신맛의 순서가 맞을 것 같고, 선호도 측면에서는 단맛, 짠맛, 감칠맛, 신맛, 쓴맛의 순서가 맞을 텐데, 여기서는 맛의 어울림에 따라 단맛/신맛, 짠맛/감칠맛, 쓴맛의 순서로 설명하고자 한다.

주식의 맛 짠맛 + 감칠맛 + 향(Savory flavor)
간식의 맛 단맛 + 신맛 + 향(Sweet flavor)

❷ 단맛(에너지원), 먹어야 산다

단맛은 에너지원, 우리가 먹어야 할 근본적인 이유다

"우리는 왜 단맛을 느낄까?" 이 질문은 "우리는 왜 먹어야 살 수 있을까?"라는 질문과 별 차이가 없다. 누구든 먹어야 산다. 먹지 않고 살 수 있는 동물은 없다. 살아가는데 필요한 영양소에는 탄수화물, 단백질, 지방처럼 대량으로 소비되는 열량소와 비타민, 미네랄 같이 극소량이 필요한 조절소가 있는데, 우리가 항상 많이 먹어야 하는 것은 조절소가 아닌 열량소이다.

음식에는 우리 몸을 만들 때 필요한 성분과 태워서 에너지를 얻기 위한 성분 두 가지가 모두 있어야 한다. 우리 몸을 만드는 성분은 청소년기뿐 아니라 성인이 된 후에도 손톱, 발톱, 머리카락 등이 자라고, 피부와 위장 등의 손상된 부분을 고쳐야 하므로 제법 많이 필요하다. 실제로 인간의 몸은 평균 2년이면 완전히 새롭게 만들어진다. 몸무게가 70kg인 사람은 1년에 35kg이 새로 만들어진 세포로 대체되는 것이다. 이것을 365일로 나누면 하루에 100g이다. 그런데 우리가 날마다 먹는 음식의 양은 1.5~2kg이다. 몸을 만드는 데 필요한 양의 15~20배인 것이다.

맛은 오미오감에서 시작된다

우리가 먹은 음식은 어디로 가는 것일까? 피와 살이 되지 않은 나머지 음식은 모두 대소변의 형태로 배출되는 걸까? 과거에 고기를 계속 먹어도 몸무게가 변하지 않는 이유를 진지하게 탐구한 과학자가 있었다. 16세기 이탈리아의 의사였던 산토리오 산토리오(Santorio Santorio, 1561~1636)는 왜 먹은 만큼 몸무게가 늘어나지 않는지를 정확하게 알아보기 위해 의자가 달려 있는 커다란 저울을 만들었다. 그리고 의자에 앉아 식사와 대소변을 해결했다. 그러면서 식사량, 몸무게, 대소변의 무게를 무려 30년간 측정했다. 산토리오가 아무리 측정을 반복해도 대소변 양은 자신이 먹은 음식보다 적었고, 그만큼 몸무게가 늘지도 않았다. 산토리오는 끝까지 그 이유를 정확히 알지 못했고, 음식의 일부가 보이지 않는 어떤 형태로 빠져나가리라 추정했다. 그리고 실제로 그의 추정은 맞아떨어졌다.

우리가 음식을 먹어야 하는 가장 큰 이유는 몸을 만들기 위한 것이 아니라 몸을 작동시키기 위한 에너지원인 'ATP'라는 분자를 확보하기 위함이다. 우리 몸은 37조 개 정도의 세포로 되어 있고, 모든 세포는 ATP가 있어야 작동한다. 우리 몸은 1분에 40g 정도의 ATP를 소비하는데, 언뜻 적어 보여도 1시간이면 2,400g이고, 하루면 58kg이다. 매일 자기 체중만큼의 ATP를 소비하는 것이다. 숫자로 환산하면 6.8×10^{25}개이다. 이것을 우리 몸의 세포 숫자로 나누면 세포마다 하루에 8,640억 개, 초당 1,000만 개가 된다. 눈에 보이지도 않게 작은 세포마다 초당 1,000만 개의 ATP를 쓰는 것이다.

만약 우리가 58kg의 ATP를 음식으로 섭취해야 한다면 정말 끔찍한 일이겠지만, 다행히 ATP는 재생이 된다. 포도당과 같은 칼로리원을 연소시켜 ADP와 인산(Pi)을 결합하면 ATP가 된다. 포도당 1분자를 완전히 연소시키면 32개 이상(최대 38개)의 ATP를 재생할 수 있어서 58kg

의 ATP를 재생하려면 640g(2,560kcal) 정도의 포도당만 있으면 된다. 이것이 우리가 매일 그렇게 많은 음식을 먹어야 하는 핵심적인 이유다. 보통의 음식물은 수분이 70% 정도인데 640g의 포도당을 일반적인 음식물의 형태로 먹는다면 2.1kg가 된다. 우리가 매일 그렇게 많은 양의 음식을 먹어야 하는 것은 몸을 만들기 위해서가 아니라, 몸을 작동시키는데 필요한 에너지를 얻기 위해서다.

이처럼 음식을 먹는 핵심 목적은 단순하지만, 먹는 성분 또한 알고 보면 정말 단순하다. 우리가 먹는 음식물의 절반 이상은 포도당이라는 단 한 가지 분자이다. 수많은 건강 프로그램은 마치 수백 가지 영양 성분을 섭취해야 살아갈 수 있는 것처럼 말하지만, 한국인의 영양 섭취량

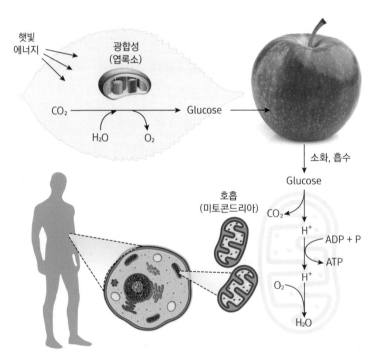

식품의 의미와 역할

맛은 오미오감에서 시작된다

은 탄수화물 비중이 60%가 넘는다. 이조차 1970년 이전에 80% 이상이었던 것에 비해 많이 줄어든 양이다. 탄수화물은 쌀, 밀, 옥수수, 감자 등 어떤 것으로 먹든 전분(Starch)이고, 전분을 분해하면 포도당이라는 딱 한 가지 분자가 된다. 우리가 어떤 종류의 식사를 하든 절반 이상은 포도당 한 가지 분자인 것이다.

우리가 단것을 좋아하는 이유는 살아가려면 엄청나게 많은 ATP가 필요하고, ATP를 공급하는 가장 효과적인 수단이 포도당이기 때문이다. 물론 ATP는 탄수화물(포도당) 말고, 단백질이나 지방으로도 만들 수 있다. 그래서 탄수화물, 단백질, 지방을 3대 영양소(열량소, 칼로리원)라고 한다. 문제는 우리 몸이 포도당을 좋아하고 지방의 이용은 꺼려한다는 것이다. 다른 동물처럼 지방을 에너지원으로 써도 아무 문제가 없는데도 그렇다.

일부 철새들은 단 몇 주 만에 지방으로 몸을 50%까지 불린다. 그리고 도중에 아무런 연료(음식)를 주입하지 않고 3,000~4,000km를 날아간다. 지방을 태우면 에너지(ATP)와 물이 만들어지기 때문에 아무것도 먹지 않고 수천 km를 논스톱으로 날 수 있는 것이다. 낙타는 혹에 40kg의 지방을 채웠다가 그것을 태워서 ATP와 물을 얻는다. 그래서 사막에서 한 달 넘게 아무것도 먹지 않고 버틸 수 있다. 마찬가지로 겨울잠을 자는 동물도 아무것도 먹지 않고 지방을 태우면서 겨울을 버틴다. 이처럼 지방을 잘 태우는 동물은 흔하다. 만약에 우리 몸도 이들 동물처럼 지방을 잘 태우면 다이어트가 훨씬 쉬울 것이다. 평소에는 자유롭게 먹다가 며칠만 굶으면 살이 쏙 빠질 것이기 때문이다. 그러나 우리 몸은 악착같이 지방을 아끼고 절약하는 모드로 세팅이 되어 있다. 에너지 과소비 기관인 뇌가 맛과 에너지 대사를 그렇게 관리하기 때문이다.

우리가 단맛에 유난히 둔감한 이유

뇌는 우리의 사고뿐 아니라 생리적인 기능도 지배하며, 에너지의 사용도 항상 뇌를 최우선으로 관리한다. 뇌는 다른 신체 부위에 비해 무게당 무려 10배의 에너지를 사용하는데, 심지어 에너지원으로 거의 포도당만 쓰려고 한다. 그러니 항상 혈관의 포도당을 독점한다. 그러다 음식물을 섭취하여 혈관에 포도당이 넘치면 인슐린을 만들어 다른 부위도 포도당 펌프가 작동하도록 잠금 상태를 풀게 한다. 뇌의 포도당 펌프는 인슐린이 없어도 항상 작동하는 펌프이고, 다른 부위의 포도당 펌프는 뇌에서 인슐린 신호 물질을 보내줘야 잠금이 풀려 작동하는 펌프인 것이다. 뇌는 혈관에 포도당이 부족하면 간 등에 포도당을 만들도록 독촉하고(당 신생 과정), 그래도 부족하면 허기를 통해 우리가 음식을 먹도록 명령한다.

혈관에 포도당이 부족하면 뇌에 에너지가 부족해진다. 그래서 단기적으로 활력 저하, 정신 기능 저하, 신경과민 등을 일으키고, 장기적으로는 몸이 약해지게 한다. 많은 사람이 혈관에 포도당이 과잉으로 존재하는 당뇨로 고생하지만, 포도당 부족으로 저혈당이 되면 더 급박한 문제가 발생한다. 공복감, 떨림, 오한, 식은땀 등의 증상이 나타나고, 심하면 실신이나 쇼크를 유발, 그대로 방치하면 목숨을 잃을 수도 있다. 과거에 식중독이 지금보다 치명적이었던 이유가 평소에 영양이 부족해 저혈당 쇼크가 발생하기 쉬웠기 때문이다.

우리가 단것을 좋아하는 이유는 결국 우리 몸이 포도당 같은 당류를 주 에너지원으로 쓰고, 필요량도 압도적으로 많기 때문이다. 다른 맛 성분은 1% 이하여도 충분히 짜고, 시고, 쓴데, 단것만큼은 10% 이상 되어야 적당히 달다고 느낀다. 만약 단맛을 쓴맛처럼 소량에도 강하게 느낀다면 우리는 적은 양의 탄수화물(당류)에도 만족해버릴 것이다. 포도 한 알에도 단맛이 입안에 꽉 차 사라지지 않는다면 누가 포도 한 송이를 다 먹으려 하겠는가? 인간은 생존을 위해 많은 양의 당을 섭취하도록 단맛에 약하게 반응하는 쪽으로 진화해온 것이다.

문제는 양이다. 어떤 동물도 먹을 것이 충분한 시기는 없었기 때문에 먹을 것이 충분히 많으면 필요량보다 좀 더 많이 먹도록 세팅되어 있다. 인류도 수백만 년 역사 중에서 먹을 것이 넘치는 시기는 100년도 되지 않는다. 갑자기 우리 몸 안의 DNA 세팅과 전혀 어울리지 않는 풍요로운 시기를 살아가고 있는 것이다. 그래서 사람들은 필요량보다 많이 먹게 되었고 그로 인해 여러 문제가 생겼는데, 그 책임을 과식 대신 특정 음식에 떠넘기려 한다. 그래서 생긴 오해와 편견이 너무나 많다.

감미료 중에 설탕이 가장 맛있다

우리는 설탕이 해롭다는 말을 자주 듣는다. 그런데 설탕은 그 자체로는 우리 몸에 흡수되지 않으며 포도당과 과당으로 분해되어야 흡수가 된다. 그러니 '포도당이 나쁘기 때문에 설탕도 절반은 나쁘다' 또는 '과당이 나쁘기 때문에 설탕의 절반도 나쁘다'는 말은 가능해도 설탕 그 자체가 나쁘다고 말할 수는 없다.

그래도 설탕이 정말 나쁘다고 생각한다면 설탕을 쓰지 못하도록 법으로 금지하면 그만이다. 과당, 유당, 맥아당, 소르비톨, 자일리톨 등 당류가 아니면서도 설탕보다 수십~수천 배 강한 단맛을 내는 대체 물질도 개발되었다. 하지만 아직도 설탕 하나가 전 세계 감미료 시장의 80% 이상을 차지할 정도로 여전히 많이 사용된다. 두 번째로 과당이 10%, 나머지 감미료를 모두 합해도 10% 정도다.

설탕이 그렇게 욕을 먹는 것은 가장 많이 먹기 때문이고, 가장 많이 먹는 이유는 가장 맛있기 때문이다. 만약 세상에 설탕보다 맛있는 감미료가 있다면 식품회사는 당장 그것을 사용할 것이다. 예를 들어 포도당이 설탕보다 더 맛이 있다면 어떻게 될까? 설탕도 다른 원료에 비하면 저렴한 편이지만 포도당은 설탕보다 더 저렴하다. 자연에서 2번째로 가장 흔하고 저렴한 것이 전분이고, 전분을 분해하면 쉽게 포도당을 얻을 수 있어서 만들기도 쉽고 가격도 싸다. 설탕은 포도당이나 과당보다 비싸지만 맛이 좋아 이들보다 압도적으로 많이 쓴다. 식품에서 맛을 이기는 소재는 없는 것이다. 만약 포도당이 설탕보다 맛있었다면 식품회사는 설탕 대신 포도당을 사용했을 것이고, 지금 설탕이 쓰고 있는 온갖 오명을 포도당이 전부 뒤집어썼을 것이다.

그런데 설탕은 근대에 들어와서야 먹기 시작한 감미료인데, 우리 몸은 왜 설탕을 포도당보다 맛있다고 느끼는 것일까? 식물을 '독립영양생물'이라고도 하는데, 이는 햇빛을 이용해 포도당을 만들고 포도당만으로 필요한 대부분의 에너지와 유기물을 만들 수 있기 때문이다. 그런데 모든 식물이 광합성을 하는 것은 아니고, 식물의 모든 부위가 광합성을 하는 것도 아니다. 4,500종의 기생식물은 광합성을 못해서 다른 식물의 체관에 빨대를 꽂아 영양분을 훔쳐 먹고 살고, 광합성을 하는 식물도 엽록소를 제외한 나머지 부위는 잎이 제공하는 영양분에 의존해 살아간다.

이때 특이하게도 식물은 광합성으로 합성한 포도당을 체관으로 그대로 보내지 않고 설탕으로 전환하여 보낸다. 포도당의 절반을 과당으로 바꾸고 이를 포도당과 결합해 설탕으로 만들어서 체관을 통해 다른 곳으로 보낸다. 진딧물이나 기생식물이 훔쳐 먹는 영양분이 바로 이 설탕(Sucrose)인 것이다. 결국 햇빛, 물, 바람(이산화탄소)을 이용하여 사는 것은 식물의 잎에 있는 엽록소뿐이고, 나머지 부위는 설탕에 의지해 살

맛은 오미오감에서 시작된다

아간다. 그러니 모든 음식의 기원을 추적하면 결국 설탕과 만나게 된다. 설탕 덕분에 식물이 존재할 수 있고, 식물 덕분에 초식동물, 초식동물 덕분에 육식이나 잡식동물도 존재할 수 있는 것이다.

설탕은 이처럼 생각보다 오래되었고 매우 익숙한 물질이다. 단지 지금처럼 설탕을 원하는 만큼 마음껏 먹어보지 못했을 뿐이다. 인류는 단맛에 대한 욕망은 줄이지 못한 채, 과거에 비하면 거의 공짜에 가까운 가격으로 설탕을 무제한 공급받고 있다. 그 때문에 모든 나라에서 설탕 소비량이 증가했고, 그중 일부 국가는 우리의 쌀 소비량보다 많은 설탕을 먹고 있다. 먹어도 너무나 많이 먹고 있는 것이다. 그리고 그 부작용의 죄를 과식에 묻지 않고 설탕 자체가 나쁜 분자인 양 거친 비난을 하고 있다.

식품에서 설탕은 결코 단순한 분자가 아니다. 음식의 거의 모든 것을 바꾼다. 수분을 붙잡아 음식의 촉촉함을 유지하고, 과량일 때는 세균의 수분을 빼앗아 식품의 보존 기간을 늘려주며, 단백질의 응고를 방해해 조직을 부드럽게 만든다. 요즘 각광받는 마카롱도 설탕이 없으면 만들기 힘든 디저트이다. 설탕은 음료의 바디감을 높이고, 과일의 맛과 색을 강화하며, 아이스크림의 어는 온도를 낮추어 부드럽게 한다. 또한 향에도 영향을 준다. 향에 대한 시너지 효과를 넘어 설탕을 높은 온도로 가열하면 '캐러멜 반응'이 일어나고 아미노산과 같이 있으면 '메일라드 반응'이 일어나 온갖 풍미 물질의 원천이 된다.

단맛은 낯선 음식을 친숙하게 해주는 역할도 한다. 커피가 우리나라에 처음 소개될 때는 쓰고 낯선 음식이었는데, 설탕의 달콤함이 커피의 대중화를 앞당겼고, 커피가 익숙해짐에 따라 점점 아메리카노와 같이 단맛이 없는 커피도 즐기게 되었다. 이것은 향에서도 마찬가지다. 향기 물질의 종류는 수천 가지가 넘고 그 느낌은 천차만별인데, 일단 달콤한 느낌이 나면 그것이 뭔지 모르더라도 왠지 친숙하고 좋게 느낀다.

단맛은 이처럼 낯선 음식도 친숙하게 해주는 매력이 있지만, 과하면 쉽게 질리는 특성도 있다. 그러니 음식이 전부 달기만 하다면 적당히 먹고 질려서 멈출 텐데, 우리는 거기에 리듬을 가한다. 단짠단짠, 맵짜단, 단단단쓴 같은 방식으로 다른 맛이나 향으로 리듬을 준다. 질릴 틈을 주지 않는 것이다.

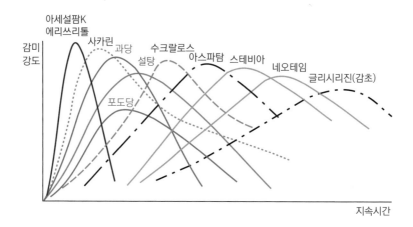

감미 곡선

맛은 오미오감에서 시작된다

③ 신맛, 살아 있다는 증거

생명현상의 시작과 끝은 탄산이다

단맛은 누구나 좋아한다. 단것이 싫다는 사람도 노골적으로 드러난 단맛을 싫어하지, 그것이 단맛인지 모르게 숨겨지면 좋아하는 경우가 많다. 그런데 단맛과 짝을 이루는 신맛은 양에 따라 호불호가 심하게 바뀐다. 개인차도 심하고 워낙 적은 양의 차이에 의해 호불호가 바뀌므로 다루기가 쉽지 않다.

신맛 자체는 매우 단순하다. 물에 녹아 있는 수소이온(H^+)의 맛이다. 수소이온이 많을수록 pH는 낮아지고 신맛이 강해진다. 수소이온은 양성자 하나로 이루어진 것이라 세상에서 가장 가볍고 간단한 물질인데 그것으로 느껴지는 신맛은 결코 단순하지 않다. 5가지 맛 중에서 가장 이해하기 힘들고 다루기 힘든 것이 신맛이다.

신맛은 그것을 느끼는 목적부터 이해하기 힘들다. 혀로 느끼는 맛은 5가지에 불과하고 다른 맛들은 생존과 너무나 밀접한 관계에 있다. 그러니 신맛도 뭔가 생존에 결정적인 역할이 있을 것 같은데 그게 무엇인지 알기 힘들다. 흔히 신맛의 목적이 음식물의 부패를 판단하는 기능이라고 말한다. 과거에는 음식이 항상 부족했고, 어지간한 상태면 먹어야 했다. 이때 먹어도 되는지(=발효) 아니면 포기해야 하는지(=부패)를 판단하는 중요한 지표가 부패취와 신맛의 강도였다는 것이다.

우리가 신맛의 의미를 알든 모르든, 우리 몸 안에서의 수소이온 농도를 관리하는 능력은 정말 중요하다. 예를 들어 혈액의 pH는 7.3~7.4 정도로 일정하게 유지되어야 한다. pH가 0.2만 변해도 생명이 위험해질 수 있다. 혈액뿐 아니라 우리 몸의 세포 안 소기관 하나하나마다 정해진 pH를 엄격히 지켜야 한다. 이때 결정적인 역할을 하는 것이 바로 탄산이다.

많은 사람들이 탄산음료를 좋아하며, 마시면 상쾌하고 더부룩함이 해소되는 것처럼 느낀다. 그래서 가벼운 소화불량에 콜라나 사이다를 마시는 사람도 있다. 막걸리의 시원함에도 탄산의 힘이 크다. 살균한 막걸리는 열에 의해 탄산이 기화되어 톡 쏘는 시원한 맛이 사라진다. 그래서 살균한 막걸리에 탄산을 일부러 주입하기도 한다. 김치의 시원함에도 탄산의 역할이 상당하다. 낮은 온도에서 발효될수록 탄산이 많이 녹아 있어 시원하게 느껴진다. 소스를 만들거나 국밥집에서 깍두기에 시원함을 더하기 위해 사이다를 넣기도 한다. 하지만 탄산은 이 정도의 단순한 흥밋거리가 아니다. 알고 보면 생명의 기원도 탄산에서 시작했다고 볼 수 있다.

포도당 180g을 우리 몸 안에서 완전히 연소하려면 192g의 산소가 필요하고, 연소가 되면 이산화탄소 264g, 물 108g. 720kcal의 ATP가 생산된다. 2,560kcal의 에너지를 생산하려면 포도당 640g을 태워야 하고, 이때 938g의 이산화탄소가 생성된다. 기체의 부피로는 552ℓ나 되는 엄청난 양이다. 앞서 산토리오 교수가 그렇게 궁금해했던 눈에 보이지 않게 사라진 음식물의 실체가 바로 이 이산화탄소인 것이다. 세포 하나하나에서 생성된 이산화탄소는 혈액에 탄산의 형태로 녹아있다가

폐로 이동 후 공기로 되돌아간다. 그리고 다시 식물에 흡수되어 광합성을 통해 포도당의 형태로 고정되어 되돌아온다. 생명현상은 이산화탄소를 포도당으로 고정하는 것에서 시작되어 그것을 다시 에너지가 가장 낮은 상태인 이산화탄소로 되돌려주는 것으로 끝난다고 할 수 있다.

우리는 입으로 먹고 입으로 배출한다

음식은 다양한 분자의 총합이고, 질량의 보존법칙에 따라 먹은 양에 비례하여 그만큼 배설될 것이라 생각하지만 실제로는 다르다. 음식을 먹었는데 전혀 흡수되지 않고 그대로 배설이 된다면 아무런 쓸모가 없는 음식이고, 완전히 소화 흡수가 되어 화장실을 갈 필요가 없어야 효과적인 음식이기 때문이다. 1950년대에 개발된 미군의 전략정찰기 U-2는 한 번 출격하면 9시간 이상 좁은 조정석에 가만히 앉아있어야 했다. 이때 배설 관련 문제가 심각해서 임무 중에 대변을 보지 않도록 하는 방안을 고심하게 되었다. 결론은 음식물의 흡수율을 극대화한 식단을 개발하는 것이었다. 그렇게 개발된 식단대로 먹으면 대부분 체내로 흡수되어 9시간 이상 비행을 해도 배변 욕구를 거의 느끼지 않는다고 한다.

우리가 흡수한 음식의 대부분은 유기물(탄소화합물)이고, 최종적으로는 이산화탄소로 연소하여 입과 코를 통해 배출된다. 우리가 640g의 포도당을 먹으면 552ℓ의 이산화탄소가 만들어지고 이것들은 혈액에 녹아 폐를 통해 배출된다. 이 탄산의 양을 콜라로 환산하면 콜라 1ℓ에 7g(기체로는 4ℓ)의 이산화탄소가 녹아 있으니, 콜라 138ℓ에 해당하는 양이다. 우리 혈액은 미네랄 탄산수이고, 우리는 매일 138ℓ의 콜라를 스스로 만들어 먹으면서 혀로도 직접 탄산을 느끼기 위해 추가로 탄산수, 탄산음료, 맥주 등을 마시는 셈이다.

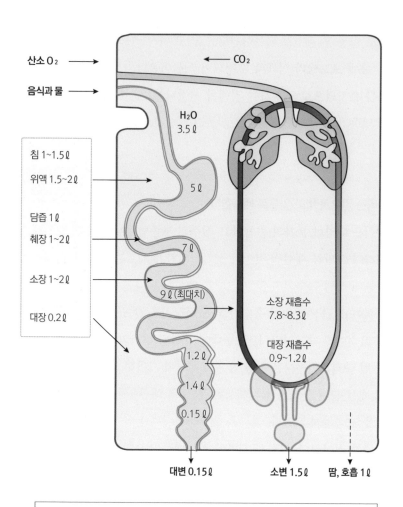

산소 O_2 →

음식과 물 →

← CO_2

H_2O 3.5ℓ

침 1~1.5ℓ
위액 1.5~2ℓ

담즙 1ℓ
췌장 1~2ℓ

소장 1~2ℓ

대장 0.2ℓ

5ℓ

7ℓ

9ℓ(최대치)

1.2ℓ

1.4ℓ

0.15ℓ

소장 재흡수
7.8~8.3ℓ

대장 재흡수
0.9~1.2ℓ

대변 0.15ℓ   소변 1.5ℓ   땀, 호흡 1ℓ

$$C_6H_{12}O_6 + 6O_2 + 32(ADP+Pi) \longrightarrow 6CO_2 + 6H_2O + 32\,ATP$$

	분자량	하루 g				
분자량	180	6x32		6x44	6x18	32x507
하루 g	650	682		937	383	57,600

2,556kcal

478ℓ

CO_2 552ℓ
콜라(4V) 138ℓ

하루   57.6 kg
1시간 2.4 kg
1분   40 g

체내 60g → 1.5분

세포당 초당 1,000만 개, 하루 8,640억 개

음식물(유기물)의 최종 배출 형태는 에너지가 가장 낮은 상태인 이산화탄소다. 이산화탄소는 음식물이 열량소로 역할을 다한 상태인데, 우리 몸에서 배출되기 전 마지막으로 하는 일이 있다. 바로 혈액의 pH를 안정되게 유지하는 방파제(버퍼)의 역할이다. 우리가 먹는 음식은 대부분 산성이다. 음료수도 보통 pH3.5 이하이고, 과일도 시고, 발효유도 시고, 막걸리나 와인도 시다. 일부러 음식물에 식초 등을 사용해 더 시게 만들기도 한다. 그런데 이런 식품을 아무리 먹어도 혈액의 pH는 꿈적도 안 한다. 550ℓ 넘게 만들어진 이산화탄소가 탄산(H_2CO_3)과 짝염기인 탄산수소이온(HCO_3^-) 상태를 넘나들면서 혈액의 pH를 일정하게 만들기 때문이다.

수소이온(H^+)으로 생명의 에너지(ATP)를 만든다

내가 세포 내의 pH 자료를 찾아보다 가장 놀란 점은 미토콘드리아의 pH가 8.0으로 유지된다는 사실이다. 우리 몸에서 수소이온(H^+)을 압도적으로 많이 만드는 곳이 미토콘드리아인데, 다른 부위보다 오히려 pH가 높다. 진핵세포는 원핵세포인 세균보다 1만 배가 크고, 그만큼 대량의 에너지가 필요한데, 이 에너지 공급의 핵심이 미토콘드리아의 외막과 내막 사이에 많은 수소이온을 축적하여 그 농도 차로 ATP 합성효소를 회전시키면서 ATP를 합성하는 것이다. 미토콘드리아 내막과 외막 사이에 고농도로 축적된 수소이온이 미토콘드리아 안으로 들어오면서 ATP 합성효소를 회전시키는데 1회전당 3개의 ATP를 합성한다.

이때 만약 디니트로페놀(2,4-Dinitrophenol) 같은 약물을 처리하면 수소이온이 밖으로 빠져나가 ATP를 합성하지 못하고 열을 발생시키는 데 사용된다. 그만큼 더 많은 포도당을 소비해야 하는 것이다. 이런 일은 우리 몸의 갈색지방이 자연적으로도 하는데, 몸으로 추위를 느끼면 뇌는 교감신경을 통해 갈색지방에 열 생성 반응을 일으키라는 신호를 보낸다. 그 신호로 APT를 만드는 동력이 될 수소이온이 빠져나가 열을 만들게 된다.

맛 이야기를 하다가 왜 느닷없이 ATP, 광합성, TCA회로, 수소이온 같이 어려운 이야기를 하는지 의아하게 느낄 수 있겠지만, 포도당을 이용해 ATP를 만드는 것은 생명의 동력을 만드는 일이고, 그것을 잠시라도 멈추면 어떤 생명체도 곧바로 죽게 된다. 더구나 이 과정의 효율성이 질병과 노화의 속도를 좌우하는 가장 결정적인 요인인데, 방송 등에서 다루는 식품과 건강 이야기는 이런 핵심적인 내용은 빼고 너무 지엽적인 문제만 다룬다.

하여간 미토콘드리아 안으로 들어온 수소이온은 즉시 제거하여야 한다. 아니면 미토콘드리아 안의 수소이온 농도가 점점 높아져 안과 밖

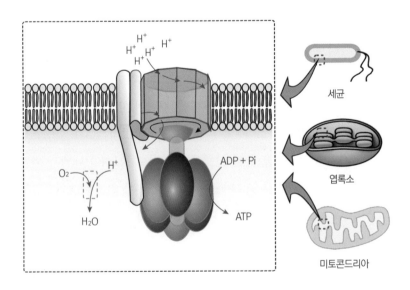

수소이온의 농도차를 이용한 ATP의 합성

의 농도 차가 없어지면서 ATP 합성효소의 작동이 멈추게 된다. 수소이온(H^+)을 제거하는 가장 효과적인 방법이 산소(O_2)와 결합시켜 물(H_2O)로 만드는 것이다. 우리가 쉬지 않고 숨을 쉬어야 하는 이유가 바로 수소이온을 물로 전환시킬 때 필요한 산소를 공급하기 위해서다. 문제는 이 과정에서 활성산소가 만들어진다는 것이고, 이것이 우리가 늙고 질병에 걸리는 가장 큰 원인이다. 이렇게 수소이온의 농도를 관리하는 것이 생명현상에서 가장 핵심적인 기능인데, 혀에 수소이온의 농도를 감지하는 장치(=신맛)가 없다면 그게 오히려 이상할 것이다.

생명현상의 연결고리도 유기산이다

신맛을 내는 유기산의 종류는 너무나 다양하다. 광합성에 관여하는 분자도 전부 유기산이고, 포도당에서 피루브산까지의 해당 과정, 피루브산이 이산화탄소와 물로 완전히 연소하는 TCA회로도 전부 유기산으로 구성된다. 지방을 구성하는 지방산, 단백질을 구성하는 아미노산,

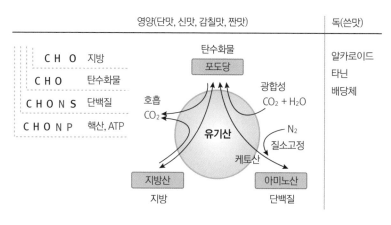

신맛/유기산의 의미

그 중에 특히 가장 높은 비율을 차지하는 글루탐산과 아스파트산은 산 구조를 2개 가진 유기산이다. 알고 보면 생명현상의 핵심을 이루는 반응은 대부분 유기산을 통해 이루어지고, 생명의 시작 자체가 유기산에서 시작되었을 가능성도 높다.

1953년, 스탠리 밀러는 생명이 어떻게 시작되었는가를 탐구하기 위해 수소, 메탄, 암모니아 및 수증기로 이루어진 원시 대기 조건에서 전기를 방전하는 실험을 수행했다. 지구 초기의 대기 환경을 재현하여 그때 무엇이 만들어지는지를 조사한 것이다. 실험 결과 만들어진 물질 대부분이 유기산이었다. 지금도 모든 생명체가 가장 많이 만드는 물질이 유기산이다. 우리 몸의 영양분이 몸을 구성하거나 비축될 때는 전분, 지방, 단백질의 형태를 가지지만, 대사될 때는 유기산의 형태를 가지는 경우가 많다. 단지 그런 유기산은 만들어지면 즉시 다른 물질로 전환되기 때문에 우리 몸에는 아주 적은 양만 남아있을 뿐이다. 만약에 대사 과정에서 만들어지는 유기산이 계속 우리 몸에 누적된다면 압도적으로 가장 많은 양을 차지할 것이다.

신맛 물질이 식품의 보존성을 높이는 이유

에너지 대사란 포도당 같은 유기물을 이산화탄소와 수소이온(H+)으로 분해하여 수소이온의 농도 차를 만들고, 그것을 동력으로 ATP를 만들고, 남는 수소이온을 산소와 결합시켜 물로 만들어 제거하는 과정이라고 할 수 있다. ATP 합성효소는 수소이온 농도 차로 돌아가는 발전기라 외부 환경의 수소이온에 민감하다. 미생물은 종류가 정말 다양해서 온갖 특이한 환경에 적응해 살고 있지만 대부분 pH에 민감하다. pH에 따라 생존성이 달라지는 것이다. 식품이 pH4.2 이상이면 미생물이 증식하기 쉬워 장기보존을 위해서는 멸균을 해야 하지만 과일주스처럼 pH가 낮은 제품은 살균처리만 해도 충분한 보존성을 가진다. 그러니 산미료가 식품에서 가장 광범위하게 사용되는 보존제라고 볼 수도 있다.

우리 몸의 장 속에는 40조 개 이상의 미생물이 살고 있는데, 유해균의 과도한 증식을 억제하고, 미생물의 균형을 유지하는 데 유산균이 만든 젖산이 큰 역할을 한다. 김치나 발효유에서도 발효과정에서 만들어지는 젖산이 그 역할을 한다. 식품에 보존료로 허용된 프로피온산, 소르빈산, 안식향산 같은 것도 유기산이다. 이들은 유기산 중에 가장 적은 양으로 보존성을 높이기 때문에 보존료라는 특별한 이름을 가졌을 뿐이다.

식품에서 pH가 중요한 또 다른 이유는 식품을 구성하는 분자의 용해도가 크게 달라지기 때문이다. 용해도는 생명현상, 물성 현상 그리고 심지어 맛 현상에서도 결정적인데, 물에 잘 녹는 물질이 맛 물질로 작용하고, 기름에 잘 녹는 물질이 향으로 작용한다. 용해도의 이해가 워낙 중요해서 내가 물성에 관해 쓴 책에서 가장 강조한 내용이기도 하다. 산미료는 색소 분자의 용해도를 다르게 하고, 안토시아닌 계통 색소의 색을 달라지게 하고, 비효소적 갈변을 억제하여 색을 유지하는 역할도 한다.

식품과 우리 몸을 구성하는 분자는 산성 물질이 많아서 보통 산성에서 용해도가 떨어지고 알칼리에서 용해도가 높아진다. 무작정 용해도가 높은 상태가 좋은 것은 아니다. 혈액이나 세포 안에는 엄청나게 많은 고분자가 있는데, pH가 높아져 고분자가 작게 움츠러든 형태로 있던 것이 마구 풀어지면 공간도 많이 차지하고, 분자끼리 서로 엉켜 붙어 고체화되는 겔화가 일어나기 쉽다. 단백질이 달걀을 삶을 때처럼 풀어져 엉키면 그 순간에 생명현상은 파탄이 난다. 녹아야 할 것은 잘 녹은 상태로 유지되고, 접힌(Folding) 상태를 유지해야 할 것은 접혀져 있어야 하는 것이 핵심이다.

산미료 중에 구연산이 가장 맛있다

신맛이 단맛과 어울리면 맛과 향을 증폭시키는 역할을 한다. 과일이 대표적인 예로써 단맛과 신맛이 맛의 중심을 잡고, 개성 있는 향이 다양성을 만든다. 단맛이 약해지면 향이 약하게 느껴지는데 신맛 또한 그렇다. 일정 농도까지 산미료를 추가하면 신맛보다는 풍미가 증폭되고 생동감이 느껴진다. 그러니 신맛이 어울리는 제품에서 신맛을 줄이면 풍미가 약해지고 향도 흐릿해진다. 그래서 과일 음료 같은 것을 개발할 때는 제일 먼저 그 과일에 어울리는 당도를 찾고 그 당도에 맞는 산도를 결정한다. 당도와 산도의 비율을 당산비라고 하는데, 만약에 이 당

과일의 당산비

과일	당(%)	산(%)	당산비	산비율(%)
바나나	18	0.3	60	1.7
배	10	0.2	50	2.0
복숭아	10	0.4	25	4.0
사과	10	0.8	13	8.0
오렌지	10	1.2	8	12.0
파인애플	12	2	6	16.7
자몽	6	2	3	33.3
레몬	2	5	0.4	250.0

※출처: 「음식과 요리」, 해럴드 맥기

맛은 오미오감에서 시작된다

산비를 맞추지 않으면 아무리 열심히 향을 조절해도 제대로 된 풍미가 나오지 않는다.

산미료는 훌륭한 자극제로서 소스나 드레싱에 없어서는 안 될 재료다. 산미료의 새콤한 맛은 침을 고이게 하며, 침은 소화를 돕고 맛을 느끼는 데 도움을 준다. 신선한 향과 함께 적당한 산미가 있으면 상큼하게 느껴진다. 결국 산미료는 단순히 신맛을 부여하는 것이 아니라 단맛, 짠맛 등의 맛을 섬세하게 느낄 수 있게 해주고, 특히 지방의 느끼함을 잘 잡아준다. 삼겹살을 먹을 때 새콤한 김치가 잘 어울리는 이유이다.

자연에는 정말 다양한 종류의 유기산이 있지만 식품에 주로 사용하는 것은 식초와 구연산이다. 요리에는 식초가 많이 사용되는데 식초는 가장 작은 유기산으로 휘발성이 있어서 그 맛과 함께 특유의 향이 동시에 느껴진다. 가공식품에는 구연산이 많이 쓰이는데, 분자량이 크고 휘발성이 없어서 맛 물질로만 작용한다. 요리에서 식초 특유의 냄새가 없이 산미를 부여하고자 할 때 레몬처럼 구연산의 함량이 높은 과일이 쓰이기도 한다. 우리는 레몬이라는 말만 들어도 입에 침이 고이고 몸서리를 친다. 보통 산미료는 0.2%만 사용해도 충분한데, 레몬에는 무려 5~6%의 구연산이 들어 있기 때문이다. 요리에서 구연산은 감칠맛을 높이는 기능도 한다.

신맛은 하나지만 산미료는 다양하다

산미료는 다른 맛 물질에 비해 독특한 면이 있다. 분자가 수소이온과 나머지 부분으로 분해된다는 것이다. 분해된 수소이온은 신맛을 내고, 나머지 부분도 각자의 맛을 낸다. 수소이온의 맛은 동일하지만 나머지

부분이 달라 각각의 맛 특징이 달라진다. 그중 호박산은 해산물 느낌의 감칠맛을 주기 때문에 산미료보다 감칠맛 원료로 사용된다. 젖산, 사과산, 주석산 등 산미료마다 맛이 다른데 다양한 산미료 중에서 구연산이 많이 사용되는 것은 그만큼 맛이 좋기 때문이다. 향도 그렇지만 맛에 있어서도 분자가 작으면 빠르게 움직이기 때문에 날카롭고 자극적인 경우가 많고, 분자가 크면 맛이 느리게 느껴지면서 오랫동안 남는 경우가 많다.

사람들은 식품의 맛이나 향이 너무 날카롭거나 길게 끌리는 것은 좋아하지 않는다. 중간 크기 정도의 분자가 부드럽고 우아한 맛을 주는데 구연산은 산미료 중에는 큰 편이지만 맛 물질로는 보통의 크기이고, 맛이 느껴지는 속도도 너무 빠르지도 너무 뒤로 끌리지도 않는다. 감미료 중에서 설탕과 비슷한 맛 프로파일을 가지고 있는 것이다.

산미료의 기능은 수소이온이라 구연산나트륨, 인산나트륨처럼 수소이온 자리를 나트륨이나 칼륨으로 바꾼 분자는 내놓을 수소이온이 없

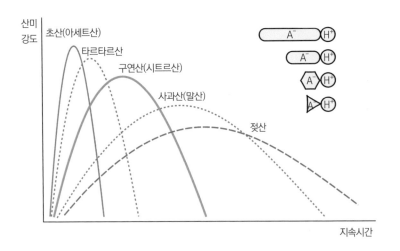

산미 곡선

　맛은 오미오감에서 시작된다

어서 알칼리성 물질이다. 구연산(Citric acid)의 정반대 분자가 구연산나트륨(Sodium citrate)인데, 구연산의 기능에 나트륨의 기능이 추가되었다고 착각하기도 한다.

　최근 요리들을 보면 확실히 신맛의 호감도가 상승했지만, 여전히 어려운 맛이다. 신맛은 무작정 좋아하기 힘든 맛이고, 개인과 농도의 차이에 따라 호불호가 워낙 극명하게 나뉘기 때문이다. 신맛은 맛 중에 쓴맛 다음으로 민감한 편이라 적은 양의 차이에 의해 호불호가 갈린다. 그리고 음식의 종류와 개인의 선호도와 익숙한 정도에 따라서도 평가가 완전히 달라진다. 쓴맛이 개인차가 더 심하지만 쓴맛은 그냥 줄이면 되는 반면, 신맛은 사람에 따라 최적점이 많이 달라서 기준을 잡기가 매우 어렵다. 우리나라 사람은 서양인보다 10배 정도 신맛에 민감하다고 한다. 우리가 거칠다고 느낄만한 신맛을 서양인은 풍미가 좋다고 느끼고, 우리가 적당하다고 느끼는 신맛에 서양인은 향이 약하고 생동감이 없다고 느낄 수 있다. 신맛은 이처럼 존재 이유부터 그것을 구성하는 물질을 이해하고 다루는 것까지 전부 까다로운 존재다.

과일별 유기산의 차이

④ 짠맛, 소금은 인류 최초이자 최후의 식품첨가물

미네랄 중에 유일하게 따로 챙겨먹어야 하는 것은 소금(나트륨)이다

나는 켈로그의 기존 간판 제품에서 소금을 전부 빼버린 시험 제품을 맛볼 기회를 얻었다. 그리고 그들이 아무리 소금 중독에서 벗어나고 싶어도 선뜻 나서지 못하는 이유를 완벽하게 이해할 수 있었다. 소금을 빼니 하나같이 엽기 요리 경연에서나 맛볼 듯한 맛이 났기 때문이다. 콘플레이크는 금속 맛이 났고 냉동 와플은 마치 지푸라기를 씹는 느낌이었다. "소금은 사실상 음식 맛 전체를 좌우합니다. 이것들은 소금만 뺐을 뿐인데 소금이 막아주던 나쁜 맛이 살아나 전체 맛이 망가져버렸습니다." 이 엽기 시식회를 동행한 켈로그의 식품공학자 존 케플링거의 설명이다. 소고기 채소 수프는 나트륨 양만 줄이고 다른 부분은 건드리지 않았다. 그런데 그저 맹맹한 것이 아니라 쓰고 떫으면서 금속 맛과 비슷한 끔찍한 맛이 났다.

- 마이클 모스, 『배신의 식탁』

맛은 오미오감에서 시작된다

지난 10여 년간 보건당국이 가장 노력한 것 중 하나가 바로 '나트륨 (소금) 저감화'다. 이처럼 소금이 지금은 천덕꾸러기 취급을 받지만 불과 100년 전만 해도 금처럼 귀한 대접을 받았다. 소금을 생산하는 일은 최초의 산업 중 하나였고, 기원전부터 국제간 거래 품목이었다. 많은 나라에서 소금을 국가 전매품으로 다루었고, 국가 세금 수입의 절반을 차지하기도 했다.

과거에는 도대체 왜 소금이 그렇게 비싸고 귀한 대접을 받은 것일까? 소금은 짜기만 한데 음식에서 소금을 조금 줄이는 것이 왜 그리 어려운 것일까? 그런데 이 질문은 '우리 몸에 필요한 미네랄이 10가지가 넘는데, 그중 왜 나트륨만 오미의 하나인 짠맛으로 감각할까?'와 똑같은 물음이다. 이 질문에 대한 답을 찾으려면 소금이 우리 몸 어디에 쓰이는지부터 알아봐야 하는데, 소금(염화나트륨)은 바닷물 미네랄의 86%를 차지할 정도로 압도적으로 많고, 우리 혈액에서도 똑같이 86%를 차지할 정도로 많은 미네랄이다.

소금이 있어야 심장이 뛰고 뇌가 작동한다

우리 몸에 필요한 미네랄 중 가장 많이 필요한 것이 나트륨과 칼륨이다. 작고 가벼울 뿐 아니라 1가 양이온이라 단백질과 강한 결합을 하지 않아 다루기 쉽고 흡수와 배출도 쉽다. 이들의 기본 역할은 삼투압 조절이다. 물은 생화학 반응의 기본조건으로 생명체에 가장 중요한데, 그양이 삼투압으로 조절된다. 바닷물을 마시면 오히려 갈증이 나는 것은 삼투압 때문에 물이 빠져나가기 때문이다.

나트륨은 전기적 신호를 만드는 데도 핵심이다. 뇌는 초당 수십 번의 전기적 펄스를 만들며 작동하는데, 이 전기 펄스를 만들기 위해 신경

세포의 나트륨 채널을 열어 나트륨 이온을 대량 세포 안으로 들어오게
한다. 그리고 신호가 발생하자마자 다음 신호를 만들기 위해 다시 나트
륨을 세포 밖으로 퍼낸다. 뇌는 다른 부위의 10배의 에너지를 쓰는 에

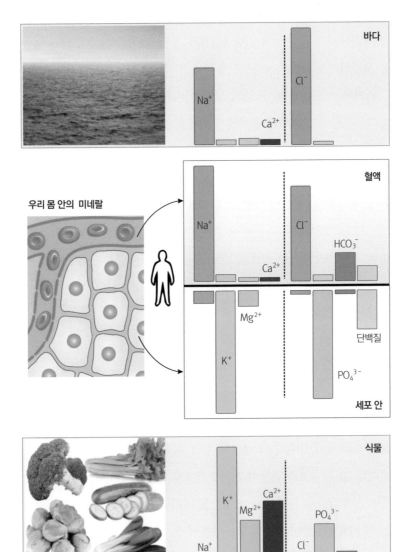

세포의 미네랄과 혈액의 미네랄의 차이

맛은 오미오감에서 시작된다

너지 과소비 기관인데, 뇌가 쓰는 에너지의 절반이 바로 나트륨 이온을 밖으로 퍼내는 데 쓰인다. 만약 나트륨이 계속 재사용되는 것이 아니고 한번 쓰면 사라지는 1회용이라면 우리는 뇌에서 쓰는 양조차 감당할 수 없을 것이다.

우리 몸은 왜 칼륨 대신 나트륨을 감각할까?

진화의 줄기를 거슬러 올라가면 인간은 물고기의 후손이다. 물고기에서 부속지(팔과 다리)가 출현하여 땅 위를 걸을 뿐, 기본 체계는 크게 다르지 않다. 그런데 3억 7천만 년 전 물고기의 육상 진출이 시작되면서 예상치 못한 문제가 생겼다. 뭍에서 소금을 구하기가 어려워진 것이다. 바다에 살던 때는 상상조차 못했던 일이다. 그만큼 동물의 먹잇감인 식물에는 나트륨이 턱없이 부족했다.

식물 세포 안의 미네랄 조성은 동물 세포와 큰 차이가 없다. 단지 식물에는 피가 없고, 피의 미네랄 조성이 식물 세포와 완전히 달라서 피에 필요한 미네랄을 식물을 먹어서는 해결할 수 없었던 것이다. 혈액 미네랄의 86%가 나트륨과 염소인데, 이것은 식물에 필요한 성분이 아니다. 식물은 흙에 칼륨(K)과 나트륨(Na)이 비슷하게 있어도 칼륨만 흡수하고 나트륨은 흡수하지 않는다. 그래서 식물에는 칼륨이 많고 나트륨은 칼륨의 10%도 안 되는 적은 양만 있다. 강낭콩은 나트륨이 칼륨의 3.7%, 양배추 10.5%, 오이 9.2%, 상추 1.5%, 양파 7.5%, 감자 1.1%, 고구마 6%, 시금치 25%, 생강 3.7%, 밀가루 0.9%, 쌀 5.6% 등으로 대부분 칼륨에 비해 훨씬 적다.

그러니 식물을 먹고 사는 초식동물은 항상 나트륨에 굶주릴 수밖에 없다. 그래서 나트륨을 확보하기 위해 사력을 다하고, 일단 흡수한 나트륨은 몸 밖으로 배출되는 것을 막기 위해 최선을 다한다. 심지어 코끼리의 경우는 소변으로 나트륨을 거의 배출하지 않는다고 한다.

나는 소금이 인류 최초의 식품첨가물이자 최후의 첨가물(공식적으로는 첨가물이 아니지만)이라고 생각한다. 다른 미네랄은 필요량도 적고, 음식을 적당히 골고루 먹으면 필요량을 충족하기 쉽다. 하지만 나트륨만큼은 아무리 음식(식물)을 잘 골라 먹어도 우리에게 필요한 양을 채울 수 없다. 그러니 따로 챙겨먹어야 했고, 그러기 위해 많은 미네랄 중에 소금만 따로 맛으로 느끼는 이유라고 생각한다.

우리 몸은 나트륨을 정말 소중하게 아껴서 사용하지만, 소량이나마 끊임없이 손실되므로 꾸준히 섭취해야 한다. 그래서 동물에게는 항상

식물의 나트륨과 칼륨의 비율

종류	나트륨	칼륨	Na(%)	K/Na
달걀	135	138	97.8	1.0
모유	48	68	70.6	1.4
당근	95	224	42.4	2.4
우유	50	160	31.3	3.2
시금치	123	490	25.1	4.0
돼지고기	45	400	11.3	8.9
양배추	31	302	10.5	9.7
오이	13	141	9.2	10.8
쌀(도정)	6	113	5.6	18.8
강낭콩	43	1160	3.7	27.0
상추	3	208	1.5	69.3
감자	6	568	1.1	94.7
밀가루	3	361	0.9	120.3
콩		1160	0	

　맛은 오미오감에서 시작된다

소금에 대한 강력한 욕망이 숨어 있다. 그나마 육식동물은 초식동물의 피 등에서 나트륨을 섭취할 수 있지만, 초식동물은 식물에 없는 나트륨(소금)에 대한 갈망이 너무나 큰 나머지 소금을 얻기 위해 목숨을 건 위험한 행동마저 마다하지 않는다. 암염을 먹기 위해 까마득한 절벽을 오르는 아이벡스 염소만 봐도 알 수 있다.

소금 섭취량은 우리 몸에서 사용되는 양의 극히 일부이다

소금 같은 미네랄은 원자(이온)상태라 우리 몸에서 생성되지 않지만, 아무리 사용한다고 변형되거나 소비되지도 않는다. 일단 우리 몸에 들어오면 영원히 쓸 수 있다. 그런데 왜 소금을 계속 먹어야 할까? 그만큼 많이 손실(배출)되기 때문인데, 소금의 배출이 많은 것은 우연이 아니라 아무리 노력해도 더 이상 줄이기는 불가능할 정도로 억제한 결과물이다.

뇌가 사용하는 에너지의 50%를 나트륨 펌프의 작동에 쓸 정도로 나트륨을 왕성하게 사용하지만, 그래도 뇌는 닫힌 구조라 나트륨이 누출될 가능성이 적다. 하지만 혈액과 소화에 사용되는 소금은 사정이 다르다. 소화기관의 내용물이 소장에서 대장으로 운반될 때 기본적으로 많은 물을 포함한 묽은 죽과 비슷한 상태가 된다. 그래야 소화 과정을 원활히 수행할 수 있는데, 이 상태를 만들기 위해 췌장의 효소, 점액, 담즙산 등이 모두 많은 물을 포함한 채 장으로 분비된다. 이렇게 매일 약 9ℓ에 이르는 체내의 물이 위, 소장, 대장으로 흘러간다. 물은 대장에 이르는 동안 대부분 다시 흡수되어 대변을 통해 배출되는 양은 겨우 0.1ℓ 정도다. 이런 물의 재흡수에 큰 역할을 하는 것이 나트륨이다. 나트륨이 소화기관으로 방출되면 물도 따라서 소화기관으로 들어가고, 장에서 나트륨이 다시 회수되면 삼투압 현상에 의해 물도 따라서 회수된다. 이런 나트륨의 재흡수가 가장 적극적으로 일어나는 곳이 콩팥이다.

콩팥은 체중의 0.5%에 불과하지만, 하루 동안 심장이 펌프질하는 1,700ℓ의 혈액 중 무려 20%가 통과한다. 콩팥의 사구체에는 여과망이 있는데 혈액이 여기를 지날 때는 적혈구, 단백질, 지방 등 큰 분자는 여과망의 미세한 틈으로 빠져나가지 못하지만 물, 포도당, 나트륨 등의 작은 분자는 모두 빠져나가 버린다. 340ℓ의 혈액 중에 180ℓ 정도가 배출되는 것이다. 만약 이들이 그대로 전부 몸 밖으로 배출되면 정말 큰일인데 다행히 콩팥에는 필요한 분자를 재흡수하는 장치가 있어서 포도당은 100%, 물과 나트륨은 99%가 재흡수된다. 그 덕분에 몸에서 쓰이는 양보다 훨씬 적은 양의 소금만 먹어도 되는 것이다.

콩팥의 사구체를 통해 하루에 배출되는 소금의 양은 1,100g이다. 하루 권장량 5g의 220배다. 만약에 콩팥에서 90%만 재흡수되고 10%가 배출되어도 우리는 하루에 100g의 소금을 먹어야 한다. 다행이 99%

맛은 오미오감에서 시작된다

이상 재흡수되어 10g도 안 되는 양만 먹어도 충분한 것이다. 만약 질병에 의해 알도스테론이라는 호르몬이 분비되지 않을 경우, 인간은 100g 이상의 소금을 먹어야 살 수 있다. 결국 소금의 섭취량은 사용량이 아니라 재흡수되지 못하고 손실되는 양이 결정하는 것이다.

섭취량이 많으면 그만큼 배출량을 늘리고, 섭취량이 적으면 배출량을 줄이지만 여기에도 한계가 있다. 아무리 적게 먹어도 2g 이상은 먹어야 생존할 수 있고, 많이 먹으면 우리 몸이 워낙 배출을 꺼리기 때문에 문제가 생긴다. 병원에 입원했을 때 흔히 주는 포도당 주사는 포도당 5~10%에 식염수가 0.9% 정도 섞여 있다. 포도당과 소금이 생명을 유지하는 가장 기본적인 영양소이기 때문이다. 그래서 과거에 소금은 정말 귀한 대접을 받았는데 지금은 너무 흔하고 저렴해지면서 하루에 10g 이상 먹는 시대가 되었다. 과다 섭취가 문제된 것이다.

소금이 가장 바이탈 미네랄(Vital mineral)이다. 그래서 소금이 맛있다

우리 몸에 필요한 수만 가지 유기물 중 체내에서 합성을 하지 못해 반드시 음식으로 섭취해야 하는 것을 비타민이라고 부른다. 그런데 식물은 비타민을 아주 잘 합성하지만, 미네랄만큼은 전혀 합성하지 못한다. 미네랄이 비타민보다 훨씬 필수불가결한 것이다. 과거 미네랄 중에 음식으로는 섭취량이 부족해 결핍의 가능성이 가장 높았던 것이 소금이다. 오죽했으면 우리 몸이 혀로 느끼는 5가지뿐인 감각의 하나를 소금을 감각하는데 할당했을 정도다. 소금이 생존에 가장 절박한(vital) 미네랄인 바이탈 미네랄(Vital mineral)이기 때문에 가장 강력한 맛 성분으로 작용하는 것이다.

세상에서 소금보다 맛있고, 요리에 강력한 효과를 주는 것은 없다.

만약 그런 것이 있다면 소금 대신 넣어 나트륨을 쉽게 줄일 수 있을 것이다. 분자요리로 세계적 명성을 얻은 엘 불리의 페랑 아드리아는 소금을 일컬어 "요리를 변화시키는 단 하나의 물질"이라고 말한 바 있다. 이처럼 소금은 음식에 짠맛을 주는 것이 아니라 음식의 전반적인 풍미를 높인다. 쓴맛이나 이취는 줄여주고, 단맛을 더 강하게 하고, 향을 풍부하게 한다. 심지어 물성에도 영향을 준다.

식품의 구성 성분은 복잡하며 하나하나 분리하여 맛을 보면 대체로 무미이거나 나쁜 맛인 경우가 많다. 그럼에도 전체적으로 맛이 괜찮은 것은 그것을 보완해주는 성분과 균형을 이루기 때문이다. 예를 들어 우유나 탈지우유는 맛이 괜찮다. 하지만 탈지우유에서 미네랄마저 제거하면 맛이 나빠지고, 거기에 다시 소량의 소금을 넣으면 원래 우유 맛이 난다. 소금 때문에 우유 맛이 나는 것은 아니지만, 맛의 균형을 잡아 나쁜 맛은 감추고 좋은 맛은 더 좋게 하는 능력이 탁월하기 때문이다. 소금이 없으면 간장도 된장도 젓갈도 없고 국도 찌개도 김치도 없다. 소금이야말로 맛의 지배자인데 그저 당연한 것인 양 무심히 사용할 뿐, 그 의미와 가치를 제대로 알아보는 경우는 별로 없다.

최근에는 나트륨에 이어 당류 줄이기를 시도하고 있는데, 이론적으로는 당류 줄이기가 훨씬 쉽다. 짠맛 수용체는 나트륨만 통과하도록 설계된 채널형(통로형) 수용체라 그것을 통과할 물질이 소금(나트륨)말고는 찾기가 힘들다. 하지만 단맛 수용체는 더듬이처럼 분자의 일부를 더듬어서(결합해서) 작동하는 방식이라 분자의 일부만 비슷해도 작동한다. 그래서 포도당 형태의 분자뿐 아니라 당류도 아니면서 설탕보다 수백 배 강력하게 결합하는 물질이 있는 것이다. 그런 물질은 소량만 사용해도 단맛을 낼 수 있고 칼로리는 없다. 단맛에 이런 대체물질이 많으므로 이론적으로 설탕 줄이기가 소금 줄이기보다 훨씬 쉬운 것이다.

이런 손쉬운 소재가 있는 당류조차 줄이기가 쉽지 않은데, 나트륨은 그런 대체 소재마저 없으니 저감화가 훨씬 힘들 수밖에 없다.

칼륨으로 나트륨을 대체하기 힘든 이유

나트륨은 우리 몸에 나쁘고 칼륨은 좋다는 주장도 있지만, 이는 완전히 틀린 말이다. 원자의 주기율표에서 리튬, 나트륨, 칼륨, 루비듐, 세슘은 같은 그룹인데, 리튬은 상쾌한 짠맛이 나지만 식품에 쓸 수 없고, 칼륨은 짠맛이 나타나기 전에 강한 쓴맛이 난다. 칼륨이 나트륨보다 안전한 것도 아니다. 혈액에 칼륨이 과하면 심장에 부정맥이 일어나 사망하기 때문에 미국에서는 사형을 집행할 때 제제로 쓰일 정도다.

우리가 섭취한 칼륨은 주로 세포 안에 보관(축적)되고, 나트륨은 주로 혈액에 있다가 쉽게 배출된다. 나트륨은 첨가량을 줄이면 되지만 칼륨은 대부분의 식물에 많이 함유된 성분이라 마음대로 줄일 수도 없다. 그러니 소금이 부족했던 우리의 조상이나 야생동물은 나트륨 과잉이 아니라 칼륨 과잉으로 고생했을 가능성이 훨씬 높다. 미네랄의 핵심은 딱 필요한 만큼의 양이다. 지나치면 독이 되기 쉬운 것이다.

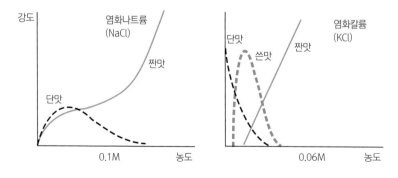

염화나트륨(NaCl)과 염화칼륨(KCl)의 맛의 차이

5 감칠맛, 단백질의 원천

단백질은 무슨 맛일까?

탄수화물인 당류는 단맛이 나고, 미네랄인 소금은 짠맛이 난다. 그렇다면 단백질을 구성하는 아미노산은 무슨 맛이 날까? 이 질문에 대한 답은 쉽지 않을 것이다. 생명이 무엇이냐는 말은 "단백질이 무엇이고 어떻게 작동하는가?"와 가까울 정도로 생명의 현상에서 중요한데도 우리는 단백질에 대해 잘 모른다.

탄수화물이 생명의 에너지원이라면 단백질은 생명의 엔진이다. 세포의 형태를 유지하고, 칼슘 등과 함께 뼈를 만드는 콜라겐, 우리 몸을 움직일 수 있게 해주는 근육, 면역세포, 이온통로, 이온펌프 그리고 우리 몸에 필요한 반응을 순식간에 해주는 만능 일꾼인 효소 등이 모두 단백질이다. 동물은 단백질 생명체라고 할 정도로 많은 양의 단백질이 합성되고 분해된다. 우리 몸에서 합성에 쓰이는 에너지(ATP)의 80%가 단백질을 합성하는 데 쓰일 정도다. 우리가 단백질을 먹으면 복잡한 소화과정을 거쳐 아미노산 단위까지 분해되어 흡수하고, 유전자 정보에 따라 아미노산을 순서대로 조립하면 우리 몸에 필요한 단백질이 된다.

이처럼 인간이 살아가려면 단백질이 풍부한 음식을 식별할 수 있는 능력이 필요한데 그것이 바로 감칠맛이다. 단백질이 풍부한 고기를 감칠맛으로 느끼는 것이다. 인류의 먹거리는 환경에 따라 계속 달라졌다. 20만 년 전 인류의 조상은 아프리카를 떠나면서 해산물에 의지해 살기도 했고, 대형동물을 쫓아다니면서 수렵으로 고기 위주의 식사를 하기도 했다. 그러다 농경시대가 되면서 곡식에 의존해 살기 시작했고, 인구가 증가하면서 고기는 아주 귀하게 되었다. 먹고 싶어도 아무 때나 먹을 수 있는 것이 아니었다. 그만큼 감칠맛에 대한 갈증은 커졌고, 그 대안으로 여러 방법이 고안되었다.

감칠맛이 풍부한 재료를 찾아 제대로 우려내다

과거에 음식의 감칠맛을 풍부하게 한 대표적인 방법은 감칠맛이 풍부한 재료를 찾아 오래 끓이는 것이었다. 서양에서 처음으로 감칠맛의 활용을 제대로 정립한 사람은 요리사인 오귀스트 에스코피에(1846~1935)이다. 그는 12세에 요리를 시작하여 74세에 칼튼 호텔에서 은퇴할 때까지 62년 동안 요리를 했으며, 빌헬름 2세에게 "나는 독일의 제왕이지만, 당신은 요리의 제왕이다"라는 말을 들을 정도로 위대한 요리사였다. 그는 "실로 육수는 요리에서 모든 것이다. 육수 없이는 아무 것도 할 수 없다. 좋은 육수를 만들면 나머지는 식은 죽 먹기다"라고 할 정도로 감칠맛을 중시했다. 그는 다른 요리사들이 내버리는 살점이 없는 힘줄과 소꼬리 그리고 다듬고 남은 자투리 채소, 양파, 당근 등을 함께 넣고 깊은 맛(감칠맛)이 우러날 때까지 푹 고았고, 그렇게 감칠맛이 풍부한 육수가 만들어지면 그것을 바탕으로 소스를 만들었다. 프랑스 요리를 세계적으로 만든 것이 바로 소스인데, 소스의 시작이라고 할 수 있는 스톡을 미리 만들어 데미글라스를 만들어 놓으면 다른 어떠한 화려한 소스도 순식간에 만들 수 있다.

이런 육수의 핵심이 감칠맛이다. 단백질은 아미노산이 수백 개가 결합한 상태라 미각 수용체로 감각하기에는 너무 커서 맛으로 느낄 수 없다. 우리의 미각 수용체는 개별 아미노산이나 작은 펩타이드 정도의 작은 크기만 감각할 수 있기 때문에 감칠맛은 단백질의 양이 아니라 분해되어 있는 아미노산의 양에 좌우된다. 고기 자체는 아미노산의 99%가 단백질 상태로 결합되어 양에 비해 맛으로 느낄 수 있는 것은 적다. 채소는 단백질의 양은 적지만 10% 이상이 단백질로 결합하지 않은 유리(free) 아미노산 상태라 국물에 감칠맛이 제법 있다. 채소 중에서도 토마토는 감칠맛에 유별난 작물인데, 잘 익은 토마토는 무려 글루탐산의 59%가 유리 아미노산 형태로 존재한다. 그야말로 감칠맛을 위한 채소라 할 수 있다.

발효, 감칠맛을 위해 단백질을 분해하다

감칠맛이 풍부한 재료를 찾아 오래 가열하면 감칠맛 성분이 추출되지만 여기에도 한계가 있다. 음식을 끓인다고 단백질이 마구 분해되어 유리 글루탐산이 팍팍 증가하지는 않는 것이다. 이보다 효과적으로 단백질을 분해하는 방법을 찾아야 하는데 미생물의 효소를 이용한 발효가 대표적이다. 우유의 단백질을 분해한 치즈, 콩의 단백질을 분해한 된장, 간장 그리고 생선의 단백질을 분해한 어장과 젓갈이 대표적인 단백질 분해식품이다.

콩은 단백질 함량이 40%나 되는데, 아미노산의 25% 정도가 글루탐산이다. 콩 100g에 무려 10g(10%)의 글루탐산이 들어 있는 것이다. 감칠맛은 0.5%로 충분하기 때문에 이것을 전부 맛으로 느낄 수 있다면 엄청나겠지만, 대부분 단백질로 결합한 상태라 맛으로 느낄 수 없다. 그래서 콩을 삶아 메주를 만들고 미생물로 분해하여 장류로 만든다. 우리가 유난히 콩으로 된장, 간장 등의 장류를 많이 만들어 먹은 것은 콩이 가장 구하기 쉬운 단백질원이었기 때문이다.

단백질이 풍부한 식재료는 뭐든 분해하면 감칠맛이 풍부해진다. 하지만 발효는 어렵고, 단백질의 발효는 특히 더 어렵다. 더구나 옛날에는 요리 프로그램이나 선생님도 없었다. 하지만 감칠맛에 대한 갈망이 워낙 컸기 때문에 까다롭고 손이 많이 가는 발효식품을 다양하게 만들어 먹었다. 예전 종갓집 음식 맛은 대부분 까다롭게 발효시킨 장류에서

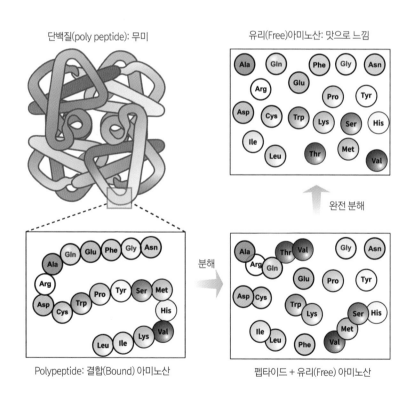

단백질을 분해하면 맛이 좋아지는 이유

나온 것이다.

발효식품 중에 단백질 분해가 까다롭다고 하면 모든 생명체가 단백질을 만드는데 합성이 어렵지 고작 분해하는 것이 뭐 어려울까 하겠지만, 그것은 단백질 합성이 얼마나 어렵고 힘든 과정인지 몰라서 생기는 오해다. 단백질을 합성하는 효소는 단백질이 무려 30개 이상 결합한 거대 효소(단백질)이고, 20종의 아미노산을 유전자 순서에 맞게 합성하는 과정의 전모를 알면 이것이 실제 그 작은 세포 안에서 지능의 개입 없이도 가능한 작업인지 의심이 들 정도로 복잡한 과정이다.

단백질 분해는 당연히 단백질 합성보다는 쉽지만, 20종의 아미노산을 일일이 분해하는 것이라 다른 발효보다 훨씬 어렵다. 그래서 재래간장의 분해율은 20% 정도인 경우도 있고 분해 효율이 훨씬 개선된 양조간장도 80%를 넘기기는 쉽지 않다. 단백질 중에 분해되지 않는 부분이 깊은 맛으로 작용하기도 하지만, 쓴맛으로 작용하는 경우도 많다. 과거에는 그 정도 쓴맛은 전혀 문제가 없었지만, 요즘 아이들에게는 감칠맛이 풍부하고 쓴맛은 없는 대체물도 많아 선호도가 떨어지는 이유로 작용할 수도 있다.

감칠맛의 핵심은 글루탐산이라는 아미노산

감칠맛은 100년 전만 해도 오미의 하나로 인정조차 받지 못했다. 감칠맛이 풍부한 맛있는 음식을 좋아하지만, 그것이 다른 맛의 조화로 나타나는 것인지 아니면 그런 맛을 내는 성분이 따로 있는지 알 수 없었기 때문이다. 단맛은 꿀, 짠맛은 소금, 신맛은 식초를 통해 쉽게 이해할 수 있지만 지난 수천 년 동안 인류는 감칠맛만 따로 내는 재료를 구할 수 없었다. 그러다 110년 전쯤에야 순수한 감칠맛 물질이 발견되었다.

1908년 일본의 화학자 이케다 키쿠나에 박사가 다시마 국물에서 감칠맛 성분을 분리해낸 것이다.

그는 아내가 어떤 요리든 다시마 국물을 이용해 맛있게 만드는 것에 착안해서 38kg의 다시마로 국물을 우려내 농축했다. 그리고 결국 30g의 유기산 결정을 얻었는데, 그것이 바로 글루탐산염이다. 다시마를 추출한 국물에는 특이하게 다른 아미노산은 별로 없고 감칠맛을 내는 아미노산인 글루탐산과 아스파트산만 많았는데, 이케다 교수가 글루탐산을 발견한 데는 이런 재료의 선택도 한몫을 한 셈이다.

글루탐산에 이어 이노신산(IMP)과 구아닐산(GMP) 같은 핵산계 감칠맛 성분도 발견되었는데 전부 일본인에 의해 이루어졌다. 글루탐산과 1:1로 만나면 감칠맛이 7배나 증폭되는 이노신산은 1913년 이케다 교수의 제자인 고다마 신타로에 의해 가쓰오부시에서 발견되었고, 글루탐산과 만나면 감칠맛이 30배 증폭되는 구아닐산은 1957년 아키라 쿠니나카에 의해 표고버섯에서 발견되었다. 감칠맛에 대한 핵심적인 발견이 모두 일본인에 의해 이루어진 것이다. 그래서 감칠맛의 공식 용어도 일본어인 '우마미(umami; うま味)'가 쓰인다.

이케다 박사의 연구는 단순히 학술적인 발견에서 그치지 않고 상업화까지 이어졌다. 밀가루의 단백질인 글루텐을 분해하여 MSG를 생산한 것이다. 그리고 나중에 미생물 발효 기술이 발전하여 훨씬 저렴하게 대량 생산이 가능해졌다. 귀족과 부자만 누릴 수 있었던 감칠맛을 누구나 쉽게 즐길 수 있게 된 것이다. 지금은 MSG가 아주 저렴해졌지만 과거에는 매우 비싸고 귀한 선물이었다.

왜 하필 글루탐산일까?

단백질을 분해하면 얻어지는 20종의 아미노산은 모두 감칠맛이 날까? 그렇지 않다. 글루탐산과 아스파트산만 감칠맛 수용체를 자극한다. 아스파트산은 감칠맛이 글루탐산의 1/3 정도고 양도 적어서 글루탐산이 감칠맛의 핵심인 아미노산이라 할 수 있다. 그런데 글루탐산은 단백질을 구성하는 20종의 아미노산 중에서도 가장 흔한 아미노산이다. 단백질에 아미노산이 같은 비율로 존재하면 각각 5%일 텐데, 글루탐산은 보통 10~40% 정도로 다른 아미노산에 비해 2~8배나 많다. 심지어 밀 단백질은 40%, 토마토의 단백질은 37% 이상이 글루탐산이다.

어떤 단백질을 먹든 그 안에는 글루탐산이 가장 많은 편이니 아미노산 중에 글루탐산이 부족할 가능성은 적다. 그렇다면 글루탐산보다 부족할 가능성이 높은 아미노산을 감각하는 것이 생존에 훨씬 효과적일 것 같은데, 우리 몸은 왜 글루탐산을 감각하는 것일까? 그 이유를 정확히 알 수는 없으나 자연에 존재하는 아미노산은 대부분 단백질의 형태로 존재하기 때문에 특정 아미노산만 많이 먹을 가능성이 적다. 그러니 어느 것을 선택해도 큰 무리는 없을 것이다. 동물의 단백질 조성은 우리 몸의 단백질 조성과 크게 다르지 않아 단백질이 풍부한 음식을 찾는 것이 중요하지 조성까지 따질 필요는 없다. 아미노산 중에 물에 잘 녹아 혀로 감각하기 쉬우면 충분한 것이다.

그래도 글루탐산은 식물에게 좀 특별한 아미노산이다. 식물은 광합성을 통해 포도당을 만들고, 포도당으로부터 자신이 필요한 대부분의 유기물을 만들지만, 그런 식물도 하지 못하는 것이 바로 질소고정이다. 공기 중의 질소(N_2)를 암모니아(NH_3) 형태로 고정해야 아미노산을 만드는데 쓸 수 있는데, 식물은 질소고정을 못해서 아미노기(NH_3)를 뿌리혹세균 등의 도움으로 구해야 한다. 뿌리혹세균에 포도당을 주는 대신

맛은 오미오감에서 시작된다

암모니아를 얻는 것이다. 그리고 그 암모니아를 맨 처음 받아들이는 분자가 바로 글루탐산이다. 글루탐산에 아미노기(NH_3)를 결합시켜 글루타민을 만드는 것이 식물의 질소 활용의 시작인 것이다.

글루탐산에서 프롤린, 아르기닌 같은 아미노산도 만들어지고. 아미노기전달 반응을 통해 다른 아미노산을 만들 때 필요한 아미노기(NH_3)를 공급한다. 그러니 글루탐산을 모든 아미노산의 어머니라고 할 수 있다. 미생물은 남는 유기물을 글루탐산 형태로 보관하는 경우가 많다. 글루탐산은 질소 활용의 시작일 뿐 아니라 끝이기도 하다. 아미노산이 분해되면 암모니아가 방출되는데, 암모니아가 과잉으로 존재하면 독성이 나타난다. 이때 글루탐산이 암모니아를 포획하여 글루타민으로 변하는 것이 암모니아를 해독하는 핵심 기작이고, 좀 더 복잡한 과정을 거쳐 아르기닌을 만든 뒤에 요소(Urea) 형태로 배출하는 것이 포유류의 질소 배출의 핵심적인 기작이다. 결국 글루탐산이 질소 대사의 시작과 끝을 책임지는 것이다. 글루탐산을 감칠맛으로 감각할 충분한 이유가 여기에 있다.

감칠맛의 상승작용은 매우 강력하다

적절한 감칠맛은 소금의 사용량을 줄이는 작용도 한다. MSG를 소량 첨가하면 소금의 양을 20~40% 줄이고도 같은 정도의 만족스러운 맛을 낼 수 있다. 그리고 궁합이 맞는 감칠맛 소재를 같이 사용하면 감칠맛이 크게 상승한다. 아미노산인 MSG가 핵산인 이노신산(IMP)이나 구아닐산(GMP)과 만나면 일어나는 현상이다. 이노신산(IMP)이 글루탐산과 50:50으로 만나면 감칠맛이 원래보다 7배까지 증폭된다. 이노신산은 가격이 비싸기 때문에 그 양을 줄여 10%만 넣어도 감칠맛이 5

배 높아지고, 1%만 넣어도 2배가 높아진다. 글루탐산이 풍부한 다시마로 국물을 낼 때 이노신산이 풍부한 가쓰오부시나 멸치를 함께 넣는 이유가 바로 이것이다. 이런 상승효과는 구아닐산(GMP)이 더 강력하다. 50:50이면 무려 30배나 증폭되고 10%만 넣어도 20배, 1%만 넣어도 5배나 증폭된다. 자체로는 별로 맛이 없는 버섯이 국물요리에 자주 등장하는 이유이다. 감칠맛의 시너지 효과가 과학적으로 밝혀진 것은 1960년대다. 하지만 훨씬 오래전부터 요리사들은 경험적으로 알고 있었다. 그래서 일본은 다시마와 가쓰오부시를 같이 쓰고, 우리나라는 다시마와 멸치를 같이 쓰고, 중국은 채소와 닭고기 뼈, 서양은 채소와 소고기를 조합해서 썼다. 다양한 재료로 맛의 깊이를 더한 것이다.

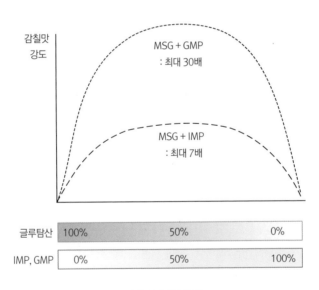

감칠맛의 상승작용

재료별 감칠맛 성분의 특징

MSG와 상승효과	MSG –	IMP 7배	GMP 30배	대표 재료
고기류	+	++++		닭 뼈 등 부산물도 이용
생선류	+	++++		멸치, 가쓰오부시
게, 새우	+	++		
오징어, 문어	++	+		
말린 오징어		++++		
조개	+++			
다시마	++++			
말린 표고버섯	++		++++	
채소	++			토마토
단백분해물	++++			된장, 간장, HVP
김	+++	+	+	

국가별로 감칠맛의 재료를 조합하는 형태

국가	글루탐산 원천		이노신산 원천
서양	양파, 당근, 샐러리	+	소고기 사태
일본	다시마	+	가쓰오부시
중국	배추, 파	+	닭 뼈
한국	다시마	+	멸치

6 쓴맛, 달면 삼키고 쓰면 뱉어야 한다

아이들이 채소나 발효식품을 싫어하는 이유

단맛, 짠맛, 감칠맛이 좋아하고 추구하는 맛이라면, 쓴맛은 싫어하고 기피하는 맛이다. 동물들은 본능적으로 '쓴맛=독'으로 인식하고 피하려 한다. 특히 아이들은 쓴맛을 극도로 싫어한다.

동물보다 식물에 독이 많다. 동물은 적이 나타나면 도망치면 되지만 식물은 곤충이나 초식동물 같은 적이 나타나도 그 자리에서 꼼짝없이 당할 수밖에 없다. 그런 식물이 자신을 지키기 위해 가장 많이 쓰는 방법이 중요 부분을 목질(셀룰로스)로 만드는 것이다. 셀룰로스는 매우 단단하여 대부분의 동물은 이를 소화시킬 수 없다. 그리고 청산배당체나 타닌 같이 포식자에게 독이 될 수 있는 여러 가지 분자를 만들기도 한다. 타닌은 상수리나무, 신갈나무, 밤나무 등에 많은데, 초식동물이 이것을 많이 섭취하면 내장의 소화효소들과 결합하여 기능을 하지 못하게 된다. 특히 곤충의 애벌레는 성장에 문제가 발생하여 죽게 된다. 아미그달린 같은 청산배당체, 솔라닌, 피트산뿐 아니라 담배의 니코틴, 커피의 카페인도 식물이 적을 막기 위해 만든 물질이다.

아이들은 쓴맛 때문에 채소나 발효제품을 싫어한다. 미각은 신생아

맛은 오미오감에서 시작된다

때 가장 예민하다. 신생아 시기에는 혀뿐만 아니라 입천장, 목구멍, 혀의 옆면에도 미각 수용체가 많다. 그래서 아기들은 밍밍한 분유의 맛도 몇 배로 맛있게 느낄 수 있으며 그만큼 쓴맛에도 예민하다. 그런 예민한 미각이 거칠고 독이 있는 음식이 많았던 과거에는 아이를 지키는 데 많은 도움이 되었을 것이다. 맛봉오리는 10세 무렵이 되면서 줄어들기 시작한다. 그러면서 슬슬 쓴 것도 먹게 된다. 어른이 되면 쓴맛에 둔해지고 쓴맛을 즐길 수 있게 된다. 커피를 좋아하고 술을 좋아하게 되는 것이다.

대부분의 음식에는 쓴맛이 약간이라도 들어 있으며, 커피, 차, 술 등 기호식품에는 상당히 많다. 그럼에도 이들을 즐기는 것은 뇌에 쾌감을 부여하는 성분이 있기 때문이다. 그런 쾌감 성분이 없어도 학습에 의해 독이 아니라는 사실이 확인되면 점차 거부감을 줄여나가게 된다. 쓴맛을 거부하는 본능도 학습 즉, 문화에 의해 어느 정도 극복이 가능한 것이다.

우리가 쓴맛을 피하기 힘든 이유

식품을 개발하는 사람은 되도록 쓴맛을 피하고자 한다. 하지만 뭔가 특별한 소재, 특히 기능성 소재를 사용하려고 하면 쓴맛이 걸림돌이 되는 경우가 많다. 혹자는 단것은 몸에 나쁘고, 쓴것이 몸에 좋은 것이라고 착각하지만 전혀 사실이 아니다. 독도 쓰고, 약도 쓰고, 자연의 어지간한 물질은 그냥 쓰다. 쓴맛을 감지하는 수용체가 무려 25종으로 다른 네 가지 맛 수용체를 합한 것에 비해 5배나 많기 때문이다. 요즘 우리가 먹는 음식은 이미 맛으로 엄선한 것이라 맛있는 것이지 자연물을 무작위로 선택하면 쓴맛인 경우가 훨씬 많다. 의심스러우면 당장 가까운 산으로 가서 아무 풀이나 나뭇잎을 살짝 씹어보면 된다. 자연에는 30만 종의 식물이 있다고 하지만, 우리가 주로 먹는 것은 그중 30여 종에 불과하다. 그것도 식물 전체가 아니라 아주 제한적인 가식부위만 먹는다.

이처럼 종류가 다양하고 개인 차이도 심한 것이 쓴맛이다. 쓴맛의 개인차를 측정하는 PTC 검사는 Phenylthiocarbamide(PTC)라는 물질을 얼마나 잘 감각하는지를 측정하는 것이다. 어떤 사람은 이 물질을 아주 쓴맛으로 느끼는 데 반해, 어떤 사람들은 전혀 느끼지 못한다. 이 물질은 쓴맛 수용체 38번으로 느끼는데, 이 유전자의 염기쌍 145, 785, 886 위치에 변이가 생겨 알라닌/발린/이소류신(AVI)형이 프롤린/알라닌/발린(PAV)형으로 바뀌면 쓴맛에 대한 감도가 100~1,000배 민감해진다고 한다. 오이, 참외, 수박, 멜론에도 약간의 쓴맛 물질이 들어 있는데, AVI은 아무렇지 않게 먹어도 PAV형은 쓴맛 때문에 먹기 힘들어진다.

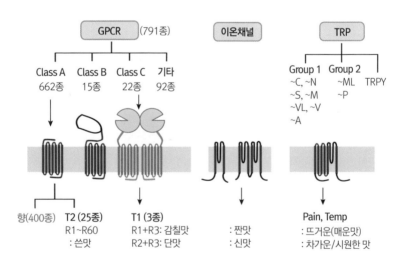

맛과 관련된 감각 수용체의 종류

맛은 오미오감에서 시작된다

식품을 만드는 사람은 쓴맛을 줄이기 위한 온갖 방법을 고민한다. 물에 아주 잘 녹는 것은 쓰지 않고 독성이 없는 경우가 많다. 분자가 아주 크면 당연히 무미, 무취, 무색이며 독성도 없는 경우가 많다. 애매한 크기에 애매한 용해도의 분자가 쓴맛인 경우가 많다. 코코아 분말을 기름에 녹이면 향기 성분은 많이 녹아 나오지만 쓴맛 성분은 덜 녹아 나온다. 그래서 초콜릿은 코코아 성분이 많아도 맛이 좋다. 하지만 똑같은 코코아도 물에 녹이면 쓴맛 성분이 녹아나오기 쉽다. 추출 조건만 달라져도 맛이 달라지는 것이다.

어떤 것을 물에 우리면 먹을 만해도 알코올에 우리면 훨씬 쓴 경우가 많다. 알코올이 물에 잘 녹지 않는 쓴맛 성분까지 추출하기 때문이다. 차를 우릴 때도 쓴맛 성분은 온도가 높거나 추출 시간이 길수록 많이 나온다. 그래서 너무 온도를 높이거나 시간을 오래 끌지 않는다. 그리고 커피를 추출할 때는 분쇄한 입자를 고르게 한다. 크기가 작은 것

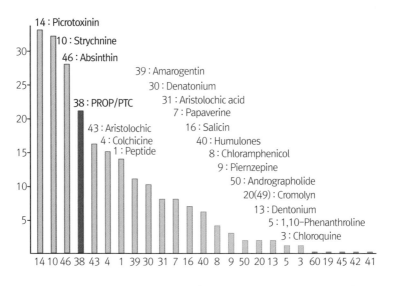

쓴맛 수용체와 쓴맛에 반응하는 정도(Chem Senses. 2010;35:157e170)

이 많으면 크기가 큰 것에서 향이 빠져나오기도 전에 쓴맛까지 녹아나오기 때문이다. 커피를 저온 추출하면 고온보다 시간이 수십 배 걸리지만 쓴맛은 적게 녹아 나온다. 고온에는 향기 성분 등이 추출되지만 쓴맛 성분도 많이 추출된다. 하지만 향이 부족하면 쓴맛을 느끼기 쉬워지기도 한다. 추출조건 하나 잡기도 쉽지 않은 것이다.

현대의 식품은 이미 안전성이 검증된 재료만 사용한다. 그러니 쓴맛을 통해 독을 피하는 것은 별로 필요 없어진 기능이다. 오히려 기피하는 음식만 많아져 건강에 별로 도움이 되지 않는다. 최근 유전자 연구에 의하면 다른 영장류에 비해 인간의 쓴맛을 느끼는 유전자는 상당 부분 퇴화되었다고 한다. 그만큼 미각으로 독을 판단할 필요성이 줄어들고 있다는 반증일 것이다. 그런데 요즘 아이들은 어른들과 한솥밥을 먹는 것이 아니라 자신의 입맛에 맞는 것만 골라 먹는다. 억지로라도 쓴맛을 학습할 기회가 줄어들고 있는 것이다. 쓴맛을 기피하여 쓴맛을 내는 식재료가 배제되는 속도가 쓴맛에 둔감해지도록 유전자가 변하는 속도보다 훨씬 빨라진 것 같다.

쓴맛
- 미각 중에 가장 소량으로 작동한다.
- 미각 중에 수용체 종류가 많다. (25종/30종)
- 개인차가 심하다. (최대 1,000배)

맛은 오미오감에서 시작된다

미각(오미)과 후각의 역치 비교

단위(ppm)	단맛	짠맛	감칠맛	신맛	쓴맛	향기 물질
10,000 (1%)						
1,000 (0.1%)	설탕 3,400 과당 1,500					
100 (0.01%)		소금 800	MSG 300 IMP 120		카페인 300	에탄올 100
10 (0.001%)	사카린 20		GMP 35	젖산 40 구연산 25		아세톤 20 말톨 9
1 (mg/kg)						
0.1 100ppb					키니네 0.5	
0.01 10ppb						리모넨 0.01
0.001 1ppb						메틸프로파놀 0.001
0.0001 0.1ppb						메티오날 0.0002
0.01ppb						메틸티올 0.00002
1ppt						2-Isobutyl-3-methoxypyrazine 0.000002
0.1ppt						3-Methyl-2-butenethiol 0.0000003
0.01ppt						1-p-Menthene-8-thiol 0.00000002

🄻 6번째 맛은 무엇일까?

매운맛은 맛이 아니라 열감(온도감각)이다

우리 조상은 음양오행설의 영향 덕분인지 색과 맛 등을 5가지로 분류하는 경우가 많았으며 매운맛을 오미의 하나로 여겼다. 하지만 알다시피 매운맛은 미각과 다르다. 그래서 코로나로 미각과 후각을 상실한 경우에도 매운맛은 느끼는 경우가 있다. 다른 원인으로 후각을 상실한 사람 중에도 모든 음식 맛이 똑같아지자 매운맛을 더 적극적으로 쓰는 경우가 있다. 그렇다면 우리는 왜 매운맛에 빠져 드는 것일까?

매운 고추를 먹으면 캡사이신이 혀의 가장 뜨거운 온도를 감각하는 수용체인 TRPV1을 자극한다. TRPV1은 42℃ 이상의 고온을 감지하는 수용체여서 갑자기 이 수용체가 대량으로 활성화되면 뇌는 화상(통증, Hot)을 입은 것으로 인식한다. 실제 화상이 아닌데 화상이라고 착각한 뇌는 체온을 낮추기 위해 온갖 노력을 한다. 입에서는 침이 분비되고, 머리와 얼굴에는 땀이 흐른다. 그리고 뇌는 천연 진통제인 엔도르핀을 방출한다. 화상을 입었다고 판단한 뇌가 팔딱팔딱 뛰게 하는 통증을 만들고, 다른 한편으로 그 통증을 줄이기 위한 엔도르핀도 방출하는 것이다. 그러나 실제 화상이 아니므로 이내 통증은 사라지고 엔도르핀에 의한 쾌감 즉, 가벼운 황홀경에 빠지게 된다. 그래서 사람들이 매운맛에 빠져드는 것이다.

사실 상처는 뇌에 전기적 신호를 보낼 뿐 통증을 만들지 않는다. 통증은 그 신호를 바탕으로 뇌가 만든 것이다. 그렇다면 매운맛을 알게 된 뇌는 과도한 통증을 만들지 않도록 하면 될 텐데, 왜 여전히 통증을 만들고 진통제도 만드는 것일까? 그것은 뇌의 각 모듈은 조건에 맞추어 독립적으로 작동하지 그것을 억지로 통제할 장치가 없기 때문이다. 그나마 쾌감을 만드는 장치를 활성화시켜 적당히 통증을 상쇄할 수 있을 뿐이다. 인간은 그런 뇌의 허술함을 이용하여 통증마저 맛으로 즐기는 참 유별난 동물이다.

고추가 가장 뜨거움을 감각하는 온도수용체(TRPV1)를 자극한다면, 멘톨은 시원함을 감각하는 온도수용체(TRPM8)를 자극한다. 페퍼민트나 스페어민트가 청량감을 주는 이유다. 이밖에도 고추냉이, 계피, 마

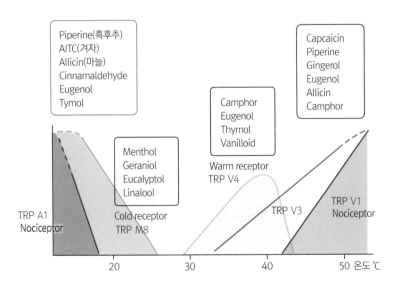

향신료와 온도 수용체 자극 성분

늘 등 향신료는 TRPV1과 정반대인 가장 낮은 온도를 감각하는 수용체 (TRPA1)를 활성화시킨다. 그런데 우리는 멘톨의 시원함은 잘 구분해도 화상의 통증(TRPV1)과 동상의 통증(TRPA1)은 잘 구분하지 못한다. 뇌에서 TRPV1이 전달되는 부위와 TRPA1이 전달되는 부위가 거의 겹치기 때문이다. 자연에서는 한 여름의 무더위에서 한순간에 한 겨울의 맹추위로 돌변하는 경우가 없다. 그러니 그 둘을 정확히 구분하지 않고 그냥 둘 다 피해야 할 괴로움으로 인지하는 것이다.

우리 몸은 적절한 효율성을 추구하지 고도의 정확성을 추구하지 않는다. 맛은 우리 몸에 충분히 좋은 것인지의 여부를 판단하기 위한 것이지 완벽한 식품이나 객관적 점수를 평가하기 위한 것이 아니다. 종합적으로 좋다고 판단하면 모든 것을 좋은 쪽으로 해석한다. 개별적으로는 좋지 않은 자극도 다른 자극과 함께 종합적으로는 좋다는 평가를 받으면 자극을 풍부하게 하는데 기여하는 성분이 될 수 있다.

떫은맛은 일종의 촉각적 통증?

떫은맛은 쓴맛과 유사하지만 감각 기작은 완전히 다르다. 타닌 같은 물질이 혀의 침단백질과 반응하고 상피조직에 결합하여 상피의 수축 등으로 느껴지는 감각이다. 일종의 통증으로 일시적으로 혀의 미각세포 주변의 수분을 붙잡거나 단백질을 끌어당겨 생성되는 수렴성 (Astringent) 자극으로 과하면 불쾌감을 준다.

식품에서 대표적인 떫은맛 성분으로는 타닌 같은 거대 분자, 알데하이드 같은 반응성 분자, 철분과 같은 금속류가 있다. 떫은맛은 강하면 불쾌하지만 약할 때는 쓴맛과 비슷하게 느껴지며 다른 맛 성분과 같이 존재하면 독특한 풍미를 형성한다. 커피에서 쓴맛처럼 차에서 떫은맛은 차의 고유의 맛에 중요한 요인이 된다.

6번째 맛은 지방의 맛 or 깊은 맛

지금 가장 유력한 6번째 맛의 후보는 지방의 맛이다. 혀의 맛봉오리에 CD36이라는 수용체가 있다는 주장에 의한 것이다. 혀에 이런 수용체가 맛으로 인정될 정도로 충분히 많은지는 모르겠지만, 내장에는 GPR40, GPR41, GPR43, GPR84, GPR, GPR120 등이 충분히 있어서 지방산 종류별로 그 양이 어느 정도인지까지 감각한다. 3대 영양소 중 탄수화물은 단맛, 단백질은 감칠맛으로 감각을 하는데, 지방만 감각하지 않는다면 그것이 오히려 이상한 일일 것이다.

지방은 물에 녹지 않아 혀의 감각세포를 자극하기 힘들고, 원래 포도당만 있으면 합성이 가능한 것이라 혀로 지방을 감각하는지 아닌지는 불분명하지만, 우리 몸은 여러 정황으로 지방이 풍부한지 아닌지를 쉽게 눈치챈다. 저지방 우유와 고지방 우유를 주면 귀신같이 고지방 우유를 고를 수 있는 것이다.

일본은 5번째 맛인 감칠맛을 발견한 여세를 몰아 6번째 맛으로 '코

6번째 맛의 후보들

공인된 맛	상당히 공인된 맛	맛 후보 물질	
Sweet(단맛)	Fat(지방)	Kokumi(코쿠미)	Pyrophosphale(인산염)
Sour(맛)	Calcium(칼슘)	Water(물)	Lysine(라이신)
Biter(쓴맛)	Carbonaton(탄산)	Metallic(금속)	Polycose(폴리코스)
Salt(짠맛)		Starch(전분)	Hydroxide(수산화물)
Umami(감칠맛)		Eecinic(전기)	Soap(비누 성분)
		Mineral(미네랄)	Protein(단백질)

쿠미(Kokumi)'를 밀고 있다. 칼슘은 혀에서 감각 신호전달에 큰 역할을 하고, 글루타싸이온과 관련 펩타이드와 결합하여 맛의 느낌이 달라지게 한다. 단백질 분해물 중에는 글루타싸이온뿐 아니라 몇 가지 펩타이드가 단맛, 짠맛, 감칠맛을 증진시킨다는 보고가 있다. 이러한 물질이 바디감, 지속성, 농후감 등에 영향을 주기 때문에 일본은 이를 '코쿠미'라 하면서 제6의 맛으로 인정받으려 노력하는 것이다. 칼슘은 우리 몸에서 여러 결정적인 생리적 기능을 한다. 뼈를 구성하는 기능은 오히려 보조적인 기능이고, 모든 신호의 최종 종결자로 신호에 따른 구체적 반응에 결정적인 역할을 한다. 우리 몸에는 칼슘 감각 수용체(CASR)도 있다. 식품의 물성, 용해도에도 큰 영향을 주기 때문에 칼슘 자체만으로 6번째 맛의 후보가 되기에 충분한 것이다.

우리 몸에 가장 많이 필요한 나트륨과 칼륨은 짠맛으로 감각되고 칼슘마저 맛에 영향을 주는데, 미네랄의 여왕이라고 할 수 있는 인산(P)이 맛에 영향이 없다면 서운할 것이다. 고양이는 인산염 맛을 감각하여 인산염만 있으면 아주 맛있게 먹는다고 한다. 그리고 육류가공품 등의 물성과 맛에 결정적인 역할을 한다.

마그네슘과 칼슘 자체는 좋은 맛이 아니다. 쓴맛이 상당하여 케일과 같은 특정 채소가 쓴맛을 내는 것에는 칼슘 양이 상관 있다. 다른 미네랄은 개별적으로는 쓴맛이거나 나쁜 맛인 경우가 많지만, 적절한 농도이거나 다른 물질과 결합하면 풍미를 높이는 경우가 있다. 두부가 대표적인 예이다. 두부를 만들 때 응고 목적으로 칼슘이나 마그네슘을 첨가하는데 이때는 오히려 맛을 좋게하는 역할도 한다.

이들은 간접효과를 통해 맛을 좋게 할 수도 있다. 칼슘은 채소 등을 단단하게 하여 삶아도 아삭거리는 성질을 유지한다. 반죽이 어느 정도 완성된 후 추가한 칼슘이나 마그네슘은 면발을 더 찰지게 할 수도 있다. 정제염보다 천일염이 맛이 좋을 경우는 천일염에 더 많은 칼슘이나 마그네슘이 펙틴이나 단백질과 결합하여 조직을 아삭거리게 하거나 발효 미생물에 영양이 되어 발효가 더 잘 되는 경우일 것이다.

탄산의 맛

누군가 속 시원한 말을 할 때 우리는 흔히 '사이다' 같은 발언이라고 한다. 사이다가 청량감과 상쾌함의 대명사인 것이다. 대체 왜 탄산이 들어간 음료를 유난히 시원하게 느끼는 것일까?

탄산음료를 마시면 체온에 의해 물에 녹아 있던 탄산이 기화되면서 기포가 발생한다. 흔히 그 기포가 톡 터지면서 발생하는 물리적 자극이 우리를 시원하게 한다고 생각하지만, 실제 시원함은 그런 물리적 자극이 아니라 수소이온이나 이산화탄소가 주는 화학적 자극 덕분이다. 혀에서 시원함을 느끼는 부위에 아무리 다른 물질이나 물리적 방법으로 탄산가스처럼 자극을 주어도 전혀 시원함을 느끼지 못하고, 탄산탈수소효소(CA-Ⅳ)에 의해 탄산에서 수소이온이 발생해야 시원함을 느낀다는 것이다. 그 증거로 탄산탈수소효소의 작용을 막으면 물리적인 자극은 여전하지만 톡 쏘는 시원함을 느끼지 못한다. 이산화탄소는 우리 몸의 온도 수용체 중에 15℃ 이하의 가장 차가운 영역을 감지하는 TRPA1도 자극한다. 보통 겨자, 와사비의 매운맛 성분이 이들과 강하게 결합하는데, 이산화탄소도 살짝 이것을 자극하여 더 시원하게 느끼는 셈이다.

인류의 탄산음료에 대한 사랑은 생각보다 길다. 우리보다 수질이 훨씬 나빠서인지 유럽은 일찍부터 맥주가 발전했고, 맥주의 발효에서 만들어지는 이산화탄소를 활용한 탄산수가 1740년대에 벌써 만들어졌다. 이산화탄소는 알고 보면 모든 생명체의 호흡과 발효 과정에서 생긴다. 모든 발효제품에는 그 양의 차이만 있을 뿐 탄산이 녹아있는 것이다. 그러니 탄산은 알고 보면 인류에게 정말 오래된 맛이다.

미각수용체의 구조는 후각수용체보다 복잡하다

400종이나 되는 후각 수용체에 비해 미각 수용체는 5종에 불과하지만 그 수용체마저 쉬운 것은 아니다. 혀 등에는 미각을 감각하기 위한 맛세포가 있는데, 하나하나가 개별로 혀에 골고루 분포된 것이 아니라 맛

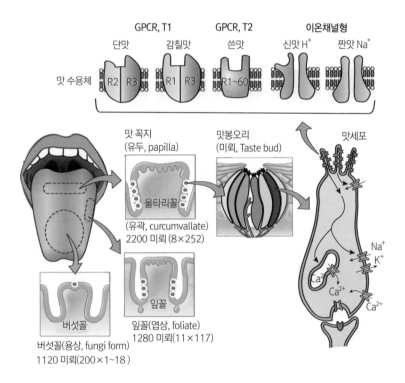

미각 수용체의 종류와 분포

맛은 오미오감에서 시작된다

봉오리에 수십 개씩 모여 있으며, 그런 맛봉오리(미뢰)가 모인 맛 꼭지(유두)가 혀 곳곳에 있다. 혀의 미각 수용체는 단맛, 신맛, 짠맛, 쓴맛, 감칠맛 이렇게 5종류로 후각 수용체에 비해 훨씬 적지만 후각은 모두 같은 구조의 G수용체인데 비해, 미각의 단맛은 T1R2+T1R3형, 감칠맛은 T1R1+T1R3형, 쓴맛은 T2형으로 서로 다르고, 신맛과 짠맛이 이온 채널형으로 완전히 다른 형태를 띠고 있다.

미각은 이처럼 형태도 다양하고 기능도 다양하다. 단맛은 포용하는 힘이 크다. 음식에 단순히 달콤함만 부여하는 것이 아니라 온갖 풍미를 높여 익숙하지 않은 음식도 쉽게 친숙하게 해준다. 신맛은 그 자체로는 날카롭지만 단맛과 어우러지면 매력적으로 되고, 짠맛, 감칠맛도 섬세하게 드러나게 한다. 짠맛은 원료가 단순하지만 맛에 미치는 영향은 가장 강력하다. 맛의 판도를 완전히 바꿀 정도다. 감칠맛은 다른 맛과 어울려 음식의 풍미를 깊게 한다. 심지어 쓴맛마저 다른 맛과 조화를 이루면 독특한 개성을 부여하여 고급스러운 맛으로 대접받기도 한다. 미각은 단순하지만 그 의미는 심오하고, 맛에 미치는 영향도 매우 깊이가 있다.

운명이 미각을 바꾸고, 미각이 운명을 좌우한다

보건당국은 "소금을 줄여라", "설탕을 줄여라"라고 하지만 우리가 왜 소금을 그렇게 좋아하는지, 왜 그렇게 단것을 좋아하는지 속 시원하게 말해주는 경우는 없다. 미각의 중요성을 확실하게 보여주는 것은 편식하는 동물들이다.

판다는 원래 초식과 육식을 같이 했지만, 약 700만 년 전 감칠맛 수용체의 유전자가 고장 나면서 고기 맛을 모르게 되었고, 이후로 지금까지 대나무 잎만 먹고 살고 있다. 판다를 제외한 다른 곰들은 과일을 즐기면서 고기도 잘 먹는다. 과학자들은 어느 순간 판다의 서식지가 고립되어 고기를 구하기 어려워지면서 점차 초식의 의존도가 심해졌고, 마침내 감칠맛 수용체 유전자가 고장이 나 식성이 완전히 변했을 것이라 추정한다. 지금의 판다는 고기를 주어도 감칠맛 수용체가 없어서 맛없다고 먹지 않는다.

반대로 호랑이와 같은 고양잇과 동물은 단맛 수용체의 유전자가 고장 나 있다는 사실이 2005년에 밝혀졌다. 단맛 수용체가 없으니 아무리 달아봐야 아무런 맛이 없는 음식이 되는 것이다. 원래는 잡식동물에 속하는데, 어느 순간 단맛 수용체를 잃고 고기만 좋아하는 동물이 되었다. 바다사자와 큰돌고래는 단맛, 감칠맛 2가지 수용체가 모두 고장이 나 있었다. 큰돌고래의 경우는 쓴맛 수용체마저 모두 망가져 있었다. 결국 큰돌고래(아마 바다사자도)는 단맛뿐 아니라 감칠맛도, 쓴맛도 모르는 것이다. 이들은 먹이를 씹지도 않고 통째로 삼키기 때문에 어차피 맛볼 이유도 없고 방법도 없다.

감각이 운명이고 운명이 감각이다. 감각은 쓸모가 없으면 퇴화한다. 그리고 감각이 퇴화하면 되돌리기 힘들다. 고양잇과 동물도 육식에 맞도록 완전히 적응한 상태라 고기 대신 억지로 탄수화물 위주로 먹이면 영양에 문제가 생긴다. 운명(먹이 사정)이 감각을 바꾸고, 감각이 바뀌면 운명이 바뀌는 것이다.

사람이 단것을 좋아한다고 하지만 벌새에 비하면 몇 수 아래다. 벌새는 하루에 자기 체중 절반만큼의 단물을 먹고 산다. 새는 원래 공룡의 후손이고, 육식이나 잡식에 더 어울리는 종이다. 그러니 벌새가 단것에 그렇게 집착하는 것은 이례적인 현상이다. 미각 수용체를 조사했더니 단맛 수용체는 없고 감칠맛 수용체만 있었다. 그런데도 단것을 좋아하는 것이 의아해서 좀 더 조사한 결과, 벌새의 감칠맛 수용체는 글루탐산(고기 맛)에 반응하지 않고 단맛 물질에 반응하는 것을 발견했다. 감칠맛 수용체가 변형되어 단맛을 감각하는 형태로 변형된 것이다.

미각은 종류가 단순해 미각 물질이나 기술적인 내용은 설명이 쉬운데 의미를 알기는 쉽지 않다. 미각을 의미 중심으로 설명하다 보니 내용이 상당히 어려웠던 것 같다. 후각은 반대로 의미는 쉬운데 기술적인 내용의 설명이 어렵다. 그런데 기술적인 내용은 다른 책에서 다루기 때문에 의미 위주로 설명할 계획이라 미각보다 훨씬 쉬울 것이다.

2장.
후각,
향은 다양하지만
흔들리기 쉽다

음식의 수만 가지 다양한 풍미는 향에 의한 것이다.
그러니 향이 사라지면 음식 맛은 같아진다.
재미가 사라지고 지루해지는 것이다.

향은 우리를 매혹하고 깊은 인상을 남겨
그 음식을 먹었던 분위기까지 기억하게 한다.
향은 기억의 다른 말이다.

Savory

Sweet

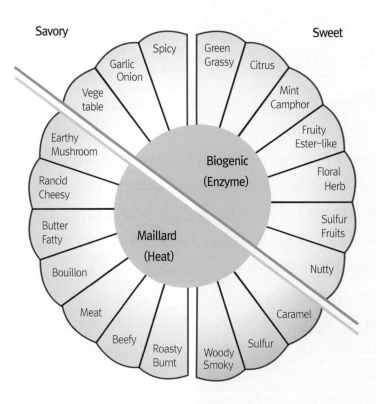

1 맛의 다양성은 향에 의한 것이다

식품의 성패는 맛에 달려있고, 맛의 성패는 향에 달려있다

어쩌다 보니 이 책에서는 미각에 대해 먼저 설명했지만, 보통은 맛을 설명할 때 후각을 먼저 설명하는 경우가 많다. 후각의 의미를 알아야 미각의 진정한 의미를 알 수 있기 때문이다. 내가 10년 전 "사과 맛은 없고 사과 향만 있다"라고 말했을 때는 많은 사람이 놀란 반응을 보였는데 지금은 그렇지 않아 어느 정도 보람을 느낀다. 하여간 혀로 느끼는 것은 5가지에 불과하고 온갖 음식의 다양한 풍미는 식품에 함유된 0.1%도 안 되는 향기 성분에 의한 것이다. 음식의 냄새를 굳이 코로 맡으려 하지 않아도 음식을 먹을 때 입 뒤로 코와 연결된 작은 통로를 통해 휘발되는 적은 양의 향기 물질이 수만 가지 다양한 풍미의 실체인 것이다.

사과를 한 조각 씹었을 때 휘발되어 코에 닿게 되는 향기 물질의 양은 얼마나 될까? 식품에는 보통 0.1% 정도의 향기 성분이 있는데, 그중 0.0001g 정도만 휘발했다고 하면 그때의 향기 물질을 숫자로 계산해보면 3만 개도 3억 개도 아닌 30경 개가 넘는다. 그토록 적은 양이지만 수만 가지 다양한 풍미를 제공하기 때문에 맛을 연구하는 과학자들은 맛의 90%가 향에 달려있다고 말하기도 한다.

과거에도 향은 신비한 존재였다. 몸에 닿지도 눈에 보이지 않으면서 그처럼 우리의 마음을 뒤흔든 것은 많지 않다. 심지어 어떤 초월적 속성을 가진 것으로 여겨져서 종교의식에서 향을 피우는 경우도 많았다. 그래서 향은 정말 비싼 가격임에도 누구나 가지고 싶어 했다. 장미오일 25ml를 얻기 위해서는 1만 송이 장미가 필요했기 때문에 금보다 비쌀 정도였다. 지금도 좋은 장미오일은 1kg에 2,000만 원이 넘는다. 이렇게 귀하고 비싼 향을 좀 더 저렴하게 대량으로 만들려는 노력이 화학산업의 발전을 이끌기도 했다.

이런 향의 실체는 과학이 발전하면서 점점 드러났는데, 향기 물질은 물보다는 기름에 잘 녹는 아주 작은 휘발성 분자라는 것과 코에는 400종류의 후각세포가 있어서 그렇게 다양한 향을 구분할 수 있다는 것 등이다. 후각이 상실되면 모든 음식의 맛이 똑같아진다. 음식의 식감이나 짠맛, 단맛 정도가 느껴지지 나머지 차이는 느낄 수 없게 된다.

사람들은 아무리 원하는 만큼 단맛은 설탕으로, 짠맛은 소금으로, 신맛은 식초나 구연산으로 맞추어도 만족하지 않는다. 과일을 좋아하지 설탕을 좋아하지 않고, 술을 좋아하지 알코올만으로는 환호하지 않는다. 미각(오미)은 음식이 갖춰야 할 맛의 최소한의 기본 조건이고, 거기에 어울리는 좋은 향이 있어야 만족한다. 물건을 담을 수 있다고 모든 가방을 좋아하는 것이 아니라 스타일이 멋지고 남들이 알아봐주는 명품이라야 만족하는 것과 마찬가지다. 맛은 가방의 기능처럼 작용하고 향은 가방의 스타일과 브랜드처럼 작용하니 향이 식품의 부가가치를 높이는데 결정적인 역할을 한다. 그래서 0.1%도 안 되는 향기 성분에 식품의 성패가 좌우되고는 한다.

향이 식품의 가격을 바꾼다

기술의 발전으로 인해 예전보다는 향이 훨씬 저렴해지고 구하기도 쉬워졌지만, 그럼에도 여전히 구하기 힘들고 비싼 종류도 많이 있다. 현재 세계에서 가장 비싼 향신료는 사프란이다. 유럽산 사프란은 고작 1g 포장에 24,000원 정도 한다. 사프란 자체에는 어떤 건강상 기능도 없고 식물 자체는 오히려 독초이기도 한데, 단지 독특한 향이 있고 구하기 매우 힘들다는 희소성 때문에 그렇게 비싸게 팔리는 것이다.

두 번째로 비싼 것은 바닐라이다. 바닐라는 수많은 난초류 중에 식용부위가 있는 유일한 작물이다. 천연 그대로는 아무런 매력이 없는 난초의 속씨인데 인간의 노력으로 가공공정을 거치면서 풍미 성분이 발현되어 비싼 대접을 받는다. 바닐라는 평소에도 가격이 만만치 않은데 가끔 태풍으로 마다가스카르 지역의 바닐라 나무가 손상되면 가격이 폭등한다. 많은 합성향이 개발되었는데도 그렇다. 바닐라 향의 주성분인 바닐린을 합성하는 방법은 이미 개발되어 있지만 바닐라 향은 수십 가지 향기 성분의 미묘한 조화에 의하여 특징이 크게 달라진다. 개별적인 향기 물질의 조합으로는 아직 천연향의 미묘하고 조화로운 특징을 재현하기 힘들다. 그래서 바닐라 빈의 생산량이 달라지면 가격이 급변하여 세계에서 두 번째로 비싼 향신료의 자리를 차지한다. 버섯은 곰팡이의 일부이기도 한데 그중 송로버섯과 송이버섯은 그 독특한 향 덕분에 아주 극진한 대접을 받는다.

2017년 오만의 한 어부가 28억 원짜리 용연향(Ambergris)을 건져 올려 화제가 되었다. 용연향은 향유고래 수컷의 창자에 소화하지 못한 것들이 뭉쳐진 배설물이다. 기름이 많은 왁스 상태라 가벼워(비중 0.9~0.92) 바다에 떠 있다가 종종 해변에서 발견되는데, 어부의 그물에 걸린 것이다. 이것을 알코올로 추출하면 고급 향료의 원료가 되며 주성분은 암브레인(Ambrein)이다. 암브레인은 트리터펜의 일종으로 분자가 너무 커서 자체로는 향이 없는데, 분해되어 여러 방향성 물질이 만들어지고 다른 향과 함께 있으면 향이 풍부하고 오래가게 하는 탁월한 보류제(fixative) 역할을 한다. 원래는 냄새나는 배설물이지만 향수에서는 1g에 45,000원 정도 하는 고급 재료로 대접받는다.

원료뿐 아니라 식품의 가격도 향이 가격을 결정할 때가 많다. 와인 중에 부르고뉴 1945년산 '로마네 콩티'는 2018년 미국 뉴욕에서 한 병에 6억 5천만 원에 낙찰되었고, 스카치위스키 '맥캘란 파인앤레어 1926'은 21억이 넘는 가격에 낙찰되기도 했다. 술(알코올)은 건강에 좋기는커녕 1군 발암물질이다. 그럼에도 오랜 숙성을 통해 범접하기 힘든 깊은 풍미를 가졌다고 그렇게 비싼 대접을 받는 것이다. 이외에도 향이 가격을 결정하는 경우는 정말 많다. 부르는 것이 값인 차(Tea)도 있고, 세계 대회에서 1등을 한 스페셜티 커피는 한 잔에 수십만 원을 받아야 할 정도로 비싼 금액에 낙찰이 된다.

과거에 향은 신비의 대상이었다

과거에는 지금보다 향을 훨씬 신비하고 귀하게 생각했다. 뭔가를 불에 태우면 따뜻한 열기와 함께 강한 향이 발생하는데, 여기에 어떤 초월적 속성이 있다고 여겼다. 심지어 신에 도달하는 영적인 힘을 가졌다고 생각하여 많은 종교적 행사에서 향을 피웠다. 또한 향에 치유의 힘이 있다고도 생각했다. 아로마테라피(Aromatherapie)는 허브와 같은 자연식물이 내는 향기 성분을 이용해 육체나 정신을 치료하는 방법이다.

반대로 악취는 질병의 원인으로 보기도 했다. 18세기 중반 이후 서양 사회는 냄새에 매우 민감했다. 18세기는 과학이 발달하고 공기의 중요성에 대한 인식이 높아지면서 물질이 부패하면서 발생한 독기 때문에 질병이 발생한다는 독기론(Miasmatism)이 등장하여 의학적 사고를 지배하기 시작했다. 그러다 질병의 발병 원인은 냄새가 아니라 특정한 미생물에 있다는 이론이 등장하면서 학계에서 퇴출되었지만, 이 이론은 질병을 막기 위해 악취를 제거해야 한다는 인식과 함께 도시 등의 환경 개선에 노력을 기울이는 등 긍정적인 효과도 있었다.

예전에는 대부분의 사람들이 '좋은 향' 하면 꽃을 떠올렸다. 요즘은 꽃들이 워낙 개량되고 전문적으로 대량 재배되지만 과거에 꽃은 딱 한철 동안 잠깐 피었다 지는 것이라 아쉬움이 더했다. 그런 꽃의 향을 추출하여 오래 보관하고 지속하게 하는 방법을 찾는 것이 향수 산업의 시작이라고 할 수 있다. 향의 사용 흔적은 파라오의 무덤에서 발견되었고, BC 1세기 클레오파트라 시대에는 나일강변에 향료 공장을 지었으며, 장미 꽃잎이 뿌려진 침실이 딸린 배에 향료를 뿌려 장식했고, 몸에는 사향고양이의 향이 조합된 연고를 발랐다는 기록이 있다.

그러다 금욕과 정신적 가치를 중시하는 기독교의 영향으로 쇠퇴했다가 르네상스 시대 이후 인간의 신체에 대한 관심이 다시 높아져 향을 화장과 청결의 용도로 사용하고자 하는 욕구가 많아졌다. 비록 향은 귀족계급의 전유물이었으나, 조금씩 일반 대중의 생활 속으로 침투하기 시작했다.

향은 아주 작은 크기, 적은 양의 휘발성 분자이다

향은 인류의 음식과 문화에 막강한 영향을 미쳤지만 향기 물질은 정말 작고 평범한 분자이다. 향은 코로 맡는 것이라 휘발성이 있어야 한다. 그래서 분자량 300 이하, 탄소 숫자는 16개 이하의 작은 분자이다.

물에 잘 녹으면 맛 물질이 되고, 기름에 잘 녹는 물질이 향기 물질이 된다. 분자는 다른 식품처럼 탄소와 수소로 되어 있고, 거기에 소량의 산소가 추가된 형태다.

결국 향기 물질은 식품에 포함된 분자 중에 0.1%도 안 되는 적은 양의 아주 단순하고 평범한 분자인데 이로 인해 음식의 향과 캐릭터가 완전히 달라지니, 식품회사는 0.1%도 안 되는 향기 물질에 웃고 우는 셈이다.

우리 코 상단의 후점막 부분에는 후각세포가 있다. 작은 동전 크기에 불과한 그곳에 후각세포가 무려 1,000만 개 정도 들어 있다. 각 후각세포는 섬모형태로 가지처럼 뻗어나와 있고, 거기에 향기를 감지하는 후각 수용체(센서)가 1,000개 정도 있다. 그런데 수용체의 종류는 무려 400가지다. 미각은 30종, 시각 4종, 촉각 4종 등에 비하면 압도적으로 많다. 색은 고작 3원색으로 수백만 종의 색을 만드는데, 향은 400가지 수용체로 얼마나 다양한 냄새를 만들 수 있을지 짐작조차 하기 힘들다. 이런 향이 중세 유럽을 깨어나게 했다.

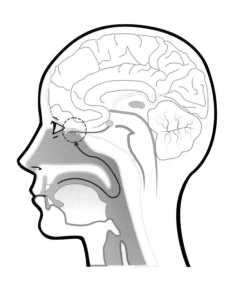

❷ 향신료가 중세 유럽을 깨어나게 했다

향에 대한 인간의 애정은 여러 형태로 나타나지만 그중에 가장 대표적인 사례는 향신료에 대한 사랑일 것이다. 풍요롭기로 유명한 로마 시대에도 향신료는 아무나 쓸 수 있는 것이 아니었다. 많은 향신료가 서양의 귀족과 재력가 그리고 수도원의 식탁 위에 등장했다. 손님들은 자신을 초대한 집의 요리 맛과 향신료들을 보고 그 집의 주인을 평가했다. 귀족들은 양념 중에서도 가장 비싼 것들을 선호했고 그 자리를 향신료가 차지했다.

후추는 오늘날 전 세계 식탁 어디서나 볼 수 있는 흔한 향신료이지만, 중세에는 후추, 계피, 정향, 육두구 같은 향신료는 소수만이 마음껏 소비할 수 있었다. 오죽하면 말린 후추 열매 1파운드(약 453g)면 농노 1명의 신분을 자유롭게 할 수 있었다. 결국 이런 향신료에 대한 사랑과 거대한 수요가 대항해시대를 열게 했다. 더 많은 향신료를 얻기 위해 전 세계를 탐험하기 시작한 것이다.

15세기 베네치아 상인들이 향신료 무역으로 챙긴 이윤은 어마어마했다. 다른 나라는 베네치아 상인의 독점망을 비집고 들어갈 틈조차 없었다. 그래서 마젤란은 육두구와 정향의 새로운 구입처를 찾아 새로운

맛은 오미오감에서 시작된다

경로로 세계를 탐험했고, 그런 탐험이 육체와 감각을 천시하고 종교적 이념이 지배하던 중세 유럽의 어둠을 깨우기 시작했다. 이보다 앞서 중국의 정화 함대가 서양과 비교할 수 없는 위엄의 대함대를 이끌고 먼저 세계를 누볐지만 마땅히 교역할 물건이 없어서 문을 닫은 것에 비해, 서양은 향신료라는 강력한 상품(욕망)이 있어서 목숨을 건 모험을 지속하면서 서서히 잠자던 유럽을 깨우기 시작했다. 감각이 유럽의 운명을 바꾼 것이다.

식물은 품종과 산지에 따라 향취가 다르며, 사용하는 부위가 과실, 꽃, 줄기, 잎 등 어느 부위냐에 따라서도 다르다. 동일한 과일도 껍질과 과즙 등 부위에 따라 다르고 추출하는 방법에 따라 다르다. 압착이냐 수증기 추출이냐 용매 추출이냐에 따라 다르고 어떤 용매를 사용하느냐에 따라서도 완전히 달라진다. 그리고 최종적으로 만들어지는 제품 형태가 에센셜오일인지, 에센스인지 올레오레진인지에 따라 향취와 용

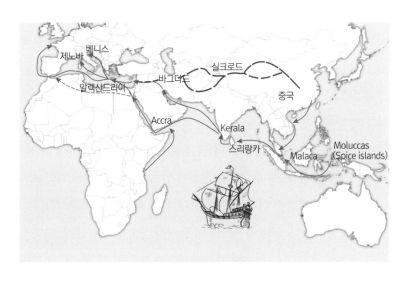

중세 유럽의 실크로드와 향신료 루트

도가 달라진다. 이처럼 원료에 대한 이해와 기술이 높아지고 알코올이 만들어지면서 향수산업을 만들기도 했다.

향의 현대적인 활용의 시작은 알코올의 활용 이후라 할 수 있다. 술에서 알코올을 증류시켜 고농도로 만드는 기술이 개발되자, 알코올을 이용한 향수의 개발이 가능해진 것이다. 1370년 최초의 알코올 향수인 '헝가리 워터'가 탄생했고, 이후 점점 발전하여 거대한 향수 산업이 만들어졌다. 지금이야 워낙 거대하고 다양한 산업이 있지만 산업혁명 이전에는 향수산업이 독보적 위치였다.

향신료를 좋아하는 이유가 방부성 때문이라고?

중세 유럽인들이 향신료에 그렇게 애착한 이유는 무엇일까? 뉴욕 코넬 대학의 폴 W. 셔먼과 제니퍼 빌링은 4,500종 이상의 고기요리에 사용된 향신료를 분석하여 향신료가 보존성을 높이기 위해 쓰였다고 주장했다. 처음에는 식품의 보존성을 높이기 위해 향신료를 썼는데 나중에 이 자극이 익숙해지고 좋아져서 요리에 맛을 위해 향신료를 쓰는 단계로 진화했다는 해석이다.

예전에는 냉장시설이 없어서 음식이나 재료가 상하기 쉬웠다. 인도나 브라질처럼 음식물이 상하기 쉬운 무더운 지역의 전통 요리는 핀란드처럼 추운 지역의 요리보다 더 많은 종류의 향신료를 사용한다. 마늘, 양파, 칠리, 큐민, 계피 같이 보존성이 있는 향신료는 추운 나라보다 더운 나라의 요리법에 더 자주 등장한다. 반면 파슬리나 생강, 레몬, 라임처럼 항균작용이 약한 향신료는 더운 나라든 추운 나라든 별 차이가 없다. 식물보다는 동물 위주의 메뉴에 향신료가 많이 쓰이는데, 식물은 죽은 다음에도 단단하고 질긴 세포벽에 의해 미생물의 침입을 상당부

맛은 오미오감에서 시작된다

분 막아주어 동물보다 부패 속도가 느린 편이기 때문이다.

　하지만 향신료를 보존성을 높이는 목적으로 쓴다는 주장은 다소 무리가 있다. 그보다는 약간 상한 음식을 훨씬 먹을 만하게 해준다는 해석이 좋을 것이다. 중세 유럽은 향신료 가격이 정말 비쌌다. 거의 금값이었다. 그런 향신료를 넣어서 보존성을 높인다는 것은 상상하기 힘든 일이다. 당시에는 귀족이나 부자들만 향신료를 쓸 수 있었는데 귀족에게 제공되는 식재료가 향신료 없이는 먹지 못할 정도로 상하지는 않았을 것이기 때문이다.

　게다가 향신료가 나쁜 맛을 완전히 개선해 주지도 못한다. 고추나 타임을 넣으면 그나마 조금 나아지지만 기대치에는 훨씬 못 미친다. 아주 약한 나쁜 냄새를 더 강한 냄새를 통해 어느 정도 주의를 돌릴 수 있겠지만 나쁜 냄새 자체가 없어지지는 않는다. 그러니 향신료는 그냥 고기를 훨씬 맛있게 먹기 위한 용도였고, 약간의 상한 느낌 또는 잡취를 줄여주는 것은 보너스에 불과했다. 우리가 가장 흔하게 쓰는 향신료인 고춧가루는 미생물을 억제하기는커녕 자체에 미생물이 많은 경우도 상당하다. 캡사이신이 포유류에게나 매운 성분이지 미생물에게는 전혀 맵지 않은 성분이기 때문이다.

　결국 당시 귀족이 자신의 능력(권력)을 보여주는 수단으로 향신료를 사용했을 것이라는 설명이 가장 설득력 있게 들린다. 향신료가 흔해지기 전까지는 무조건 향신료를 많이 쓴 음식이 맛있는 음식이었고, 음식에 향신료를 많이 쓸 수 있을 정도로 능력자라는 것을 보여주는 방법이었다. 향신료가 싸고 흔해지자 귀족들은 향신료 대신 귀한 버터로 부드러운 맛을 내거나, 음식에 온갖 화려한 장식을 하는 식으로 자신의 능력을 과시하는 방법을 바꾸기도 했다.

향신료의 매력은 풍부한 자극과 그에 따른 강력한 기억이다

개별 향신료 자체는 매력적이지 않은 경우가 더 많다. 그럼에도 음식에서 놀라운 효과를 발휘하는 것은 개성과 조화에 의한 것이다. 향신료는 다른 성분과 조화를 이루었을 때 비로소 그 가치를 드러낸다. 소금이 그 자체로는 짜기만 한데 음식에 들어가면 놀라운 효과를 내는 것과 마찬가지이다.

세상에는 다양한 향신료가 있고, 향신료는 각각의 풍미로 맛에 대한 호기심을 자극한다. 자극을 통해 침이 잘 나오게 하여 소화를 돕기도 한다. 침은 음식을 먹을 때 생각보다 대단히 중요한 역할을 하는데, 맛있으면 침이 나오고 침이 나오면 더 맛있게 느껴진다. 향에 따라 침이 나오는 정도도 다른데, 고추와 후추는 침이 잘 나오게 하는 향신료다.

밋밋하거나 단지 달고 짜고 시큼하기만 한 음식에 향신료를 추가하면 순식간에 맛이 강렬해지고 풍부해진다. 향신료가 우리의 감각을 입체적으로 자극하기 때문이다. 고추의 캡사이신은 가장 고온을 감각하는 온도 수용체인 TRPV1을 자극하는데, 온도 수용체를 자극하는 것은 캡사이신만이 아니다. 멘톨은 TRPM8을 자극하고 후추의 피페린은 고온의 온도 수용체와 저온의 수용체를 동시에 자극한다. 그 외에도 향신료에는 온도 수용체를 자극하는 다양한 성분이 있지만, 그 정도가 강렬하지 않아 별도의 자극으로 느끼지는 못하고 감각을 풍부하게 하는 역할 정도만 한다.

향신료의 성분은 온도뿐 아니라 다양한 수용체를 자극한다. 캡사이신은 짠맛과 단맛 수용체를 살짝 자극하고, 겨자씨 기름에 있는 알릴이소티오시아네이트(AITC)는 쓴맛의 정보를 차단하고 불쾌한 짠맛도 덜 느끼게 한다. 요즘 인기 있는 마라(사천후추)의 산쇼올(Sanshool)은 미각, 후각, 온도감각뿐 아니라 촉각까지 자극한다. 촉각은 4종류의 수용

맛은 오미오감에서 시작된다

체가 있는데, 그중 느린 진동을 감각하는 수용체를 자극하여 마라를 먹으면 입술이 실제로는 전혀 떨리지 않지만 마치 떨리는 것처럼 느끼게 한다. 그리고 향신료에는 다양한 진통 작용과 심지어 환각을 일으키는 성분이 있는 것도 있다. 아주 복합적인 자극을 일으키는 것이다.

우리는 단순히 강하기만 한 자극보다 입체적이면서도 조화된 자극을 좋아한다. 향신료는 단맛, 신맛, 짠맛 등을 한데 모아서 맛있는 맛으로 수렴시키는 기능도 한다. 이처럼 향신료는 단순히 향으로 코를 즐겁게 하는 것 외에도 숨겨진 기능이 많다. 많은 사람이 좋아하는 데는 다 이유가 있다.

향신료의 풍부한 자극은 본인이 먹어본 음식을 기억하는데 도움이 된다. 사실 우리 몸에 필요한 성분은 미각으로 느끼는 영양이지 후각으로 느끼는 향이 아니다. 후각은 그 음식을 식별하고 기억하는데 매우 유효한 수단인 것이다. 우리는 평범한 일상은 잘 기억하지 못하고 강한 공포나 쾌감을 유발한 것을 오래 기억한다. 고추를 먹고 타는 듯이 매웠는데 순간적인 착각이었음을 알면 웃으면서 즐길 수 있다. 강한 자극을 극복한 자랑스러운 기억 또는 자신의 능력을 키운 것 같은 성취감마저 있으니 즐거운 추억으로 기억할 수 있는 것이다.

❸ 식물은 인간을 위해 향을 만들지 않는다

식물은 향으로 균류, 곤충, 동물을 불러 모은다

보통 '향기' 하면 꽃, 과일, 숲 등 식물의 향을 많이 떠올리게 된다. 실제 우리가 사용하는 향기 물질은 동물이 만든 것은 별로 없고, 주로 식물이 만든 것이다. 식물이 인류에게 산소와 먹을 것뿐 아니라 향기도 제공하는 것이다. 그런데 식물은 왜 향기 물질을 만드는 것일까? 인간에게 즐거움을 주려고? 그럴 리가 없다. 우리의 낭만적인 기대와는 전혀 다른 목적이 있다. 식물이 향기 물질을 만드는 것은 식물의 방어나 소통의 도구 즉, 언어로 사용하기 위한 목적이 크다. 식물은 입이 없으니 식물의 주특기인 화학물질을 합성하는 능력을 이용해 자신을 보호하고 세상과 소통하는 것이다.

식물은 향기로 곤충과 같은 화분 매개 생물을 불러 모은다. 밤에 꽃이 피는 식물들이 곤충을 유혹하기 위해서는 꽃의 색이나 모양보다 휘발성 향기 물질이 훨씬 좋은 신호가 된다. 침엽수를 밀어내고 꽃이 피는 식물이 세상을 온통 지배하게 된 배경에는 이 공생시스템이 결정적인 역할을 했다. 꽃은 향으로 곤충을 유혹해 유전자를 교환하고, 과일을 통해 유전자를 널리 퍼트린 것이다.

방어기작의 하나다

나무는 스트레스를 받을 때 주변에 살리실산을 방출한다. 이것은 식물 방어체계의 대표적 신호 물질로 이 물질이 분비되면 식물의 여러 조직에서 동물이 싫어하는 물질과 소화되지 않는 물질을 만드는 과정이 연쇄적으로 촉발된다. 그리고 이 물질은 인근 식물들에 의해 읽혀지고 해석되어 그들 자신의 방어 물질을 만드는 신호로 활용된다. 식물은 이동하지 못한다. 그래서 초식곤충이나 초식동물에 대한 방어수단으로 여러 가지 화학물질을 만드는데, 이런 물질을 무작정 많이 만드는 것은 자신에게도 부담이 되므로 신호 물질을 통해 합성량을 조절한다.

너무나 평범한 풀냄새조차 식물의 방어 시스템의 일부이다. 제초기로 풀을 벤 잔디밭을 지나면 풀냄새가 진하게 난다. 식물의 세포가 손상이 되는 순간 지방산화효소가 불포화지방과 만나 지방을 분해하여 헥센알(Hexenal) 같은 물질이 만들어지기 때문이다. 이것은 우리에게는 단순한 풀냄새지만 애벌레나 곤충에게는 독으로 작용하기도 한다. 또 그런 냄새가 난다는 것은 애벌레 등이 잎을 갉아먹고 있다는 증거라 포식자를 유인하는 신호 물질이 되기도 한다. 많은 허브는 평소에 가만히 두면 아무런 향이 나지 않지만, 강한 바람이 불거나 슬쩍 건드리면 냄새를 풍기는 경우가 있다. 향기가 방어수단의 부산물이기 때문이다.

공격수단이기도 하다

몇 년 전까지만 해도 청매실의 인기가 대단했다. 매실은 수확 시기에 따라 풋매실, 청매실, 황매실로 구분되는데 아직 익지 않아 핵이 단단하게 굳지도 않은 상태가 풋매실, 껍질의 녹색이 열어지며 과육이 단단한 상태로 신맛이 강할 때 수확한 것을 청매실, 노랗게 익어 향이 좋을 때 수확한 것을 황매실이라 한다. 매실도 과일이니 당연히 황매실일 때가 부드럽고 향이 좋은데 우리는 단단한 청매실로 매실청을 만들어 왔다.

그런데 청매실의 아미그달린 독성이 종종 논란이 되어왔다. 아미그달린은 페닐알라닌에서 유래한 분자에 청산을 결합시키고, 이것을 쉽게 휘발하지 않고 물에 잘 녹아 있도록 하기 위해 포도당 2개를 결합시킨 분자다. 아미그달린 자체는 독도 향도 아니고, 단지 식물의 액포 속에 조용히 보관된 배당체의 하나인 것이다. 그러다 애벌레가 식물의 잎을 갉아먹으면 별도로 보관되어 있던 분해 효소가 아미그달린에서 포도당을 떼어낸 후 청산과 벤즈알데하이드로 분해한다. 그렇게 배출된 청산은 작은 벌레의 헤모글로빈과 산소를 이용하는 효소와 결합한다.

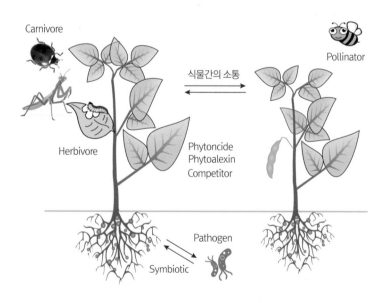

식물이 향을 만드는 이유

맛은 오미오감에서 시작된다

독이 되는 것이다. 아미그달린은 냄새가 없지만 그것에서 분해된 벤즈알데하이드는 독특한 향을 가진다. 체리를 먹을 때 느껴지는 주 향기 물질이 그것이다. 아미그달린은 체리와 매실뿐만 아니라 살구, 자두, 복숭아, 배, 사과 등 대부분의 과일 속씨에도 있다. 겉의 과육만 먹고 속씨까지는 먹지 말라는 일종의 보호 수단인 것이다.

삼림욕을 이야기할 때 흔히 나오는 '피톤치드(Phytoncide)'는 '식물'이라는 뜻의 '피톤(Phyton)'과 '죽이다'라는 뜻의 '사이드(Cide)'가 합쳐진 말이며, '식물이 분비하는 살균 물질'이라는 뜻이 된다. 그런데 우리는 그것을 유쾌한 향으로 즐기고 있다. 식물은 포식자와 치열한 군비경쟁을 하지 동물이나 인간을 즐겁게 해줄 목적으로 향기 물질을 만들지는 않는다. 우리가 애써 적응하고 극복한 것이다.

고추의 캡사이신도 원래 동물로부터 자신을 지키기 위해 만든 화학 무기다. 새의 수용체는 형태가 약간 달라 캡사이신과 결합하지 않으므로 고추를 먹어도 전혀 매운맛을 느끼지 못한다. 그런 새를 통해 멀리 번식하고자 한 고추의 책략인 셈이다. 인간은 그런 고추마저 좋아할 수 있는 놀라운 적응력을 갖추었다. 니코틴이나 카페인도 원래는 식물의 방어물질 즉, 독이 되는 물질인데 인간은 오히려 기분 좋게 즐긴다.

향은 우연한 부산물이거나 식물이 살아남으려 애쓴 흔적이다

날씨가 온화하고 좋은 환경에서 자란 작물의 향이 좋을까? 아니면 날씨의 변동 등 스트레스가 심한 지역에서 자란 작물의 향이 좋을까? 커피의 경우 기후가 좋고 영양도 풍부하여 식물이 자라기 좋은 곳에서 좋은 생두가 만들어질 것 같지만, 그런 조건에서는 나무는 잘 크지만 향까지 훌륭할 가능성은 낮다. 그보다는 해풍과 산바람이 교차하고, 일

교차가 있는 적당한 고지대와 같이 스트레스가 어느 정도 생기는 산지에서 생산된 커피가 향이 좋을 가능성이 높다. 좋은 와인도 적당히 척박한 토양에서 스트레스를 받으며 자란 포도로 만든다. 대만에는 해발 1,000m 이상에서 재배되는 고산차가 있는데 해발고도가 높아질수록 가격이 비싸진다. 같은 청심오룡종이지만 해발 1,000~1,600m에서 키운 것보다 해발 2,000m 이상에서 나는 차는 단맛이 강하고 섬세한 꽃향기가 매우 풍부하여 대만 우롱차 중 최고급으로 치며 가격도 매우 비싸다.

채소도 야지에서 겨울을 보낸 것이 온실에서 자란 것보다 맛과 향이 좋은 경우가 많다. 식물은 추위에 얼지 않기 위해 조직에 당액을 비축하고, 초식 벌레의 공격을 막고 상처를 치유하기 위해 화학물질을 분비하는데, 이런 것들이 맛과 향기 성분이 되는 것이다. 환경이 식물이 견디기 힘들 정도로 지나치게 혹독하면 소출도 향도 좋지 않겠지만, 적당한 스트레스는 좋은 향을 만드는 자극제가 된다.

일본 차 중에서도 고급으로 치는 옥로차는 차나무의 새싹이 올라오기 시작할 때부터 20일 정도 햇빛을 차단한다. 일부러 햇빛을 굶겨서 더 많은 햇빛을 갈망하게 만드는 것이다. 그러면 식물은 엽록소 함량을 증가시켜 선명하고 진한 녹색이 되고, 떫은맛을 내는 카테킨의 생성은 억제되고 단맛을 내는 아미노산인 테아닌의 함량이 증가하여 찻잎에 감칠맛이 늘어난다.

동방미인차(백호오룡)는 타이완의 대표적인 우롱차인데 일부러 차나무에 차 잎을 갉아먹는 해충인 부진자(Leafhopper, 초록애매미충)를 기생하게 한다. 벌레가 잎을 갉아먹어 약간 시든 상태의 차 잎을 수확해서 장시간의 일광위조와 실내위조를 거쳐 차로 완성한다. 이런 차가 해충이 가해지지 않은 찻잎에 비해 리나로올, 제라니올, 벤질알코올, 페닐

맛은 오미오감에서 시작된다

에탄올 등 향기 물질의 함량이 증가하는데, 그중에서도 리나로올로부터 만들어지는 독특한 향기 물질(Hotrienol)은 원래 해충의 천적인 거미를 유인하기 위한 것이지만 다른 차에 없는 달콤한 꿀 향을 만들어 오히려 귀한 대접을 받는다.

온실에서 영양분을 듬뿍 주고, 농약으로 벌레를 막아주면서 키우는 식물은 탄수화물, 단백질, 지방 등 1차 대사산물을 잘 만들지만, 스트레스가 적어서 향과 같은 2차 대사산물을 적게 만드는 경향이 있다.

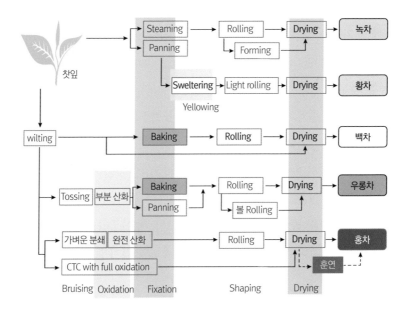

차의 제조 과정

④ 인간이 즐기는 향은
대부분 인간이 만든 것이다

발효와 가열은 인간의 가장 보편적인 맛 창조 기술이다

우리는 먹거리를 자연에 의존하기 때문에 우리가 즐기는 맛과 향도 대부분 자연에서 온 것이라 생각하는 경우가 많다. 하지만 자세히 들여다보면 우리가 즐기는 맛과 향에는 인간의 노력이 더 많이 들어 있다. 식재료 자체가 자연의 아무 식물이나 그냥 쓰는 것이 아니고, 고르고 고른 것을 재배하면서 육종을 통해 개선을 거듭한 것들이다. 그 후에도 그대로 먹지 않고 가열한 요리나 오랜 시간이 걸리는 발효를 통해 맛과 향을 증폭한 것이고, 수많은 시행착오를 통해 어우리도록 여러 재료를 조합한 것이다. 생으로 즐기는 회나 채소조차 거기에 어울리는 소스 등을 곁들인다.

이런 인간의 맛과 향의 기술 중 가장 보편적으로 쓰이는 기술이 '조합', '발효', '가열'이다. 발효 제품에는 탄수화물을 분해해 만든 술과 식초가 있고, 채소를 맛있게 오래 보관할 수 있게 만든 김치, 우유를 이용한 발효유, 치즈 등이 있다. 그런데 이런 발효는 자연적으로도 발생할 가능성이 있지만, 불을 이용한 요리는 그야말로 인간만의 독특한 방법이다. 불을 이용한 요리의 발명이야말로 인간이 인간답게 살 수 있게 된 최소한의 기반이라고 말하는 학자도 있다. 음식을 불로 가열하는 것은 처음에는 그 안에 포함된 미생물을 죽여서 안전성을 높이는 수단이자 소화와 흡수를 돕는 영양 측면이 강했지만, 지금은 맛을 좋게 하는 강력한 수단이 되었다.

우리가 먹는 요리 대부분에 가열 공정이 포함된 것은 그래야 제대로 맛이 나기 때문이다. 그런데 가열은 생각보다 대단히 복잡한 반응이다. 캐러멜 반응, 메일라드 반응, 지질의 열분해, 황 함유 물질의 변화 등 복잡한 반응이 일어나 맛과 향이 변하고 물성마저 변한다. 메일라드 반응만 해도 너무 복잡하여 아직 그 반응의 전모가 완전히 밝혀지지 않았다. 이런 반응은 요리뿐 아니라 기호식품에도 관여한다. 바닐라 빈, 코코아 빈, 커피 생두처럼 수확한 열매 자체에는 별로 맛이 없다. '발효, 건조, 로스팅'의 3단계를 거쳐야 비로소 맛과 향이 제대로 만들어진다.

만약 찌개를 끓이지 못하고 그대로 먹어야 한다면?

A. 메일라드 반응: 당류 + 아미노산

당과 아미노산이 만나 메일라드 반응이 일어나면 수백 가지 향기 물질이 만들어지고, 먹음직스러운 색도 만들어진다. 구운 빵, 비스킷, 구운 고기, 연유, 볶은 커피, 군고구마, 군밤, 호떡, 부침개, 튀김 등의 향이 바로 이 메일라드 반응으로 만들어지는 것들이다. 이 반응은 저온에서는 수주에서 수년에 걸쳐 느리게 일어나고, 100℃에서도 미약하다. 150℃ 이상에서 제대로 일어나며 165℃를 넘기면 메일라드 반응이 억제되기 시작하고, 캐러멜 반응이 활발하게 일어나기 시작한다. 그러니 190℃ 정도에서 이 두 반응이 합해져 풍미 성분이 가장 활발하게 만들

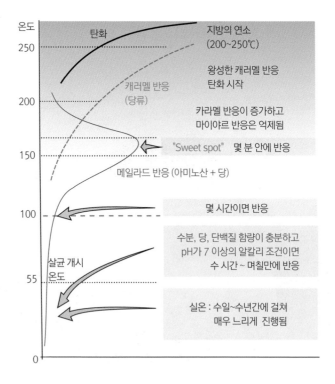

메일라드 반응 모식도

맛은 오미오감에서 시작된다

어지고, 그 이상의 온도에서는 탄화가 시작되어 탄 냄새가 나기 시작한다. 이 반응은 물이 많으면 잘 일어나지 않는다. 물이 100℃에서 끓으면서 많은 열을 빼앗기 때문에 반응이 약해지는 것이다. 생선을 구울 때 물기를 제거해야 하는 이유이기도 하다. 수분이 모두 증발한 이후에야 온도가 더 올라가면서 갈변 반응이 본격적으로 일어난다.

저온에서 장시간 반응시킨다고 고온에서 만들어지는 향기 물질이 충분히 만들어지지 않는다. 그래서 전자레인지로는 이런 물질을 만들지 못한다. 전자레인지는 내부 온도를 먼저 올려 스팀이 발생시켜 표면 온도가 높아지지 않는다. 내부가 완전히 익을 때까지도 표면온도가 메일라드 반응에 필요한 온도까지 오르지 않는 것이다. 그래서 표면에 갈변반응과 향 생성이 일어나지 않는다. 구워지지 않고 삶아지는 셈이다. 이것이 수비드(Sous vide) 요리가 물성은 완벽한데 향이 부족한 이유이기도 하다. 수비드 요리는 아무리 오래 조리해도 일정 수준이상 익지 않는다. 고기 전체가 완벽한 미디엄 레어 상태로 육즙이 하나도 증발되지 않고 타지 않은 스테이크가 된다. 하지만 수비드 방법으로는 갈변 반응에 의한 특유의 맛과 향을 얻을 수 없다. 그래서 수비드로 요리한 고기를 다시 팬에 살짝 굽거나 토치로 겉을 구워서 향을 입힌다.

B. 캐러멜 반응: 당류(탄수화물)만 있을 때

캐러멜 반응은 아미노산 없이 당류만을 가열했을 때 일어난다. 무취 무색한 당에서 고온에 의해 당류 분자 내 탈수가 일어나면서 놀라울 만큼 다양한 향과 색도 만들어진다. 반응이 지나치면 탄화에 의해 쓴맛이 강해진다. 캐러멜은 대개 설탕으로 만드는데, 설탕은 구성 성분인 포도당과 과당이 분해된 후 새로운 분자들로 재결합된다. 과당을 '환원당'이라고도 하는 것은 분자 내에 알데하이드 구조가 있어 반응성이 크기 때문이다. 설탕은 1개의 과당과 1개의 포도당으로 되어 있어서 과당보다는 반응성이 떨어진다. 과당이 110℃, 설탕이 160℃, 맥아당이 180℃에서 캐러멜 반응이 일어나는 이유다.

캐러멜 반응을 직접 쉽게 해볼 수도 있다. 설탕을 물과 섞은 다음 물이 증발하고 갈색이 될 때까지 가열하는 것이다. 그러면 버터와 밀크 향, 과일 향, 꽃향기, 단내, 럼주 향, 구운 향 등이 나타난다.

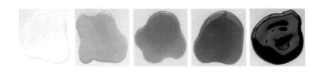

C. 지방이 분해되면서도 향이 만들어진다

지방 자체는 맛이 없고 느끼하지만 가열하면 분해되어 많은 향이 만들어진다. 지방을 효소로 분해하면 나름 일정한 패턴이 있지만, 열로 분해하면 랜덤하게 마구 분해되어 훨씬 복잡하고 다양한 향기 물질이 만들어진다. 튀김의 향이 바로 지방이 열에 의해 분해되면서 만들어진 대표적인 풍미다.

지방은 고기 향의 핵심이기도 하다. 모든 날고기는 향이 약하고, 매력적이지도 않다. 고기의 특징적인 향은 가열할 때 만들어진다. 과거부터 소고기는 귀하고 인기가 있어 소고기를 쓰지 않고도 맛(향)을 내게 하는 연구가 많이 이루어졌다. 우지(소기름)에 시스테인(황함유 아미노산)과 포도당(환원당)을 반응시켜 소고기 향을 만드는 방법이 그것이다. 고온에서 당류와 시스테인 같은 아미노산을 반응시키면 메일라드 반응에 의해 향이 만들어지는데, 이때 소기름이 있으면 소고기 향, 돼지기름이 있으면 돼지고기 향, 닭기름이 있으면 닭고기 향이 만들어지는 것이다.

"옛날에 돼지기름으로 볶았을 때는 맛이 있었는데 지금은 왜 이래? 이건 그때의 짜장 맛이 아니야!", "예전 부침개는 맛이 있었는데 지금은 왜 맛이 없지?" 이런 투정 섞인 실망의 원인은 바로 기름에 있다. 소기름(우지), 돼지기름(돈지)에 튀기면 맛있는 튀김이 식물성 유지에 튀기면 맛이 없는 이유는 소고기 향과 돼지고기의 향을 있게 한 주인공인 지방이 바뀌었기 때문이다. 어떤 식재료든 포도당 같은 당과 시스테인(황 함유 아미노산)이 있는데 이것이 소기름을 만나 소고기 향, 돼지기름을 만나 돼지고기 향이 만들어진다. 그런데 여기에 식물성 기름을 쓰자 이 향이 나오지 않은 것이다.

채소튀김을 튀겨도 소기름에 튀기면 은근한 소고기 향이 배어들어 맛있던 것인데 건강 전도사들이 동물성 기름을 나쁘다고 말하여 모두들 식물성 기름으로 바꾼 결과 맛이 떨어진 것이다. 요즘은 동물성 기름에 대한 오해가 속속히 밝혀지고 있다. 건강 전도사들 덕분(?)에 맛은 잃고 불안감만 얻는 경우가 참 많다.

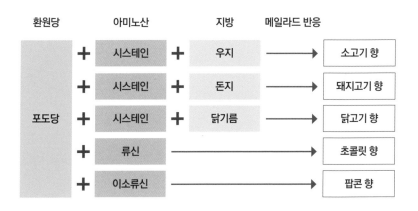

메일라드 반응으로 만들어지는 향의 유형

기름은 향을 유지하는 능력이 아주 크다. 향기 성분이 기름에 잘 녹기 때문이다. 가열 중에 발생한 향이 기름에 포집되어 풍부한 향을 즐길 수 있다. 그래서 삼겹살이나 마블링이 좋은 고기가 맛이 있는 것이다. 더구나 가열로 제품 속에서도 만들어져 천천히 스며 나오는 풍부한 향은 겉에만 살짝 입힌 향에 비해 깊은 맛을 준다.

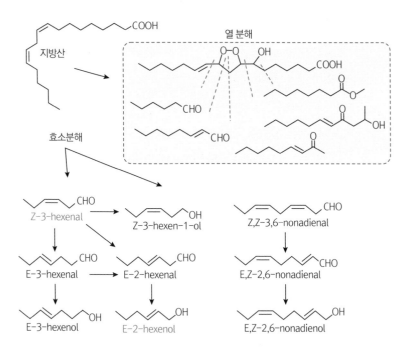

지방의 열분해와 효소분해

인류는 맛을 위해서라면 까다로운 요리법도 기꺼이 감수한다

요리는 종류가 다양하고 기술도 날로 발전하여 이제는 한 명의 요리사가 모든 음식을 잘하기는 힘들다. 모든 요리는커녕 한 분야도 완전히 마스터하기 힘들다. 맥주를 잘 만든다고 저절로 와인을 잘 만들 수 있는 것도 아니고, 알코올 발효를 잘한다고 위스키와 같은 증류주도 잘 만들 수 있는 것은 아니다. 치열한 시장에서 살아남을 정도로 상품성 있는 제품을 한 가지라도 제대로 만드는 것은 쉽지 않다. 이것은 커피도 마찬가지다. 커피 재배도 기술이지만 생두 가공도 기술이다. 좋은 생두를 구하고 그것을 잘 로스팅하는 것도 기술이지만 잘 로스팅된 원두에서 맛있는 커피를 뽑는 것도 기술이다. 맛을 위해서라면 까다로운 과정도 기꺼이 감수한다.

우리는 주로 물로 맛과 향을 추출하지만 기름, 식초, 설탕 시럽, 알코올도 훌륭한 추출 용매다. 다만 용매에 따라 추출되는 것이 제각각인데, 알코올을 사용하면 향기 성분이 잘 추출되지만 원하지 않는 쓴맛 성분도 잘 추출되는 문제가 있고, 기름도 쓴맛을 포함하여 다른 맛 성분은 추출되지 않는다. 이런 스며들고 추출되는 원리는 요리에도 적용된다. 설탕은 향이 없고 열에 강하고 조미료가 잘 스며들게 하는 효과가 있어 먼저 넣는다. 소금도 열에 강하고 재료의 수분을 배출시키고 단백질을 굳히는 효과가 있어 빨리 넣는다. 식초는 열에 약하여 나중에 넣고, 간장과 된장도 너무 가열하면 향이 날아가 버리므로 마지막에 넣고 한 번만 끓여 낸다. 목적에 따라서는 이런 순서도 바꿀 수 있지만, 맛을 위해서라면 까다로운 요리법도 기꺼이 배우고 지키려 한다.

맛을 위해서라면 오랜 숙성도 참고 기다린다

옛날 사람들은 왜 시간과 노력을 들여서 어렵게 장류를 만들어 먹었을까? 당연히 맛 때문이다. 발효는 미생물이 만든 효소를 이용하여 탄수화물을 당류를 거쳐 산이나 알코올로 분해하고, 단백질을 글루탐산 등 아미노산으로 분해하는 것이다. 이 과정에서 향기 성분도 같이 만들어진다. 발효를 통해 만들어지는 것은 주로 당, 알코올, 유기산 같은 맛 성분이지 향기 성분은 별로 없다. 하지만 향은 워낙 적은 양으로도 감지되기 때문에 충분히 강하게 느낄 수 있다.

그런데 숙성하면 맛이 좋아지는 이유는 무엇일까? 숙성하는 기간 동안 향기 성분이 늘어나는 것일까? 아니다. 숙성과정에서 어떤 성분은 늘어나고 어떤 성분은 줄어드는데 전체적으로는 감소한다. 와인 숙성 과정에서도 전체적으로는 향의 손실이 일어나지만 부분적으로는 숙성된 향이 증가하여 맛의 품위를 높이는 경우가 있다. 이런 효과가 있을 때 숙성을 하는 것이지 아무 와인이나 숙성하지 않는다. 숙성은 고농도 알코올 발효가 일어나고, 타닌 성분이 많고, 품종 특성이 약한 와인에 적합하다. 더구나 오크통을 사용하여 오크 나무의 향기 성분이 천천히 녹아 나오면서 알코올과 반응하여 더욱 품위 있는 향으로 변하는 과정이 있어서 맛이 좋아지는 것이지 단순히 오래 보관한다고 맛이 더 좋아지지 않는다.

결국 숙성은 발효 과정에서 생기는 지나치게 자극적인 저분자 물질을 줄이는 과정이기도 하다. 분자량이 적은 향기 성분은 휘발성이 강하여 강한 첫인상을 주지만 지나치게 자극적인 경우가 있다. 분자량이 클수록 휘발성이 줄어들어 일정 크기 이상에서는 향의 강도가 줄어든다. 중간 크기 분자가 대체로 가장 우아한 향취를 지닌다. 술이 숙성되면 저분자의 반응성 분자들이 다른 분자와 결합하여 자극성이 줄고 온화

맛은 오미오감에서 시작된다

한 풍미의 분자로 바뀌게 된다. 특히 케톤과 알데하이드류의 분자가 이런 작용을 하는데 알코올의 함량이 높을수록 잘 일어난다.

숙성 중 가장 크게 변하는 맛은 레드 와인의 쓴맛과 떫은맛 감소이다. 페놀 화합물은 색소와 타닌성 물질을 구성하면서 포도의 풍미와 바디감에 중요한 역할을 한다. 과도한 타닌은 쓴맛이 강해서 부정적인 영향이 커지고, 레드 와인과 화이트 와인의 향 차이를 설명하기도 한다. 타닌은 소량의 산소가 있으면 아세트알데하이드의 도움으로 안토시아닌과 중합반응을 한다. 타닌은 중간 크기의 애매한 용해도를 가질 때 쓴맛이 강하며, 중합반응으로 분자가 충분히 커지면 오히려 혀의 미각 수용체에 반응하지 못하여 쓴맛이 사라진다. 맛이 부드러워지는 것이다. 오래 숙성해서 맛이 좋아지는 것은 이런 반응이 일어날 때 좋아지는 것이지 무작정 좋아지지는 않는다. 대부분의 식품은 이러한 과정이 필요하지 않고, 적절한 숙성 조건을 갖추지 않으면 부정적으로 작용한다. 막연히 숙성을 오래할수록 좋을 것이라는 기대는 부질없다.

과거에는 지금보다 발효의 기술이나 시설이 좋지 않았다. 그만큼 실패로 괜히 귀중한 먹을거리만 낭비할 가능성도 컸고 오래 허기를 참고 기다려야 하는 문제도 있다. 그럼에도 인류는 맛과 향을 위해 발효와 숙성처럼 까다로운 기술도 꾸준히 발전시켰다.

⬡ 향은 다양하지만
흔들리기 쉽다

인간의 모든 감각 중 가장 다양한 것이 후각(향)이다

식품에 존재하는 향기 물질의 종류는 11,000가지 정도라고 한다. 물감은 불과 3가지 원색으로 수백만 가지 색을 만드는데, 향은 이렇게 다양한 물질이 있으니 이들 향기 물질을 조합하면 무한대에 가까운 향을 만들 수 있다. 그래서 인간은 1~10조 가지 향을 구분할 수 있다는 주장도 있다.

그만큼 향의 종류는 다양한데, 향을 표현하는 단어는 매우 적다. 5가지에 불과한 맛에 대한 용어보다도 적다. 음식의 풍미를 말로 표현하기가 힘든 가장 결정적인 이유도 바로 이 향에 대한 적절한 용어가 너무 없다는 것이다.

향은 이처럼 종류도 다양하지만 마땅한 분류 방법도 없고, 호불호마저 상황에 따라 달라진다. 미각은 5가지로 단순하고 단맛은 좋아하고 쓴맛은 싫어하는 공통성이라도 있지만, 향은 그런 공통성도 없이 경험과 맥락에 따라 호불호가 마구 달라진다. 그러니 오감 중에서 후각이 과학적으로 설명하기 가장 어렵다.

흙 자체에는 흙냄새가 없다. 우리가 아는 흙냄새는 흙에서 사는 방선

맛은 오미오감에서 시작된다

균이 내는 지오스민(Geosmin) 같은 물질의 냄새다. 숲길을 걸을 때 이 냄새가 난다면 기분이 나쁠 이유가 없지만, 물이나 매운탕에서 이 냄새가 나면 불쾌할 것이다. 똑같이 지오스민이란 향기 분자에 의한 것이고, 그 양도 1조 분의 1(ppt) 이하에서 감각되는 극미량이라 아무런 문제가 없음에도 그렇다.

향은 이처럼 상황 즉, 맥락에 따라 좋고 나쁨이 결정되는 경우가 많다. 심지어 동일한 상황, 동일한 물질인데 단지 농도만 달라져도 대접이 달라진다. 맥주에 소량의 헥사논산에틸(Ethyl hexanoate), 제라니올(Geraniol)이 있으면 맛이 풍부하다고 좋아하지만 지나치게 많으면 이취로 느끼면서 싫어한다. 심지어 동일한 상황, 동일한 농도라도 사람마다 다르고 동물마다 다르다. 사람은 신선한 것을 좋아하지만 개나 고양이가 가장 좋아하는 냄새는 약간 썩은 고기 냄새라고 한다.

우리가 구분할 수 있는 1조 가지 냄새 중에 공통적으로 좋아할 만한 것은 신선한 향, 달콤하게 잘 익은 향, 고소한 향 정도이고 나머지 것은 특별한 호불호의 기준이 없고, 학습과 훈련에 따라 취향이 만들어지고 바뀌어간다. 과거 한국인에게 부티르산(Butric acid)은 토사물에서나 맡을 수 있는 냄새였기 때문에 악취로 싫어했고, 이 냄새가 심하게 나는 치즈에 대한 거부감이 아주 심했다. 그러나 지금은 토사물의 냄새를 맡을 기회(?)가 별로 없고, 반대로 다양한 치즈를 경험할 기회가 많아서 부티르산에 대한 거부감도 많이 줄었다. 최근 사람들에게 부티르산을 맡게 해보니 악취보다 치즈를 떠올리는 사람이 많았다. 데카날(Decanal)도 마찬가지로 냄새를 맡게 하자 베트남 쌀국수를 떠올리는 사람이 많았다. 중국에 여행을 간 사람들이 음식에 고수(향채)가 있으면 비누 냄새가 난다고 질색을 하던 것이 바로 데카날 때문인데, 짧은 시간에 이 냄새에 대한 호불호가 많이 바뀐 것이다. 향은 결국 절대적인 좋고 나쁨의 기준이 없고, 오직 경험과 맥락에 좌우된다. 향이 가치 평가의 기준이 아니라 기억의 수단이기 때문일 것이다.

향의 호불호는 경험과 맥락에 따라 결정된다

향신료의 진정한 매력은 무엇일까? 정향(Clove)은 계피, 후추, 육두구(Nutmeg)와 함께 서양의 역사를 바꾼 향신료로 꼽힌다. 당시에는 금만큼 귀한 대접을 받았다. 그런데 지금 정향의 냄새를 맡게 하면 왜 그렇게 좋아했을지 쉽게 이해가 되지 않을 것이다.

　정향의 주 향기 물질은 유제놀(Eugenol)이다. 정향의 냄새를 아는 사람은 유제놀 냄새를 맡으면 바로 정향을 떠올릴 정도로 특징적이다. 그런데 정향을 한 번도 본 적이 없다고 말하는 사람도 정향(유제놀)의 냄새를 알고 있을 가능성이 높다. 바로 '치과'의 냄새이기 때문이다. 정향은 진통효과가 강해서 오래 전부터 치과에서 진통제로 사용해왔다. 1976년 개봉한 더스틴 호프만 주연의 '마라톤 맨'에는 치과도구로 고문을 하는 의사가 등장한다. 치과의사는 호프만의 멀쩡한 생니를 뽑는 고문으로 지옥 같은 통증을 경험하게 한 뒤 유제놀을 발라 천국을 경험하게 한다. 과거에 서양인에게 정향은 현실에 존재하지 않는 동양의 아라비아와 같은 전설의 땅에서부터 온 신비한 물건으로써 냄새로 인간에게 천국의 한 자락을 제공했다고 여겼는데, 극심한 통증에서 벗어나 천국의 한 자락을 경험하게 하는 기능도 있었던 것이다. 요즘 치과 치료를 받는 사람은 유제놀이 그런 기능이 있는지조차 모를 가능성이 높다. 만약 아무런 진통 조치를 하지 않고 치아를 치료하여 고통이 한계에 도달할 즈음에 유제놀을 발라주면 천국을 맛볼 수 있을 텐데, 미리미리 아프지 않게 마취를 하고 유제놀을 발라주기 때문에 뭔가 얼얼

하고 불쾌한 냄새로만 기억하는 것이다. 그러니 치과 냄새가 나는 정향이 한때 유럽에서 금보다 귀하게 여겨졌다는 것을 쉽게 납득하기 힘들 것이다. 정향은 지금도 많이 쓰는 향신료이지만 그 매력을 단순히 향만으로 설명할 수는 없다.

살리실산메틸(Methyl salicylate)은 노루발풀 같은 약용식물뿐 아니라 홍차와 같이 평범한(?) 식물에도 있는 향기 물질이다. 홍차의 여러 향기 물질 중에서 가장 먼저 분리 확인된 물질이기도 하다. 사람들에게 그 냄새를 맡게 하면 대부분 파스, 안티푸라민 같은 약을 떠올린다. 노루발풀이란 식물을 직접 경험해본 적이 없고 진통약으로 먼저 접했기 때문이다. 과거에는 마땅한 합성약이 없어서 식물 중에 약리작용이 있는 것을 찾아 사용했는데, 서양에서는 노루발풀이 대표적인 식물이었고, 그 식물의 약리성분인 살리실산메틸을 지금도 약으로 쓰다 보니 우리는 살리실산메틸을 식물의 냄새가 아니라 약품의 화학적인 냄새로 인식한다. 경험과 맥락에 의해 냄새의 이미지가 만들어지는 것이다.

멘톨도 그렇다. 멘톨은 박하 잎에 많은 성분이고, 박하 잎은 과거에 요리에도 제법 사용되었는데, 그 시원한 청량감 때문에 치약 같은 위생용품에 더 많이 쓰기 시작했다. 그래서 지금은 멘톨을 넣으면 치약 냄새를 떠올리며 먹어서는 안 될 것처럼 생각하기도 한다. 원래 치약에는 아무 냄새가 없는데도 그렇다.

향은 차이를 구분하고 기억하는 수단이다

자연에는 인간의 식재료가 되기 위해 창조된 생물은 없다. 모든 먹거리는 한때 어떤 생명체의 일부거나 전부였고, 각자 생존을 위해 최선을 다했다. 그러다 보니 잘못 먹으면 탈이 나거나 죽을 수도 있는 것이 많다. 결국 안전한 먹거리를 발견하면 그것을 잘 기억해야 생존이 쉬웠다. 인류는 커다란 뇌와 수만 가지 향을 구분하는 능력을 통해 무수히 많은 식재료를 탐험하고 그 경험을 기억하여 먹거리의 선택의 폭을 넓혔다. 그래서 세상에 인간보다 다양한 음식을 먹는 동물은 없다.

인류에게 후각은 여러 식재료의 특징을 기억하여 해로운 것은 피하고 이로운 것을 취하는 결정적 수단이었다. 자연의 모든 생명체는 생존을 위한 전쟁을 하며 속임수와 변신을 거듭한다. 이것의 위험신호가 저것에게는 단지 속임수일 수 있고, 오늘 이로운 식재료에서 나는 냄새가 내일은 다른 해로운 식재료의 냄새와 같을 수 있다. 그러니 향에 대한 호불호는 끊임없이 갱신하고 개선해야 생존에 유리하지, 과거의 기억을 고집하는 것은 도움이 되지 않는다.

미각과 후각이 잘 구분되지 않는 것도 같은 이유이다. 내가 아무리 혀로 느끼는 맛은 5가지뿐이고, 나머지는 무조건 향이라고 해도 도저히 향이 아니고 맛(미각)처럼 느껴지는 경우도 많다. 인간의 모든 감각은 생존을 위해 만들어진 것이지 독립성을 보장하거나 객관적 평가를 위해 만들어진 것이 아니기 때문이다. 그저 적당히 구분하고 신속히 통합하여 빠른 판단을 돕는다.

내가 이처럼 향에 대해 건조하게 실체를 밝히려고 한 것은 그동안 무작정 자연에 대한 막연한 찬양만 넘쳤지 정작 그런 재료를 재배한 농부나 훌륭한 맛으로 탄생시킨 요리사, 식품회사의 노력은 너무 쉽게 폄하하거나 푸대접을 하는 경우가 많았기 때문이다. 자연의 산물 자체도 물론 훌륭하지만, 그보다 훨씬 훌륭한 것은 그것을 가꾸고 활용할 줄 알고 제대로 느낄 줄도 아는 인간의 노력이다. 이들의 노력을 바르게 알고 균형 있게 대접할 필요가 있다.

6 맛을 말로 표현하기 힘든 이유

우리는 향기 물질에 대해 너무 무관심하다

외국인에게 막걸리 맛을 설명하려면 어떻게 해야 할까? 불가능하다. 향을 표현할 단어가 없기 때문이다. 식품 포장지를 보면 소비자의 선택을 돕기 위한 표시사항이 상당히 많이 적혀 있어서 사용된 원료와 영양정보 등을 알 수 있지만, 정작 식품 선택에 가장 중요한 요소인 맛에 대한 표시는 없다. 맛에 대한 용어조차 없으니 맛에 대한 표시는 기대하기 힘들다. 어떤 분야든 관련 용어가 얼마나 풍부하냐가 그 분야가 얼마나 발전했느냐를 말하는 척도인데 맛은 기술만 발전했지 그 문화는 발전이 아주 더딘 편이다.

그나마 맛은 달다, 시다, 새콤달콤하다, 짭쪼름하다, 씁쌀하다 등으로 약간의 단어가 있지만 향은 소통이 가능한 단어가 거의 없다. 그러니 맛을 말로 표현하지 못하는 것은 일반인뿐 아니라 식품회사 연구원도 마찬가지다. 연구원은 항상 보다 좋은 향, 자신의 제품에 어울리는 향을 원하지만 자신이 원하는 향을 향료회사에 요구하려고 해도 그것을 말로 표현하기 힘들다.

그나마 제품의 풍미 묘사를 돕기 위해 '아로마 휠(Aroma wheel,

Flavor wheel)'이 개발되기는 했으나 여기에도 한계가 있다. 와인의 향을 딸기, 복숭아, 정향, 장미 등의 느낌으로 묘사하는데, 실제 와인에는 여러 가지 향기 물질이 있는 것이지 결코 그런 것들이 들어 있지 않기 때문이다. 기본적인 소통은 가능하지만 효율성과 확장성이 낮고, 와인의 실체를 이해하는데 한계가 있다. 와인뿐 아니라 커피와 차 등 세상 모든 음식은 향에 대해 조금만 더 깊이 공부하려 하면 결국 향기 물질과 만나게 된다. 세상의 모든 다양한 맛은 향에 의한 것이고, 향은 여러 향기 물질의 다양한 변주곡이기 때문이다. 향기 물질의 관점에서 본다면 꽃과 향신료, 과일과 와인, 커피와 홍차가 별로 다르지 않다. 같은 물질의 다양한 배합비율인 것이다.

향기 물질은 제대로 안다면 활용성이 크고 깊이 있는 공부가 가능하다. 문제는 아직까지는 조향사만 향기 물질을 공부를 한다는 것이다. 향기 물질은 종류가 아주 많아 일반인이 조향사처럼 수백 가지 향기 원료를 익히기는 아주 힘들다. 하지만 일반인은 조향이 아니라 감상이 목적이므로 그렇게 힘들 필요가 없다. 전문 연주자가 되기 위해 피아노를 익히는데 필요한 노력과 단지 음악을 잘 감상하기 위해 익히는데 필요한 노력이 전혀 다른 것과 마찬가지다. 심지어 딱 한 번 피아노 건반을 눌러보는 것처럼 개별 향기 물질의 향을 한 번 맡아보는 것만으로도 의미가 있다. 향기 물질에 대한 체험은 식품을 공부하는 사람뿐만 아니라 보통 사람 누구나 경험해 보면 좋을 만한 체험이다. 어떤 사람에게는 단순한 호기심의 해소일 것이고, 어떤 사람은 흥미를 느껴 본인이 먹는 식재료에 관심이 깊어질 수 있고, 자신이 후각에 소질이 있다는 것을 발견하여 관련된 직업으로 발전할 가능성도 있다.

향기 물질에 대한 공부가 후각을 이해하는 지름길이다

과학이 설명하는 것은 과학으로 이해하는 것이 가장 명쾌하듯이, 다양한 향기 물질의 조합인 향은 향기 물질로 이해하는 것이 가장 명쾌하다. 다른 방법을 써봐야 돌고 돌아갈 뿐이다. 그러니 향에 관심이 있다면 향기 물질을 익혀보는 것이 좋다.

향기 물질을 맡아보는 것은 후각이란 현상을 이해하는데 결정적인 도움이 된다. 같은 향기 물질인데 날마다 느낌이 달라질 수 있고, 같은 향기가 정보에 따라 전혀 다르게 느껴지기도 한다. 더구나 딱 한 가지 향기 물질인데 아주 복합적인 느낌을 주기도 하고, 그런 물질을 여러 개 조합하면 오히려 향이 단순해지기도 한다.

향기 물질은 순도가 높은 표준물질이라 항상 일정한 상태를 유지하여 후각 훈련을 하기도 좋고, 품질의 지표를 개발하는데도 용이하다. 개별 향기 물질에 대한 지식이 쌓이면 다양한 식재료에 대한 이해도 높일 수 있고, 식재료를 조합할 때 왜 그런 조합이 잘 어울리는지와 같은 블렌딩(Matching)의 원리 탐구도 쉬워진다.

그런데 지금까지 조향사를 제외하면 향기 물질을 공부하는 경우는 없었다. 그 종류가 너무 많다는 등의 이유로 외면한 것이다. 하지만 조향사가 아닌 일반인이 알아두면 유용한 향기 물질은 그리 많지 않다. 기본이 되는 향기 물질만이라도 경험해보면 향과 후각에 대한 이해가 깊어질 것이고, 그런 경험을 한 사람이 늘어나면 맛의 표현과 소통도 지금보다 좋아질 것이다. 아니면 식물이 향기 물질을 어떻게 합성하는지 그 기원을 추적해보면 생화학이 재미있어지고, 식물과 자연의 내면에서 일어나는 현상에 대한 흥미도 증가할 것이다.

3장.
촉각,
물성은 생각보다
대단히 중요하다

Texture makes Taste

물이 물성의 바탕이고,

식품의 모든 성분이 어울려 물성이 된다.

그 중요성에 비해 가장 무심한 것이 물성인데,

맛은 물성의 바탕에서 피는 꽃이다.

물성에 따라 향의 방출 패턴이 달라지고,

소리가 달라지고, 외관과 색도 달라진다.

맛의 모든 요소에 영향을 주는 것은 물성뿐이다.

다른 것은 다 용서해도
불어터진 면발은 용서할 수 없다.

① 물성이 맛의 바탕이고 정체성이다

물성이 식품의 정체성을 좌우한다

식품의 98% 정도를 차지하는 물, 단백질, 탄수화물, 지방은 그 자체로는 무미, 무취, 무색이다. 하지만 이들이 맛과 향에 미치는 영향은 생각보다 훨씬 크다. 맛과 향의 토대가 되는 물성을 좌우하는 핵심 분자들이기 때문이다. 식품의 주성분은 물이고, 이 물에 녹는 성분과 녹지 않는 성분 그리고 전분과 단백질 같은 고분자(Bio-polymer)들이 네트워크 구조를 만들어 텍스처(Food texture, 물성)를 만들고, 이는 우리가 음식을 먹을 때 식감(Mouth feel)으로 느껴진다. 이들을 제외한 비타민,

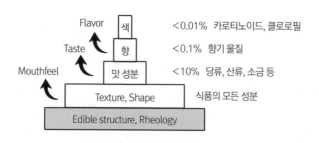

식품의 구조와 성분

맛은 오미오감에서 시작된다

향, 색소 등은 모두 합해봐야 아주 적은 양이다. 뼈에 존재하는 칼슘과 인산을 빼면 나머지 미네랄은 모두 합해도 1%가 안 된다. 그러니 식품의 기본 가치를 좌우하는 것은 물성을 구성하는 성분들인 것이다.

물성은 식품의 정체성을 부여하는 역할도 한다. 이것은 과일, 채소, 고기 등의 식재료를 믹서에 넣고 갈아보면 알 수 있다. 누구나 사과를 보면 사과인 줄 안다. 하지만 주스로 갈아버리면 그것이 무엇인지 한번에 알아보기 힘들어진다. 그나마 사과는 경험을 통해 알아챌 확률이 높지만, 오이나 양배추는 맛을 보고도 10%도 알아채기 힘들다. 나이가 들면 더 심해진다. 자신이 먹는 것이 뭔지를 모르고 먹으면 불안해지고, 불안해지면 맛있게 먹기 힘들어진다.

종류	정답률		
	정상	비만	노인
사과	81	88	55
딸기	78	81	33
파인애플	70	75	37
당근	63	44	7
토마토	52	69	69
바나나	41	69	24
브로콜리	30	50	0
피망	19	25	11
오이	7	0	0
양배추	4	0	7

물성이 맛을 만든다(Texture makes taste)

식품의 물성은 식감(촉감)뿐 아니라 외관(시각)과 맛(미각)과 향(후각)에도 영향을 주며, 먹는 소리를 통해 청각에도 자극을 준다. 알고 보면 오감 전체에 영향을 주는 것은 물성뿐이다. 그런데 사람들은 물성에 대해 무심한 경우가 많다. 실제로는 맛보다 물성(식감)이 더 중요한 제품이 많은데도 그렇다. 아무리 향이 좋다고 해도 미끄덩거리거나 흐물거리는 형태, 상한 것 같은 외형이면 먹어볼 생각조차 들지 않는다.

바삭한 스낵이나 부드러운 솜사탕은 입에 들어가면 사르르 녹는다. 그런데 어차피 물(침)에 녹을 것이라며 미리 물에 담가 놓으면 아무도 좋아하지 않을 것이다. 아무리 라면을 좋아하는 사람도 완전히 불어터진 라면을 주면 싫어한다. 고기를 구울 때도, 문어를 삶을 때도 식감을 가장 중요하게 여긴다. 식감(물성)이 제대로여야 맛도 제대로 나기 때문이다.

스낵은 가볍게 바삭하고 부서지는 매력이 있고, 젤리는 탱탱하고 쫀득한 것이 입안에서 씹히면서 살짝 녹는 매력이 있다. 아이스크림의 달콤함과 풍부함은 입안에서 부드럽게 사르르 녹지 않는다면 제대로 느끼기 힘들다. 아이스크림은 부피의 절반이 바람(공기)이다. 급속동결기를 통해 미세한 얼음과 절묘하게 혼합되면서 만들어진 것이라 아무리 같은 원료를 사용해도 집에서 사용하는 냉동고로는 그 조직처럼 만들지 못해 맛이 떨어진다. 믿기지 않으면 아이스크림을 녹인 후 그대로 다시 얼려 보면 된다. 맛이나 향기 성분은 그대로여도 맛의 절반이 사라져 버린다. 빵도 절반은 바람이다. 밀가루를 반죽하여 형태를 만들고 굽기 전에 하는 가장 중요한 과정이 팽창이다. 효모를 이용하든 팽창제를 사용하든 이산화탄소를 발생시켜 조직을 부풀려 올려야 탄력 있고 부드러운 조직이 된다. 빵의 매력에는 이 탄력 있고 부드러운 식감이 큰 몫을 한다.

최근 대체육에 대한 관심이 높다. 점점 심각해지는 환경 위기를 막으려면 소고기를 먹는 것보다 콩으로 만든 대체육을 먹는 것이 환경에 훨씬 좋다는 생각 등이 작용한 것이다. 그런데 우리나라는 아주 오래전부터 고기 대신 콩으로 만든 두부를 먹어왔다. 환경과 영양만 따진다면 대체육보다 두부가 훨씬 좋은 대안이다. 하지만 고기와 식감 차이가 크다는 이유로 제대로 대접을 받지 못한다. 이처럼 물성은 중요하고, 물성만 잘 만들어지면 맛과 향을 내는 것은 그리 어렵지 않다.

물성은 맛의 모든 것에 영향을 준다

물성은 맛과 향에 간접적인 효과도 있다. 향은 식품에서 향기 물질이 휘발하여 후각 수용체에 도달해야만 느낄 수 있고, 맛은 맛 물질이 물에 녹아 맛봉오리 안의 맛 세포까지 스며들어야 느낄 수 있다. 그러니 같은 양의 향도 매체에 따라 느낌이 완전히 달라진다. 용해도와 점도마저 맛에 매우 중요한 요소인 것이다.

결국 물성은 맛의 모든 것에 영향을 주는 유일한 요소다. 가장 먼저 물성으로 만들어진 외형을 눈으로 감각하고, 먹으면서 맛 성분과 향기 성분의 방출 패턴에 따라 맛과 향을 감각하고, 씹을 때 나는 소리를 귀로 듣는다. 심지어 물성을 구성하는 영양 성분은 장에서 소화 흡수되어 나중에 오는 만족감에 영향을 준다.

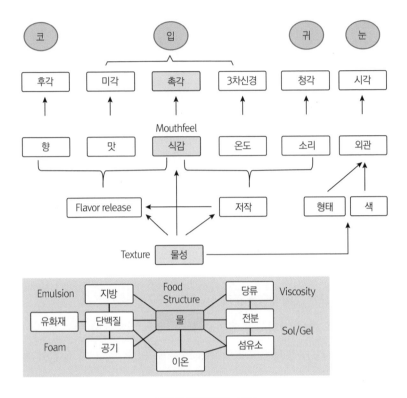

물성이 맛에 미치는 영향

2 물성이 식품 현상 중에 가장 논리적이다

물성 공부는 식품 주성분에 대한 공부이다

식품의 98% 정도를 차지하는 것은 물, 단백질, 탄수화물, 지방 같은 물성 성분이다. 모든 생명체에는 물이 많고, 식재료에도 물이 가장 많다. 물 다음으로 흔한 것은 탄수화물이다. 지구상에는 식물이 동물보다 10 배 이상 많고, 식물은 탄수화물이 주성분이기 때문이다. 식물에서 물과 탄수화물을 합하면 93% 정도이니 식물은 탄수화물 생명체라 할 수 있다.

동물은 단백질이 16% 정도다. 근육이나 피부, 머리카락, 손톱, 발톱마저 단백질이니 단백질이 있어야 움직일 수 있는 것이다. 이런 단백질은 식품에서 유화, 거품 발생, 점도 증가, 끈적임, 젤 형성 등 모든 물성 부여가 가능한 만능 소재다. 여기에 지방까지 포함하면 식품 성분의 대부분이다. 따라서 물성에 영향을 주는 성분을 공부한다는 것은 식품의 모든 성분의 특징을 공부해야 하는 것이다. 그리고 물성 현상은 생명현상의 바탕이기도 하다. 분자는 스스로 쉬지 않고 움직인다. 그래서 어떤 분자는 물에 녹고, 어떤 분자는 자기들끼리 뭉친다. 이런 분자의 끊임없는 운동을 방향성 있게 통제하는 것이 생명현상이기도 하다.

식품은 이미 성숙 산업이라 맛과 향으로는 제품을 차별화하기 쉽지 않지만 물성은 아직 차별화와 고급화의 여지가 많이 남아 있다. 물성이 달라지면 맛이 달라지며, 음식에 대한 새로운 경험을 제공할 수 있고, 물성이 섬세해지면 맛이 섬세해지며, 강력한 차별화 요소가 된다. 남들보다 뛰어난 물성의 기술을 가지고 있다면 그것을 바탕으로 맛과 향을 다양화하기는 훨씬 쉽다. 하지만 물성을 제대로 구현하는 것은 생각보다 어렵다. 식품에서 조미료나 향은 단순히 첨가하면 되는 경우도 있지만, 물성은 어떤 원료를 얼마만큼 사용했는지 뿐 아니라, 투입 순서와 공정까지 완벽해야 제대로 된 물성이 만들어진다. 그러니 물성을 제대로 이해하고 다루기 쉽지 않다.

　물성을 섬세하게 다루려면 지금보다 훨씬 정교하게 원료와 기술을 이해해야 한다. 식품의 모든 성분의 상호작용에 대한 이해가 필요한 것이다. 하지만 물성에 대한 자료나 교육은 거의 없다. 그나마 위안이 되는 것은 식품공부 중에 가장 논리적인 현상이라 한 번 원리를 제대로 알고 나면 계속 쓸 수 있는 기술이 된다는 점이다.

물성은 식품에서 가장 논리적 현상이다

물성 공부는 쉽지 않지만 그래도 물성은 물리적인 현상이라 물리학처럼 변수들이 논리적으로 연결된다. 그리고 한 번이라도 원리를 제대로 알면 재현성이 있어서 시행착오를 확 줄일 수 있다. 식품이론 중에서도 그 원리를 제대로 알면 실전에 가장 도움이 되는 것이 아마 물성 이론일 것이다.

　『음식과 요리』의 저자인 해롤드 맥기가 음식에 대한 과학적 탐험을 시작한 것은 '왜 달걀이 익으면 굳는 것일까?' 하는 의문이었다고 한다.

달걀을 삶으면 굳는 것은 너무나 당연한 상식 같지만 알고 보면 일반적인 자연 현상과 반대되는 일이다. 대부분의 물질은 온도가 올라가면 녹거나 부드러워지지 단단해지지는 않는다. 식품에서 오직 달걀만 굳는다면 모두 신기해했을 텐데, 고기도 굳고, 생선살도 굳고, 반죽도 굳는다. 그러니 식품을 하는 사람에게는 '왜 달걀이 익으면 굳는 것일까?' 하는 질문은 오히려 생뚱맞게 느껴지기도 한다.

알고 보면 달걀을 익히면 굳는 것이나, 밀가루를 반죽하면 탄력이 생기는 것이나, 달걀흰자를 휘핑하면 거품이 생기는 것, 콩물을 끓여 두부를 응고시키는 것은 모두 동일한 원리다. 생명체 안에 말아져 있던 (Folding) 단백질이 길게 풀리면서(Unfolding) 일어나는 현상인 것이다. 생명현상에 참여하는 단백질은 주로 실뭉치처럼 접혀지고 말려져 있다. 그러다 열이나 물리력을 가하면 길게 풀어지고, 길게 풀린 단백질은 주변의 단백질과 엉켜서 점도가 높아지거나 단단한 겔로 굳게 된다.

이에 대해서는 『물성의 원리』와 『물성의 기술』에 상세히 설명했으므로 여기서는 기본 소재만 설명하도록 하겠다.

단백질은 물성의 마술사이다

단백질은 영양소로도 중요하지만 물성에서는 더욱 중요한 성분이다. 단백질이야말로 유화, 거품 발생, 점도 증가, 끈적임, 겔 형성 등 모든 물성 부여가 가능한 만능 소재다. 달걀의 단백질이 대표적인 예다.

달걀은 단백질이 풍부하면서 가격까지 저렴하여 정말 다양하게 활용된다. 마요네즈는 달걀로 만들어진 훌륭한 유화물로서 식용유, 식초, 소금과 잘 조화되어 많은 사람이 좋아한다. 달걀의 유화력을 이용하면 아주 다양한 소스를 만들 수 있다. 달걀의 응고성은 달걀찜, 푸딩 등에 탱탱한 물성을 주고, 다른 물질과 결합하는 특성 때문에 부침개나 튀김을 만들 때 결합제로 쓰이기도 하고, 그 능력을 이용하여 콘소메나 맑은 장국에서 청정제로도 사용된다. 더구나 난백(흰자)은 거품을 일으키고 안정화시키는 기포성이 좋아서 거품을 이용한 시폰케이크, 머랭의 기본 원료가 된다. 거기에 추가로 달걀 특유의 맛과 향이 첨가된다.

다른 단백질도 유화력과 휘핑력이 아주 좋다. 단백질은 물과 친한 아미노산과 기름과 친한 아미노산이 불규칙하게 배열되어 있어서 기름이 있으면 기름을 감싸서 유화물을 만들고, 기름이 없으면 공기를 감싸서 거품을 만든다. 유화물은 친수성 물질과 소수성 물질이 따로 묶여 대비 효과를 만들고, 거품은 식감의 차이에 의한 대비 효과를 만든다.

단백질이 이처럼 다양한 물성을 만드는 것은 풀림(Un-folding) 덕분이다. 자연 상태의 단백질은 실 뭉치처럼 말린 상태(Folding)가 많은데 여기에 열을 가하거나 pH나 염 농도를 조절하거나 환원제를 쓰거나 밀가루를 반죽하고 달걀을 휘핑하는 것처럼 기계적인 힘을 가하면 말려있는 상태에서 풀리게 된다(Unfolding). 아주 조밀하게 말려 있던 단백질이 실처럼 길게 풀리면서 주변의 물을 붙잡아 점도가 증가하거나 주변에 또 다른 단백질과 결합하여 탄력 있는 고체가 된다. 이런 단백질의 풀림을 섬세하게 조절하는 것이 식품에서 매우 중요한 기술이다.

단백질의 풀림은 일정 온도 이상에서 일어나는데 단백질의 종류마다 온도가 다르고, 온도가 그 이상으로 높아질수록 풀림은 빨라진다. 그런데 속도가 너무 빠르다고 좋은 것도 아니다. 단백질 함량이 높을수록 낮은 온도에서 빨리 응고되고 단단해진다. 물을 추가하면 희석되어 응고성이 감소하고, 식초 등의 산을 넣으면 단백질이 등전점 현상으로 침전 응고한다. 소금을 넣어도 단백질 풀림이 잘 일어나고 칼슘이나 마그네슘 같은 2가 이온은 단백질의 사슬을 붙잡아 응고시킨다. 설탕은 겔화를 방해하여 부드럽게 한다. 단백질은 이와 같은 다양한 성분과 조건에 따라 달리 반응하므로 경험과 기술이 필요하고 단백질의 특성도 미리 알고 있어야 한다.

단백질은 구성하는 아미노산의 조성에 따라 물에 잘 녹는 친수성 단백질과 물에 잘 안 녹는 소수성 단백질로 분류되는데, 밀가루에 풍부한 글루텐은 물에 잘 풀어지지 않는 소수성 단백질이다. 그러니 빵이나 국수를 만들기에 적합하다.

탄수화물은 세상에서 가장 흔한 물성 조절제이다

식물은 광합성을 통해 포도당을 만들고, 이 포도당으로 탄수화물, 지방, 단백질 같은 나머지 모든 유기물을 합성한다. 식물에 비축된 성분도 주로 포도당을 엄청나게 많이 결합시킨 것이다. 포도당을 직선 형태로 조밀하게 연결한 것을 셀룰로스(Cellulose)라 하고, 나선 형태로 틈이 넓게 연결한 것을 전분(Starch)이라 한다. 세상에서 가장 흔한 유기물이 셀룰로스지만 워낙 단단하게 결합되어 소화흡수가 되지 않으므로 음식의 핵심을 이루는 탄수화물은 전분이다. 알고 보면 전분은 우리가 가장 많이 먹는 식품 성분이고, 워낙 거대한 물질이라 무미, 무취, 무색이다. 이런 전분을 분해하면 다시 포도당이 되어 단맛이 난다.

발효 과정은 전분을 당화하여 포도당을 만들기도 하고, 모양을 바꾸어 과당을 만들기도 하며, 분해하여 젖산이나 알코올 식초를 만들기도 한다. 전분의 활용은 이처럼 무궁무진하다. 전분은 가장 저렴하면서 소화도 잘되고 물성 효과도 훌륭한 원료다. 전분 덕분에 우리는 다양한 물성의 부여가 가능하고 다양한 맛을 즐길 수 있는 것이다.

지방은 물성을 부드럽게 하고 향을 풍부하게 한다

탄수화물(당류)은 단맛으로 단백질(아미노산)은 감칠맛으로 감각이 가능한데, 지방은 미각으로 직접 감각하지 못하고 은밀하게 작용한다. 그러면서도 물성에 직접적으로 큰 영향을 주고 맛과 향에도 많은 영향을 준다.

향은 기름에 잘 녹는 물질이라 식품에 지방이 얼마나 있느냐가 향의 용해도와 방출 패턴에 큰 영향을 준다. 식품에 지방이 있으면 향이 지방 속에 녹아들어가 붙잡혀 있다가 조금씩 방출된다. 향료는 수십 이상의 향기 물질로 구성되는데, 물질별로 지방에 녹는 정도와 방출되는 속도가 다르기 때문에 향조 자체가 달라지기도 하고, 전체적인 방출 패턴도 달라진다. 지방에서는 물보다 향의 방출이 완만하고 느려진다. 그만큼 거칠게 튀는 것이 없이 조화되어 부드러워진다. 하지만 방출 속도가 느려지고 향이 약한 것처럼 느껴진다. 그래도 향의 양이 충분하면 깊고 풍부한 느낌을 준다. 지방이 포함된 제품에서 지방만 쏙 빼도 맛과 향의 느낌이 완전히 달라지는 이유다. 무지방 제품은 통상의 지방이 함유된 제품과 전혀 다른 향의 발현 형태를 가지므로 이에 대한 고려가 반

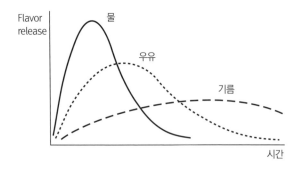

매질에 따른 Flavor release 패턴의 변화

드시 필요하다. 커피를 에스프레소로 추출하여 마시는 느낌과 아메리카노 타입으로 희석할 때의 느낌이 확 달라지는 이유이기도 하다. 이처럼 지방은 생각보다 여러 가지 측면에서 풍미에 영향을 준다.

물이 물성과 맛의 근본이다

이런 탄수화물, 단백질, 지방보다 더 중요한 것은 물이다. 물은 점도와 물성에 따른 식감뿐 아니라 식품의 모든 것을 달라지게 한다. 예를 들어 탄수화물, 단백질은 물이 없으면 그냥 가루일 뿐이다. 가루는 물(침)이 없으면 맛은커녕 삼키기도 힘들다. 우리가 가끔 비스킷, 스낵처럼 수분이 거의 없는 음식을 먹기도 하는데 그것은 입에서 침이 나오기 때문에 가능한 것이다. 적절한 양의 침으로 적시지 않으면 맛으로 느끼지 못하고 삼키기도 힘들다. 그래서 우리는 하루에 1ℓ 이상의 자기 침을 마시고 있지만 그런 사실은 잘 모르고 있다.

식품 성분은 적정량의 물과 상호작용을 하였을 때 비로소 물성이 만들어지고 맛이 펼쳐질 바탕이 만들어진다. 채소는 95%가 물이고, 과일은 90%가 물이며, 고기 등 다른 식품도 80% 정도는 물이다. 이처럼 식품에 물이 많다는 것은 알아도 그것이 맛의 바탕이라는 것은 모를 경우가 대부분이다. 그러면서 고기를 구울 때 육즙을 가지고 치열한 논쟁을 한다. "스테이크는 여러 번 뒤집어서 구우면 육즙이 다 빠져나간다", "센 불로 겉면을 지지듯이 구워야 육즙이 안 빠져나간다." 등의 격렬한 논쟁을 펼친다. 동일한 고기도 육즙이 넘치느냐 퍽퍽하느냐에 따라 맛이 완전히 달라지기 때문이다. 탕수육의 부먹과 찍먹 논쟁도 식감의 논쟁이고, 서양은 베이컨을 바삭할 때까지 구워서 먹어야 맛있느냐 육즙이 남게 부드럽게 먹는 것이 더 맛있느냐로 논쟁을 하고, 일본은 국에

밥을 말 것인가? 밥에 국을 부을 것인가로 논쟁을 한다고 한다. 밥에 국을 말면 밥알 사이에 국물이 스며들어 국밥의 진면목을 느낄 수 있다는 주장과 쌀의 전분으로 국물이 혼탁해져 싫다는 주장이 충돌하는 것이다. 심지어 우유에 시리얼을 먹을 때도 시리얼을 먼저 담고 우유를 부어 최대한 시리얼을 우유에 적시게 할 것인지 아니면 우유를 붓고 시리얼 넣어 약간의 바삭함을 살릴지를 고민하기도 한다. 이처럼 사소한 순서의 차이만으로도 맛을 바꿀 수 있는 것이 물이다.

❸ 물성은 좋아하는 이유도 논리적이다

사람은 부드럽게 사르르 녹는 것을 좋아한다

다양한 식품 현상 중에서 그래도 물성이 가장 논리적이고 좋아하는 이유도 논리적이다. 사람들은 부드러운 것, 사르르 녹는 것을 좋아하고 딱딱하거나 질긴 것은 싫어한다. 그러면서도 처음부터 완전히 녹아 있는 것은 싫어하며, 뭔가 씹히는 것이 있어야 하고, 입안에서 씹으면 쉽게 부서지거나 사르르 녹아야 좋아한다. 딱딱함과 사르르 녹는다는 나름 모순적인 이 두 가지 욕망을 설명할 수 있을까? 이것은 아마도 영양과 흡수 두 가지 측면인 것 같다.

딱딱한 것은 건더기에 영양이 있다는 증거이고, 녹는다는 것은 소화를 의미하기도 하고 향의 방출을 의미하기도 한다. 딱딱한 덩어리는 소화도 되지 않고 향의 방출도 이루어지지 않는다. 녹아야 맛도 느끼고 향도 느낄 수 있다. 아이스크림이 가장 대표적인 예다. 솜사탕, 초콜릿, 팝콘, 스낵도 이런 특성이 좋다.

아이스크림의 달콤하고 풍부한 맛은 조직이 입안에서 부드럽게 사르르 녹지 않는다면 그 매력이 반감될 것이다. 아이스크림이 부드러운 비밀은 바로 바람에 있다. 부피의 절반이 바람(공기)이다. 요즘은 기술과 기계가 좋아져 쉽게 만드는 것처럼 보이지만, 일정한 비율로 바람을 넣은 것은 쉬운 일이 아니다. 재료와 공정 그리고 설비의 3박자가 맞아야 가능한 것이다. 집에서 만든 아이스크림이 맛이 떨어지고, 한번 녹은 아이스크림은 다시 부드럽게 만들기 힘든 이유이기도 하다.

초콜릿의 매력은 그 맛에 있지만 코코아 버터의 독특한 물성에도 있다. 코코아 버터는 포화지방의 비중이 높아 상온에서 단단하지만, 지방산의 조성이 가장 간단하여 매우 좁은 온도 범위에서 녹는다. 상온에서 형태를 유지할 정도로 높은 융점을 가졌는데도 절묘하게 입안의 체온보다 낮은 32~34℃ 범위에서 녹는다. 다른 기름에 비해 워낙 순식간에 깔끔하게 녹아서 청량감마저 줄 정도다. 세상에 코코아 버터처럼 녹는 기름은 없다고 볼 수 있다.

사람들은 팝콘과 스낵도 좋아하고 빵도 좋아하는데, 빵도 절반이 바람이다. 빵을 반죽하면 단백질이 풀리면서 탄력 있는 조직이 만들어진

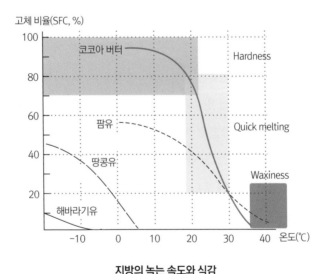

지방의 녹는 속도와 식감

맛은 오미오감에서 시작된다

다. 그리고 발효와 굽기를 통해 이산화탄소가 생기면서 부풀어 올라 탄력 있고 부드러운 조직이 된다. 빵의 매력에는 이 탄력과 부드러움이 큰 몫을 한다.

문제는 제품의 소프트화가 너무 급속히 진행되고 있는 것이다. 예전에는 과자처럼 생쌀을 씹어댔지만 요즘은 반건조 오징어도 질기다고 부담스러워하는 사람이 늘었고, 팥빙수의 얼음도 눈처럼 곱게 갈아야 인기를 끈다. 단단한 것을 씹지 않으니 턱관절이 발달하지 않고 V라인이 형성되어 치아가 제대로 나기 힘들다. 치열을 교정하려면 생니를 뽑아내야 하고 치아는 더 썩기 쉬운 구조가 된다. 치아가 약해졌으니 단단한 음식은 피하게 되고 점점 더 부드러운 음식만 살아남는 시대가 되었다.

겉은 바삭하고, 속은 촉촉하게

우리는 바삭바삭한 제품을 정말 좋아한다, 고기 같은 경우에는 겉은 바삭이고 속은 촉촉하여 물성의 대조를 이루면 더욱 좋아한다. 바삭거리는 제품을 좋아하는 이유를 두고 『미각의 지배』의 저자 존 앨런은 포유류의 오랜 먹이가 곤충이었고, 곤충을 먹을 때 바삭거리는 느낌이 유전자에 각인되었기 때문이라고 해석한다. 지금도 원숭이가 막대기를 이용하여 흰개미를 잡아먹는 것을 보면 충분히 일리 있는 주장이라고 생각된다. 여기에 딱딱함을 건더기(영양)로 생각하고 녹거나 파삭거리면서 잘게 부서져 소화흡수가 된다는 것을 더하면 좋아할 이유를 설명하기에 충분한 것 같다.

원료의 입자크기마저 맛의 일부이다

혀로 느낄 수 있는 입자크기는 대략 $20\mu m$(0.02mm)부터다. 이보다 크면 가루가 느껴진다. 그래서 부드러움이 매력인 초콜릿을 만들 때는 설탕과 같은 재료에서 입자감이 느껴지지 않도록 고가의 장비를 이용하여 입자를 $20\mu m$ 이하로 미세하게 분쇄한다.

제품에 따라 적절한 입자는 다양한 리듬을 준다. 국물에 녹아 있는 소금은 어떤 입자든 상관이 없지만, 제품 표면에 뿌려진 소금은 입도에 따라 다양한 다른 맛의 효과를 줄 수 있다. 바다 소금은 원래 굵은 편인데 어떤 요리사는 고기를 구울 때 가는 소금 대신 일부러 굵은 소금을 사용하여 소금 입자가 녹을 때의 경험을 제공하여 강인한 인상을 주기도 한다. 맛의 기쁨은 예기치 못했던 자극에 의한 바가 크기 때문이다.

코셔 소금은 유대 율법에 따라 만들어진 약간 거친 입도가 있는 소금이다. 요리사는 원래 목적과 다르게 손가락으로 집어서 뿌리는 양을 조절하기 좋기 때문에 선호하기도 한다. 어떤 소금회사는 코셔 소금을

소금 종류별 입자크기 차이

특화시켜 작은 피라미드 형태로 만든 뒤 음식에 뿌리면 빨리 녹으면서 표면에 잘 달라붙게끔 했다. 사람들은 이 소금을 일반 소금보다 더 짜다고 느끼기도 하는데 이것은 녹는 속도가 빠르기 때문이다. 이처럼 성분이나 물리적 구조가 단순한 소금마저도 입도에 따라 효과가 달라지는데, 세포로 만들어진 식물이나 동물성 식재료는 입도나 크기에 따라 더욱 다양한 영양을 받을 수밖에 없다.

커피를 추출할 때 분쇄된 상태와 크기에 따라 추출 속도와 맛이 완전히 달라진다. 향신료도 마찬가지다. 요리에 향신료의 풍미 성분을 녹여내야 하는데, 어린 허브는 조직이 부드러워 쉽게 빠져나오기 때문에 신선한 잎을 요리에 뿌리는 정도로도 충분하다. 그러나 향이 요리 속에 제대로 배어들어야 하는 경우라면 온도를 올리거나 분쇄를 해야 한다. 단시간에 조리하는 경우에는 향신료를 잘게 부수어 표면적은 넓게 해주어야 하고, 장시간에 걸쳐 요리를 한다면 굵은 입자 혹은 통짜에서 천천히 배출되게 하는 것이 바람직하다.

분쇄 시 주의할 것은 열과 시간이다. 온도가 높을수록 향기 분자들은 휘발성이 강해지고, 반응성이 커지며, 더 변하기 쉬워진다. 또한 분쇄 후에는 표면적이 넓어지는 만큼 다량의 산소에 노출되는데, 산소는 향을 산화시킨다. 그만큼 신선함은 사라지고 경우에 따라서는 숙성 효과로 풍미가 부드러워질 수도 있다.

4장.
시각,
우리는 맨 처음
눈으로 맛을 본다

우리는 보는 순간 이미 맛을 짐작하고,

그 예측에 맞춰 감각 수용체를 조정한다.

지각에 물든 감각을 통해 맛을 느끼기 시작하는 것이다.

보는 것이 맛의 시작이고,

우리는 세상을 있는 그대로 볼 수 없다.

우리가 보는 것은 있는 그대로의 세상이 아니라

경험과 기억으로 해석한 세상이다.

그러니 색만 바꾸어도 맛은 완전히 달라질 수 있다.

우리는 레몬 보기만 해도
신맛을 느낄 수 있다.

① 보기 좋은 떡이 먹기도 좋다

정보의 속도와 양은 시각이 압도적이다

오감이 뇌에 전달하는 정보의 양은 자료에 따라 차이는 있지만, 시각이 87%로 청각 7%, 촉각 3%, 후각 2%, 미각 1%에 비해 압도적으로 많다. 이처럼 시각은 인간에게 가장 중요한 정보 채널이다 보니 맛에도 알게 모르게 많은 영향을 준다. 시각은 워낙 빠르게 부지불식간에 작용하기 때문에 영향을 받았다는 것을 모르는 경우가 많다.

이미 완전히 안전성이 검증된 마켓의 식재료 대신 야생에 나가서 뭔지조차 모르는 불확실한 재료 중 먹을 것을 골라야 한다면 시각 정보는 후각이나 미각 못지않게 중요한 역할을 할 수밖에 없다. 음식에 뭔가 상태가 의심스러운 사소한 징표만 보여도 불안해지고 맛은 사라진다.

혐오감은 시각적인 정보에 의한 것이 많다. 배설물이나 상한 상태와 유사한 외관을 가진 순간 그것은 먹을 수 없는 것이 된다. 음식물을 볼 때 과거에 겪은 안 좋은 기억이 떠오른다면 저절로 기피하게 된다. 반대로 어릴 때 동네에서 개나 돼지를 잡는 잔혹한 장면이 트라우마가 되어 고기를 거부하는 사람도 소시지나 햄처럼 고기의 형태가 전혀 드러나지 않는 음식은 별 거부감이 없이 먹기도 한다. 보기 좋은 떡이 먹기에도 좋다는 건 괜한 소리가 아니다. 보기에도 먹음직스러워야 식욕이 자극되면서 입안에 침이 고인다. 침은 소화 효소인 동시에 잘게 씹힌 음식 입자들이 맛봉오리에 고루 접촉할 수 있도록 돕는다.

색도 맛이다. 색만 사라져도 맛의 상당 부분이 사라진다

시각 정보는 그게 어떤 음식인지 알아차리는데 중요한 정보를 제공하고 맛을 식별하는 데도 많은 도움이 된다. 콜라와 사이다를 눈을 뜨고 구분하라고 하면 누구나 쉽게 한다. 색부터 완전히 다르기 때문이다. 눈을 감고 마시게 해도 구분할 수 있다. 향이 완전히 다르기 때문이다. 그런데 눈을 감은 사람에게 사이다를 두 번 주고 처음과 나중 중에 어느 쪽이 사이다인지 물어보면 둘 다 사이다라고 대답할 확률보다 둘 중에 하나는 사이다, 하나는 콜라라고 대답할 가능성이 높다. 미각과 후각이 다르다는 정보에 압도되어 차이가 있는 것으로 느끼려 하기 때문이다. 화이트 와인에 색소를 넣어 레드 와인처럼 보이게 바꾸면 와인

색이 다르면 맛도 달라 보인다

전문가들도 잘 알아채지 못한다. 눈이 먼저 맛을 보고 입과 코를 바꾸기 때문이다.

색이 완전히 다른 파프리카를 보면 색에 따라 맛도 완전히 다를 것 같지만 식품에 색소 성분은 0.001%도 안 되는 경우가 대부분이다. 그러니 색 자체는 맛과 전혀 무관하지만 색에 따른 맛에 대한 기대는 완전히 달라진다. 향을 넣지 않은 용액에 한쪽은 색을 넣고 다른 쪽은 넣지 않으면 색을 넣은 쪽에 향이 있다고 평가하고, 동일한 향을 넣고 물으면 색이 있는 쪽이 향이 더 강하다고 평가한다.

파란색 음식에 거부감이 드는 이유

인터넷에 음식을 파랗게 물들인 사진이 화제가 된 적이 있다. 색만 파란색으로 바꾸었을 뿐인데 식욕이 완전히 사라졌기 때문이다. 미각, 후

자연에 파란색의 식재료는 없다

각, 시각(색)이 따로 존재하지만 우리가 맛을 느낄 때는 도저히 따로 존재한다고 말하기 힘들 정도로 서로 얽혀서 동시에 작동한다. 그중 한가지라도 '전혀 아니다', '수상하다'라는 정보를 보내면 맛이 확 사라진다. 뇌는 수상함을 정말 싫어하기 때문이다.

음식의 색이 파란색이면 시원하다는 느낌보다 수상하다는 느낌이 압도적으로 드는 것에는 시각의 진화적 배경이 관여한다. 인류의 먼 조상을 포함한 포유류는 원래 야행성이었다. 공룡에 밀려 밤에만 활동을 한 것이다. 그래서 눈에 3가지 색 수용체를 가지고 있다가 2가지로 퇴화했다. 물고기가 빛이 없는 동굴에 갇히면 1,000년 정도 후에는 완전히 시력을 잃는다고 하는데 비슷한 변이가 일어난 것이다. 지금의 사람을 포함한 영장류가 3가지 수용체를 가지고 있는 것은 붉은색 파장을 보는 수용체를 회복한 덕분이다. 우리 조상이 나무 위에서 생활하던 시절, 붉은색은 과일이 익었는지 파악하는 데 매우 중요했다. 붉은색으로

색각의 진화는 음식을 찾는데 결정적 수단이 되었다

145

잘 익은 과일을 빨리 찾을 수 있어야 먹이 확보에 유리하고 새끼의 상태나 다른 개체의 표정 등을 잘 파악하는 데도 큰 도움이 되었다. 붉은 혈색은 건강 상태, 몸 상태, 감정의 변화 등을 반영하기 때문에 배란기나 상대의 표정을 읽는데 유용했다. 자연에서 잘 익은 과일의 색은 노랑·주황·빨강 계열이고 지금 우리가 좋아하는 음식의 색도 그렇다. 사람들은 음식에 대해 매우 보수적이라 먹을거리의 색이 파란색처럼 수상하면 생각보다 심한 거부감을 가진다.

맛은 오미오감에서 시작된다

② 라벨만 사라져도 맛의 상당 부분이 사라진다

포장이 첫 구매를 유도하고, 품질이 재구매를 좌우한다

제품의 포장지는 내용물을 보호하거나 가격 등의 일반 정보를 제공하는 등의 역할을 하지만, 무엇보다 그 제품의 첫 번째 구매여부를 결정할 때 가장 중요한 역할을 한다. 식품은 저관여상품으로 미리 무엇을 살지를 신중히 결정하고 구매하기보다는 매장에서 포장을 보고 즉흥적으로 구매할 때가 많다. 포장지에 제품 단면 사진이나 조리 예를 꼭 넣는 것은 정보가 있어야 맛을 짐작하기 쉽고, 더 신뢰감이 들고 매력적이기 때문이다. 제품의 재구매 여부는 품질 즉, 먹어본 뒤 느끼는 만족감에 달려있지만 적어도 첫 구매가 이루어지지 않으면 재구매란 있을 수 없으므로 포장 디자인이 제품의 운명을 완전히 바꾸기도 한다. 그만큼 시각적 정보는 중요한 것이다.

포장지에 표시된 브랜드 역시 생각보다 더 맛에 강력한 영향을 미친다. 예를 들어 최근까지도 "국산 맥주는 맛이 없다." 또는 "국산 맥주의 맛을 잘 알고 있다"고 주장하는 사람이 부지기수였다. 하지만 실제로는 전혀 그렇지 않다는 것이 일반적인 조사 결과 드러났다. 스웨덴 스톡홀름대학에서는 21~70세 성인 138명을 대상으로 3가지 브랜드 병맥주의 블라인드 테스트를 실시했다. 그 결과 실험 참가자 대부분이 각 맥주의 차이점을 전혀 구별해내지 못했다. 국내에서도 서울대 문정훈 박사가 국내외 병맥주를 대상으로 20번 넘게 블라인드 실험을 진행했지만, 결과는 매우 일관되게 잘 모르는 것으로 나왔다고 한다. 오랜 경력의 바텐더처럼 맥주 맛에 일가견이 있다는 사람들도 마찬가지였다. 바텐더들이 모여 국내에서 흔히 유통되는 병맥주를 대상으로 블라인드 테스트를 해봤는데, 너무나 못 맞춰서 깜짝 놀랄 정도였다고 한다. 여기까지 설명해도 이 말에 동의하지 않는 사람이 많을 것이다. 하지만 차이를 감각하는 능력과 식별하는 능력은 다르다는 것을 이해하면 그래도 납득이 조금 쉬워질지도 모른다.

인간이 1조 가지가 넘는 냄새를 구분할 수 있다고 하지만, 그것은 같이 놓고 동시에 비교할 때나 가능한 차이 식별능력이지 절대 평가 능력이 아니다. 눈을 감고 맥주의 향을 맡게 하면 그것이 맥주 향이라는 것도 잘 떠올리지 못할 가능성이 높다. 그러니 포장지의 정보에 따라

라벨만 사라져도 맛의 많은 부분이 함께 사라질 수 있다

맛은 오미오감에서 시작된다

내용물에 대한 기대와 평가가 완전히 달라질 수 있는 것이다.

　동일한 내용물도 상표에 따라 가격과 매출이 완전히 달라진다. 브랜드의 신뢰도가 맛에 큰 영향을 미치는 것이다. 코카콜라는 이제 너무나 식상한 브랜드라 그것이 맛과 무슨 관계가 있느냐고 하겠지만, 맛은 겉모습에서부터 우리의 무의식을 지배하기 시작한다. 한 실험에서 같은 코카콜라를 상표를 안 붙인 것과 펩시콜라라고 붙인 것으로 비교 시음했더니 상표를 붙인 제품이 압승을 거두었다. 라벨을 붙이지 않은 상품이 코카콜라일 수도 있다고 말해도 상표가 붙은 제품이 우위였다. 같은 콜라에 코카콜라와 펩시콜라 상표를 붙이면 코카콜라가 더 맛있다고 하면서 말이다. 브랜드가 맛의 일부인 것이다.

적절한 정보가 신뢰이고, 신뢰가 맛을 좌우한다

냉장고에 있는 유통기한이 1주일 지난 우유를 맛있게 먹을 수 있을까? 우유는 보관만 잘하면 포장지에 표기된 유통기한보다 훨씬 오랫동안 품질이 잘 유지된다. 그러니 유통기한을 보지 않고 마셨다면 맛있게 마실 수 있고 탈이 날 확률도 없다. 하지만 유통기한을 확인했다면 아무리 향이나 맛에 이상이 없어도 기분 좋게 마시기 힘들 것이다. 그러다 나중에 배탈이 나면 실제 원인이 전혀 다른 식품에 의한 것이라도 그 원인을 우유라고 판단할 것이다. 신뢰가 맛을 좌우하는 것이다.

　김밥이나 비빔밥은 먹기 전에도 시각 정보를 통해 어느 정도 내용물을 알 수 있다. 그런데 입안에서 어떤 것이 얼마만큼 씹혀서 어떤 맛이 날지는 정확히 모른다. 씹을 때마다 달라지는 맛을 시각에서 얻은 정보와 비교하면서 맛을 즐긴다. 예측할 수 있는 맛이기에 안심하고 즐길 수 있는 것이다. 이런 과정이 즐겁지 않은 사람은 비빔밥보다는 밥과 반찬을 따로 제공하는 식사를 좋아한다.

정보는 맛에서 중요하다. 예를 들어 주위에서 아무도 먹지 않으면 자신도 섣불리 먹지 못한다. 그래서 일단 남들이 맛있게 먹고 맛집으로 소문이 나면 많은 사람들이 안심하고 즐긴다. 그래서 '식당은 손님이 최고의 인테리어다'라는 말도 있다. 맛있게 먹는 사람이 있으면 주변 사람도 저절로 맛이 좋아진다. 신뢰가 맛의 일부가 되는 것이다.

불신을 없애는 것이 중요하다. 사람들이 잔반에 대해 불안감을 느낀다는 말을 듣고 '우리 식당은 잔반을 쓰지 않습니다'라고 써 붙이면 효과가 있을까? 오히려 긁어 부스럼이 될 수 있다. 그래서 등장한 것이 통짜 배추김치와 무김치이다. 손님이 직접 잘라 먹으니 잔반을 의심할 필요가 없게 된 것이다. 한국인은 다른 나라보다 유난히 편리성을 추구한다. 요구르트도 컵 형태의 떠먹는 것보다 원샷으로 마시는 것을 좋아한다. 그럼에도 잔반에 대한 불신이 김치, 깍두기를 먹기 편하게 잘라서 나오지 않고 통짜로 나오게 만든 것이다. 불편한 것은 맛을 약간 떨어뜨리지만 불신은 맛을 너무나 크게 떨어뜨리기 때문이다.

외국인에게 이것을 먹겠느냐고 묻는다면

맛은 오미오감에서 시작된다

③ 보는 즐거움, 보여주는 즐거움

보는 즐거움

어떤 요리사는 음식의 플레이팅을 예술의 경지로 끌어올리기도 한다. 음식이 시각 예술의 하나가 되는 것이다. 분자 요리로 유명한 엘 불리의 음식 사진을 보면 음식이라기보다는 시각예술(회화)이라는 생각이 든다. 최근 우리나라에도 파인다이닝을 통해 보는 것까지 세심하게 디자인한 음식이 조금씩 대중에게 알려지고 있다. 대학교에 푸드스타일리스트 학과가 따로 생길 정도다.

예전에도 음식에 정갈함을 추구하는 경우는 많았다. 적절하고 분위기와 어울리게 세팅된 아름다운 식탁은 우리에게 다가올 기쁨을 미리 예견하게 만들어 가벼운 흥분에 빠져들게 한다. 만약에 눈을 가린 채 음식을 먹게 된다면 그런 흥분을 느끼기 힘들고, 음식이 얼마나 정성껏 준비된 것인지 판단하기 힘들고, 맛 자체도 희미해질 수밖에 없다.

식품의 외관은 바로 확인이 된다. 어떤 재료를 사용했고, 얼마나 정성껏 준비했는지에 대한 충분한 단서를 준다. 그래서 그것만으로도 준비한 사람의 성의에 대하여 충분히 감사할 수 있다. 이런 면 때문에 한때 음식이 권력자의 위신을 세우고 능력을 과시하는 수단이 되기도 했다. 로마시대의 사치스럽고 화려한 식탁은 지위의 상징이었기 때문에 희귀하고 값비싼 재료가 듬뿍 사용되었고, 요리도 온갖 장식을 갖추어 진열되었다. 일단 물량으로 참석자를 압도하려는 것이다. 이런 면은 현대의 잔칫상에도 등장한다. 일단 맛보다 비주얼이 중요하다. 현대 프랑스 요리의 기초를 세운 전설적인 요리사 앙토넹 카렘의 요리에도 장식적인 면이 많았다. 당시에는 고가였던 설탕을 이용하여 그리스 신전, 스위스 별장, 이탈리아 저택, 범선 등 수많은 건축물의 형상을 만들어 시선을 끌었고, 여러 가지 건축물 형태의 케이크를 만들어 보는 것만으로도 찬탄을 받았다.

앙토넹 카렘의 음식 장식

보여주는 즐거움

요즘 식당은 '인스타'에 올리기에 좋은 찍을 거리를 많이 제공하는 곳이 인기라고 한다. 입으로 느끼는 맛보다 눈으로 즐기고 자랑하는 맛이 중요한 것이다. 인스타에 화제가 된 식당에 갔다가 맛에 실망한 사람의 이야기도 있지만, 많은 사람은 핫한 곳에 가봤다는 것으로 만족하고, SNS에 올릴만한 사진을 건진 것으로도 충분히 만족한다. 그래서 많은 매장이 좀 더 사진 찍기에 좋은 배경이 되도록 인테리어를 바꾸기도 한다. 심지어 휴대폰도 카메라의 기능만 눈부시게 발전하는 중이다.

식당의 분위기가 다양해지고 즐거워지면 나쁠 이유도 없고, 식당을 맛만 즐기는 곳이 아니라 추억을 남기는 장소로 활용하는 것이 유별난 현상도 아니다. 영화를 휴대폰으로 봐도 되지만 군이 영화관을 찾는 것은 경험을 소비하기 위함이고, 카페도 커피 같은 음료를 마시는 것이 핵심이 아니라 그 공간이 핵심일 수 있다. 이것을 단순히 과시적인 측면으로만 설명하긴 어렵다. 하여간 젊은 층일수록 텍스트보다 비주얼이나 영상에 익숙하고, 이들에게 SNS는 자신을 표현하는 수단이자 놀이이며, 음식도 그런 경험의 일부가 된다.

PART 2

맛의 방정식,
맛은 음식을 통한
즐거움의 총합이다

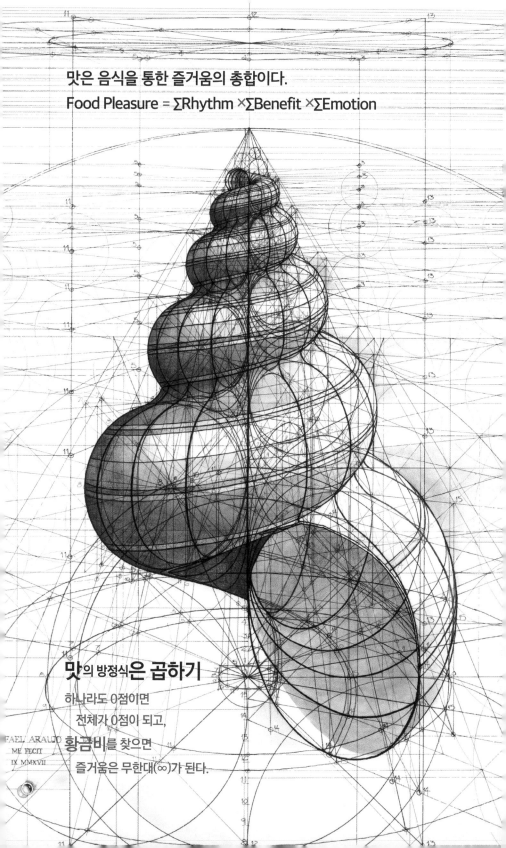

맛은 음식을 통한 즐거움의 총합이다.

Food Pleasure = ΣRhythm $\times \Sigma$Benefit $\times \Sigma$Emotion

맛의 방정식은 **곱하기**

하나라도 0점이면

전체가 0점이 되고,

황금비를 찾으면

즐거움은 무한대(∞)가 된다.

RAFAEL ARAUJO
ME FECIT
IX MMXVII

1장.
리듬,
맛은 입과 코로
듣는 음악이다

맛은 입과 코로 듣는 음악이다.

아무리 잘 차린 한 상의 음식도

한꺼번에 믹서에 넣고 갈아버리면 맛이 사라져 버린다.

리듬이 사라지기 때문이다.

우리는 단맛이나 짠맛에 환호하는 것이 아니라

단짠단짠, 맵짜단 같은 리듬에 환호한다.

물성의 가치의 많은 부분도

다양한 리듬이 가능하게 해주는 데 있다.

맛의 즐거움은 음악의 즐거움과 너무나 닮았다.

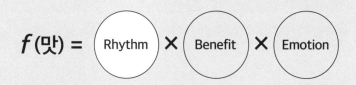

$$f(맛) = \boxed{Rhythm} \times \boxed{Benefit} \times \boxed{Emotion}$$

감각은 단순히 악기와 같은 것이고
중요한 것은 연주 즉 감각이 흐르는 패턴이다.

1 맛에서 중요한 것은 성분보다 리듬이다

오미오감이 맛의 몇 퍼센트나 설명할 수 있을까?

식품의 구매를 결정하는 첫 번째 요소는 맛이고, 만족도를 좌우하는 핵심 요소도 맛이다. 그렇지만 식품 관련 학과를 전공해도 맛이란 무엇인가를 체계적으로 배우기 어렵다. 그래서 풍미에 대해

풍미(맛) = 미각 + 후각+ 촉각 + 통각 + 온냉각

정도로 설명하는 경우가 많다. 청각이나 시각은 빠져있고, 감각기관과 맛 물질과 향기 물질을 소개하는 정도에 불과하다. 학교에서 가르칠 정도로 맛에 대한 과학이 잘 정리되어 있지 않은 까닭이다.

식품회사에 들어가도 마찬가지다. 식품연구소에서 신제품 개발 업무를 담당해도 기존의 레시피 등을 따라하면서 주어진 틀 안에서 맛과 향을 바꾸거나 개선하는 정도지 맛을 체계적으로 배우거나 연구하지 않는다. 제과 제빵 학원이나 요리 학원에서도 기존에 확립된 레시피를 바탕으로 음식을 만드는 방법을 배우지 그것이 왜 그런 맛이 나는

맛의 방정식, 맛은 음식을 통한 즐거움의 총합이다

지 체계적으로 배우지는 못한다. 그래서 맛을 아주 좁게 보는 경우가 많다. 관능검사를 통해 조사할 수 있는 정도가 맛의 전부라고 생각하는 것이다. 하지만 소비자가 '맛있다, 맛없다'를 말할 때는 이 범위를 훨씬 넘어서 제품을 통한 만족도의 총합인 경우가 많다.

맛을 미각과 후각 등으로 느껴지는 것보다 훨씬 넓게 생각할 수 있어야 소비자의 마음을 이해할 수 있고, 마케팅 부서 등과 소통도 원활해진다. 학교에서 가르쳐주지 않는 진짜 맛 이야기를 알아야 맛에 대한 의문이 생길 때 해답의 실마리를 찾을 수 있다. 대표적인 것이 '감각의 리듬' 같은 것이다.

앞서 오감을 설명하면서 청각을 이번 파트로 미룬 것은 청각 자체가 오감 중에서 맛에 미치는 역할이 가장 적은 것도 이유가 되지만, 그보다는 맛의 핵심은 감각보다는 리듬이고, 리듬의 의미를 가장 잘 설명해주는 것이 청각(음악)이기 때문이다.

소리(청각)도 맛에 영향을 준다

소리는 맛에 영향을 준다. 부엌에서 보글보글 찌개 끓는 소리, 스낵을 먹을 때 바삭바삭한 소리, 과일을 먹을 때 아삭하는 소리, 맥주를 시원하게 따를 때 나는 소리 등은 우리의 군침을 돌게 한다. 그중에서도 음식을 기름에 튀길 때 나는 소리는 참을 수 없는 유혹이다. 그래서 먹방 유튜브는 ASMR로 우리의 청각을 자극하려 한다.

청각(소리)은 무의식적으로 작용한다. 배경 음악의 템포에 따라 쇼핑 행동이 달라진다는 것은 이미 오래전에 밝혀졌다. 백화점과 마트에서 오전에는 느리고 우아한 음악을 틀고, 폐장 시간에는 빠른 템포의 음악을 틀어 고객의 쇼핑 행동 변화를 유도하기도 한다. 와인 소매점에서 클래식 음악을 틀면 최신 유행곡을 틀 때보다 더 비싼 와인을 사는 경향이 있고, 프랑스 음악을 틀면 프랑스 와인을 더 많이 사고, 독일 음악을 틀면 독일 와인을 더 많이 사는 경향이 있다고 한다.

보글보글, 지글지글, 와사삭

스낵은 먹을 때 나는 소리가 중요한데, 감자칩 같은 제품은 소리가 맛에 상당한 영향을 준다. 다양한 감자칩 제품을 먹을 때 나는 소리를 녹음한 뒤에 눈을 가리고 동일한 감자칩을 계속 주면서 다른 소리를 들려주면 소리에 따라 감자칩의 맛에 대한 평가가 달라졌다. 듣기 좋은 바삭거리는 소리가 나는 감자칩을 더 맛있다고 느끼는 것이다.

이런 바삭거리는 소리는 좋아하는 이유로 먼 옛날 포유류 시절에 곤충을 먹던 습관에서 기인한 것이라는 주장도 있다. 지금은 곤충을 먹는 것에 거부감이 있지만 과거에 먹을거리가 부족했을 때는 충분히 훌륭한 먹을거리였을 것이다. 멕시코의 선사시대 유적에서 소화되고 남은 물질을 분석하자 메뚜기, 개미, 흰개미 등을 상당히 먹었던 흔적이 발견되었고, 고대 유럽에서도 여러 가지 곤충들을 진미로 여겼다. 오늘날에도 일부 국가는 여전히 곤충을 식용으로 애용하고 있고, 미래식품으로 개발하는 중이다.

곤충은 겉은 단단하고 속은 부드러워서 씹으면 파삭거리면서 파괴된다. 인간은 부수고, 파괴하고, 불태우는 등의 행위를 통해 스트레스를 해소하는 습성을 가지고 있는데, 이로 음식을 부수는 것도 그것의 일환이라는 주장도 있다. 스낵의 바삭거리는 소리는 과자 조직 내에 공기방울이 1/100초의 짧은 순간에 방출되면서 나는 소리이고, 과일을 씹었을 때 아삭거리는 소리는 과일이 잘 익었다는 신호이기도 하다.

맛의 방정식, 맛은 음식을 통한 즐거움의 총합이다

맛에서 중요한 것이 고작 성분일까?

맛의 핵심은 무엇일까? 과학자들은 6번째 맛 성분이나 미지의 향기 물질을 찾으면 맛의 비밀이 밝혀질 것처럼 생각하고 여러 성분을 연구한다. 하지만 나는 우리의 감각에 영향을 주는 모든 성분이 밝혀진다고 해도 맛의 1/3 정도도 설명하지 못할 것이라고 생각한다. 그보다 훨씬 중요한 것들이 많기 때문이다. 아래는 내가 맛에 관한 세미나를 할 때 자주하는 질문이다.

"여기 일류 요리사가 좋은 재료를 써서 정성껏 준비한 음식이 있습니다. 제가 이것을 전부 조심스럽게 믹서에 넣고 곱게 갈겠습니다. 그리고 각자에 맞는 용량의 컵에 따라 드리겠습니다. 좋은 재료의 성분, 영양분, 맛 성분, 향기 성분은 그대로 있고, 먹기 편하게 믹서로 갈아준 정성까지 추가되었습니다."

이 질문에 대해 평소에 맛에는 재료가 중요하고, 정성이 중요하고 맛 성분이나 향이 중요하다고 말하던 사람들은 침묵한다.

"여기에는 정성도 그대로 있고, 맛 성분과 향기 성분도 그대로 있습니다. 영양 성분도 물론 그대로 있으며, 모든 영양이 고르게 섞여 있으니 편식이나 영양 불균형도 전혀 신경 쓸 필요가 없습니다. 마시기만 하면 되니 먹기에도 너무나 간편합니다. 남은 음식은 냉장고에 보관하기도 편하고 음식물 쓰레기도 발생하지 않습니다. 더구나 다이어트에도 아주 좋습니다. 다이어트 하는 사람들이 바나나 등을 갈아 먹는 것을 잘 아시죠? 갈면 유화물 상태가 되므로 포만감도 거의 2배나 유지되기 때문입니다. 여러분 어떻습니까? 모두 이 이상적인 식사법을 따라 해보시겠어요?"

이 말을 듣고도 사람들은 침묵한다. 간혹 한참 고민하다가 "씹는 맛이 없잖아요!" 하고 반론하는 사람도 있다.

맞는 말이다. 씹는 맛도 중요한 맛의 요소이다. 안전만 생각하면 건더기가 없는 액상으로 만들어진 유동식이 훌륭한 선택이다. 건더기로 인한 질식사의 걱정이 없기 때문이다. 이가 제대로 나지 않은 5살 미만의 어린이가 특히 취약한데, 기도 구멍에 꼭 들어맞는 둥근 모양의 음식들이 특히 주의가 필요하다. 미국에서는 핫도그, 소시지, 포도, 둥근 사탕이 위험한 식품으로 꼽히고, 노인에게는 떡 같이 찰진 음식이 위험하다. 일본에서는 매년 10명 정도가 찹쌀떡을 먹다가 목에 걸려 숨지기도 한다. 그래도 유동식을 좋아하는 사람은 드물다. 음식은 씹는 맛도 중요한 맛이기 때문이다. 먹거리가 부족했을 때는 이가 상할 정도로 단단한 건더기가 있는 음식도 좋아했다.

"씹는 맛이 없어서 싫으시면 제가 겔화제를 이용하여 여러분이 원하는 물성으로 만들어 주겠습니다. 콩 단백질로 가짜 고기도 만드는데 어떤 물성이 불가능할까요?"라고 답하면 또 침묵한다. "음식에는 각각 고

잘 차려진 한 상의 음식을 모두 믹서에 넣고 갈면

맛의 방정식, 맛은 음식을 통한 즐거움의 총합이다

유의 맛이 있는데 그것이 사라졌잖아요!"라고 답하기도 한다. 그러면 나는 다시 물어본다.

"그러면 각각의 음식의 맛을 제대로 느끼기 위해 제일 먼저 밥을 드리고, 그 밥을 다 먹으면 국을 드리고, 국을 다 먹으면 김치를 드리겠습니까. 그러면 만족하시겠습니까?"

내가 제시한 식사법은 절대로 받아들일 수 없다고 단호하게 결정을 하지만 몇 가지 질문만 추가해도 자신이 왜 그것을 받아들일 수 없는지 설명하지 못한다. 나는 지금까지 이 질문을 세미나 참석자에게 정말 많이 던졌지만 한 번도 시원스러운 답변을 듣지 못했다. 우리는 맛을 좋아하지만 그 실체가 무엇인지 제대로 탐구해보지 않았던 것이다. 믹서로 갈더라도 평소에 맛이라 생각했던 내용과 성분은 변하지 않는다. 맛, 향, 영양 성분 등은 그대로이다.

우리가 여기에서 놓친 맛의 핵심요소는 무엇일까? 바로 '리듬'이다. 믹서로 갈아버린 현상의 의미를 음악에 비교해보면 너무나 명확해진다. 믹서로 음식을 분쇄하는 것은 리듬을 분쇄하여 평균화하는 것이다. 노래 한 곡의 음을 분석하여 '도'는 30번 나오고, '레'는 15번 나오고, '미'는 25번 나오니 간편하게 '도'를 연달아 30번, '레'를 연달아 15번 치는 식으로 연주하면 매력이 완전히 사라질 것이다. 믹서로 완전히 가는 것은 노래 전체의 음 높이를 평균하니 '파'에 해당한다고 '파'만 연달아 200번 치는 것과 같은 행위이다. 리듬이 사라지면 음악의 즐거움이 사라지듯 요리에서도 리듬이 사라지면 맛의 즐거움이 사라진다.

성분보다 훨씬 중요한 것이 리듬이다

음식에서 맛이나 향기 성분은 음악의 '도레미파솔라시' 또는 악기에 해당할 뿐이고, 음악의 진정한 즐거움이 리듬에서 오듯 맛도 적절한 리듬에서 온다. 우리는 날마다 음식을 먹고 맛에 대한 이야기를 하지만 맛의 실체는 성분보다 리듬에 있다는 사실을 전혀 눈치를 채지 못한 것이다. 식품 성분 자체에 맛의 즐거움이 있다고 하는 것은 그림의 가치가 물감에 있고, 음악의 즐거움이 악기에 있다고 하는 것과 같다. 물감이나 악기는 단지 재료일 뿐이고, 감동은 그 재료를 이용하여 어떻게 표현하는지에 달려있다. 이런 리듬의 의미만 알아도 맛의 진실에 한 걸음 다가가는 일일 것이다.

우리의 모든 행동에는 리듬이 있다. 심장은 리드미컬하게 박동하고 뇌도 파동에 맞추어 작동한다. 그래야 조화롭고 강력한 힘을 발휘하기 때문이다. 그래서인지 음악의 힘은 강력하다. 크기도 형태도 없는 단지 파동에 불과한 음악이 우리의 사고와 감각 등에 강력한 영향을 미친다. 배경 음악이 빠진 영화는 앙꼬 없는 찐빵처럼 매력이 없다. 음악이 감정을 움직이고, 기분을 전환시키고, 사회적 공감을 형성하기도 한다. 음악은 일, 놀이, 교육, 종교 등 여러 분야에 강력한 영향을 미치지만, 파동에 불과한 음악이 왜 우리를 그렇게 감동시키고 심오한 느낌을

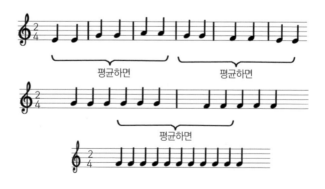

음악에서의 리듬 vs 맛에서의 리듬

맛의 방정식. 맛은 음식을 통한 즐거움의 총합이다

주는지 그 이유는 잘 모른다.

나는 음악의 즐거움이 맛의 즐거움과 가장 닮았다고 생각한다. 만약 히트곡의 방정식 즉 노래를 이렇게 만들면 히트곡이 된다는 방정식이 있다면, 그것은 이렇게 요리하면 맛있는 음식이 된다는 맛의 방정식과 가장 닮았을 것이다. 맛은 소리의 파장 대신 음식의 성분(분자)을 감각한다는 것만 제외하면 정말 음악과 닮았다.

음악이나 미술은 내 몸에 직접 닿지 않고 느껴지는 감각이라 재료를 크게 따지지 않는데, 음식은 그 구성 성분이 감각세포를 자극하고, 우리 몸에 흡수가 되기 때문에 성분을 중시한다. 그래서 음악의 즐거움과 음식의 즐거움을 전혀 다른 것으로 이해하기 쉽다. 하지만 감각 수용체 이후의 단계는 정확히 같은 것이고, 즐거움의 기작도 같은 방식이다. 음악에서 긴장과 이완, 기대와 늘어짐, 각성과 해소, 강함과 약함 등이 적절히 배열되어야 즐겁듯 음식도 이런 리듬이 적절히 배열되어야 즐거울 수 있다. 똑같은 악기를 사용해도 곡에 따라, 연주 수준에 따라, 음색에 따라, 노래를 부르는 사람과의 관계에 따라 감동이 다르듯이 음식도 같은 재료를 가지고도 레시피에 따라, 요리사의 조리 수준에 따라, 분위기와 관계에 따라 감동이 완전히 달라진다. 그래서 음식을 모두 믹서에 넣고 갈면 리듬이 사라지고 즐거움도 사라지는 것이다.

먹는 리듬: 시간 전개형 vs 공간 전개형

일본에서 「미슐랭 가이드」 3스타에 선정되고 초밥 분야에서 유일하게 일본 정부로부터 '현대의 명공'으로 선정된 오노 지로 씨는 아흔이 넘은 나이에도 여전히 현업에서 활약 중이다. 그의 가게는 겨우 손님 10명 정도가 앉을 수 있는 크기로써 손님과 일대일로 마주 앉아서 초밥을 내는 것만이 최상의 음식을 제공할 수 있다는 그의 경험과 신념을 들여다볼 수 있다. 그의 초밥은 재료와 기술도 훌륭하지만 한 가지가 더 있다. 어떤 순서와 타이밍으로 내놓느냐에 따라 초밥의 맛이 두 배로 좋아진다는 것이다. 예를 들어 겨울에는 광어로 시작해 오징어, 새끼방어, 참치의 붉은 살, 전어, 대합 등의 순서로 이어진다. 계절에 따라 순서를 조절하고 손님의 식사 호흡에 딱 맞추어 서빙해서 최고의 리듬을 제공하는 것이다.

세계 정상급 레스토랑에는 한 가지 공통점이 있다. 손님이 메뉴를 선택하지 않고 셰프가 추천하는 스타일대로 먹는 '셰프 테이스팅 메뉴'가 존재한다는 것이다. 손님은 셰프가 제공하는 순서대로 맛을 즐기면 된다. 평범한 식당이라면 시도할 수 없는 방식이지만, 자신이 정한 방식으로도 항상 예약을 꽉 채울 수 있는 셰프는 자신이 준비한 요리세계를 마음껏 선보일 수 있다. 셰프는 자신이 디자인한 메뉴와 순서대로 자신의 실력을 100% 손님에게 선보일 수 있어서 행복하고, 손님은 최선의 리듬에 최적의 온도와 순서로 제공된 음식을 먹을 수 있으니 행복한 것이다.

흔히 전통 한식은 공간전개형이라고 하고 양식을 시간전개형이라고 한다. 한식은 모든 것을 한꺼번에 내놓는 데 비해 양식은 처음에는 차갑고 가벼운 요리와 해산물 요리에서 점차 따뜻하고 무거운 요리, 고기 요리 등의 순서로 차례차례 시간에 따라 음식을 서빙하기 때문이다. 하지만 19세기 프랑스만 하더라도 시간전개형이 아니었다. 당시 부자들은 테이블에 수백 가지 요리를 가득 채워 자신의 재력을 과시하는 수단으로 삼기도 했다. 그러다 1789년 프랑스 혁명이 일어나자 상황이 바뀌었다. 귀족을 위해 요리하던 셰프들이 귀족의 몰락으로 실업 상태가 되었고, 생계를 위해 하나둘씩 레스토랑을 열었는데, 손님은 공짜로 대접을 받는 것이 아니라 비용을 지불했기 때문에 가장 맛있는 음식을 제공하는 식당을 찾게 되었다. 그러면서 도입된 것이 바로 순서에 따라 알맞은 온도로 제공되는 시간전개형 서비스이다. 프랑스 혁명에서 살아남은 귀족은 이런 새로운 방식이 천박하다고 경멸하면서 과거의 방식을 고집하기도 했다.

시간전개형은 음식을 먹는 순서를 통해 리듬을 구현한다. 똑같은 음식도 순서와 조합에 따라 만족감이 많이 달라진다. 그러니 식당에서 메뉴를 잘 어울리게 주문할 수 있는 것도 많은 경험이 필요한 기술인 것이다.

요리를 한꺼번에 차려 놓고 먹는 공간전개형 식사법인 한식에도 리듬이 있다. 뷔페에 가면 수십 가지 요리가 동시에 차려져 있지만, 여기에도 자신만의 먹는 순서가 있고 한식에도 먹는 순서가 있다. 리듬에 맞게 먹어야 그 즐거움이 배가되기 때문이다. 단지 그 리듬을 누가 주도하느냐의 차이만 있다.

❷ 맛에서 물성이 중요한 진짜 이유

물성의 매력은 단순히 식감이 아니다

물성은 단순히 식감이 아니라 정말 다양하게 맛을 높이는 효과가 있다. 우선 목 넘김과 입안을 가득 채움 또한 물성의 효과이다. 미각세포는 혀에만 있는 것이 아니다. 목 천장에도 있고 목젖에도 있다. 그래서 입안 가득 음식을 채워서 먹는 것은 느낌이 또 다르다. 어떤 사람은 면치기 즉, 면류를 넘길 때 큰 쾌감을 느끼기도 한다. 면치기는 면을 입에 넣고 흡입하듯 먹는데, 얇은 면발을 끊어서 먹는 것보다는 대량으로 흡입해서 입안에 덩어리째 뭉쳐서 먹는 것이 면발의 식감이라든지 스며든 국물 맛이 좀 더 잘 느껴진다는 것이다.

대표적으로 일본이 면을 소리 내어 먹는 나라다. 일본 불교의 선종에서는 평소에는 엄격한 규칙을 지키는데, 한 달에 한 번 국수로 공양을 할 때는 평소와 달리 국수를 후루룩 소리를 내며 먹는 것을 즐겼다고 한다.

물성은 맛에 정말 여러 가지 영향을 주지만 이 모든 효과를 합해도 물성 덕분에 다양한 리듬효과를 부여하는 것보다 중요하지는 않다. 음료를 만드는 것은 언뜻 쉬워 보인다. 음료 성분의 대부분은 물과 당류

맛의 방정식, 맛은 음식을 통한 즐거움의 총합이다

다. 단백질이나 지방은 없고, 나머지 산미료, 향, 색소 성분을 모두 합해도 1%가 되지 않는다. 과즙이나 당류, 산류, 향료, 색소 정도만 있어도 어지간한 음료는 만들 수 있는 것이다. 하지만 기존의 음료보다 뛰어나거나 특별한 제품을 만들기는 힘들다. 물성이 없어서 다양한 효과를 부여하거나 차별화가 힘들기 때문이다. 고체나 반고체 식품은 자연스러운 색의 농담 차이, 색조의 차이에 의한 다양성의 부여가 가능하고, 부위별로 다양한 맛, 다른 식감을 제공하는 것도 가능하다. 그런데 음료는 한 제품 안에 들어 있는 내용물이 균일하다. 오직 한 가지 리듬으로 감동을 주어야 하니 어려운 것이다. 확실히 물성의 가치는 식감 효과보다는 다양한 리듬을 구현할 수 있는 바탕을 제공하는 데 있는 것 같다.

물성이 리듬과 다양성의 바탕이다

물성이 있다면 맛의 리듬을 내는 방법은 생각보다 다양하다. 맛도 일정한 단맛이 계속 이어지는 것보다 신맛이나 짠맛과 교차하는 단맛이 효과적이고, 물성도 단단하지만 쉽게 부드러워지는 것이 매력적이다. 처음에는 단단하지만 입안에서는 쉽게 부서지거나 부드러워지는 것, 딱딱한 것이 입안에서 사르르 녹는 것 같은 강한 대비 효과가 있으면 쾌감이 증가한다. 부드러운 아이스크림을 초콜릿으로 코팅한 초콜릿 바, 단단한 비스킷 사이에 부드러운 크림이 든 과자, 초코파이처럼 중간에 마시멜로가 들어간 제품 등은 이런 대비 효과를 잘 살린 것들이다.

잘 구워진 빵은 보기만 해도 먹음직스럽다. 그런데 만약 단 하나의 색으로 빵을 표현하면 어떻게 될까? 과연 맛있게 보일까? 아무리 열심히 색을 고르고 다듬어도 단 한 가지 색으로는 빵의 먹음직한 색을 구현하기는 힘들다. 빵을 굽는 과정에서 불균일한 온도 전달에 의해 빵의 표면에 불균일한 색이 나타나는데, 우리는 그것을 보고 자연스럽고 맛

색의 농담 효과

맛의 방정식, 맛은 음식을 통한 즐거움의 총합이다

있다고 느끼게 된다. 부위마다 색이 달라지는 만큼 식감과 향도 달라진다. 하나의 빵이지만 부위에 따라 약간씩 다른 맛을 경험하면서 빵을 통해 얻는 즐거움이 풍부해지는 것이다.

천연 식재료는 확실히 이런 부분에 장점이 있다. 천연 식품은 부위마다 색이나 식감이 조금씩 다른 재미가 있는데, 가공식품은 전체적으로 색이나 식감이 동일한 경우가 많다. 가공식품은 공정상 전체적으로 균일한 색이나 맛을 내기는 쉬워도 자연스럽게 부분 색이나 식감이 다르게 하기는 힘들다. 색의 자연스러운 차이, 조직감이나 맛의 자연스러운 차이는 천연 산물의 특권인 것이다.

에멀션(유화물)을 이루면 대비 효과가 증폭된다

우리는 버터, 샐러드드레싱, 아이스크림, 마요네즈 같은 에멀션 제품을 좋아한다. 이렇게 지방이 포함된 에멀션(Emulsion, 유화물) 제품은 액체 식품과는 전혀 다른 매력을 가진 음식을 만들 수 있다.

우리가 살아가려면 많은 물을 필요로 하고, 우리가 좋아하는 음식은 충분히 수분이 있거나 침이 잘 나오는 음식이다. 분말제품은 맛이 없고 침이 없으면 삼키기도 힘들다. 물에 잘 녹는 성분만 있으면 평범하고, 물에 잘 녹는 것과 녹지 않는 것이 조화를 이루면 자극이 풍부해진다.

우리가 좋아하는 맛 성분(소금, 설탕, MSG)은 물에 잘 녹는 것들이다. 그래도 녹는 양에는 한계가 있다. 농도가 너무 높으면 부담이 되고 거부감이 생긴다. 그런데 에멀션은 상대적으로 지방이 많고 물이 적은 상태다. 생크림은 40%가 지방이고 버터는 80%가 지방인데, 버터에 소금 2%를 넣으면 소금은 지방에 녹지 않고 20%를 차지하는 물에 녹는다. 따라서 전체 100에서 2%가 아닌 물 20의 2% 즉, 10%의 소금액과 같은 강한 느낌을 줄 수 있는 것이다. 결국 미각 수용체에 주는 첫인상은 강렬하지만 전체 소금 양은 2%이라 몸에 부담이 되지 않는다. 강렬함과 동시에 부드러움이 느껴지는 것이다. 향과 같은 지용성 물질은 지방구에 녹아 은근하게 오래 유지되고, 맛 성분처럼 물에 잘 녹는 것은 수용액 층에 농축되어 감각세포에게 아주 작은 짜릿한 모험을 하게 해주는 것이다. 그래서 에멀션 제품은 독특한 매력이 있다.

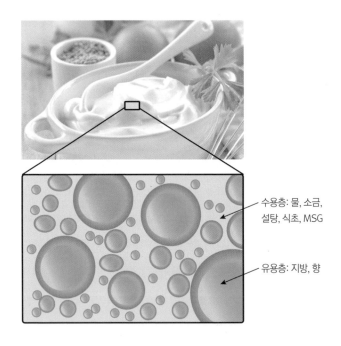

수용층: 물, 소금,
설탕, 식초, MSG

유용층: 지방, 향

에멀션(Emulsion)에 의한 대조 효과

맛의 방정식, 맛은 음식을 통한 즐거움의 총합이다

수많은 리듬 덕분에 맛이 더 즐거워진다

물성은 다양성의 좋은 바탕이 된다. 똑같은 밀가루를 사용해 만든 빵과 국수도 레시피와 만드는 방법에 따라 완전히 다른 식감을 가지고 맛도 달라진다. 식감만 잘 만들어지면 맛을 내기는 아주 쉬워진다. 하지만 물성은 식품의 모든 성분이 관여하는 것이라 단순히 특정 성분을 첨가했다고 해결되는 경우는 별로 없고, 레시피와 공정 등 모든 부분에 정교한 접근이 필요하다.

③ 긴장의 즐거움과 이완의 즐거움

맛에서 조삼모사는 간단한 문제가 아니다

앞서 맛에서는 리듬이 중요하다고 했는데, 우리가 음식을 먹을 때 느껴지는 리듬은 익숙함 vs 새로움, 강함 vs 약함, 단순함 vs 복잡함 등 수많은 대조적인 요소가 리듬을 만들며 교차한다.

만약에 쥐에게 딸기 맛 음료와 포도 맛 음료를 주면 어떤 식으로 먹을까? 10번이고 100번이고 딸기 맛을 먹다가 어쩌다 포도 맛으로 바꾸고, 포도를 또 10번이고 100번이고 먹을 가능성이 높다. 먹을 만하면 되었지 그것의 리듬에는 관심이 별로 없는 것이다. 하지만 인간은 어떤 식으로 먹을지가 중요하다. 포도-딸기-포도-딸기로 번갈아 먹을지 포도-포도-딸기-딸기의 순서로 먹을지 등 온갖 리듬의 조합을 고민할 것이다. 옛날에 원숭이를 기르던 사람이 도토리를 주면서 "아침에 세 개, 저녁에 네 개 주겠다(조삼모사)"고 하자 원숭이들이 모두 화를 냈고, 반대로 "아침에 네 개, 저녁에 세 개 주겠다"고 하자 원숭이들이 모두 기뻐했다고 하는데, 인간이 음식을 먹을 때는 이런 조삼모사도 단순한 우스갯소리가 아니라 나름 심각한 주제이다.

사람들은 반복적인 것에 쉽게 싫증을 낸다. 동일한 자극이 지속되면

맛의 방정식, 맛은 음식을 통한 즐거움의 총합이다

쾌락 적응(Hedonic adaptation)이 일어나 지루해지기 때문이다. 통증도 시간이 지나면 약해지는데 쾌감이라고 약해지지 않을 리가 없다. 더구나 긍정적인 것이 부정적인 것보다 더 빨리 사라진다. 꿈에 그리던 멋진 아파트에 입주해도, 어렵게 승진해도 그 기쁨은 몇 주나 몇 달이면 시들어 버린다.

음식도 마찬가지다. 매일 똑같은 음식을 먹는다면 금방 고역이 되어 버린다. 아무리 회를 좋아하고 고기를 좋아해도, 회나 고기만 계속 준다면 금방 괴로워진다. 아무리 맛있는 음식도 한 가지만 계속 먹다보면 금방 질리기 때문에 우리는 밥과 반찬을 번갈아 가며 먹는다. 밥을 모두 먹은 뒤 남은 반찬을 먹는 사람은 없다. 심지어 비빔밥처럼 한 그릇에 모든 재료가 들어 있는 음식마저 반찬 1~2가지는 더 있어야 만족스러워진다.

우리 뇌는 '동일한 자극은 점점 무시(피로, 적응)하고, 차이(새로움)에는 민감한 것'이 기본 모드이다. 자연은 너무나 복잡한데 감각이나 뇌의 용량을 키우는 데는 한계가 있다 보니 수많은 자극에 효율적으로 대응하는 가장 쉬운 방법은 차이를 감각하는 것이다. 실제 전기회로나 뇌 회로를 구성해보면 절대치를 감각하는 장치보다 차이를 감각하는 회로를 만드는 것이 훨씬 간단하다는 것을 알 수 있다. 그리고 차이에 예민한 것이 생존에도 유리하다. 산과 들에는 움직이지 않는 것들이 대부분이고, 그런 배경에서 새로움(움직임)은 사나운 동물 같은 위험요소이거나 먹잇감일 수 있으므로 민감하게 반응해야 한다. 새로움이 위험인 동시에 도전의 대상인 것이다.

이제부터는 식품에 존재하는 다양한 리듬 중에서 기본이라고 생각되는 익숙함과 새로움의 교차에 대해 그 배경과 역할을 좀 더 자세히 설명해보고자 한다.

A. 새로움의 추구는 인간만의 독특한 현상이다

▬▬▬

새로움의 추구 덕분에 초잡식성이 가능했다,

New food = More food source

인간은 타고난 모험가다. 우리 조상은 새로운 음식과 서식지를 찾아 꾸준히 이동했고, 이런 새로움의 추구 덕분에 점점 다양한 음식 즉 새로운 식량자원의 발굴이 가능해졌다. 인간은 유난히 익숙한 것에 빨리 싫증내고 새로운 것을 좋아하는 동물이다. 새로움에 대한 쾌감과 모험심이 없었다면 연약한 동물인 인간이 지금과 같은 번영을 누리지 못했을 것이다.

세상의 모든 동물 중에서 인간처럼 다양한 식재료를 먹는 동물은 없다. 대부분의 동물은 편식을 한다. 잡식동물이라 해도 극히 제한적인 종류를 먹지 인간처럼 그렇게 다양한 종류를 먹지 않는다. 견과류의 두툼한 껍질을 까고, 땅속에 묻혀 보이지 않는 식물의 뿌리도 캐내고, 독성이 있어서 다른 동물은 먹지 못하는 것도 가공하고 요리해서 먹는다. 그래서 지구상에 유일한 울트라 슈퍼 잡식성 동물이 된 것이다.

그리고 인간 중에서도 모험과 새로움에 유독 잘 반응하는 사람이 있다. 얼리어답터는 새로운 제품이 나오면 누구보다 먼저 써봐야 직성이 풀린다. 익스트림 스포츠에 빠져있는 사람은 보통 사람들은 이해할 수 없는 극한의 스포츠에 쾌감을 느낀다. 이런 욕망(DNA)은 어쩌면 새로운 먹거리를 찾아야 생존에 유리하다는 인간 진화의 가르침일지도 모른다. 다른 동물은 편식하여 먹던 것만 계속 먹는데 인간의 먹거리는 꾸준히 변했다. 인간의 역사가 새로운 먹거리를 탐험하고 발견하는 것을 가장 큰 기쁨 중 하나로 여긴 덕분에 발전한 것이다.

맛의 방정식, 맛은 음식을 통한 즐거움의 총합이다

간식 배는 따로 있다

동일한 음식을 계속 먹다보면 감각적 피로가 발생하고 포만감이 들어서 식사를 멈추게 된다. 그렇게 배가 부른 상태에서도 달콤한 디저트와 커피 한 잔은 충분히 먹을 수 있다. 새로운 음식이면 배가 알아서 그것을 수용할 공간을 만들기 때문이다. 우리가 같은 유형의 음식을 계속 먹으면 그것에 대한 관심과 만족도가 점점 떨어지지만, 그렇다고 다른 음식에 대한 관심까지 동시에 줄어들지 않는 것이다. 이것이 과식의 원인이 되기도 하지만 다양한 음식을 통해 고른 영양을 섭취하는데 도움이 되기도 한다. 1939년 아이들에게 33종류 음식을 제공하고 먹는 패턴을 분석했더니 처음에는 자신이 좋아하는 특정 음식을 먹었지만 시간이 지나면서 결국 균형 잡힌 식단으로 다양하게 먹는 방향으로 바뀌었다.

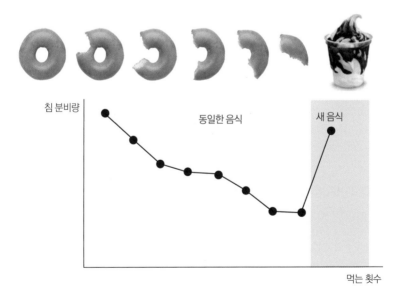

우리는 새로운 음식에 환호한다

익숙한 것은 점점 무의식으로 처리한다

새로운 것이 반복되면 뇌는 점점 예측하기 쉬워지고 굳이 신경을 쓰지 않아도 무의식으로 처리할 수 있게 된다. 그것을 익숙함이라고 하는데, 사람들은 무의식 하면 뭔가 신비로움을 추가하려 하지만 무의식은 특별한 것이 아니고 오히려 익숙함의 일종이다. 운전을 익히는 과정을 생각해보면 무의식은 별게 아니라는 것을 금방 알게 된다. 처음 운전할 때는 긴장되어 시야가 매우 좁다. 그러다 점점 익숙해지면서 시야가 넓어지고 긴장은 풀어진다. 나중에는 거의 좀비 모드로 운전한다. 매일 다니는 출퇴근길이라면 분명히 운전을 했는데도 어떻게 운전했는지 거의 기억하지 못한다. 완전히 무의식 모드로 했기 때문이다.

자신이 매일 출퇴근하는 그 과정을 일일이 의식하고 기억하면서 운전하는 것이 효율적일까? 아니면 자동화시켜 무의식으로 돌리는 것이 효과적일까? 당연히 후자일 것이다. 사실 우리 뇌는 95% 이상 무의식으로 움직인다. 자율신경, 고유 감각 등 수많은 기능을 무의식으로 처리하는 것이다. 우리 뇌는 굳이 인지할 필요가 없으면 좀비 모드처럼 작동하고, 인지할 필요가 있는 것에만 선택과 집중을 한다. 그것이 뇌가 효과적으로 작동할 수 있는 수단의 하나인데, 이는 새로움을 좋아하고 익숙한 것은 진부하게 느끼게 하는 역할도 한다.

우리의 기억도 새로움에 잘 반응한다

집 떠나면 다 고생이라고 하지만 많은 사람들은 수고를 들여가며 기꺼이 여행을 다닌다. 여행의 목적이 단순히 견문과 지식을 넓히는 것이라면 TV나 강연 등을 통해 습득하는 것이 시간과 비용 측면에서 더 효율적일 것이다. 하지만 그런 방법으로는 도저히 해결할 수 없는 것이 있

맛의 방정식, 맛은 음식을 통한 즐거움의 총합이다

다. 바로 감정의 전환과 만족감이다. 집에 있으면 아주 편하지만, 점점 무료해지고 새로운 자극을 원하게 된다. 여행은 낯선 풍경과 새로움으로 우리의 일상에 매몰되어 무뎌진 감각과 감정을 깨운다. 여행은 우리의 감각을 입체적으로 자극하여 우리에게 활력을 주고, 그 힘으로 일상을 또 버티게 한다. 집을 떠나 객지를 떠돌면 집에 가고 싶고, 집에 가만히 있으면 새로운 곳으로 떠나고 싶은 것이 우리의 본능이다. 우리는 항상 이런 긴장과 이완의 상반된 욕망을 넘나든다.

낯설다는 것은 새롭다는 것이고, 새로운 것은 강한 기억의 대상이 된다. 첫사랑하면 뭔가 애틋하고 특별하다고 생각하지만 첫사랑만 그런 것이 아니다. 첫 직장, 첫 월급, 첫 번째 집 등 어떤 경험이든 맨 처음 한 경험이 가장 오래 기억에 남는다. 처음이 가장 새로운 것이고, 가장 새로운 것이 가장 잘 기억되기 때문이다. 너무나 익숙하고 변화가 없는 것에는 자극도 기억도 없어진다.

그럼 맛에서 중요한 것은 새로움일까 아니면 익숙함일까? 식품은 안전이 최우선이라 기존에 검증된 안전한 식품이 우선이다. 식품 개발자는 항상 새로운 것에 주목을 하지만, 식품의 기본은 익숙함이고 너무 익숙한 것만 지속되면 즐거움이 사라지기 때문에 적절한 새로움도 부여해야 한다.

B. 맛의 기본은 익숙함/편안함이다

최고의 우주식량은 집에서 먹던 방식 그대로 먹는 것

인류가 최초로 우주를 비행했을 때 개발한 우주식은 치약처럼 짜서 먹을 수 있는 튜브 형태였다. 우주에서 먹기 간편하고, 가볍고, 안전하고,

영양적으로도 훌륭했다. 그런데 뛰어난 인내력이 기본조건인 우주인들도 튜브 음식만큼은 견디지 못했다. 먹을 때 음식의 형태를 볼 수 없고, 향을 맡을 수도 없기 때문에 왠지 불안했고, 낯선 식감 또한 불안감을 높인 것이다. 사과소스 튜브는 그나마 익숙하지만 다른 음식은 평소와 너무 다른 형태라 전혀 음식 같지 않았다. 우주인이 원한 것은 집에서 먹던 것과 똑같은 음식이었다. 그래서 우주 식품은 우주에서 조리하기도, 먹기도 불편한 점을 감수하고 일상적인 형태로 발전했다. 일상의 음식을 동결 건조한 다음, 우주에서 물을 부어 최대한 원형에 가깝게 복원해서 먹는 식으로 바뀐 것이다. 사람들은 제아무리 최첨단의 메뉴라 해도 결국 평소에 흔히 먹던 음식을 더 좋아한다.

객지에서 어쩌다 집에서 먹던 것과 똑같은 맛의 음식을 먹게 되면 집에 있는 듯한 편안함과 안도감을 가진다. 맛(냄새)이 기억중추를 자극하여 시공을 초월하고 그것을 경험했던 장소와 시간을 연결시켜준다. 새로운 자극은 짜릿한 쾌감을 주지만 한편으로는 스트레스와 피로의 원인도 된다. 이런 스트레스를 잠재우는 가장 쉽고 강력한 방법이 바로 익숙한 음식이 주는 편안함과 안도감이다. 익숙하고 편안한 음식은 우주인을 순식간에 지구로 연결시켜주고, 해외에 간 사람을 순식간에 고국에 연결시켜준다. 우주인이 낯설고, 무섭고, 비좁고, 삭막한 깡통 같은 우주선을 타고 있을 때 그들에게 필요한 것은 위로와 안도감이었다. 신나게 해외여행을 떠나는 사람이 고국의 라면과 과자를 바리바리 싸들고 떠나는 것과 같은 원리다.

어머니의 손맛, 고향의 맛의 본질은 위로와 소속감, 동질감이다
음식은 생존 이상의 의미를 가진다. 인간관계에 '밥'이 빠질 수 없고, 조

맛의 방정식, 맛은 음식을 통한 즐거움의 총합이다

상과의 만남, 고향이나 모국의 추억, 그리움도 '밥'이 매개한다. 그러다 보면 먹기 위해 사는지 살기 위해 먹는지 애매할 때가 있다. 일을 하다가도 때가 되면 "먹자고 하는 일인데!" 하며 밥 먹자고 보챈다. 하루에 세 번 꼬박꼬박 밥을 먹지만 그 의미는 각별하다. "밥 먹었니?"가 인사가 되고, 사람을 만나자는 말도 "밥이나 같이 먹자"로 대체된다. 가족은 밥을 함께 먹는 '식구(食口)'가 되고, 범위가 확장되면 '한솥밥' 먹는 사이가 된다. 함께 밥 먹고 술 마시는 사이는 그만큼 친근한 관계가 되는 것이다.

심지어 신과의 관계에도 함께 한다. 어느 종교나 행사에는 온갖 떡과 음식이 가득한 상이 차려지고 이 음식들로 신을 맞는다. 하다못해 부녀자가 치성을 드리는 데도 맑은 물 한 그릇을 떠놓고 빈다. 유목민은 주

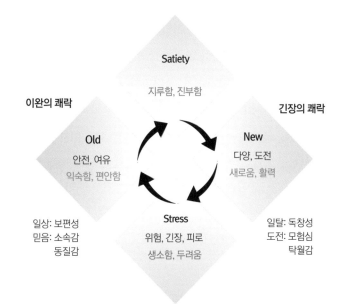

리듬: 긴장의 즐거움 vs 이완의 즐거움

로 자신이 키우던 동물을 신과의 교통에 쓰이는 제물로 썼고, 농사를 짓는 정착민도 직접 수확한 농산물을 썼다. 음식이 자신들이 가진 가장 귀중한 것이었기 때문이다.

사람들에게 최고의 맛이 무엇이냐고 물으면 곧잘 '어머니 손맛'이나 '고향의 맛'을 꼽는다. 어릴 적 입맛이란 게 바로 어머니의 손맛이고, 객지에 나가 살면 간혹 입맛이 변하기도 하지만, 어머니 손맛은 평생 몸 안에 각인되어 있다. 그러니 어쩌다 어머니가 해주는 밥을 다시 먹으면 그렇게 감동스러웠던 것이다.

가족이란 핏줄과 함께 입맛을 나눈 사이이며, 그래서 명절이면 함께 모여 음식을 마련하고 정과 함께 입맛을 나눈다. 지금에야 음식의 맛들이 상향평준화되어 어디를 가나 그 맛이 그 맛이지만, 과거에는 객지에 나와서 낯선 음식만 먹다가 간만에 어머니가 차려준 음식이나 고향의 음식을 만났을 때 그 감동이 어땠을지 알기 힘들다. 입맛을 나눈다는 것은 가족만의 일은 아니다. 동향 사람들은 대개 비슷한 입맛을 가지고 있어서 제 고장의 음식을 같이 먹으면 훈훈한 정감이 살아나고 동질성을 느낄 수 있다. 그래서 평양냉면, 설렁탕과 같은 향토 음식을 파는 곳에는 노인들이 고향의 맛을 찾아 삼삼오오 짝을 지어 온다. 그런 동질감이 주는 위로 때문에 인간은 때로는 악취가 나는 음식도 기꺼이 먹는다. 스웨덴의 스트뢰밍, 대만의 취두부, 일본의 납두(청국장), 우리나라의 홍어 같은 것이 그렇다.

일상의 음식 vs 축제의 음식

새로움이 주는 쾌감과 익숙함이 주는 쾌감은 정반대 같지만 서로 떼려야 뗄 수 없는 사이이기도 하다. 해외여행을 갈 때면 라면을 바리바리

맛의 방정식, 맛은 음식을 통한 즐거움의 총합이다

챙기는 사람이 있다. 국내에 있을 때는 일부러 외국 음식을 찾아 먹지만, 낯선 외국에 나가서 새로움이 쏟아질 때는 가장 익숙한 음식인 라면이 주는 감동(편안함)이 워낙 크기 때문일 것이다. 낯선 환경일수록 익숙한 음식이 위안되고, 익숙한(지루한) 환경에서는 새로움이 쾌락으로 다가온다. 인간은 이런 새로움(긴장)과 익숙함(이완)의 쾌감 같이 상반된 욕망의 충돌과 조화 속에서 발전해왔다. 유일한 문제는 그런 리듬이 음식을 지루하지 않게 해 과식을 유발한다는 것이다.

요즘 애완견은 예전보다 두 배 정도 오래 산다. 완전가공식품인 사료 덕분이다. 사료를 먹는 애완견은 병에도 잘 안 걸리고 냄새도 없고 털도 안 빠진다. 아무리 정성껏 키운다고 해도 그냥 사료를 먹이는 것보다 못하다. 사료를 먹은 애완견이 장수하는 이유는 적당한 영양분을 공급하되 과식하지 않기 때문이다. 매일 똑같은 것을 먹으니 맛에 중독되지 않고, 배가 고플 때 배고프지 않을 정도만 먹으니 과식으로 비만해질 가능성이 적다. 게다가 살균되고 건조한 상태이니 미생물의 감염 염려도 적고, 필요한 영양분은 꼼꼼히 챙겨진 상태이다. 저렴한 원료비에 합성 비타민을 넣고, 채소 하나 없고, 신선한 것 하나 없지만 개에게 필요한 영양은 모두 들어 있고, 소화도 잘되기에 오래 산다. 방송 등에서 흔히 말하는 좋은 음식의 가장 반대되는 성격이 사료일 텐데, 사료만 먹는 동물이 오히려 건강하게 장수하는 것만 봐도 우리의 식품이나 건강 상식이 얼마나 의미 없는 것들로 채워진 것인지 알 수 있다.

사람도 음식을 사료처럼 이상적인 영양만 따져서 먹으면 더 건강하고 오래 살까? 인간은 이미 포유류 중에 생물학적 조건 대비 가장 장수하고 있어서 추가적인 이점이 있을지 불확실하다. 더구나 먹는 즐거움이 살아가는 데 가장 큰 즐거움의 하나인데 그것을 포기할 사람은 별로 없을 것이다.

1960년대 미국인들은 새로운 문명의 편리함과 그것을 가능하게 한 기술의 발전에 도취되어 있었다. 남녀를 가리지 않고 대부분 직장에서 일을 하기 때문에 집에서 요리하고 살림하는 시간이 줄어들었고, 그로 인해 작은 알약 하나만 먹으면 식사가 해결되기를 기대하기도 했다. 하지만 그 인내심 강한 우주인도 튜브형 음식만은 거부했는데 알약의 음식에 만족할 사람은 별로 없을 것 같다. 우리의 음식에 대한 기준은 생각보다 까다롭고 잘 변하지 않는다.

표준이 있어야 비교가 쉬워지고, 발전의 바탕이 된다

개발자는 새로움에 매료되지만, 익숙함의 의미는 생각보다 크다. 익숙함이 표준을 낳고, 표준이 있어야 비교와 소통이 쉬워지고, 시장이 커진다. 스포츠나 게임에서 룰이 통일되어야 시장이 커지는 것과 마찬가지다.

냉면이라는 음식은 비교적 단순한 구성이라 면발, 육수, 고명 하나하나가 나름 표준이 있고, 서로 비교하면서 우열을 가리기도 하고, 자신에게 최고인 것은 '이러저러한 조건을 갖춘 어디 식당의 냉면이다'라고 구체적인 기준으로 이야기한다. 라면도 맛이 일정하다. 그래서 "○○면보다 맵고 ○○면보다는 진하다"는 식으로 소통이 가능하다.

커피에도 많은 메뉴가 있고 맛도 약간은 다르지만 아메리카노, 라떼, 카푸치노 하면 소비자의 머릿속에 그려지는 기본적인 맛이 있고, 그것으로 맛을 평가하고 소통도 가능하다. 이처럼 머리에서 떠오르는 것이 없으면 표준이 없다고 할 수 있다. 중국 공인 평차사인 정진단 원장은 한국의 차 문화가 활성화되지 못한 이유로 이런 표준화의 부족을 꼽기도 한다.

맛의 방정식, 맛은 음식을 통한 즐거움의 총합이다

"제대로 된 차 맛을 내려면 차에 대한 풍부한 지식과 차 종류별로 정확한 기술이 필요하다. 각각의 차에 맞는 방식으로 차를 내리고 물의 온도와 시간을 잘 맞춰야 한다. 한국은 기술보다는 마시는 방법과 예절에만 치우친 경향이 있다. 그리고 다양한 차를 마셔볼 곳도 부족하다. 차의 종류도 적지만 그나마 있는 녹차라도 다양하게 마실 수 있는 찻집이 부족하고, 녹차도 다양한 녹차가 준비되어 비교하여 고를 수 있는 판매처도 없다.

그리고 차의 표준이 없다. 한국 녹차 중에는 명차라고 확인해줄 수 있는 표준이 되는 차가 없다. 표준이 있어야 정확한 감별을 할 수 있는데 그게 없으니 어떤 차가 명차라고 서로 동의하기 힘든 것이다. 중국차 중에 이름 있는 차는 모두 표준이 있다. 표준이 있기 때문에 맛과 색과 향과 잎 모양 등에 따라 평가 가능하고 평가가 되어야 제대로 대접받을 수 있다. 결국 표준이란 그 차가 도달할 수 있는 일종의 경지와 같은 것으로 차 생산자들의 목표가 된다. '보성녹차'라는 말은 생산 지역일 뿐 어떤 기준을 충족해야 최고의 보성녹차라는 기준이 없기에 객관성을 인정받지 못한다. 표준이 없으면 다양성은 높을 수 있다는 장점이 있을지 모르지만, 해외 시장에서 보증된 명품으로 인정받는 데는 한계가 있고 일반인과 소통하기도 쉽지 않다."

장인정신? 정성이란 최적점에 대한 집중력이다

품질에서 가장 중요한 것은 빼어남이 아니고 표준적인 제품의 재현성이다. 요리사가 요리를 만들 때마다 맛이 다르면 동일한 비용을 지불한 손님에게 전혀 공평한 대접이 아니다. 재현성이 있어야 목표를 향한 개선이 가능하다. 좋은 품질은 반복되는 재현성이 있을 때나 가능한 이야기이다. 원하는 방향을 잘 잡아도 재현성이 없으면 공염불에 지나지 않는다. 그래서 보통 어떤 분야든 일정 기간 단순한 업무를 반복하는 과정이 있다. 사실 프로의 세계도 99% 단순 반복으로 이루어진다. 이미 잘 알고 있는 것도 단순 반복을 거듭하다 보면 요령이 생기고 기술이 향상된다. 그러다 달인이 되기도 하는 것이다.

반복 자체를 너무 싫어하면 요리뿐 아니라 다른 직업에서도 능력을 발휘하기 힘들다. 가장 창의적인 예술 능력도 가장 반복적인 훈련을 통해 원하는 것을 재현 가능할 때 가능해진다. 물론 재현성은 절대 쉽지 않다. 같은 재료, 같은 도구, 같은 배합표로도 똑같이 만들기 힘든데, 재료와 조건은 언제나 미세하게라도 달라진다. 그래서 정성이 필요한 것이다. 맛에서 정성이란 결국 맛의 최적점에 대한 집중력이다. 맛의 최적점을 찾는 노력 못지않게 그 포인트를 항상 재현할 수 있는 능력이 중요하다. 잠깐 방심하면 놓치기 쉽고, 여러 가지 환경의 변화에 민감하게 읽고 대응해야 동일한 품질이 나온다. 기계적으로 똑같이 한다고 똑같은 품질이 나오지 않는 것이 음식이다. 자기 기준이 있어야 한다.

계속된 숙달을 통해 능숙해지면 집중이 오히려 쉬워진다. 집중하는 것을 의식하지 않는 수준이 되어야 피곤하지 않은 것이다. 자유롭지만 기준에 어긋나지 않는 것이 일정한 경지이다. 일본에서 몇 대째 내려오는 식당을 보면 국을 따르는 자세마저 바꾸지 않기 위해 애쓴다. 모든 조건이 일정해야 미묘한 변화를 감지하고 탄력적으로 대응하여 일정한 품질을 구사할 수 있기 때문이다. 그러한 집중력이 진정한 정성이지 육체적인 혹사, 많은 시간의 투여 등을 정성이라고 하기는 힘들다. 프로는 결과물로 정성을 보여주면 되는 것이다. 독자성과 창의성은 재현성이 확보된 이후에나 자랑할 일이다. 재현성은 한결같음, 신뢰를 의미하는 단어이기 때문이다. 나는 음식점을 하려면 사장이 먼저 요리를 할

맛의 방정식, 맛은 음식을 통한 즐거움의 총합이다

수 있어야 한다고 생각한다. 그래야 주방장이 바뀌어도 똑같은 맛을 유지할 수 있고, 신뢰성과 손님을 유지할 수 있기 때문이다.

확고한 표준/기준의 부작용도 있다

이처럼 표준이 있으면 다양한 장점이 있지만, 그렇다고 단점이 없는 것은 아니다. '이것을 이렇게 요리하다니', '어떻게 여기에 설탕을 넣다니', '아니 이것을 이렇게 과하게 익히다니' 등과 같은 불만이 생길 수 있다. 어떤 제품에 대해 명확한 자기 기준이 만들어지면 그 기준을 벗어난 제품에 대해 반발심이나 분노가 생기기 쉬운 것이다. 이것을 극복하는 것이 또 한 단계 진화한 진정한 고수가 되는 길이다. 또 확고한 표준은 너무 그 맛으로 획일화되어가는 문제점도 생길 수 있다. 예를 들어 와인은 정말 다양한 맛이 매력인데, 너무 표준적인 맛 하나로 통일되어 가면 그것도 재미없는 세상이다. 기준은 있되 유연하게 적용하고 변화와 다름도 수용할 수 있어야 여유가 있고 품위가 생긴다.

이렇게 맛은 단순히 미각, 후각 같은 감각 자체가 아니라 감각의 리듬이 중요하다. 어쩌면 이런 오미오감보다 더 중요한 감각이 있다. 우리 몸의 내장기관과 온몸으로 느끼는 맛이다.

2장.
영양,
맛은 살아가는 힘이다

조물주는 우리로 하여금 살기 위해
먹도록 명령했으며, 식욕으로써 그것을 권고하고,
맛으로써 지원하며, 쾌락으로 보상한다.
-브리야 사바랭(『미식예찬』, 1825)

맛은 삼킬지 말지, 계속 먹을지 말지,
다음에 또 먹을지 말지를 판단을 하기 위한 것이다.
생존을 위해 치밀하게 설계된 것이라
잠시 입과 코를 속일 수 있을지는 몰라도
끝까지 속일 수 있는 방법은 없다.
입과 코로는 음식의 간을 보는 수준이고,
진정한 맛은 몸으로 느끼는 것인데,
그것이 무의식에 숨겨져 있고,
천천히 다가오므로 그 무서움을 모른다.

그래서 모든 다이어트는 실패하는 것이다.

벌새는 날마다 자기 체중 절반만큼의
당분을 먹어야 살아 갈 수 있다.

Food Pleasure = (Rhythm) × (Benefit) × (Emotion)

① 허기가 최고의 반찬이다

먹어야 산다

인간이 먹지 않고 살 수 있는 시간은 얼마나 될까? 기본적으로 인간은 산소 없이 3분, 물 없이 3일, 음식 없이 3주를 버티기 힘들다. 단식을 할 경우 7일을 넘기면 건강에 적신호가 오고, 10~14일이 지나면 죽을 수도 있다. 몸 안에 상당한 에너지원(지방)을 비축하고 있는데도 그렇다.

음식의 기본은 맛이 아니라 살아가는데 필요한 영양을 공급하는 것이다. 그래서 미식학과는 없어도 영양학과는 있다. 다이어트는 살 빼는 방법이 아니라 "어떻게 하면 한정된 식량자원으로 가장 많은 사람에게 효과적으로 영양 공급을 할 수 있을까?" 하는 물음에서 출발했고, 그런 영양학은 과거에 식량이 부족했을 때 놀라운 성과를 보이기도 했다. 의학보다 영양학이 더 많은 생명을 구한 것이다.

맛은 과학도 영양학도 없었던 시기에 오로지 감각을 통해 음식을 파악하는 수단이었다. 그런데 지금은 누구도 맛을 말할 때 영양을 말하지 않는다. 오히려 설탕, 소금 같이 맛을 내기 위한 첨가물과 가공식품을 비난하면서 마치 맛이 인간의 건강을 해치는 수단인 양 말하기도 한다.

맛의 방정식, 맛은 음식을 통한 즐거움의 총합이다

하지만 그것은 우리 감각의 진화 속도가 따라잡기 어려울 정도로 빠르게 음식이 풍족해진 덕분이지, 결코 우리의 감각이 몸에 나쁜 성분을 좋아하기 때문이 아니다. 먹는 문제가 얼마나 절박한지는 야생의 동물을 보면 알 수 있다.

몸집이 작은 항온동물은 몸집에 비해 표면적이 넓어 체온을 유지하는데 훨씬 힘이 든다. 땃쥐(Shrewmouse)는 신진대사가 빠른 편이라 그만큼 자주 많이 먹어야 하며, 24시간 이상 굶으면 죽는다고 한다. 그중에서도 북부짧은꼬리땃쥐는 그 정도가 심해서 심장이 분당 900회나 뛰고, 그만큼 에너지 소비가 많아서 하루에 자기 체중의 3배를 먹어야 한다. 그래서 3시간만 굶어도 그대로 죽는다고 한다.

벌새도 비슷하다. 벌새는 몸집이 아주 작고, 초당 50회 이상 고속으로 날갯짓을 한다. 날갯짓이 워낙 빠르다 보니 벌처럼 윙윙 하는 소리가 나고, 공중에서 멈출 수도 있어서 벌새라고 부른다. 그만큼 격렬하게 에너지를 소비하여 체중 대비 칼로리 소비량이 인간의 약 70배라고 한다. 벌새는 분당 최대 1,260회의 심장이 뛰며, 휴식 시에도 250회 호흡을 한다. 워낙 대사율이 높아 비행 중 근육이 쓰는 산소 소비량은 인간 운동선수보다 10배나 높다. 그러니 벌새도 하루 이상 굶으면 죽을 수 있다. 낮에 활동을 하는 동안에는 자주 먹고, 밤에 온도가 떨어지면 저체온 기절 상태(Torpor)에 들어가 에너지를 절약한다.

먹이를 구하기 힘든 겨울철에는 겨울잠을 자는 동물이 많은데, 작은 동물은 수시로 미니 겨울잠을 자는 마비(Torpor, 기절) 상태에 빠지기도 한다. 겨울잠을 자는 동물은 보통 체중이 커서 많은 지방을 비축하고 체온을 5℃ 낮추어 그만큼 낮은 대사율로 버틴다. 마비 상태는 체온을 15℃까지 낮추며 20시간 이내에 다시 깨어난다. 이 시간 동안 심장박동과 신진대사도 느려져 에너지 소비를 50배 줄일 수 있다.

인간도 에너지가 절박한 것은 크게 다르지 않다. 우리는 당뇨를 걱정하지만 혈관에 포도당이 부족하여 저혈당이 되면 공복감, 떨림, 오한, 식은땀 등의 증상이 나타나고, 심하면 실신이나 쇼크를 유발하고 그대로 방치하면 목숨을 잃을 수도 있다. 뇌는 주로 포도당을 사용하는데, 사용량이 많고 저장할 공간이 없기 때문에 혈액을 통해 지속적으로 공급이 이루어져야 한다. 혈중 포도당 농도가 50% 이하로 떨어지면 뇌기능 장애가 나타나고, 25% 이하로 떨어지면 혼수상태에 빠질 수도 있다. 당(에너지원)이 고갈되는 것은 그만큼 무서운 현상이다. 먹어야 살 수 있는 것이다.

식욕이 마약보다 훨씬 강력하다

세상에서 가장 끊기 힘들다는 술과 도박 심지어 마약조차 식욕에 비하면 한 수 아래다. 1960년대 미네소타대학에서는 좀 특별한 실험을 했다. 양심적 병역 거부자 100명 중에서 신체적으로나 정신적으로 건강한 36명을 선발하여 14개월간 먹는 양을 1/2로 줄이고, 매일 5km를 걷게 한 것이다. 그 결과 5개월 만에 평균 체중이 25% 감소했다. 그리고 나머지 9개월은 원하는 대로 먹게 놔두었다. 그런 과정의 변화는 매우 충격적이었다. 다이어트가 지속되자 사람들은 마지막 음식 부스러기까지 먹으려고 접시를 핥았고, 모든 대화의 주제로 음식이 올라왔다. 한 참여자는 이런 말을 했다. "사람들은 음식 부스러기를 몰래 가지고 나와서 마치 무슨 의식이라도 치르는 양 아껴가며 한참 동안 먹었다. 식품에 관심이 없던 사람도 요리책, 메뉴, 요리 정보에 몰두했다. 종종 다른 사람이 먹는 것을 보거나 그저 음식 냄새를 맡는 것만으로도 만족해했다."

맛의 방정식, 맛은 음식을 통한 즐거움의 총합이다

참가자들은 음식에 소금과 향신료를 들이붓기 시작했고, 커피를 너무 마셔 9잔으로 제한하기도 했으며, 한 남성은 하루에 껌을 40통이나 씹었다. 이런 현상은 갈수록 심해져서 요리 기구를 모으거나 몰래 규칙을 어기고 알사탕 몇 개를 훔치면서 자기 연민에 빠지기도 했다. 이전에는 정신적으로 그토록 건강하던 남성들이 우울과 초조감, 발작에 가까운 급작스러운 기분 변화를 겪었다. 성욕마저 사라졌고, 관심의 대상은 오로지 음식뿐이었다. 다이어트 실험이 끝나자 참가자들은 하루에 5,000~6,000kcal를 먹었고, 몇몇 사람은 8,000~10,000kcal까지도 섭취했다. 세상에 허기보다 맛있는 반찬은 없는 것이다.

© Chris Madden

갈증에 물보다 맛있는 것은 없다

물은 이론적으로 무미, 무취인데도 사람들은 물맛을 따진다. 하지만 정작 좋은 물맛의 기준을 세우려 하면 생각보다 까다롭고 어려울 것이다. 물에는 어떤 유기물도 없는 것이 좋고, 미네랄 정도만 소량 있어야 한다. 미네랄이 풍부하면 건강에도 좋고 맛이 좋을 것 같지만 칼슘과 마그네슘은 쓴맛이고, 나트륨과 칼륨은 짠맛이며, 철과 구리는 적은 양으로도 금속취를 낸다. 미네랄이 많으면 맛은 크게 나빠진다. 우리나라 물맛이 좋은 것도 산악 지형이 많아 물이 오랜 시간동안 지하에 체류하는 대륙처럼 미네랄이 많이 녹아있지 않기 때문이다. 우리나라는 물이 지하에서 체류하는 시간이 짧아 대부분 연수다. 그렇다고 미네랄이 하나도 없는 증류수가 가장 좋은 물은 아니다.

어떤 미네랄이 얼마만큼 녹아 있어야 가장 맛있는 물인지는 나라(문화)에 따라 다를 수 있는데, 약간의 미네랄은 뭔가 들어 있는 느낌, 약수의 느낌을 준다. 지금은 식수에 대한 불신도 높아 그냥 부담 없이 마실 수 있는 깨끗한 물이 선호된다. 물은 무미에 가까우니 물맛은 마시기 전에 먹은 음식의 영향을 받기도 한다. 신 음식을 먹고 생수를 마시면 살짝 단맛이 나고, 짠 음식을 먹고 난 뒤 생수를 마시면 미세하게 쓴맛이 느껴지기도 한다.

그런데 우리 몸에는 물맛을 느끼는 미각세포가 따로 있을까? 초파리는 날개, 다리, 입 주변의 털을 통해 화학물질의 맛을 감각하는데 여기에 물맛이 포함되어 있다. 인간도 그런 감각 수용체가 있는지는 알 수 없지만 타는 갈증을 겪어본 사람이라면 사람이 물맛을 느끼지 못한다는 주장에 선뜻 동의하지 못할 것이다.

맛의 방정식, 맛은 음식을 통한 즐거움의 총합이다

왜 바나나우유는 있어도 바나나워터는 없을까?

과거 바나나우유에 대한 비난이 대단했던 적이 있다. 바나나는 한 조각도 넣지 않고 0.1%도 안 되는 바나나 향으로 맛을 낸 가짜 식품이라는 비난이었다. 그런데 식품회사가 가짜로 폭리를 취할 거라면 우유 대신 맹물을 사용하고 거기에 우유 향으로 맛을 내지 왜 우유를 넣은 것일까? 우유를 빼고 유당불내증이나 우유 알레르기를 걱정하지 말라고 광고하거나 제로 칼로리라 다이어트에 좋다고 하면 그만일 텐데 말이다.

이는 식품회사에 우리 몸(영양)을 속일 기술이 없기 때문이다. 우유는 바나나보다 영양이 풍부하다. 그러니 우유를 다른 맛으로 즐길 수 있는 것이지, 맹물에 아무리 그럴 듯한 우유 향을 넣는다고 우리 몸이 우유로 속을 정도로 어수룩하지 않다. 이를 증명하는 가장 간단한 예가 갈증이다.

물은 생존에 가장 필수적인 요소다. 우리는 음식 없이는 제법 버텨도 물이 없으면 3일을 넘기기 힘들다. 내 몸은 1%의 수분만 변해도 바로 느낄 수 있다. 우리 몸의 60% 이상이 물이라 체중이 70kg이라면 항상 42kg 이상의 물을 들고 다니는 셈이 된다. 단단해 보이는 근육도 75%가 물이다. 혈액의 83%, 림프의 94%, 신장의 83%, 간의 85%, 폐의 80%. 심장의 79%, 뇌의 75%도 물이다. 심지어 뼈의 22%도 물이다. 이처럼 몸에 항상 42kg의 물을 지니고 있는데도 그것의 2%인 1ℓ만 물이 부족해도 심한 갈증을 느낀다. 고작 1ℓ에 심한 갈증을 느낀다는 것은 아무리 심한 갈증도 1ℓ 정도의 물을 마시면 해소되는 것에서 알 수 있다.

갈증을 속일 방법은 없다

우리 몸은 물이 1% 부족한 것도 정확하게 느끼는데, 이런 갈증을 감각하고 조절하는 기작에 대한 관심은 부족한 편이다. '생명은 움직이는 물주머니다'라고 할 정도로 물이 생존에 중요한데도 그렇다. 갈증은 물을 마셔야만 해결할 수 있고, 타는 갈증을 시원한 물로 해소할 때만큼 강력한 쾌감을 주는 것도 없다.

뇌의 시상하부에 존재하는 갈증뉴런은 몸의 수분 상태를 예상해 갈증 반응을 조절한다. 목마른 생쥐에게 물을 마음대로 마시게 하면 1분 이내에 이 갈증뉴런이 잠잠해진다. 이 뉴런을 잠시 속이는 것도 가능하다. 얼음을 물고만 있어도 갈증을 덜 수 있고, 바닷물도 마시는 그 순간에는 갈증이 확 줄어든다. 갈증뉴런은 몸의 갈증이 해소된 시점이 아니라 물을 마시기 시작할 때나 유사한 자극만 있어도 미리 꺼지는 것이다. 실제 몸의 갈증이 해소되려면 수십 분이 걸릴 텐데 그때까지 물을 계속 마시면 큰 탈이 날 수 있으므로 갈증해소를 예측하여 미리 끄는 기능을 만든 것이라 할 수 있다. 반대로 음식을 먹을 때는 이 갈증뉴런이 발화한다. 소화에 많은 물이 필요하다는 것을 알고 있기 때문이다. 그래서 음(마실 飮)과 식(먹을 食)이 합해져 음식인 것이고, 국물요리가 인기인 이유이기도 하다.

레몬을 떠올려서 침이 돌게 해도 잠시 갈증이 해소되고, 입안에 침을 만들어 삼켜도 잠시 해소된다. 작은 얼음조각이나 차가운 금속 막대를 물고 있어도 갈증은 일시적으로 사라진다. 이처럼 찬 자극에 의한 효과는 금식 중인 환자에게 수액공급이 되고 있음에도 갈증을 느낄 때와 같은 가짜 갈증에나 의미가 있지 진짜 갈증에는 물 말고는 다른 것으로 우리 몸을 속일 수 없다. 소금물의 경우 마신 직후에는 갈증뉴런의 스위치가 꺼지지만 1분만 지나도 다시 켜진다. 그리고 소금물을 마실

맛의 방정식, 맛은 음식을 통한 즐거움의 총합이다

때마다 고통이 증가하여 타들어가는 갈증보다 심하게 고통을 느끼게 된다. 학교에서 배우지 않아도 우리 몸이 소금물은 먹어서는 안 된다는 것을 금방 판단하고 그것에 맞는 조치를 취하는 것이다.

식욕에도 이런 예측과 검증 시스템이 있다. 음식을 먹으면 물보다 훨씬 오랜 시간이 지나야 우리 몸에 영양분이 흡수되지만, 먹기 시작하면 식욕중추의 스위치가 꺼지기 시작한다. 이런 허점이나 우리 몸을 일시적으로 속일 수 있는 것을 이용하여 2만 6,000가지의 다이어트 방법이 개발되었지만 단 한 가지도 우리 몸을 오래 속이는데 성공하지 못했다.

우리 몸은 고작 입과 코로 음식의 가치를 판단하지 않고 수많은 검증 장치를 통해 식품을 판단한다. 입과 코를 속이지 못하는 것이 아니라 그런 정교한 검증 시스템을 속이지 못해 다이어트 식품은 항상 실패를 하는 것이다. 우리 몸은 생각보다 훨씬 정교하고 믿을 만한데, 그런 몸을 믿지 않고, 하찮은 논문 하나 읽고 식품의 가치를 평가하는 어설픈 자들의 낚시질에 던지는 족족 낚인다. 몸보다 머리가 바보 같은 짓을 훨씬 많이 하는 셈이다.

허기가 최고의 반찬이라고 하지만 갈증에 물보다 맛있는 것은 없다. 배고픔은 참아도 갈증은 도저히 참을 수 없는 고통인 것이다. 물과 음식처럼 생존에 치명적인 것을 관리하는 시스템이 고작 감각이나 호르몬 몇 가지로 해결되는 단순한 것이 아니다. 우리 몸은 입과 코로만 음식의 가치를 판단하지 않고 수많은 검증 장치를 통해 식품의 가치를 판단한다. 이는 맛에도 많은 영향을 주는데 우리는 입과 코로 느끼는 맛에 현혹되어 그 의미를 잘 모르는 경우가 많다.

❷ 맛은 생존수단이다

모든 감각은 생존의 목적에서 출발한 것이다. 맛도 생존을 위해 독과 위험이 넘치는 자연물 중 어떤 것이 먹을 수 있고, 아무리 배가 고파도 절대 먹어서는 안 되는 것인지를 구분하는 기능에서 출발했다. 가장 작은 생명체인 세균마저 먹이 쪽으로 이동하고 위험은 피하는 기능이 있는데, 이보다 훨씬 발달한 다세포 동물에 이런 기능이 없을 리 없다.

　모든 동물은 먹을 것을 찾아 이동하고 위험을 피하는 기능이 있다. 그런데 자연은 그렇게 만만하지 않다. 속고 속이는 전쟁이다. 그런 치열한 생존경쟁에서 살아남으려면 감각과 판단을 고도화하여 속임수에 속지 않아야 한다. 맛의 시작은 음식의 풍미를 객관적으로 판단하기 위한 것이 아니다. 야생에서 어렵게 먹을 만한 것을 발견하면 그것을 한 입 먹어볼지 말지, 한 입 먹어보고 계속 먹을지 말지, 먹고 난 뒤 다음에 같은 것을 발견하면 또 먹을지 말지를 결정하기 위한 것이다. 그런 판단을 위해서는 입과 코로 느끼는 감각도 중요하지만 온 몸으로 느끼는 감각도 못지 않게 중요하다. 단지 몸으로 느끼는 것은 입과 코로 느끼는 것처럼 즉각적으로 반응하지 않아 그 중요성이 간과되는 경우가 많다.

　맛의 방정식. 맛은 음식을 통한 즐거움의 총합이다

A. 우리 몸은 소화 잘되고 속 편한 음식을 좋아한다

흰쌀밥에 소고기 미역국은 한국인의 로망이었다

예전 어른들은 어떤 음식을 먹든지 밥을 꼭 챙겨먹었다. 불과 50년 전만 해도 흰쌀밥에 소고기 미역국은 한국인의 로망이었다. 그렇게 많은 음식 중에서 왜 하필 쌀밥과 소고기 미역국이었는지 지금의 기준으로는 납득이 쉽지 않을 수도 있다. 요즘이야 전자레인지에 몇 분만 돌리면 바로 따끈따끈하게 먹을 수 있도록 즉석 밥을 판매하고, 그게 아니더라도 쌀에 그냥 물만 붓고 기다리면 알아서 척척 밥을 해주는 전기밥솥도 있어서 밥이 완성되기까지의 노고를 잊고 산다. 하지만 과거 쌀 농사의 어려움은 이루 말할 수가 없다. 볍씨의 싹을 틔워 모판을 만들고, 봄에는 논에 물을 대고 모를 심고 김을 매면서 낱알이 익기를 기다려야 한다. 가뭄이나 홍수가 벼농사를 짓는 농부들을 괴롭히며, 병충해도 만만치 않은 적이다. 그래서 한 톨의 쌀(米)이 익기까지는 여든여덟(八+八) 번의 손이 간다고 말할 정도다.

쌀이 밥이 되는 과정도 마찬가지이다. 우선 절구에 넣고 찧어 겨를

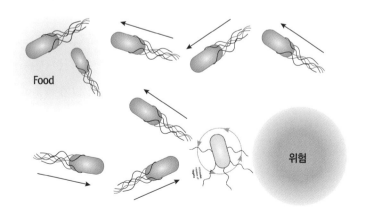

골라내고, 다시 키질을 해야 했다. 아무리 열심히 골라내도 밥을 먹다 보면 어김없이 한 번씩 돌을 씹기도 했고, 밥하는 내내 열심히 불을 때야 했다.

그럼에도 밥 특히 흰쌀밥은 명절이나 제사상에 올릴 정도로 귀한 존재였고 항상 흰쌀밥을 그리워했다. 옛날 사람들이 단지 귀해서 그렇게 흰쌀밥을 갈망했을까? 사실 흰쌀밥처럼 소화하기 편한 음식은 없다. 현미는 겉에 소화를 방해하는 성분이 많지만, 백미는 완전히 제거된 상태라 위를 거쳐 소장에 가면 금방 소화효소로 완전히 분해되어 포도당이 된다. 그래서 먹을 것이 부족한 과거에도 애써 도정을 해서 현미 성분을 제거한 것이다. 과거는 지금보다 음식은 거칠었고 소화력은 부족했다. 그러니 익숙하고 소화 잘되는 음식이 최고였다.

생콩을 그대로 먹을 수는 없다

밥은 탄수화물 위주여서 에너지원으로는 매우 훌륭하나 단백질과 지방이 부족하다. 밥과 고기를 같이 먹으면 해결되지만, 우리나라는 초지가 별로 없어서 축산업이 발달하지 못했다. 이런 단백질 부족을 해결해 준 것이 콩이다. 콩은 탄수화물은 적고, 단백질과 지방이 풍부하여 쌀의 빈틈을 채워주었다. 그런데 이렇게 단백질이 풍부한 콩을 초식동물 등이 모두 먹어치우지 않고 인간이 먹을 것이 남아 있다는 것은 조금 이상한 일이지만, 여기에도 이유가 있다. 생콩은 독이 되기 때문이다.

생콩에는 피트산(Phytic acid)이 많은데, 피트산은 미네랄의 흡수를 방해한다. 특히 아연, 칼슘, 마그네슘의 체내 흡수를 방해한다. 그리고 트립신저해제 같은 항(anti)영양소도 있는데, 단백질을 분해하는 효소인 트립신(Trypsin)을 억제하여 소화 작용을 방해한다. 단백질 분해와

맛의 방정식, 맛은 음식을 통한 즐거움의 총합이다

흡수가 되지 않아 오히려 단백질 부족증에 걸릴 가능성이 많아진다. 생콩에는 이런 항(anti)영양소가 많아 생콩을 먹으면 오히려 소화불량이나 설사로 독이 될 수 있는 것이다.

가열을 하면 이런 트립신저해제 등이 변성되어 기능을 잃기 때문에 훨씬 소화가 잘되지만 그래도 소화율은 70% 정도이고, 콩나물이나 두부로 만들어 먹어야 제대로 영양을 섭취할 수 있다. 그리고 콩 1g에는 2~4mg 정도의 이소플라보노이드 물질이 들어 있는데 2차대사산물치고는 많은 양이다. 이것은 콩에게는 유용한 물질이어도 어린이에게는 불필요한 성분이고, 맛이 쓰며 이취의 원인이 되기도 한다. 콩은 불포화 지방이 많아 효소작용으로 인해 비린내(풋내)가 쉽게 발생하기도 하고, 폴리페놀과 뮤코단백질 등이 있어서 떫은맛도 있다. 어른은 몰라도 아이들이 좋아하기는 쉽지 않은 식품인 것이다.

우리 조상들은 콩으로 청국장이나 된장, 간장, 두부 등을 만들어 먹음으로써 소화 흡수율을 높여왔다. 어린이도 시간이 지나면 이런 물질에 충분히 견디는 힘이 생기지만, 어릴 때는 쓴맛 등에 예민하고 소화력도 약하다. 그러니 아이들이 싫어하는 데는 나름 충분한 이유가 있는 것이다.

콩에서 그런 단점을 줄이면 친환경적인 식물성 단백질 소재로 훨씬 효과적으로 이용할 수 있을 텐데 그런 노력은 별로 없다. 과거에는 좋든 싫든 콩을 먹어야 살 수 있었지만, 지금은 과거보다 단백질의 공급원이 훨씬 다양해졌다. 그러니 콩도 맛 측면의 개량이 필요한 것이다. 더구나 유전자 가위라는 훌륭한 개량의 수단도 등장했다. 유전자 가위 기술로 야생의 콩에게는 필요했지만 지금은 불필요한 항(anti)영양소 등을 제거하면 좋을 텐데 지금까지는 생산성을 높이는 개량만 있었지 풍미를 높이려는 개량은 없는 것이 많이 아쉽다.

B. 위험하거나 수상한 음식을 싫어한다

쓴맛을 싫어하는 너무나 당연한 이유

쓴맛은 본래 동물에게 독인지 아닌지를 판단하는 지표였다. 동물은 본능적으로 쓴맛은 독으로 보고 피하려 한다. 사람도 마찬가지다. 쓴맛을 감지하는 수용체는 25종으로 다른 4가지 맛 수용체를 모두 더한 5종보다 5배나 많다. 나이가 들면 식품에 대한 경험과 지혜는 늘고, 쓴맛은 차츰 둔화된다. 커피, 차, 술 등의 기호식품에는 상당한 쓴맛이 있지만 그것을 오히려 즐기는 경지에 도달하는 것이다.

하지만 차나 커피에는 카페인, 술에는 알코올이라는 도파민 분비를 촉진하는 물질이 있어서 쓴맛에도 불구하고 그렇게 좋아하는 것이지, 그런 성분이 없는데 무작정 쓴맛을 좋아할 가능성은 별로 없다. 우리의 혀에는 다른 맛에 비해 압도적으로 많은 쓴맛 수용체가 있지만, 쓴맛만으로 독의 유무를 완전하게 파악하기는 힘들다. 그래서 대부분의 동물은 편식한다. 인간은 다른 동물에 비해 훨씬 뛰어난 뇌를 가진 덕분에 훨씬 다양한 먹을거리에 대한 판단력을 가지고 있지만, 그래도 상당 부분을 조상 대대로 먹어온 경험에 의존한다. 그래서 음식에 많은 터부가 있고, 엄마가 권하는 음식은 안심하고 나머지 생소한 음식은 일단 경계한다.

수상함을 싫어한다. 식품이 가장 보수적이다

예전에 아마존 가족이 방송에 등장하여 한국에서 겪은 여러 가지 이야기를 보여준 적이 있다. 그들은 라면, 불고기는 정말 맛있게 먹었지만 생선회는 먹지 못했다. 날생선을 보는 것만으로도 기겁을 했다. 아빠가

맛의 방정식, 맛은 음식을 통한 즐거움의 총합이다

먼저 먹어봤지만 거의 극약을 입에 넣는 표정을 지었다. 제대로 씹지도 않고 삼키고 다시는 먹으려 하지 않았다. 아마존 역시 생선이 풍부하지만 반드시 구워서 먹지 한 번도 날 것으로 먹어보지 않았기 때문이다. 이처럼 식품은 보수적이다. 식품의 안전은 생사가 걸린 문제이기 때문이다.

쥐도 새로운 음식을 두려워한다. 새롭고 낯선 먹이를 주면 아주 소량만 맛을 보며, 또 새로운 먹이가 여러 가지 있을 때는 따로 따로 먹지 절대로 한꺼번에 다 먹지 않는다. 적은 양만 먹고, 새로운 먹이는 따로 먹음으로써 쥐는 어떤 먹이가 몸을 아프게 하는지 학습할 기회를 얻고, 적게 먹어서 치명적인 독소를 과다하게 섭취하는 위험을 피할 수 있다. 만약 익숙한 먹이와 새로운 먹이를 동시에 먹고 몸이 아프면, 그 뒤에는 새로운 먹이만 피한다. 새로운 먹이가 몸을 아프게 한 원인이라고 '가정'하는 것이다.

개발자에게 새로움이 소비자에게는 수상함이 될 수도 있다

사람들은 익숙한 것이 반복되면 지루해하고 뭔가 새롭고 자극적인 것을 찾지만, 그 안에는 두려움도 함께 한다. 문제는 새로움과 생소함(수상함)에 별 차이가 없고, 식품 개발자는 생소함을 새로움으로 오판하는 경우가 많다는 것이다. 식품 개발자 본인은 그 소재의 출처도 정확히 알고 있고 경험을 통해 익숙하지만, 소비자는 전혀 익숙하지 않아 수상하게 여길 가능성이 높다는 점을 간과하기 쉬운 것이다.

내가 직접 그것을 실감했던 때는 요구르트 맛 아이스크림을 처음 출시할 때였다. 분명 요구르트 맛이라고 표시되어 있고, 유산균 수도 표시되어 있지만 그 제품을 먹어보고는 아이스크림이 상했다고 클레임을 제기하는 경우도 있었다. 민트초코 맛 아이스크림을 출시하자 껌 냄새, 수돗물 냄새가 난다는 소리도 들었다. 당시 아이스크림 전문점에는 똑같은 맛이 잘 팔리고 있었는데도 그랬다.

식당도 마찬가지이다. 요리사나 식당을 개업하려는 사람은 요리에 관심이 많고 재료에 대해서 많이 알고 있다. 기왕이면 남들이 하지 않는 독창적인 제품을 서비스하고 싶어 한다. 하지만 반 발짝 이상 앞선 새로움은 생소함으로 받아들여져 실패하기에 딱 좋다. 나중에 시대를 너무 앞서갔다고 후회해봐야 아무 소용없다. 적절한 변화와 차별화가 신선함(새로움)이지, 지나친 차별화는 생소함이거나 불신 또는 불편함이다.

생소함보다 훨씬 강력한 거부감인 역겨움도 있다

'역(逆)겹다'는 말은 거꾸로 흐른다는 의미로, 음식이 역겹다는 것은 토할 것 같은 메스꺼운 느낌을 받았다는 뜻이다. 역겨움은 표정과 행동으로 쉽게 알 수 있는데, 일단 뭔가 불쾌한 것을 뱉기 위해 입을 벌리고 혀를 내민다. 이런 역겨움은 사람이나 동물과 관련된 경우가 많다. 배설물인 오줌, 변 또는 토사물, 침, 가래, 콧물, 고름 등이 대상이 된다.

키스할 때는 서로의 침을 의식하지 않지만, 일단 입 밖으로 나온 침은 자신의 몸에서 나온 것조차 역겹게 느껴진다. 가래도 입안에 있을 때는 삼킬 수 있지만 입 밖으로 나오면 다시 삼키기 불가능하고, 역겨움은 그것을 생각하는 것만으로도 느끼게 된다.

우리가 역겨움을 느낄 때 활성화되는 뇌의 부위는 몇 군데가 있는데, 그중 뇌섬엽(Insula)이 대표적이다. 이곳이 미각 연합 영역이자 혐오감의 영역이다. 심한 악취를 맡게 될 때, 음식에 대한 혐오감을 느낄 때, 도덕적인 혐오감을 느낄 때 모두 동일한 뇌섬엽이 활성화된다. 건강상 채식을 하는 사람은 육식에 큰 반감은 없지만, 신념에 의한 채식주의자는 육식이 혐오스럽게 느껴질 수도 있는 것이다. 왜 하필 인간에게 이러한 감정이 있는 것인지 불편하게 느끼겠지만, 사실 모든 감정이 그렇듯 혐오감에도 이유가 있다. 역겨움은 썩은 고기나 오염된 지저분한 음식을 먹지 않도록 해서 건강을 지켜 주는 감정인 것이다.

식물은 세포벽이 단단하고 내부에 많은 파이토케미칼(Phytochemical)이 있어서 쉽게 부패하지 않는다. 동물성 식재료는 세균이 번식하기 쉽고, 부패한 음식은 생존에 큰 타격을 준다. 예전에는 먹을 것이 워낙 귀해 좋은 것을 골라 먹을 여건이 되지 못했고, 어지간하면 먹고 견뎌야 했다. 먹고 탈이 나는 것은 워낙 일상적인 일이었고, 그 원인이 동물성 재료인 경우가 많았다. 동물성 재료는 맛이 좋고 영양분도 풍부하지만 그만큼 리스크가 큰 것이다.

반대로 식물성 재료는 이런 불안감이 적어서 새로운 것에도 쉽게 도전한다. 머루 맛 포도, 콜라비와 같이 전혀 새로운 모습으로 육종된 채소도 아무 거리낌 없이 먹어 보지만, 동물성 재료는 누가 먹기 전에는 함부로 먹으려 하지 않는다. 음식에 대한 터부(Taboo)는 대부분 동물성 재료에 있고, 동물의 향에도 보수적이다. 돼지에서 돼지 냄새가 나는 것조차 극도로 싫어하는데, 고기에서 낯선 냄새가 나면 그것을 받아들일 소비자는 없을 것이다. 스테이크든 햄버거든 고기 냄새가 없는 것을 좋아한다. 그러니 동일한 사료를 먹여 동일한 성숙도로 출하하는 지금의 공장식 축산이 경쟁력 있는지도 모른다. 조금이라도 부정적인 동물적인 냄새보다는 차라리 냄새가 없는 것을 더 좋아하기 때문이다.

③ 맛은 칼로리에 비례한다

식품에서 가장 유망한 분야가 다이어트 시장이다

식품에서 실현되면 가장 유망한 분야는 바로 다이어트 시장이다. 2011년 잡코리아의 조사에 의하면 20~30대 여성 직장인 열 명 중 아홉 명이 다이어트의 필요성을 느낀다고 할 정도다. 이처럼 큰 시장이 있고, 영양이나 원가도 따지지 않고 그저 살만 쑥쑥 빠지기를 바라니 제대로 제품만 개발하면 정말 대박을 터트릴 수 있는 분야인 것이다. 그렇다면 왜 성공적인 다이어트 제품은 시중에 없을까? 식품회사가 별로 관심이 없어서? 천만에 말씀이다. 모든 기업은 높은 매출과 이익을 원한다. 알고 보면 식품회사는 오래전부터 어마어마하게 많은 다이어트 제품을 개발해왔지만 지금은 대부분 포기한 상태다.

이론적으로 다이어트 음료는 금방이라도 만들 수 있다. 음료나 과일주스는 지방과 단백질이 거의 없고 탄수화물(당류)만 있으니 당류만 제거하면 된다. 설탕이나 과당 대신 수백 배 달콤한 대체 감미료를 쓰면 칼로리를 쉽게 줄일 수 있다. 사카린, 아스파탐, 아세설팜, 수크랄로스는 설탕보다 감미가 200~600배나 강하다. 천연물 중에 스테비아는 100배, 감초의 글리시리진은 200배, 단백질인 모넬린은 3,000배,

소마틴은 2,000~3,000배의 감미를 가지고 있다. 심지어 러그던에임 (Lugduname)이라는 물질은 설탕보다 20~30만 배나 감미가 강하다. 나머지 미네랄, 향, 색소는 칼로리가 없는 것이라 이런 물질을 조합하

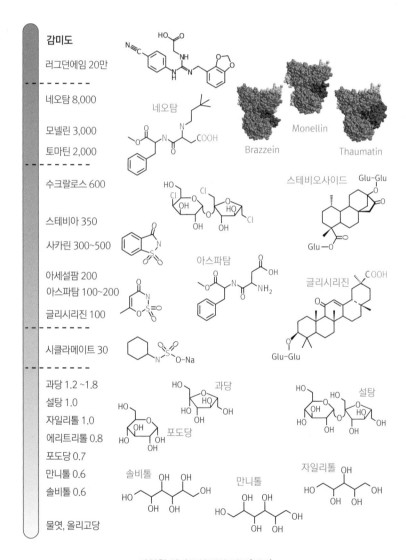

다양한 감미료의 단맛 정도(강도)

면 제로 칼로리 음료는 아주 쉽게 만들 수 있다.

다른 식품도 비슷하다. 짠맛(소금)은 칼로리가 없고, 감칠맛(MSG)이나 신맛(구연산)은 워낙 소량만 필요한 것이라 칼로리에 영향이 없다. 식감이 필요하면 증점제나 겔화제를 쓰면 되는데 이들은 식이섬유라 다이어트에 좋다. 지방마저 대체제가 있다. 이런 원료를 사용하여 제품을 만들면 칼로리는 없고 맛과 향은 그럴듯하게 만들 수 있으니 그냥 무턱대고 굶는 다이어트나 원 푸드 다이어트보다는 훨씬 선호되어야한다. 하지만 그동안 무수히 개발된 다이어트 제품들은 모두 실패했다. 잠시 흥한 제품은 있어도 꾸준히 팔리는 제품은 없다. 그 이유를 아는것이 어쩌면 미각이나 후각을 아는 것보다 훨씬 중요할지도 모른다.

Gut sensation, 위와 장은 훨씬 정교하게 맛을 느낀다

감각은 생존을 위한 것이다. 우리가 살아가려면 몸에 좋은 음식을 맛있다고 느끼고, 해로운 음식을 맛없다고 느껴야 하는데, 이처럼 생존에 치명적인 판단을 과연 입으로 느끼는 5가지 맛에 전적으로 맡길 수 있을까? 또한 코로 맡는 향은 식품의 0.01%도 안 되는 적은 양이고, 그런 성분은 독이나 영양과 무관한 경우가 대부분인데, 향만 가지고 음식의 가치를 잘 판단하여 거친 야생에서 살아남을 수 있을까? 나는 이 질문이 맛에 대한 가장 기본적인 질문이라고 생각한다.

한 서구인이 대양을 지나다 조난을 당했다. 다행히 낚시 도구가 있어서 간신히 허기를 메울 수 있었다. 먼저 살코기만 먹다가 시간이 지나자 내장을 먹기 시작했다. 처음에는 기분이 좋지 않았지만 나중에는 아주 맛있었다고 회고했다. 아마도 생선의 흰 살에는 미네랄이 부족하기 때문에 뇌가 무의식적으로 내장을 먹으라는 명령을 내렸을 것이다. 여

맛의 방정식, 맛은 음식을 통한 즐거움의 총합이다

자가 임신을 하면 입맛이 급변하고, 남자가 군대에 가면 며칠 되지 않아 평소에는 별로 찾지 않던 단것을 탐닉한다. 우리 몸의 어떤 감각이 그런 조정을 하는 것일까? 지금부터 그 이야기를 해보고자 한다.

오미오감은 겉보기 감각이라 음식의 겉에 드러난 정보로 가치를 예측하고, 우리 몸에는 그런 예측이 맞는지 틀리는지를 검증하는 여러 장치가 있는데, 위(Stomach)가 그 시작이라고 생각한다. 흔히 위는 위산을 분비하여 음식을 살균하고, 연동운동으로 소화를 돕는 역할 정도를 한다고 생각하지만, 사실 위에는 생각보다 훨씬 다양한 감각 수용체가 있다. 대표적인 것이 물성, 화학, 온도, 삼투압 수용체이다.

- 물성 수용체: 내장 벽이 당겨지고 늘어나는 감각 등을 감지한다. 음식의 양을 측정하고 포만감을 느낀다.
- 화학 수용체: 탄수화물, 단백질, 지방, pH를 감지한다.
- 온도 수용체: 먹은 음식물의 온도를 감지한다.
- 삼투압 수용체: 삼투압이 높으면 물을 분비하여 삼투압을 내리는 기능을 수행하고, 낮으면 반대작용을 한다. 우리가 너무 달거나 짜게 먹으면 위에서 통증이 일어나는 이유다.

사실 위는 늘 강산에 노출되어 있어서 세포의 수명이 고작 2일 정도에 불과하다. 그래서 감각세포를 만들고 유지하는 것이 쉬운 일이 아니지만 그래도 꼭 필요한 감각 수용체를 만들어 소장에서 느끼기 전에 미리 검증하는 것이다.

위에서 분해가 되기 시작한 음식은 소장에서 본격적으로 분해되고 흡수되기 시작한다. 그리고 소장 등 내장에 존재하는 미각 수용체 숫자가 혀에 있는 미각 수용체보다 많다. 소장에서는 음식의 양뿐 아니라 성분까지 느낀다. 음식은 대부분 물과 탄수화물, 단백질, 지방인데 지방은 물에 녹지 않고, 탄수화물(전분)과 단백질은 너무 큰 분자라 수용체로 감각하지 못한다. 혀로는 그중 일부인 당류, 아미노산 등만 느낀다. 그런 음식이 위를 지나 소장에 도달하면 개별 분자로 분해된다. 탄수화물은 포도당, 지방은 지방산과 글리세롤, 단백질은 20종의 아미노산으로 분해된다. 식품을 분해하여 성분의 종류와 최종 함량까지 느낄 수 있는 것이다. 그리고 이들 정보는 무의식이 관장하는 시상하부로 전달된다. 내장기관은 혀보다 훨씬 정교하게 맛을 보지만 무의식 영역으로 정보를 보내기 때문에 그렇게 정교하게 감각하는지 잘 몰랐던 것이다.

이것이 모든 다이어트 제품이 실패하는 핵심적인 이유이기도 하다. 처음 한두 번은 영양가(칼로리)가 없는 음식도 먹지만 두 번째 이후에는 몸이 진실을 알고 있다. 먹어봐야 영양분이 없는 것을 알고 몸이 저절로 기피를 한다. 오미오감처럼 드러나고 의식하는 감각은 우리 몸의 감각의 절반도 설명하지 못하고 평소에는 드러나지 않은 20가지 이상의 감각이 있는데, 맛에서도 그런 숨겨진 감각이 절반 이상을 담당한다는 것을 알 필요가 있다.

입과 코로 느끼는 맛은 음식의 첫인상일 뿐이다

2008년 학술지 「뉴런」에는 흥미로운 실험 결과가 발표됐다. 미국 듀크 대학 연구자들은 단맛 수용체 유전자가 고장 나서 단맛을 느끼지 못하는 생쥐를 대상으로 실험을 했다. 한 쪽에는 맹물, 다른 쪽에는 설탕물이 들어있는 병을 놓아두자 단맛을 느끼지 못하는 쥐는 처음에는 두 병에 대한 선호도에 차이가 없었다. 며칠이 지나면서 설탕물을 더 많이 찾았다고 한다. 칼로리에 반응한 것이다. 설탕대신 칼로리가 없는 수크랄로스(Sucralose)를 주면 며칠이 지나도 선호도의 변화가 나타나지 않았다. 단맛 수용체가 고장 나도 칼로리를 알아채는 장치가 있었던 것이다.

단맛 수용체가 정상인 생쥐도 가짜 칼로리에 속지 않는다. 2012년 학술지 「시냅스」에 실린 미국 일리노이대학의 연구 결과에 따르면 한쪽은 설탕으로 단맛을 내고, 한쪽은 사카린으로 단맛을 낸 사료를 주면 처음에는 선호도의 차이가 없으나 며칠이 지나면 설탕이 들어 있는 사료를 선호했다. 이것은 초파리 실험에서도 마찬가지였다.

그런데 최근 식품 시장은 제로 칼로리가 열풍이다. 인간은 칼로리에 속게 된 것일까? 배가 고픈데 다이어트를 위해 제로 칼로리 식품을 먹고 참을 수 있다면 속일 수 있다고 인정하겠지만 그럴 것 같지는 않다. 과거 배고픈 시절에는 커피에 설탕, 크리머 심지어 달걀까지 넣어 먹다가 지금은 아이스아메리카노가 가장 인기인 것처럼 칼로리에 대한 욕망이 변했다고 생각한다. 제로 칼로리는 입가심의 수단이라면 몰라도 다이어트의 수단으로써 가능성은 별로 없다. 제로 칼로리의 인기만큼 비만율이 줄어들지는 않을 것이다.

맛은 입과 코 이후에도 여러 단계를 거쳐 느끼게 된다

평소에는 잘 드러나지 않다가 특정한 상황이 되거나 급해지면 비로소 강력해지는 것이 바로 무의식적 감각이다. 사물을 제대로 인식조차 못하는 아기 때 뭔가를 잘못 먹었다가 죽을 만큼 고통을 받았다면 나중에 커서도 그 음식은 먹지 못할 가능성이 크다. 본인은 왜 그런지 모르지만 무의식은 그때의 고통을 기억하기 때문이다. 배부르면 잠잠하다가 배고프면 등장하는 것도 무의식적 감각이다. 물을 마시지 못하면 갈증이 오고, 밥을 먹지 못하면 허기가 온다. 갈증과 허기는 물속에서 숨 참기와 비슷하다. 참으면 참을수록 고통이 심해진다. 그러니 허기보다 좋은 반찬은 없고, 갈증에 물보다 맛있는 것은 없다.

평소에 탄수화물이나 소금에 시큰둥한 사람도 저염식을 꾸준히 하면 간이 제대로 된 음식을 먹을 때 눈물 나게 맛있어지고, 저탄고지 다이어트를 해보면 탄수화물이 얼마나 맛있는 것인지 뼈저리게 알게 된다. 이런 맛은 결코 입과 코에서 온 것이 아니고 뇌가 지어낸 맛도 아니다. 우리 온몸이 느끼는 숨겨진 감각과 조합되어 느껴지는 감각이다. 맛은 오미오감처럼 빠르고 직접적인 감각도 중요하지만, 내장 등 몸 안에서 느끼는 느리고 간접적이며 숨겨진 감각도 중요하다.

맛은 결국 우리 몸에 필요한 영양분을 찾기 위한 수단인데 그것을 단번에 판단할 수 없어서 입과 코로 1차로 살짝 간을 보고, 소화와 흡수를 거쳐 내장기관이 2차로 검증하고, 마지막으로 우리 몸의 상태 변화를 통해 최종 검증하는 것이라고 볼 수 있다. 입과 코로 예측한 결과와 실제 우리 몸에서 느껴지는 효능이 다르면 속임수라고 알아채고 반영하여 자신도 모르게 기피하게 되고, 입과 코로 느껴지는 것이 미약해서 처음에는 별로라고 오판(?)한 것도 나중에 몸 안에서 검증한 결과, 좋다는 것이 확인되면 그것을 기억해서 다음에는 훨씬 더 맛있게 느낄 수 있도록 우리 몸(뇌)을 개조한다. 맛의 데이터베이스를 수정하는 것이다. 몸으로 느끼는 감각(영양)은 생각보다 맛에 핵심적인 요소인데 지금은 영양이 과잉인 상태라 그 중요성을 자주 망각한다.

맛은 칼로리에 비례한다

입은 속여도 정교한 몸은 속이지 못한다. 그래서 모든 다이어트 제품이 실패를 면하지 못했다. 단지 이런 정보가 뇌의 의식 영역으로 가지 않고 무의식 영역에 전달되니 그것을 알지 못하고 몸을 속일 수 있다고 착각하는 것이다. 그래서 지금까지 26,000가지가 넘는 다이어트 방법이 등장했지만 2년 이내에 대부분(98%) 실패했다. 맛은 확실히 칼로리(영양분)에 비례한다. 사람들은 칼로리 밀도 5.0 정도의 제품을 좋아하는데 지방은 9, 탄수화물과 단백질은 4이니, 적당히 지방이 포함되어야 좋아하는 것이다. 오미에 지방이 포함되지 않았다고 음식에서 지방을 빼면 만족감이 확 떨어지는 이유도 지방 자체가 장(Gut)에서는 감각 가능한 결정적인 맛 성분이기 때문이다.

보통 기름(지방)을 느끼하다고 하는데 소금도 그 자체로는 짜기만 하고, MSG도 그 자체로는 느끼하지만 음식에 적당량 존재할 때는 놀라운 효과를 주는 것처럼 지방도 실제 음식에서는 완전히 맛있는 맛이다. 식품에 지방이 적당히 있으면 고소함, 풍부함, 부드러움이 놀랄 만큼 늘어난다. 『배신의 식탁(원제: Salt, Sugar, Fat)』에서 마이클 모스는 지방을 아래처럼 묘사하였다.

지방은 그 놀라운 효과 덕분에 가공식품 업계의 대체 불가능한 비법 재료로 사랑을 받는다. 지방을 넣지 않으면 무슨 수를 써도 감자 칩이 바삭해지지 않고, 쿠키는 부드럽지 않고, 식빵의 촉촉한 결이 살아나지 않는다. 지방 자체는 '느끼하다, 기름지다, 묵직하다'는 별로 긍정적이지 못한 평가를 받지만, 실제 제품의 일부가 되면 '부드럽다, 단단하다, 탱탱하다, 야들야들하다, 사르르 녹는다, 매끈하다, 쫄깃쫄깃하다, 촉촉하다, 따뜻하다.' 등의 아주 매력적인 식감을 만든다. 지방이 부리는 마법은 여기에서 그치지 않는다. 지방은 특정 맛을 숨기는 동시에 또 다른 맛을 드러내는 신비함이 있다. 대표적인 예가 사워

크림이다. 사워크림의 신맛 자체는 어느 누구에게도 매력적인 맛이
아니다. 하지만 사워크림에 든 지방 성분이 혀를 감싸주어 신맛이 맛
봉오리에 너무 많이 닿지 않도록 적당히 걸러준다. 그리고 사워크림
의 은근하고 향기로운 풍미를 더 깊게 그리고 더 오래 느낄 수 있게
한다. 그리고 가장 뛰어난 장점은 맛이 입안에서 휘몰아치지 않는다
는 것이다. 지방은 설탕이나 소금과 달리 입안에서 은근하고 꾸준하
게 매력을 발산한다. 두 성분을 마약에 비유한다면 설탕은 뇌를 급습
해서 강타하는 필로폰과 같다면, 지방은 은밀하지만 강력하게 효과를
발휘하는 아편과 비슷하다.

- 마이클 모스, 『배신의 식탁』

　심지어 지방이 6번째 맛이라는 주장도 있다. 장에는 여러 가지 미
각 수용체가 있는데 그중에는 지방산을 감지하는 수용체도 있다.
GPR40은 탄소 갯수 C12~C18개 정도의 지방산을 감지하고, GPR41
과 GPR43은 단쇄(8개 이하), GPR84는 중쇄(10~12) 지방산을 감지한
다. GPR119와 GPR120은 리놀렌산과 다가불포화지방(PUFA)을 감각
한다. 그런 지방 수용체가 혀에도 있으니 혀로 느끼는 6번째 맛이 지방
의 맛이라는 것이다. 미국 워싱턴대학 아붐라드(Nada Abumrad) 박사에
따르면 맛봉오리에 CD36 수용체가 있으며, 그 숫자의 많고 적음에 따
라 기름 맛에 대한 민감도 차이가 있다고 한다. CD36 수용체가 많으면
지방에 민감하다는 것이다. 심지어 코로 지방을 느낀다는 주장도 있다.
지방 함량이 약간씩 다른 우유의 향을 맞춰보게 하면 의외로 정답률이
높다고 하니 우리는 생각보다 지방에 예민한 셈이다. 설탕을 먹으면 뇌
에 쾌감을 일으키는 부위가 지방에도 똑같이 반응을 한다고 한다. 사실
우리 몸에 쾌감의 엔진은 하나뿐이고 지방도 우리 몸에 필수 성분인데,

지방에 쾌감이 없다면 그것이 오히려 이상한 일이다. 그래서 지방이 어울리는 제품에서 지방을 줄이면 실패하기 쉽다.

미국의 한 대형 식품회사에서 기가 막힌 맛의 스낵 제품을 개발했다. 과일을 진공 튀김기를 이용하여 기름을 쏙 빼고 소금기를 없애 만든 제품이었다. 과일이라 건강 콘셉트에도 맞고, 맛까지 기가 막히게 좋았다. 이에 자신감을 얻은 회사는 새로운 공장 라인을 건설하고 대대적으로 판매에 돌입하려는 순간, 제품 판매가 전면 취소되었다. 한 지역에서 테스트 마케팅을 했는데 1~2회 구매는 해도 세 번 이상 구매하는 사람이 전혀 없었던 것이다. 그렇게 경험 많은 초대형 식품회사가 또 속았다. 완벽한 콘셉트에 맛까지 뛰어난 스낵을 개발했지만 스낵을 찾는 사람의 내면화된 욕망에 진 것이다. 사람들이 말로는 건강을 외치지만 몸이 원하는 것은 칼로리가 있고 짭짤한 스낵이다.

식품에서 지방의 기능

기능	예
열 전달	볶음, 튀김
쇼트닝파워	비스킷, 페이스트리, 케이크, 쿠키
유화	마요네즈, 샐러드드레싱, 소스, 푸딩, 크림수프
다양한 녹는점	캔디
가소성	제과, 아이싱, 페이스트리
용해성	물에 녹지 않으나 샐러드드레싱처럼 독특한 향미와 조직감을 줌
향미·입 느낌	향미(버터, 베이컨, 튀긴 음식), 끈적임, 걸죽함, 차가움
조직감	크림성, 바삭거림, 부드러움, 점성, 탄력성
외관	기름짐(Oiliness), 색, 윤기
포만감	포만감(Feeling full)에 영향
열량	9kcal/g

⬡4 모든 다이어트가 실패하는 이유

칼로리 이론처럼 우리 몸을 무시하는 엉터리 이론도 드물다

현재 식품에서 가장 문제가 되는 것은 영양도 안전도 위생도 아닌 과식으로 인한 비만이다. 비만의 심각성은 미국뿐 아니라 대부분 선진국에서 점점 심각해지고 있다. 비만에 대한 걱정이 없다면 음식을 먹을 때 죄책감을 느끼지 않고 훨씬 맛있게 즐길 수 있을 텐데, 비만 문제가 해결될 기미가 없다. 살을 줄여주겠다는 다이어트들은 오히려 비만만 부추기는 경향이 있다. 다이어트를 하지 않으면 매년 0.5kg씩 체중이 늘고, 다이어트를 하면 1kg 이상 체중이 늘어난다고 한다. 사실 다이어트 이론은 그 기본을 이루는 칼로리 이론부터가 완전히 엉터리다.

> 들어온 에너지 - 나간 에너지 = 저장되는 에너지

대부분의 칼로리 이론은 음식으로 섭취한 칼로리에 비해 운동 등으로 소비한 칼로리가 적으면 남는 칼로리가 지방으로 축적되어 체중이

맛의 방정식, 맛은 음식을 통한 즐거움의 총합이다

늘어난다고 한다. 그러니 먹는 것을 줄이거나, 운동량을 늘려야 한다고 주장한다. 하지만 아무리 굳은 결심을 하고 음식을 줄이고 운동을 늘리는 노력을 해도 처음에만 잠깐 효과가 있지 2년 이상 감량을 유지하는 경우는 거의 없다. 특이한 2% 정도만 성공하고 98%는 살을 줄이기는 커녕 요요현상으로 오히려 체중이 늘어난다. 먹는 양 대비 운동량을 늘리면 살이 빠진다는 이론은 아무런 조절 기능이 없는 플라스크 실험에서나 가능한 완전히 엉터리 이론이다.

우리가 먹는 칼로리의 대부분은 몸을 움직이는 것과 무관하게 사용된다. 생존의 목적에 쓰이는 기초대사량이 70%가 넘고, 음식을 소화시키는데 5~10%, 나머지가 일상적인 활동에 쓰인다. 의도적으로 계단을 걷는 등의 운동으로 소비하는 양은 보통 2~3%에 불과하다. 매일 30분만 운동을 해도 살이 조금은 빠지기를 기대하지만, 그때 소비되는 칼로리는 식빵 한 조각 열량 정도에 불과하다. 칼로리 이론이 엉터리라는 것은 너무나 쉽게 증명 가능하다. 동일한 칼로리를 일정하게 준 쥐와 일정기간 다이어트를 시켰다가 나중에 그만큼 많이 주는 사이클을 반복한 쥐를 비교하면 최종적으로 섭취한 총칼로리는 동일하지만 주기적으로 다이어트를 시킨 쥐가 훨씬 체중이 많이 는다. 주기적인 다이어트(굶주림)가 몸의 호르몬과 기초대사율을 나쁜 쪽으로 바꾼 것이다.

우리가 소비하는 에너지의 70%는 기초대사량이다

만약 우리가 하루에 500kcal을 더 먹으면 살은 얼마나 찔까? 1년에 182,500kcal을 더 먹은 셈이고, 지방 1kg을 9,000kcal로 계산하면 1년에 체중이 20kg 이상 늘게 된다. 이렇게 10년 동안 먹는다면 200kg이 늘어날 것이다. 하지만 실제로 미국인의 평균 섭취량이 500kcal 늘어난 10년을 관찰해보면 체중은 1년에 0.5kg, 10년에 5kg 정도 늘었다. 과잉으로 섭취하는 칼로리의 4% 정도만 살이 되는 것이다.

많이 먹는다고 그대로 살이 되지 않는다는 것은 미국 교도소 수감자를 통한 살찌우기 실험을 통해서도 밝혀졌다. 먼저, 체중이 25% 늘었을 때의 생리적 변화를 관찰하기 위해 2,200kcal의 식단을 4,000kcal로 바꾸었다. 하지만 수감자들의 체중은 처음에만 조금 늘다가 멈추었다. 그래서 이론치의 4배에 이르는 8,000~10,000kcal를 제공했지만, 역시 체중은 별로 늘지 않았다. 이 실험을 통해 밝혀진 것은 식사량이 늘면 기초대사량도 증가한다는 사실이다. 기초대사량으로 소비되어 버리는 양이 증가하여 늘어난 칼로리만큼 살이 찌지 않는다. 더구나 그렇게 억지로 늘린 체중은 식사량만 줄이면 금방 다시 돌아간다.

우리 몸의 체중에는 항상성이 강력하게 작동하여 많이 먹으면 기초대사량을 늘리고, 적게 먹으면 줄인다. 그리고 체중은 기초대사량이 더 많이 좌우한다. 다이어트를 하면 처음에는 어느 정도 잘 빠지다가 점점 허기는 심해지고 살은 안 빠지는 지점에 도달한다. 이때 몸이 기초대사량을 절반으로 줄이기도 하여 심장박동과 호흡을 늦추고, 체온도 낮아진다. 그렇게 견디다가 정상적인 식사를 시작하면 평소보다 훨씬 빠르게 체중이 늘어난다. 근육은 늘지 않고 지방만 늘어나 몸의 조절(항상성) 시스템에 후유증만 남긴다.

항상성, 체중의 설정치가 핵심이다

생명의 기본 조건은 항상성(Homeostasis)이고, 체중도 항상성이 지켜져야 할 가장 중요한 항목의 하나다. 항상성을 위한 조절시스템이 생각보다 강력하다는 것은 시각의 경우만 봐도 알 수 있다. 우리는 밝은 곳에 있다가 갑자기 어두운 곳에 가거나, 반대로 어두운 곳에서 밝은 곳으로 가면 처음에는 전혀 보이지 않다가 시간이 지나면 볼 수 있게 된다. 시각 시스템이 작동하는 수용체의 종류를 바꾸고, 효소를 활성화해 신호의 증폭률을 바꾸어 무려 10만 배의 빛의 양 차이를 극복하는 것이다. 시각이 빛의 양에 대응하는 폭과 속도만 잘 생각해봐도 우리 몸이 필요에 따라 얼마나 강력한 적응력을 만들 수 있는지 알 수 있다.

사람들은 하루에 보통 1.5~1.7kg 정도의 음식을 먹는다. 1년이면 600kg이 넘는 엄청난 양이다. 그런데 고작 몇 kg 덜 먹고 살을 확 빼겠다고 하는 것은 무리다. 어떤 사람은 200kg쯤 적게 먹을 수도 있고, 200kg쯤 많이 먹을 수도 있다. 그렇다고 살이 200kg씩 찌거나 빠지지 않는다. 그것의 1/10인 20kg조차도 찌거나 빠지지 않는다. 컨디션에 따라, 계절에 따라 먹는 양이 변할 수 있지만 큰 스트레스를 가하지 않으면 체중은 1년에 0.5~1kg 정도만 변한다. 문제는 그것이 항상 증가하는 쪽으로 작동한다는 것이고, 다이어트를 하면 속도가 오히려 2배 이상 빨라진다는 것이 문제다.

항상성은 체온, pH, 혈압, 혈당 등 수많은 요소에 적용되는데, 건강검진을 해보면 수 페이지에 걸친 항목에 대해 정상범위와 그것이 유지되는 정도를 보여준다. 그만큼 우리 몸에는 다양한 항상성이 있는데, 대부분은 일정한 수준을 유지하지만 혈압, 혈당, 체중처럼 나이가 들면서 조금씩 조절이 안 되는 것도 있다. 섭취하면 무조건 일정량 흡수되고 축적되는 것이 아니라 항상성 등 여러 조건에 따라 흡수량이 달라지고, 흡수된 것이 과잉이면 그대로 배출되는 식으로 조절된다.

예를 들어 비타민C는 비타민 중에 가장 많은 양이 필요하다. 하지만 비타민C가 몸에 좋다고 대량으로 섭취하면 몸에 비축되지 않고 그대로 배출된다. 혈액의 20%가 콩팥으로 가는데, 사구체를 통해 작은 크기의 분자는 전부 배출된다. 물, 포도당, 나트륨과 미네랄, 비타민 등이 죄다 방출되는 것이다. 그리고 포도당은 100%, 물과 나트륨은 99% 재흡수되지만, 비타민C는 다른 노폐물과 함께 재흡수되지 않고 배출된다. 혈액에 넘치고 넘칠 때만 재흡수되지 못하고 소변으로 배출되어 당뇨가 되는 것이다. 그런데 일부러 포도당의 재흡수를 막아 70g 정도의 포도당을 그대로 배출하게 하는 약물이 개발되기도 했다. 그러면 혈당, 혈압, 체중이 낮아진다. 소변은 당뇨 상태지만 혈관에는 포도당이 정상 수준으로 유지되는 것이다. 우리의 체중이 늘어날 때 지방을 조금 더 많이 태우고 포도당은 그대로 배설하면 좋을텐데, 우리 몸은 지방, 포도당, 나트륨을 자린고비처럼 아끼도록 설계되어 있다.

비만은 70% 이상이 조상 탓이다

비만은 개인의 노력 부족보다는 차라리 조상 탓을 하는 것이 훨씬 맞는 말이다. 그 간단한 증거가 있다. 어렸을 때 다른 가족에 입양된 일란성 쌍둥이 2,000쌍을 조사하자 성인일 때 BMI가 75% 일치했다고 한다. 각자 다른 가정환경 즉 식습관이 다른 환경에서 자랐지만 그 차이가 미치는 영향은 10%에 불과하고, 나머지는 타고난 체질이 역할을 한 것이다.

개인의 노력보다 타고난 유전자가 중요하다는 것은 다른 여러 증거를 통해서도 알 수 있다. 제2차 세계대전 당시 임신 중 혹독한 굶주림을 겪은 엄마에게서 태어난 아이가 비만해질 확률이 유난히 높았고, 아프리카에서 노예로 끌려온 흑인이나 남태평양 폴리네시안은 유난히 비만율이 높았다. 선조가 수천 킬로미터를 항해하면서 태반이 아사하는 고난을 견딘 절약 유전자를 가진 사람들이 살아남은 덕분에 현대에

맛의 방정식, 맛은 음식을 통한 즐거움의 총합이다

들어서 비만해지기 훨씬 쉬워진 것이다. 체중은 이처럼 섭취한 칼로리의 종류와 양보다 내 몸 안의 세팅치(유전자)가 훨씬 중요하다. 이런 세팅을 망가뜨려 적절한 체중에 비해 비만해지기는 쉬워도, 세팅을 극복하여 타고난 몸매보다 적은 체중을 유지하기는 정말 어렵다.

인류는 수백만 년 동안 항상 먹을 것을 찾아다녀야 했다. 특히 지난 200만 년 동안 빙하기가 주기적으로 반복되면서 열량의 여유분이 조금이라도 있을 때 몸에 비축해 두는 사람들이 유리했다. 그래야 다음에 또 언제 생길지 모르는 먹을거리를 찾을 때까지 버틸 수 있었기 때문이다. 빙하기가 끝나고 농경이 시작되면서 또 다른 시련이 찾아왔다. 농경이 시작되면서 풍성한 수확의 시기는 짧았고, 주기적인 흉년으로 굶어죽기 일수였다.

인간의 체지방은 피하지방의 형태로도 쌓인다. 배 속 지방은 공간의 제약을 받지만 피하지방은 그런 제한이 없이 많은 양을 쌓을 수 있다. 인간 남성은 다른 수컷 영장류보다 2배, 여성은 3배나 많은 체지방을 축적한다. 지방을 악착같이 쌓고 자린고비처럼 아낀다. 철새는 불과 며칠 만에 체중의 50%까지 불린 지방을 전부 소비하고, 겨울잠을 자는 동물은 지방이 싸악 빠지는 동안 잠만 잘 수 있지만, 우리는 지방이 조금만 빠져도 미칠 듯한 허기가 온다.

입보다 장(Gut)이 세고, 장(Gut)보다 온 몸이 느끼는 맛이 훨씬 강력하다

체중은 수많은 호르몬에 의해 조절되고 유지된다. 우리 몸은 지방의 섭취를 장려하기 위해 오피오이드(Opioids)나 갈라닌(Galanin)을 방출하기도 하고, 탄수화물의 섭취를 장려하기 위해 뉴로펩타이드 Y를 분비하기도 한다. 우리가 먹지 않으면 허기의 고통이 오는데 그것을 이길 방법이 없고, 음식을 먹어야 비로소 고통이 사라지고 포만감이 온다.

1990년, 위장관에서 그렐린(Ghrelin)과 펩타이드 YY가 발견되었는데, 그렐린은 위의 상부에서 만들어지며 먹는 양이 부족하면 더 많이 만들어서 식욕이 높아지고 음식이 훨씬 맛있게 느껴지게 한다. 음식을 먹지 않는 기간이 길어질수록 식욕이 커지고 음식 맛을 더 좋게 느끼도록 유도하는 것이다. 펩타이드 YY는 음식물을 섭취하면 소장세포에서 만들어지고 포만감을 느끼게 한다. 가장 아쉬운 점은 포만감이 느리게 온다는 것이다. 과거의 음식은 영양이 빈약하고 거칠며 질긴 것들이라 식사시간이 길었다. 그런데 지금은 과거에 1시간은 노력해야 겨우 섭취가 가능한 칼로리를 10분 안에 채울 수 있다. 우리 몸은 과거의 몸 그대로여서 포만감이 느리게 오니 항상 과식하는 것이다. 그나마 항상성에 의해 먹는 것에 비해서는 체중이 적게 늘어나는데 다이어트는 이런 조절시스템을 더 빨리 망가뜨린다.

다이어트를 하면 그렐린의 수치는 증가하여 점점 더 먹고 싶어지는데, 문제는 다이어트를 멈추어도 그렐린 수치가 원래 상태로 낮아지지 않고 설정치가 상향 조정된다. 더구나 포만감을 부여하는 펩타이드 YY는 낮은 상태를 유지한다. 다이어트를 그만둔지 1년이 지나도 원래대로 회복되지 않는다. 그만큼 비만해지기 쉬운 것이다.

장에서 흡수된 영양분은 혈액으로 가는데, 혈액에 포도당이 부족하면 허기가 온다. 병원에 가서 포도당 주사를 맞으면 밥을 먹지 않아도 식욕이 별로 생기지 않는 이유다. 회식에서 실컷 먹고 집에 오면 배가 고파 뭔가를 또 챙겨먹는 것도 포도당 때문이다. 혈관에 포도당이 빠른 속도로 늘어나면 그보다 빠른 속도로 인슐린이 증가하는데, 그것은 혈관의 포도당을 모조리 세포 안으로 집어넣는 결과를 낳는다. 그러면 혈관에 포도당이 없어져 우리 몸은 또 다시 허기를 느낀다.

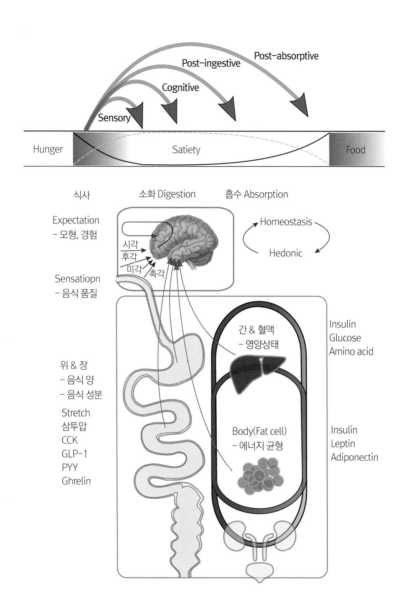

우리 몸이 맛을 느끼는 단계(혀, 소장, 혈관, 지방세포)

렙틴이 부족하면 미칠듯한 허기가 온다

이런 위장관의 신호보다 강력한 것이 지방세포의 신호다. 지방세포는 크기에 따라 렙틴의 분비량이 달라지는데, 분비된 렙틴이 혈액을 통해 식욕과 체중을 조절하는 중추인 뇌의 시상하부(Hypothalamus)에 도달하면 렙틴을 기준으로 음식 섭취와 에너지 소비를 조절한다. 렙틴이 많으면 식욕이 줄고 에너지 소비가 늘어난다. 음식의 맛과 체중을 조절하는 최종 관리자인 것이다.

많은 영양을 섭취해서 지방세포가 클 때는 렙틴의 분비량이 늘어나고, 렙틴이 교감신경을 자극해 대사율도 높인다. 에너지를 소비하여 체중의 증가를 막는 것이다. 이를 통해 일시적인 체중변화를 해소한다. 문제는 렙틴의 감소다. 다이어트 등으로 지방세포의 크기가 줄어들면 렙틴 분비량이 줄어드는데, 그러면 난리가 난다. 목이 마를 때 타는 갈증처럼 다이어트가 심할수록 격한 비명을 지른다. 실험쥐에서 렙틴을 합성하는 유전자를 제거하면 그 쥐는 아무리 먹어도 먹는 것을 멈추지 못하고, 살이 찌는 속도는 훨씬 빨라진다. 그 쥐에게 렙틴을 주사하면 더 이상 먹이를 게걸스럽게 먹지 않고, 몸에 힘이 넘치고 체중도 금방 빠진다. 인간도 종양으로 시상하부를 제거하면 아무리 먹어도 격심한 허기를 느끼면서 체중이 늘어난다. 심지어 위절제술을 해도 결국에는 체중이 늘어난다. 이 신호를 이길 방법은 아직 없다. 그래서 렙틴을 다이어트 치료에 활용하려는 시도도 있었지만 대부분 비만한 사람은 일반인보다 렙틴 농도가 높다. 렙틴이 부족한 것이 아니라 인슐린 저항성(둔감성)처럼 렙틴이 있어도 제 역할을 못하는 것이다.

맛의 방정식, 맛은 음식을 통한 즐거움의 총합이다

항상 무의식이 의식을 이긴다

우리가 처음부터 맛은 입과 코로 느끼는 것이 아니라 위와 장 그리고 온몸의 세포까지 동원해서 느끼는 것이라는 것을 알았다면 부질없는 다이어트 제품 개발에 그토록 노력하지 않았을 것이고, 우리의 몸에 대한 믿음도 깊어졌을 것이다. 우리 몸이 무의식으로 처리하는 바람에 오해가 많아진 것이다.

그런데 무의식으로 처리한 이유는 무엇일까? 나름의 이유가 있을 것이다. 입에 있을 때는 맛이 수상하면 뱉으면 그만이지만, 일단 배 속에 들어가면 그럴 수가 없다. 억지로 토하거나 세로토닌을 분비하여 설사로 제거할 수 있지만 이는 매우 부담스러운 일이다. 그러니 잘 기억했다가 다음번에 실수를 하지 않도록 하면 된다. 타이밍도 문제다. 쾌감이나 통증은 뇌가 만드는데 오른손을 다쳤는데 왼손이 아프면 곤란하고, 지금 가시에 찔렸는데 한참 뒤에 아파서 알면 그것도 곤란하다. 쾌감이나 통증은 적시적소에 만들어야 의미가 있는데, 소화와 흡수는 음식을 먹고 한참 뒤에 일어난다. 적절한 순간에 쾌감이나 통증을 만들지 못할 것이라면 무의식으로 처리하는 게 차라리 혼란이 없을 것이다. 비만의 원인은 잘못된 음식보다 과식이 원인이고, 과식은 필요량보다 좀 더 먹도록 세팅된 욕망의 문제다. 동물에게 먼저 자유롭게 먹게 하고 평균 섭취량을 구한 다음, 그보다 30%쯤 적게 먹이면 가장 건강하고 장수한다고 한다. 먹을거리가 너무나 부족했던 과거에는 그것이 생존에 유리했는데, 지금은 30% 더 먹게 되어 있는 세팅이 큰 문제를 일으키고 있는 것이다.

맛에서 무의식의 중요도를 생각하면 오미오감을 다루는 문제만큼은 설명해야 할 것 같은데, 지금은 이 정도 분량에서 마무리할 수밖에 없어서 아쉬움이 크다.

3장.
감정,
맛의 절반은
뇌가 만든다

뇌는 행동을 위한 기관이다.

입과 코는 결코 뇌를 이기지 못한다.

먹는 것은 살아가기 위한 행위이고,

그런 행동을 위한 호르몬이 도파민이다.

그러니 생존에 유리한 음식에

도파민이 더 많이 나온다.

도파민은 차이에 민감하여

새로운 것이나 '더더더'에 빠져들게 한다.

뇌는 부족한 정보에도 빠른 판단을 해야 한다.

필요에 따라 신호를 과장하거나 무시한다.

뇌가 최종 맛의 판단이다.

$$f(\text{맛}) = \left(\text{Rhythm}\right) \times \left(\text{Benefit}\right) \times \left(\text{감정}\right)$$

Emotion evoke Motion

① 맛은 심리의 게임이다

맛의 절반은 힘세고 고집 센 뇌가 만든다

지금까지 맛에 대해 오미오감뿐 아니라 남들이 거의 말하지 않는 리듬 효과, 내장 감각이 느끼는 영양 효과까지도 설명을 했으니 이 정도면 맛 이야기가 대략 마무리되어야 할 것 같지만, 실제로는 아직 맛의 절반에도 이르지 못했다. 뇌의 역할을 설명하지 않았기 때문이다. 맛은 뇌가 해석해서 적절한 감정을 입히지 않으면 감각 자체는 의미가 없다. 이런 뇌의 역할을 이해하려면 먼저 뇌의 지배력이 얼마나 강력한지부터 알아야 한다.

심하게 굶주린 아프리카 아이들의 사진을 보면 몸은 말랐지만 머리 크기는 그대로인 것을 알 수 있다. 굶주림 때문에 쇠약해져 사망한 시신의 내부 장기는 최대 40%까지 가벼워지지만, 뇌는 예외적으로 2% 정도의 무게만 감소한다. 이는 뇌가 몸의 물질대사 위계에서 최상위를 차지하여 자기 자신에게 필요한 것부터 챙기고 남는 것을 몸으로 돌리기 때문이다. 아무리 결핍 상황이 되어도 뇌는 별로 굶지 않는다.

뇌가 에너지를 통제하는 대표적인 예가 인슐린으로 포도당을 통제하는 것이다. 뇌는 주로 포도당을 에너지원으로 쓰는데, 그 양이 다른

맛의 방정식, 맛은 음식을 통한 즐거움의 총합이다

장기의 10배 수준이다. 체중의 2%를 차지하는 뇌가 에너지의 20%를 쓰며, 우리가 잠들었을 때도 쉬지 않고 포도당을 소비한다. 그래서 혈관에 포도당이 있어도 다른 세포는 쓰지 못하게 하는 장치가 있다. 음식을 먹어서 혈관 내에 포도당이 넘칠 때만 인슐린을 만들게 하여 이 신호를 통해 체세포의 포도당 펌프의 잠금장치를 풀게 한다. 그제서야 혈관의 포도당이 체세포 안으로도 공급된다. 어찌 보면 우리는 뇌 때문에 당뇨에 걸리기 쉬운지도 모른다. 만약에 체세포의 포도당 펌프도 뇌세포의 포도당 펌프처럼 인슐린과 무관하게 무조건 작동한다면 혈관에 포도당이 남아있을 리가 없고, 비만은 있겠지만 당뇨병은 없을 텐데 말이다.

영양뿐 아니라 맛에서도 뇌의 힘이 가장 세다. 사람들이 커피, 담배 같은 기호식품에 빠져드는 원인도 뇌에 있다. 술은 입에는 쓰지만 알코올은 뇌의 쾌감 회로를 자극해 뇌를 즐겁게 한다. 담배도 쓰지만 니코틴이 뇌 안의 니코틴성 아세틸콜린 수용체와 결합하여 아세틸콜린과 도파민이 분비되게 한다. 아세틸콜린은 주의력이나 업무능력이 향상된 느낌을 주며, 도파민은 보상경로를 자극하여 쾌감을 준다. 그래서 뇌가 좋아한다.

오미에도 뇌의 선호도가 그대로 반영되어 있다. 단맛인 포도당을 가장 좋아하는 것도 뇌이고, 감칠맛인 글루탐산을 가장 좋아하는 것도 뇌이고, 짠맛인 나트륨을 가장 좋아하는 것도 뇌다. 뇌는 전기적 신호로 작동하는데, 뇌에 있는 860억 개의 신경세포는 초당 수십 번의 전기적 펄스를 쉬지 않고 만든다. 이때 사용되는 에너지가 포도당에서 나온 것이고, 전기적 펄스를 만드는 미네랄이 나트륨이며, 나트륨 채널을 여는 것이 글루탐산의 신호이다. 그래서 뇌에는 가장 많은 종류의 글루탐산 수용체가 있고, 가장 많은 양의 유리 글루탐산이 있다. 혀에 존재하는

글루탐산 수용체는 2가지이지만 뇌에는 16종이 있고 우리 몸에 글루
탐산은 대부분 단백질 형태로 있으면서 10g 정도만 유리 글루탐산 형
태로 존재하는데, 그중 23%가 뇌에 있다. 뇌는 그만큼 우리의 생각과
행동에 지배적이고 맛에서도 지배적이다.

번데기를 먹을지 말지 결정하는 것은 감각보다 감정이다

어떤 음식을 먹을지 안 먹을지를 판단하는 것은 결국 감정이다. 요즘
아이들에게 번데기를 주면 징그럽다고 먹지 않는 경우가 대부분이다.
반대도 나이 든 사람 중에는 옛날에 맛있게 먹었던 것이라며 즐거워할
사람이 더 많을 것이다. 번데기를 먹을지 말지를 결정하는 것은 맛과

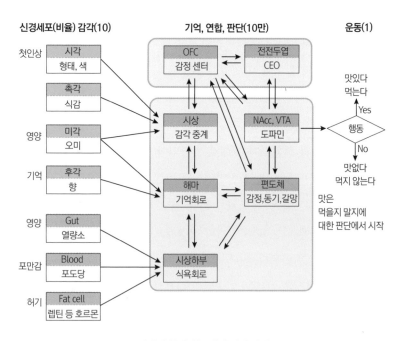

뇌에서 일어나는 맛의 결정 단계

맛의 방정식, 맛은 음식을 통한 즐거움의 총합이다

향보다는 그것이 주는 감정인 것이다. 번데기가 징그러운 사람은 그 냄새조차 싫을 것이고, 좋은 사람은 냄새마저 좋다고 느낄 것이다. 감정이 감각까지 바꾸는 것이다.

우리는 흔히 음식을 '맛있다'와 '맛없다'로 평가하는데 이것은 감각보다는 '먹고 싶다' 또는 '먹기 싫다'와 같은 감정이다. 감정(Emotion)이 행동(Motion)을 이끄는데 감정은 힘이 아주 세다. 하지만 사람들은 자신의 입맛이 객관적이라고 믿지, 입맛이 감정에 따라 쉽게 바뀐다는 것을 잘 믿지 않는다.

미국에서 아이에게 당근이나 우유를 더 많이 먹게 하는 가장 쉬운 방법은 맥도널드 포장에 담아서 주는 것이라고 한다. 아이들은 맥도널드 음식이 항상 맛있다고 믿기 때문에 같은 음식도 더 맛있게 먹는다는 것이다. 이미지가 입맛을 바꾸는 좋은 예다. 어른이라고 크게 다르지 않다. 예전에 90년대 프로야구 초창기에는 해태와 롯데 두 과자회사가 상당한 라이벌을 형성했다. 그리고 해태 연고지에는 해태 과자가 잘 팔렸고, 롯데 연고지에는 롯데 과자가 잘 팔렸다. 판매 전략에 고심하던 마케팅부서에서 과자의 선택에 지역감정이 고려되는지 전문 조사기관에 조사를 의뢰했다. 나도 그 결과를 발표하는 자리에 참석했었는데, 조사 결과 과자의 선택에 지역감정은 전혀 고려하지 않는 것으로 밝혀졌다. 단지 해태 연고지 사람들은 해태 과자가 더 맛이 있어서 많이 사먹고, 롯데 연고지 사람들은 롯데 과자가 더 맛있어서 사먹는다는 것이었다. 하지만 두 지역에서 제공되는 과자는 모두 동일한 제품이었다. 결국 감정이 맛을 다르게 느끼게 한 것인데, 그 사실을 과자를 구입하는 사람도 전문 조사기관도 몰랐던 것이다.

기업은 광고를 할 때 인기인을 모델로 사용한다. 자기가 좋아하는 사람이 광고하는 제품이 다른 제품보다 훨씬 좋게 느껴지기 때문이다. 맛은 똑같지만 좋아하는 사람이 먹는 것이므로 더 맛있게 느끼려고 노력하는 것이 아니라, 좋아하는 사람이 먹는 순간 이미 그 음식을 더 맛있게 느끼도록 입과 코가 바뀐다.

사랑하는 사람과 분위기 좋은 식당에서 좋은 서비스를 받으며 먹은 식사와 똑같은 음식이더라도 갑자기 험상궂은 사람에게 납치되어 살벌한 분위기에서 먹을 때의 맛이 같겠는가? 당연히 감정(분위기) 때문에 맛이 아주 다를 것이다. 게다가 감정은 그런 극단적인 상황뿐 아니라 일상의 아주 사소한 것에도 영향을 준다.

뇌는 사소한 정보 하나로도 맛을 완전히 바꿀 수 있다

만약 맛에서 그 음식에 대한 감정은 별로 중요하지 않다면 음식의 맛 성분, 향기 성분, 영양 성분 심지어 리듬까지 완전히 동일할 때 맛 또한

번데기를 먹을지 말지를 결정하는 것은 맛보다 감정이다

맛의 방정식, 맛은 음식을 통한 즐거움의 총합이다

같아야 할 것이다. 그런데 만약 병원에 가서 물을 달라고 했는데, 마땅한 컵이 없다고 소변검사용 종이컵에다 물을 준다면 어떨까? 컵은 당연히 새것이고 물은 정수기에서 따른 깨끗한 물이다. 물은 전혀 변하지 않고 단지 종이컵에 쓰인 정보만 달라졌으니 다른 물과 똑같이 기분 좋게 마셔야 하지만 쉽지 않을 것이다. 소변검사용 컵은 단지 글자일 뿐이라고 아무리 마음을 먹어도 그 영향에서 벗어나기 힘들다. 그런데 같은 내용이 전혀 모르는 외국어로 쓰였다면 어떨까?

사실 소변검사용 종이컵에 물을 주었을 때 우리가 어떻게 행동할지도 정확히 예측하기 힘들다. 물을 바로 눈앞에서 꺼내서 따라줬는지, 아니면 뒤쪽 모르는 곳에서 따라왔는지에 따라 다를 것이고, 주변에 누가 보고 있는지, 어떤 사람이 보고 있는지 등에 따라 달라질 것인데, 그것을 주도하는 것은 무의식이고, 우리는 무의식에 대해 잘 모르기 때문이다.

정보의 의미

② 맛은 도파민 분출량에 비례한다

살아가려면 즐거워야 한다

우리는 먹어야 살 수 있다. 만약 음식이 약처럼 필요하기는 한데 맛이 없으면 어떨까? 매일 음식 대신 약을 밥만큼 챙겨 먹어야 한다면 우리는 과연 즐겁게 살 수 있을까? 고작 몇 알의 알약을 챙겨 먹는 것조차 귀찮고 싫은데, 매일 1.6kg 이상을 먹어야 한다면 그만한 고역도 드물 것이다.

2018년 1월, 네덜란드의 오렐리아라는 여성이 의사가 제공한 독약을 먹고 사망했다. 네덜란드에서는 안락사가 합법이므로 그녀의 죽음은 국가가 허락한 것이었지만, 이 죽음은 이례적으로 언론에 대서특필됐다. 그녀는 29세였으며, '몸'이 매우 건강한 사람이었기 때문이다. 오렐리아는 12살 때부터 심한 우울증으로 계속 정신적 고통을 받았고 한번도 행복한 적이 없었다고 한다. 그래서 죽음을 원했고, 이례적으로 정신적인 이유로 안락사 허가를 받았다. 우울한 것이 그렇게 견디기 힘든 고통일까? 우리도 괴롭고 우울할 때가 많지만 그녀처럼 심한 우울증이나 행복불감증을 겪지는 않기 때문에 그녀의 선택을 이해하기 쉽지 않다.

맛의 방정식, 맛은 음식을 통한 즐거움의 총합이다

과거에는 우울증을 단지 심리적인 현상이라고 생각하고 약물적인 치료를 시도하지 않았는데, 신경전달물질인 '세로토닌'을 늘리자 우울 증세가 눈에 띄게 호전되는 것이 발견되었다. 그렇게 기적의 우울증 치료제라 불리는 '프로작'이 출시되었다. 우울증이 신경전달물질의 이상에 따라 생긴 '생리적 질환' 즉 육체적 질병으로 분류되고, 다른 질병처럼 약물(신경전달물질)을 통해 어느 정도 조절되고 치료가 가능해진 것이다. 오렐리아의 문제는 한 번도 즐거워 본 적이 없었다는 것이다. 슬픈 영화를 볼 때는 슬픔을 느끼지만, 유쾌한 코미디 영화를 봐도 즐겁지 않거나 오히려 우울해했다. 즐거운 감정은 인간이 살아가는 힘인 것이다.

만약에 매일 약을 밥처럼 먹어야 한다면

감정도 항상성에서 출발했을 것이다

모든 생명체는 생존을 위해 생물학적 항상성을 만들어 왔고, 이런 항상성에서 감정의 기원을 찾기도 한다. 단세포 생명체도 냄새를 맡고 영양원의 농도가 높은 쪽으로 운동하는 기능이 있다. 이것이 음식을 먹고 싶은 감정이라고 할 수 있을까? 안토니오 다마지오 박사는 『느낌의 진화』에서 느낌의 시작으로 단세포 생물도 가지고 있는 항상성을 꼽기도 한다. 항상성이 있다는 것은 변동의 요인이 있다는 것이고, 항상성에서 벗어나면 부정적인 피드백을 받아 일정한 수준을 유지해야 한다. 다세포 동물로 복잡하게 진화할수록 여러 세포의 조화된 움직임이 더욱 필요하다. 먹이를 향해서 이동하고, 적이나 위험물이 있으면 피하는 움직임에는 조절이 필요하다. 이를 위해서는 점점 발달한 신경세포의 모임이 결국 뇌가 되는데, 뇌의 네트워크가 크고 복잡해질수록 일일이 신경세포의 직접적인 배선을 통해 통제하는 것이 힘들어진다. 그래서 간접적인 연결도 필요해지는데 신경조절물질이나 호르몬이 바로 그 역할을 한다.

신경세포의 직접적인 연결에는 아세틸콜린, 글루탐산 같은 신경전달물질이 사용되고 간접적이며 광범위한 연결을 위해서는 도파민, 세로토닌 같은 신경전달물질이나 인슐린, 렙틴 같은 호르몬이 그 역할을 한다. 몸에서 렙틴이 부족하면 뇌의 시상하부가 허기를 느끼는 것처럼 뇌는 도파민이라는 호르몬을 통해 즐거움과 의욕을 느낀다.

감정의 기본은 쾌(快)와 통(痛)

감정의 종류는 너무나 다양하다. 그렇다고 이런 감정 하나하나가 제각각 다른 시스템에서 만들어졌을 리는 없다. 색도 기본색이 있는 것처럼 공포, 분노, 기쁨, 슬픔, 혐오 같은 것이 기본감정을 이루고 이것들이 맥락과 결합하여 다양한 느낌으로 발전했을 것이다.

그리고 그런 감정이 우리의 행동을 조절한다. 공포는 도주 반응에 적

맛의 방정식, 맛은 음식을 통한 즐거움의 총합이다

합하도록 호르몬을 조절하고, 분노는 공격성을 유발한다. 슬픔은 우울한 마음이 들고 무기력해지지만, 한편으로는 불필요한 에너지 소모를 줄여주는 역할도 한다. 혐오는 썩은 음식이나 더러운 장소를 꺼리게 하여 감염을 막고 상한 음식을 피하게 한다.

이런 감정 중에서도 가장 기본이 되는 것이 쾌(快)와 통(痛)일 것이다. 쾌(快)는 즐겁다, 좋다, 아름답다, 상쾌하다, 쉽다와 같은 기분으로 행동을 유도한다. 통(痛)은 우울하다, 싫다, 추하다, 나쁘다, 불쾌하다, 어렵다 등을 통해 행동을 억제한다. 결국 생존과 번식에 유리한 행동에는 쾌감으로 격려하고, 불리한 행동에는 불쾌감이나 통증을 만들어 억제하는 것이 감정의 시작인 것이다.

만약에 음식을 먹는 것이 즐겁지 않고 괴롭다면 먹지 않다가 결국 굶어죽을 것이다. 음식을 먹는 즐거움이 너무나 컸기에 우리의 조상은 거친 자연의 위험을 무릅쓰고 헤매면서 음식을 구했고, 그것을 식구와 나누는 기쁨이 너무나 컸기에 종족이 유지되었던 것이다. 뇌 속의 쾌감 회로는 운동, 쇼핑, 종교, 학습 등등에 작용하여 우리의 삶을 활성화시키고, 사회를 이루고 살아가는 힘이 된다.

도파민은 행동의 호르몬, The molecule of More

나는 맛이 무엇이냐는 질문을 자주 받는다. 그럴 때면 "맛은 도파민 분출량에 비례한다"라고 간단히 대답한다. 맛이 음식을 통해 느껴지는 즐거움의 총합이라면, 뇌에서 그 즐거움을 지배하는 가장 핵심 물질이 도파민이기 때문이다. 다른 여러 호르몬도 영향을 주지만 '도파민'만 말해도 충분할 때가 많다. 어떤 음식이 맛있는 음식이냐는 질문에 "먹을 때 도파민이 많이 분비되는 음식"이라고 대답하면 되고, 어떻게 하면 맛있다고 할까요? 하고 질문하면 "도파민이 많이 분출되게 하면 됩니다"라고 대답하면 그만인 셈이다. 길이가 1mm이고 뉴런이 302개뿐인 예쁜꼬마선충도 기초적인 쾌감 회로를 가지고 있다. 이 벌레는 세균을 먹고 사는데, 냄새를 통해 세균을 찾아낸다. 그런데 도파민이 관여하는 8개의 핵심 뉴런 집단을 침묵시키면 세균의 냄새를 감지해도 먹이 활동에 무관심해진다.

뇌의 감각중추가 안와전두피질(OFC)인데, 안와전두피질은 음식이 맛있다고 판단되면 배쪽피개구역(VTA)과 측좌핵(Nucleus accumbens)을 이용해 도파민을 분출시킨다. 그것이 쾌감과 행동의 핵심이다. 그리고 도파민은 욕망과 중독의 원인이기도 하다. 도파민을 '더더더(More)의 호르몬'이라고 할 수도 있다. 동일한 자극이 계속될 때 동일한 양의 도파민을 분비하지 않고 점점 그 양을 줄이기 때문이다. 점점 더 강한

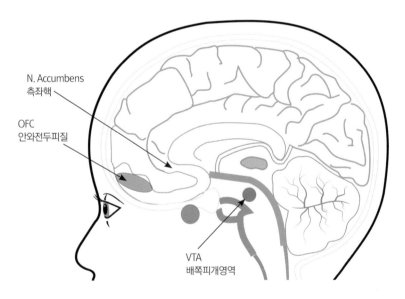

N. Accumbens
측좌핵

OFC
안와전두피질

VTA
배쪽피개영역

뇌의 쾌감 기관

맛의 방정식, 맛은 음식을 통한 즐거움의 총합이다

자극이 와야 그 양이 유지되기 때문에 계속 쾌감을 누리기 위해 더 강한 자극을 찾고, 그런 노력이 중독의 원인이 된다.

도파민이 생존에 유리한 행동에 쾌감을 부여하는 호르몬이라면 담배와 마약은 생존에 불리한 행위인데 왜 도파민이 나오는 것일까? 이는 우연히 뇌의 보상 회로를 직접 자극하여 쾌감을 얻는 방법도 알게 된 것이다. 술, 담배, 마약류에는 보상회로를 직접 자극하여 도파민 분비를 촉진하는 성분이 있다. 사실 자연에 이런 성분은 흔하지 않은데, 우리는 그것이 쾌감을 만든다는 것을 알고 따로 대량으로 만들어 사용하니 문제가 되는 것이다. 우리 몸은 효율성을 추구하지 완벽함을 추구하지 않는다. 그만큼 비용이 많이 들기 때문이다.

의미는 물질 자체에 있지 않고 관계에 있다

우리의 뇌에 있는 쾌감엔진은 단 한 가지이다. 그 회로는 안아준다든지 하는 사랑을 받는 느낌에도 반응하고, 먹을 때의 즐거움, 음악을 들을 때의 즐거움, 운동을 할 때의 즐거움에도 반응한다. 맥락에 따라 의미만 달라지는 것이다. 우리 뇌에는 기능마다 다른 전용의 신경회로가 있는 것이 아니다. 하나의 컴퓨터를 온갖 목적으로 쓰듯이 뇌도 동일한 신경회로를 여러 목적으로 나누어 쓴다. 그러니 아무리 신경세포를 관찰한다고 그 기능을 알 수 없다. 기능은 신경세포 자체가 아니라 연결된 것에 의해 결정되는 것이기 때문이다.

뇌에는 감정별로 다른 감정엔진이 따로 있지 않다. 맛있는 음식, 영성을 통해 느끼는 환희, 운동을 통해 느끼는 러너스 하이(Runner's high), 친구들과의 떠들썩한 술자리의 즐거움이 완전히 다른 경험 같지만 동일한 도파민 회로의 산물이다. 따라서 '격리된' 쾌감 회로의 활성

즉 마약을 통해 보상체계만 자극하여 발생하는 쾌감은 무색무취의 깊이 없는 쾌감을 만들 뿐이다.

쾌감 회로는 최소한의 필요조건일 뿐 충분조건은 되지 못한다. 쾌감의 마력은 쾌감 회로와 맞물려 있는 여러 회로에서 나온다. 우리가 일상에서 느끼는 쾌감이 그토록 강력한 것은 뇌의 다른 영역들과 연결되어 그때의 감각, 기억, 연상, 의미들이 장면과 소리와 냄새 등으로 같이 아름답게 장식하기 때문이다.

쾌감의 결과물도 다양하다. 누군가는 술이나 담배, 게임, 도박, 폭력, 섹스, 음식을 탐닉하며 인생을 소모하게도 하고, 누군가는 불굴의 의지와 노력으로 학문적, 문학적, 예술적 성취를 이루게도 한다. 쾌감의 회로는 가족, 친구, 공동체, 만들기, 운동, 음악, 춤, 예술 심지어 공부에 의해서도 같이 작동하는 공통회로인 것이다.

그러니 음식 중독이나 알코올 중독을 치유하는 좋은 방법은 다른 즐거움을 갖게 하는 것이다. 다른 행복한 일이 많아지면 그만큼 식욕 같은 특정 욕구의 관리가 쉬워진다. 아이들은 신나게 놀면 배고픈지 모른다. 몸에 에너지원이 충분한데도 쾌감을 위해서 먹는 경우가 있는데, 노는 쾌감이 먹는 쾌감을 압도하면 먹을 생각이 별로 들지 않는 것이다. 담배를 끊으면 먹을 것이 당기는 이유도 여기에 있다. 담배는 하루에 200번씩 작은 쾌감을 주는데, 이 쾌감이 없어지면 다른 쾌감으로 보상하려는 힘이 증가하기 때문이다.

3 뇌는 적절한 행동을 결정하기 위한 수단이다

뇌는 생존을 위해 부족한 정보에도 빠른 판단을 해야 한다

뇌에 대한 이해가 높아질수록 맛에 대한 이해도 높아지지만, 뇌를 이해하는 것은 쉽지는 않다. 그래도 맛에 대한 궁극의 답은 뇌의 작동원리에서 찾을 수밖에 없으니 하나씩 알아가는 것이 중요하다. 그중에서도 먼저 알았으면 하는 것이 '뇌는 빠른 행동을 위한 것'이라는 사실이다. 식물은 움직일 수 없으니 뇌가 필요 없고, 멍게는 유충 때는 뇌가 있지만 성충이 되어 고착생활을 할 때는 필요 없어진 뇌를 먹어버린다.

산길을 걷다가 바위 뒤에 짐승의 꼬리가 보이면 우리는 그것이 호랑이인지 고양이인지 빠르게 판단해서 도망갈지 말지를 결정해야 한다. 정확성을 높이기 위해 판단을 미뤘다가는 목숨을 잃기 쉽다. 고양이를 호랑이로 오판하면 에너지 낭비는 있어도 생존에 치명적이지는 않다. 뇌는 많은 경우 이처럼 빠른 판단이 필요한데, 신경세포의 작동 속도는 생각보다 매우 느리다. 초당 100번도 작동하기 힘들어 초당 수십억 번 이상 계산하는 컴퓨터와는 비교조차 되지 않는다. 그럼에도 불구하고 보자마자 판단을 내려야 한다.

이처럼 빠른 판단을 위해 뇌는 정보를 단계별로 취합하여 판단하는 것이 아니라 사소한 정보로도 판단과 검증을 거듭한다. 예를 들어 주머니에 하모니카를 넣고 무엇인지 손으로 더듬어서 알아맞혀 보라고 하면, 몇 번 더듬거리다가 한순간 알아챈다. 차례차례 정보를 수집하여 충분히 정보가 쌓이면 그때 판단하는 것이 아니라 불분명한 정보에도 끊임없이 추정을 거듭하고, 어느 순간 갑자기 확신하고 끝나는 것이다.

감각보다 예측(판단)이 먼저 일어나기도 한다

우리 뇌는 총알처럼 빠른 판단을 위해 온갖 수단을 동원하는데 그중에서 대표적인 것이 패턴화와 예측이다. 우리 인류는 패턴화에 정말 탁월하다. 사람들이 부르는 노랫소리는 각자 다르다. 음 높이도 제각각이고 박자도 제각각이다. 그런데 아는 노래는 듣자마자 바로 안다. 조옮김을

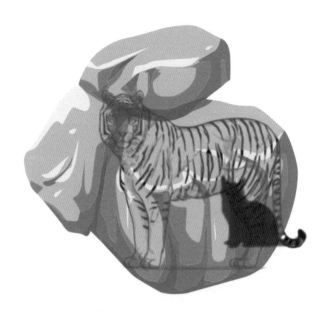

중요한 것은 정확성보다 속도

맛의 방정식, 맛은 음식을 통한 즐거움의 총합이다

해도 알고, 음색이 전혀 다른 사람이 불러도, 전혀 다른 악기로 연주하거나 대규모 교향악단이 연주해도 아는 곡은 바로 안다. 패턴으로 인식하고 그 패턴의 변용을 뇌 속에서 얼마든지 시뮬레이션하기 때문에 바로 알아채는 것이다.

인간은 워낙 패턴을 읽어내는 능력이 뛰어나기 때문에 아이들에게 여러 탈 것을 보여주고 몇 번만 가르쳐주면 어떤 것이 자전거이고, 오토바이이고, 승용차인지 쉽게 구분한다. 자전거가 고장이 나거나 바퀴가 빠져도 그것이 자전거라는 것을 보자마자 안다. 평소에 보고 듣고 맛보는 모든 것에 대해 패턴을 찾아 모형을 구축하고 있기 때문에 사소한 힌트만 있어도 패턴을 찾아 짐작하고 확인하는 식으로 순식간에 판단하는 것이다.

맛도 이런 방식으로 작동한다. 맛을 아무런 선입견이 없는 있는 그대로 감각하고, 그런 감각을 종합하여 판단하지 않고, 미리 그 맛이 어떨지 짐작(예측)하고 그 예측이 맞는지 감각을 통해 확인하는 식이다. 식당에 들어가는 순간부터 혹은 멀리서 간판을 볼 때부터 이미 어느 정도 맛을 판단하게 되며 실제로 먹을 때는 약간의 보정을 하는 정도라고 이해하는 것이 오히려 진실에 가까울 것이다. 그래서 무의식적으로 판단한 것보다 뛰어나면 감탄하고, 아니면 실망한다. 맛을 객관적이나 절대적으로 판단하지 않고 자기 기준과 예측에 대한 차이로 판단하는 것이다. 이런 방식이 문제가 되는 것도 아니다. 나름 충분히 믿을만하고 효율적이다.

뇌는 정보가 모자라면 적당히 짐작하여 채워 넣는다

우리의 감각은 완벽히 정교하지 않고, 뇌로 정보가 전달될 때는 스냅사진처럼 한 장 한 장 끊어서 뇌로 전달된다. 그럼에도 우리가 세상의 움직임을 연속적으로 볼 수 있는 것은 뇌가 중간에 모자라는 부분을 짐작하여 채워 넣기(Fill-in) 때문이다. 만약 이 채워 넣기 장치가 고장 나면 동작들은 사이키 조명에서 움직이는 것처럼 툭툭 끊어질 것이다.

이런 뇌의 채워 넣기 기능이 얼마나 강력하고 뇌의 작동에 포괄적으로 작용하는지는 맹점 채움 현상을 통해 직접 체험해 볼 수 있는데, 이에 대한 상세한 설명은 『감각 착각 환각』에서 설명한 바 있다.

이런 감각 채움을 이용하면 뇌를 잠시 속일 수도 있다. 예를 들면 소금이나 설탕을 적게 쓰기 위해서 설탕을 제품에 완전히 녹이는 것보다 겉에 코팅하여 드러나게 하는 것이다. 소금을 음식 표면에 입히면 입에 닿은 순간 충분한 짭조름한 맛을 느끼게 되어 소금 사용량을 줄일 수 있다. 우리 뇌는 패턴을 통해 예측하기 때문에 겉에 강한 맛이 있으면 전체가 강한 맛이라고 예측하고, 건더기가 있는 한 그 맛이 유지될 것이라 예측한다. 시간이 지나면 당연히 건더기 속에는 소금이 적다는 것을 알지만 잠시 속이는 일이 가능한 것이다. 2008년, 네덜란드의 한 연구팀은 토마토소스에 식물성 오일이 둥둥 떠 있는 버전과 유화되어 보이지 않는 버전의 음식을 만들어서 먹게 했는데 지방이 눈에 보이는 음식을 먹은 참가자는 포만감을 더 빨리 느꼈고, 지방이 숨어 있는 음식을 먹은 참가자는 계속 허기를 느끼고 더 오래 먹었다고 한다.

이런 예측과 채워 넣기는 전전두피질이 하는 기능이며, 플라시보 현상이 가능한 것도 이런 예측 기능 때문이다. 뇌는 실제 경험과 상상을 잘 구분하지 못하여 의사가 가짜 약을 주어도 치료를 받고 있다는 믿음 덕분에 기대하는 것이 실제로 일어나는 경우가 많다.

맛의 방정식, 맛은 음식을 통한 즐거움의 총합이다

Yes/NO, 필요에 따라 사소한 차이를 과장하거나 상당한 차이를 무시한다

뇌는 부족한 정보에도 빠르게 판단을 내려야 하기 때문에 평소에 세상에 대한 모형을 부단히 구축하고 그 모형을 바탕으로 예측해야 한다. 그리고 그 판단은 단호하고 강력해야 한다.

빨간색 중에도 유난히 예쁜 빨간색이 있다. 날씨 중에도 유난히 따사로운 날씨가 있고 가슴이 탁 트이는 상쾌한 공기가 있다. 영화나 드라마에도 유난히 어울리는 배경이 있고, 음식도 평범해 보이지만 유난히 감동스러운 음식이 있다. 그런 특별한 감정은 어디에서 오는 것일까? 나는 그것을 감각의 통합센터인 '안와전두피질'의 역할이라고 생각한다. 안와전두피질은 후각, 미각, 시각, 촉각과 내장감각 등이 만나는 곳이다. 그래서 먹음직한 음식을 볼 때뿐 아니라 아름다운 미술품을 볼때, 여자들이 쇼핑에서 마음에 드는 물건을 발견할 때, 심지어 수학자가 아름다운 공식을 볼 때마저 이곳에 불이 깜박거리면서 도파민 분비 신호를 낸다.

이런 안와전두피질은 차분하고 이성적이라기보다는 무의식적으로 순식간에 폭발하는 감정이기도 하다. 감정은 어떤 행동을 위한 것인데, 행동은 할지 말지와 같은 단호한 선택이 필요하지 갈팡질팡하는 것은 생존에 도움이 되지 않는다. 바위 뒤에 있는 꼬리를 봤다면 그것이 호랑이인지 고양이인지 바로 판단하고 도망갈지 말지를 결정해야지 정보가 애매하니 판단을 유보하는 것은 생존에 유리한 행동이 아니다.

감각은 행동을 위한 것이고 행동은 항상 할지 말지를 결정하는 O, X적인 것이다. 맛도 '맛있다 즉 먹는다', '맛없다 즉 먹지 않는다'를 결정하기 위한 것이지 객관적 맛을 평가하기 위한 것이 아니다. 그런 단호한 결정을 위해 사소한 차이를 커다란 차이처럼 증폭하고, 때로는 상당한 차이를 완전히 무시하기도 한다. 이런 시스템에 너무 불만을 가지면

245

곤란하다. 이 방식이 아니라면 아무 것도 할 수 없기 때문이다. 과거에 음식은 먹으면 영양이 될지, 독이 될지 애매한 경우가 많았는데 그것을 먹을지 말지 빨리 결정을 해야지 그 음식을 바라보며 한없이 궁리만 해서는 굶어죽기 딱 좋다.

음식 말고도 이런 경우는 너무나 많다. 예를 들어 백화점에서 옷을 사려면 종류가 너무 많고 고려할 것도 너무 많다. 이성적으로 하나하나 따져서는 도저히 옷을 고를 수 없다. 하지만 어떤 하나가 왠지 끌리면 그것만으로도 충분히 구매요소로 작용한다. 나중에 발견된 단점은 적당히 변명하면 되는 것이다. 이것은 심지어 배우자 선택에서도 작동한다. 결혼은 자신의 평생을 좌우하는 중요한 일이지만, 콩깍지가 씌워지면 쉽게 결혼을 택하기도 한다.

만약 뇌의 이 부위가 손상되면 이성적인 계산은 가능하나 선택(행동)은 불가능해진다. 매사에 선택장애에 걸려 출근할 때 무엇을 입고 갈지를 결정하는 데도 하염없이 시간을 보내게 된다.

감각은 필요에 따라 둔감화 또는 민감화된다

우리는 절대적인 감각을 꿈꾸지만 뇌는 차이에만 민감하다. 풍경을 볼 때도 움직이는 것을 먼저 본다. 우리의 시야 한 구석에서 뭔가가 불쑥 나타나면, 저절로 그것을 주시하게 된다. 이런 현상은 맛과 향에도 있다. 항구에 가면 처음에는 비린내를 느끼지만 이내 비린내가 사라지고 새로운 냄새가 느껴진다. 후각이 피로해진 것이 아니라 새로운 냄새를 맡도록 조정된 것이다. 그리고 이런 차이를 식별하는 능력은 필요에 따라 둔해지기도 하고 민감화되기도 한다.

내가 연구소 생활을 할 때 회사 내에 전문 패널을 육성할 목적으로 전 연구원 대상 미각 능력 평가를 받은 적이 있다. 나는 평소 맛에 별로 관심이 없었고 남들보다 민감하다고도 생각하지 않았는데 의외로 선발되었다. 그 이유를 물어보니 단맛에 대하여 워낙 정확하게 맞춰서 뽑았다는 것이었다. 아이스크림을 개발하면서 '다 좋은데 좀 단것 같으니 감미를 낮춰보라'는 말에 고생한 경험이 많다 보니 단맛에 민감해진 것이다.

사람이 맛이나 향에 얼마든지 민감화될 수 있다는 것을 알게 된 것은 멜론 향과 밀크 향 때문이다. 1990년도 초반에 가장 인기 있던 아이스크림은 멜론 맛 아이스 바였고, 아이스크림 3사의 경쟁은 정말 치열했다. 그 와중에 새로운 멜론 향 한 가지를 추가로 쓰기로 결정되었는데, 문제는 이때 발생했다. 모든 진행이 확정된 후에 그 향에서 쓴맛이 느껴지기 시작한 것이었다. 여러 사람에게 확인해 보니 어떤 사람은 느끼고 어떤 사람은 느끼지 못했다. 하지만 나는 한번 쓴맛이 느껴진 후 도저히 그 맛을 잊을 수 없었다. 다른 사람들도 일단 그 쓴맛을 느끼기

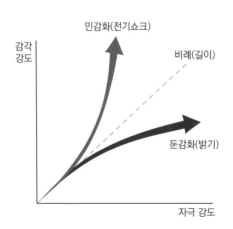

민감화와 둔감화

시작하면 점점 예민해져 제품 자체가 외면받을 것 같아서 사용 비율을 조금씩 줄이다 보니 결국 처음 양의 1/10로 줄이게 되었다. 그 향은 수입 원료라 납기를 감안하여 2개월 치를 미리 발주했는데, 결과적으로 1년 이상 사용해야 소진 가능한 양이 되어버린 것이다. 당시 진행 과정의 부담감 때문인지 그 향은 내 몸에 각인이 되어 버렸다. 다른 밀크 향도 그렇게 민감화되어서 두 가지 향은 다른 멜론 향이나 우유 향이 있든 없든 그것을 사용했는지 여부뿐 아니라 사용량까지 짐작할 수 있게 되었다. 그래서 다른 연구원이 시제품을 만들어 평가해달라고 했을 때 단번에 AA향을 0.02% 넣지 않았냐고 물어봐서 해당 연구원을 깜짝 놀라게 하기도 했다. 그 민감성은 몇 년간 지속되어 가끔 신입 연구원을 놀려주는 재미가 쏠쏠하기도 했다. 그 덕에 민감화는 믿지만 절대 감각은 오히려 믿지 않게 되었다.

경험과 감정은 이처럼 민감화를 만들지만 반대로 둔감화를 만들기도 한다. 사람들은 쓴맛을 싫어하지만 경험이 쌓이다보면 익숙해지고 어떤 사람은 한약의 쓴맛을 약기운으로 느끼고 맛있다고 말하기도 한다.

맛은 뇌의 해석이다

맛은 결국 뇌가 해석한 결과다. 뇌는 수동적으로 감각의 결과만을 이용해 세상을 해석하지 않는다. 뇌 안에는 경험을 통해 축적한 수많은 맛의 모형이 있고, 감각을 통해 사소한 힌트라도 찾은 순간 그것에 맞는 모형을 선택한다. 뇌는 감각이 온전히 도착하기도 전에 이미 그 모형을 통해 예측을 하고 있다. 우리의 뇌는 단순히 자극에 따라 반응하는 기관이 아니다. 모형을 통해 예측하고, 검증을 통해 맛의 최종 판정을 내리는 기관이다. 맛을 객관화하기 가장 힘든 부분이 이런 뇌의 해석에 따라 감정이 개입하는 부분이다. 감정은 변화무쌍하여 동일한 사람이 동일한 음식을 대할 때도 평가가 달라지기도 한다. 그러니 맛에 대한 최종 과제는 아마 음식에 대한 심리(감정)의 정리가 될 것이다. 감정, 즉 뇌가 어떻게 감각을 해석하고 이해하는지 뇌의 작동의 패턴을 이해하는 것이 맛을 이해하는 지름길이고, 우리의 행동을 이해하는 지름길이기도 하다.

뇌가 어떻게 감각을 해석하고 지각하는지는 나중에 알아보기로 하고, 먼저 앞서 설명한 감각의 리듬, 식품의 영양적 가치, 뇌의 해석인 감정이 어떻게 상호작용을 하는지 맛의 방정식을 통해 설명해보고자 한다.

라벨링 효과

4장.
맛의 방정식,
맛은 음식을 통한
즐거움의 총합이다

맛은 '더하기'가 아니고 '곱하기'다.
하나라도 0점이면 전체가 0점이 되고,
황금비가 되면 즐거움은 무한대가 된다.
하지만 뇌는 항상성을 추구하여
아무리 놀라운 맛도 이내 시들해지고,
디폴트값에 수렴해 간다.

뇌는 행동을 위한 것이고,
Go/No go를 명확하게 결정하기 위해
때로는 사소한 차이를 증폭하고,
때로는 상당한 차이도 단호히 무시한다.

Food Pleasure = (Rhythm) × (Benefit) × (Emotion)

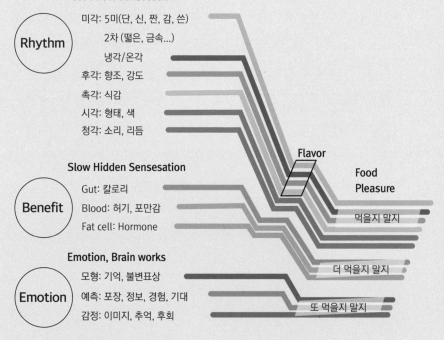

Fast Direct Sensesation

(Rhythm)

미각: 5미(단, 신, 짠, 감, 쓴)
2차 (떫은, 금속...)
냉각/온각
후각: 향조, 강도
촉각: 식감
시각: 형태, 색
청각: 소리, 리듬

Flavor

Food Pleasure

Slow Hidden Sensesation

(Benefit)

Gut: 칼로리
Blood: 허기, 포만감
Fat cell: Hormone

먹을지 말지

Emotion, Brain works

(Emotion)

모형: 기억, 불변표상
예측: 포장, 정보, 경험, 기대
감정: 이미지, 추억, 후회

더 먹을지 말지

또 먹을지 말지

① '맛의 방정식'을 찾아본 이유

내가 그다지 맛에 관심이 없었던 이유, 예측불허

식품회사 연구소에서 오랫동안 근무했지만, 당시에는 맛에 별로 관심이 없었다. 제품 개발을 할 때도 소비자의 입맛에 맞추는 것이 중요하지 내 입맛은 별로 중요하지 않았는데, 그 소비자의 입맛이란 것도 명확하지 않았던 이유가 컸던 것 같다.

맛에도 방정식 같은 것이 있어서 변수를 하나하나 해결하다 보면 점수가 올라가고, 그 점수에 따라 성공 여부를 예측할 수 있으면 좋을 텐데 그런 것은 기대조차 힘들다. 제품을 개발하다 보면 상반된 요구조건이 많아 한쪽을 맞추려다 보면 다른 쪽이 틀어져 오히려 맛이 나빠지는 경우도 많았다. 수많은 실험과 조사를 통해 개발한 제품이 시장에서 차갑게 외면당하고, 오히려 급조된 신제품이 아주 잘 팔리는 경우도 있었다. 그러니 맛은 요구에 맞게 해결하는 능력이 중요하지 깊이 생각해 볼 대상이 아니었다.

나중에는 마케팅 교육을 받으며 제품을 좀 더 소비자의 관점에서 바라볼 수 있게 되었고, 향료회사로 옮기면서 식품을 개발자가 아닌 관찰자 입장에서 바라보게 되었다. 한 달에 한 번 정도 신제품 평가 회의를 했는데, 시장에 새로 나온 음료, 과자, 빙과, 유제품 등을 죄다 구입해서 같이 시식해보는 것이었다. 아이스크림 팀에서 근무한 이후 국내외 아이스크림을 대략 5,000종 이상은 먹어보았고, 향료 회사에서는 10여 년간 음료, 유제품, 과자 등을 5,000종 이상 먹어 보았다. 그것을 데이터베이스화해서 여러 가지 측면에서 분석해보기도 했다. 시중의 신제품을 평가할 때는 여러 연구원과 같이 맛을 평가하면서 그 제품의 성공 가능성을 예측해보곤 했지만 그 결과는 잘 안 맞았다.

맛의 객관화(수치화)가 필요한 이유, 예측 및 관리

신제품은 생각보다 엄청나게 많이 나오지만, 성공률이 5%도 안 되는 경우가 많아 95%는 그런 제품이 나왔다는 것도 모르게 사라진다. 신제품 개발에 들어간 시간과 노력, 비용 등을 생각하면 안타까운 결과다. 왜 그럴까? 실패를 조금이라도 줄여주는 방법은 없을까? 맛을 제대로 판단하는 방법은 정말 없는 것일까? 아니면 제대로 찾으려고 노력하지 않기 때문일까? 맛에도 수학의 방정식처럼 각각의 변수의 값을 대입하면 최고의 맛의 조건이 산출되는 '방정식'이 있다면 정말 좋지 않을까?

내가 처음 맛의 방정식을 꿈꾼 것은 단맛 때문이다. 한 개의 아이스크림 배합표를 완성하기 위해서는 여러 차례 시제품을 만드는데 배합표 작성에는 고려할 사항도 많고 시제품을 만들 때도 원료의 계량에서 최종 완성까지 꽤 많은 시간과 노력이 든다. 어느 정도 제품을 완성하여 보고를 하면 가장 듣기 쉬운 말이 "맛은 좋은데 좀 단 것 같으니 감미를 조금 낮춰보라"는 말이다. 하지만 달다는 말에 순진하게 감미를 낮추면 그때부터 악순환의 루프에 빠져든다. 단맛을 줄이면 향도 같이 줄기 때문이다. 그러면 향이 좀 약한 것 같으니 향을 좀 높여보라는 소리를 듣게 되고, 향을 높여 가져가면 균형이 깨지고 인위적인 것 같으니, 좀 더 어울리는 향을 찾아보라고 한다. 악순환의 늪에 빠지는 것이다.

한 가지 시제품을 만드는 데도 몇 시간이 걸리는데 감미 하나 때문에 모든 것을 다시 시작하고 악순환의 고리에 빠지는 것이 너무 싫었던 나는 기존에 판매중이거나 과거에 판매된 모든 제품의 배합표를 분석해 보았다. 고형분, 감미도, 지방 함량 등을 유형별로 평균값과 고려 요인을 알아내자 감미는 굳이 맛을 보지 않고 계산치만으로 해결이 가능했다. 그 뒤로는 두 번 다시 감미 때문에 제품 시제를 다시 해야 하는 일은 생기지 않았다. 아이스크림을 개발할 때는 유통 시 녹지 않고 입안에서만 사르르 녹는 물성을 개발해달라는 상반된 요구사항을 받았는데, 고형분과 빙점 강하 정도를 계산해 마지노선을 찾아내자 유통 중녹는 문제는 실험할 필요조차 없었다.

음료에서도 과일별로 당산비(당도/산도)라는 계산식을 토대로 당과 산의 함량을 조절하고 향 등을 맞춘다. 이처럼 제품 개발에도 수치적 지표가 있으면 확실히 많은 시행착오를 줄일 수 있을 텐데, 맛을 통합하여 설명하는 방정식은 아직 없고, 시간이 지난다고 나올 것 같지도 않다. 그래서 내 나름대로 최소한의 맛의 방정식이라도 제시해보려 한 것이다.

방정식의 의미, 단순화해야 멀리 갈 수 있다

미리 밝히자면 지금 당장 활용 가능한 맛의 방정식은 없다. 만약에 그런 것이 있다면 이 책의 맨 처음에 소개하고 그것을 풀어내지 이렇게 '맛있다'는 말 한마디에 깔린 맛의 배경을 구구절절 설명하지 않았을

맛의 방정식, 맛은 음식을 통한 즐거움의 총합이다

것이다. 그럼에도 맛의 방정식을 소개하려는 것은 그것을 찾아보려는 노력만으로도 얻게 되는 게 많기 때문이다.

내가 평범하게 회사생활을 하다가 식품을 다시 공부하기 시작한 것은 가공식품과 첨가물에 대한 오해와 편견이 너무 많아서였다. 그러다 알게 된 사실은 그렇게 오해가 많은 결정적 이유는 전체를 보지 못하기 때문이라는 것이었다. 전체를 보지 못하니 '보행자 사고의 절반이 건널목에서 나므로 아예 건널목을 없애자'와 같은 주장이 사실인 양 통했고, 그러다 시간이 지나 잠잠해지면 또 다른 괴설이 등장하여 혼돈만 주는 상황이 반복되었다. 파편화된 지식에 제대로 대응하지 못하고 마구 휘둘린 것이다.

이런 식품현실과 가장 반대되는 분야가 물리학이 아닐까 싶다. 물리학자들은 세상을 가장 간결하게 설명할 수 있는 것을 아름답다고 여긴다. 예를 들어 F=ma라는 짧은 방정식을 풀면, 당구공이 부딪히고 대포알이 날아가는 현상에서 천체의 운동까지 모조리 설명할 수 있다. 세상은 생각보다 단순한 법칙에 의해 작동한다고 믿고 그것을 하나의 방정식으로 설명하려고 사력을 다한다. 그래서인지 진화학에 딴죽을 거는 사람은 많아도, 인간(심지어 물리학자)의 상식으로는 도저히 납득하기 힘든 양자역학이나 한 점에서 우주만물이 생겨났다는 빅뱅이론에 시비를 거는 사람은 거의 없다. 세상을 가장 단순한 단 하나의 방정식으로 설명하려 할 정도로 종합적으로 이해하려고 하는 물리학자의 끊임없는 노력과 검증 덕분인 것 같다.

그런데 식품은 그런 검증과 합의가 너무 부족하다. 식품에서 일어나는 복잡한 현상을 우표 수집하듯 나열하기만 하지, 모든 현상을 모아 단순명료하게 통합적으로 설명하려는 노력은 별로 없다. 그래서 부분적인 사실만 가지고 함부로 마구 말하는 경우가 많다. 맛의 설명에도 그런 노력은 거의 없다. 내가 여기에서 맛을 굳이 방정식의 형태로 설명해보려 한 것은 그런 풍토에 대한 반발심인지도 모르겠다. 아무리 맛이 복잡해도 우주보다 복잡하지는 않을 것인데, 통합적으로 설명하려는 노력이 너무 없다.

맛을 전체로 보지 않고 부분적으로 보면 특정한 일부가 마치 전부인 것처럼 느껴지는 경우도 많다. 나도 앞서 맛에서 미각을 말할 때는 오미가 없으면 나머지는 아무 의미가 없다는 식으로 말했고, 후각을 말할 때는 향이 사라지면 모든 맛이 똑같아진다고 말했고, 촉각을 말할 때는 물성이 맛의 바탕이라 다른 것은 참아도 불어터진 면발은 참을 수 없는 것처럼 물성이 중요하다고 했다. 맛의 모든 구성요소가 하나하나 따로 설명하면 마치 그것이 전부인 양 말할 수도 있다. 그만큼 부분적인 사실로는 전체를 균형 있게 설명하지 못한다. 하나로 모아보려는 노력이 필요한 것이다.

아직 맛을 방정식으로 정리하기에는 부족한 것이 너무 많다. 그래도 이렇게 억지로 시도라도 해봐야 그동안의 경험과 지식의 조각들이 모아질 것이고, 그런 요인들을 분류하고 통합하는 과정에서 개별적으로 봤을 때는 보이지 않던 새로운 사실도 보이게 될 것이다. 개별 사안만 깊이 판다고 전모를 알 수는 없고, 숲만 본다고 그 깊이를 알 수 없다. 때로는 디테일에 집중하고 때로는 전체로 묶어보려는 노력에 집중하는 과정의 반복을 통해 이해가 깊어질 수 있다.

맛의 방정식

맛(Food Pleasure) : 음식을 통한 즐거움의 총합

$$= \Sigma \text{Rhythm} \quad \times \quad \Sigma \text{Benefit} \quad \times \quad \Sigma \text{Emotion}$$

감각의 리듬	영양, 안전	감정, 심상
Sensory	Gut, Nutrition	Brain, Memory

A. 감각(Sensation): 맛은 입과 코로 듣는 음악이다

음식을 먹을 때 느껴지는 즐거움, Fast & Direct sensation

- 감각: 오미오감은 맛의 시작일 뿐이다.

- 리듬: 긴장(통제)의 쾌락 vs 이완(일탈)의 쾌락.

- Dynamic Contrast vs Satiety.

B. 영양(Benefit): 맛은 살아가는 힘이다

먹은 뒤 천천히 다가오는 만족감, Slow & Hidden sensation

- 달면 삼키고, 쓰면 뱉어야 한다.

- 맛은 허기와 칼로리에 비례한다.

- 감각적 타격감, 장과 세포 단위까지 느끼는 만족감.

C. 감정(Emotion): 맛은 존재하는 것이 아니고 발견하는 것이다

먹을 것인가, 더 먹을 것인가, 또 먹을 것인가

- 감정(Emotion)은 행동(Motion)을 위한 것이다.

- 맛은 도파민 농도에 비례한다.

- 쾌감에도 항상성이 있다: 도파민은 차이, 더(More)에 반응한다.

A. 감각의 리듬(Rhythm of Sensation): 맛은 입과 코로 듣는 음악이다

음식을 먹으면서 느껴지는 즐거움

감각 효과(Fast and Direct sensation): 맛은 감각에서 시작된다

우리는 감각을 통해 세상을 지각하고 이해한다. 감각에 없는 지각이 환각이고, 감각과 일치하지 않는 지각이 착각이다. 맛은 오미오감 등 수많은 감각의 협업에 의해 이루어진다. 감각을 통해 우리의 빠른 행동을 결정할 수 있다.

미각 효과: 미각에서 영양의 탐색이 시작된다

미각은 5가지로 단순하지만 하나하나가 매우 생존에 중요한 역할을 한다. 단맛은 생존에 필수적인 에너지원이 풍부하다는 신호이고, 감칠맛은 단백질이 풍부하다는 신호이며, 짠맛은 미네랄을 보충할 수 있다는 신호이다. 그러니 음식에 단맛, 감칠맛, 짠맛이 적당히 있어야 맛있다.

후각 효과: 맛의 다양성은 향이 만든다

코에는 400종의 향기 수용체가 있어서 1조 가지 향의 차이를 구분할 수 있다. 미각이 음식에 포함된 영양분을 감각하는 기능이라면, 향은 그렇게 찾아낸 음식을 기억하고 식별하는 상표와 같다. 만약 후각이 망가지면 세상의 음식 맛은 거의 같아지게 된다.

촉각 효과: 맛의 품위는 식감(물성)이 만든다

고급스러운 맛은 식감에 의존하는 경우가 많다. 입안에서의 촉감, 목젖까지 입안을 꽉 채웠을 때의 만족감, 목젖을 타고 내리는 느낌도 모두

맛의 방정식, 맛은 음식을 통한 즐거움의 총합이다

맛이다. 맛의 모든 감각에 영향을 주는 것은 물성밖에 없다.

시각 효과: 보기 좋은 떡이 먹기도 좋다

우리는 맨 처음 눈으로 맛을 본다. 순식간에 무의식적으로 맛을 예측하고, 미각과 후각으로 그 예측을 확인하는 수준이다. 보기 좋은 떡이 먹기 좋은 것이다.

리듬 효과: 맛은 입과 코로 듣는 음악이다(Dynamic Contrast)

아무리 잘 차린 한 상의 음식도 한꺼번에 믹서에 넣고 갈아버리면 맛이 사라져 버린다. 리듬이 사라졌기 때문이다. 우리는 단맛이나 짠맛에 환호하는 것이 아니라 단짠단짠, 단단단~쓴 같은 리듬에 환호한다.

기대와 반전: 기대와 일치하면 편안함을 주고 살짝 비틀면 재미를 준다

우리는 익숙한 향에 안도감을 느끼고 새로운 향에 흥미를 느낀다. 익숙한 것은 감각적으로, 새로운 것은 편안하게 제공하는 것이 핵심이다. 새로운 것이 탁월할 때는 놀라움을 주지만, 익숙한 것이 탁월할 때는 감동을 준다.

타격감 효과: 사람들은 자극이 충분해야 만족한다

향신료의 매력은 향에 있지 않다. 다양한 감각기관을 복합적으로 자극하여 충족감을 준다. 음식을 먹으면 충분히 먹은 느낌이 나야 한다. 충분한 타격감으로 충족감을 주지 않으면 다음번에는 외면당하기 쉽다.

B. 영양(Benefit/Nutrition): 맛은 살아가는 힘이다

음식을 먹고 난 뒤 느껴지는 만족감

숨겨진 감각(Slow/Hidden sensation): 진정한 미식기관은 장(Gut)이다

입으로는 2~10%의 맛 물질, 코로는 0.1%도 안 되는 향기 물질만 감각할 수 있지만, 장은 식품의 모든 성분을 분자 단위로 분해하여 성분의 총량까지 확인한다. 입과 코는 음식의 첫인상만 감각하는 셈이고, 진정한 맛은 장(Gut)이 느끼는 것이다. 단지 그 정보가 천천히 뇌의 무의식 영역에 전달되기 때문에 우리는 그것의 엄격함을 잘 모른다.

필요 효과: 허기가 최고의 반찬이다

허기보다 강력한 반찬은 없고, 타는 갈증에 물보다 맛있는 것은 없다. 맛은 음식의 성분보다 내 몸의 필요성에 의해 좌우되며, 필요에 따라 내 몸의 세팅을 바꾼다. 활동량이 많은 청소년기에 단것을 가장 많이 먹다가 그 시기가 지나면 먹는 양을 스스로 줄인다.

풍부함 효과: 곳간에서 인심 나고 인심에서 기분 난다

음식이 풍부하면 마음마저 저절로 풍부해진다. 과거에 '상다리가 부러질 듯이 가득 채운 상'이란 말은 최고의 대접으로 통했고, 지금도 풍성한 음식은 기분을 좋게 한다.

영양 효과: 맛은 칼로리에 비례한다

우리가 음식을 먹는 기본 목적은 살아가는데 필요한 에너지원(칼로리)을 얻기 위한 것이다. 그래서 칼로리 밀도 5 정도의 음식을 좋아한다.

맛의 방정식, 맛은 음식을 통한 즐거움의 총합이다

(지방 9, 탄수화물 & 단백질 4.0 기준)

안전 효과: 달면 삼키고 쓰면 뱉어라

식품은 안전이 최우선이다. 사람이 좋아하는 향은 신선함, 고소함, 잘 익은 향처럼 안전한 먹거리에 공통적으로 있는 향이다. 반면 쉰내, 묵은내, 비린내 등은 상하거나 위험한 음식의 신호이기 때문에 싫어한다.

예측 효과: 뇌는 경험으로 패턴을 축적하고, 패턴으로 예측을 만든다

냉면이나 육회는 그 자체로는 별로 맛이 없다. 먹어 본 기억이 쌓이면 나중에 다가올 만족감을 예측할 수 있기 때문에 미리 맛있게 먹을 수 있다.

만족 효과: 음식은 먹고 난 뒤에 든든해야 한다

소화가 잘되는 음식이 몸에 좋은 음식이다. 담백한 맛이라며 좋아하는 음식은 적어도 소화 후 편하고 영양이 충분한 음식이라는 공통성이 있다.

마무리 효과: 좋은 마무리는 여운을 길게 해준다

한국인이 넓은 냄비 위에 국물이 있는 무언가를 먹는다면 그것은 어쩌면 마지막의 볶음밥을 위한 요식행위이자 치밀한 준비과정인지도 모른다. 처음부터 모두의 마음속에는 '볶음밥'이 있었으니 고기 같은 것은 어쩌면 탄수화물을 맛있게 먹기 위한 수단일 수 있다.

이처럼 음식의 마무리 또는 디저트는 먹는 즐거움을 완성하고 길게 끌어주는 효과가 있다.

C. 감정(Emotion for motion): 맛의 절반 이상은 뇌가 만든 것이다

먹을지 말지, 더 먹을지 말지, 다음에 또 먹을지에 대한 종합적 판단

증폭/억제 효과: 맛은 행동을 위한 단호한 결정이다

뇌는 행동을 위한 것이고, 맛은 먹을지(Yes) 말지(No), 계속 먹을지(Go) 말지(Stop) 같은 행동을 결정하기 위한 것이다. 그래서 때로는 상당한 차이도 무시하고 사소한 차이를 과장한다. 맛이 폭발적으로 좋거나 나쁘다고 느끼게 할 수 있다.

맥락 효과: 속지 않으려면 전후좌우 맥락을 살펴야 한다

자연에는 속임수가 많다. 자신을 보호하거나 먹잇감을 속이고 유혹하기 위한 것도 있다. 그런 가짜를 구분하는 능력이 생존에 매우 중요한 것이라 우리는 속임수 즉 가짜에 민감하다. 맥락을 살펴보고 수상하면 경계한다. 아무리 좋은 향도 지나치게 많으면 이취이고, 맥락에 맞지 않아도 이취이다.

쾌감 효과: 맛은 도파민 농도에 비례한다

뇌는 생존에 유리한 행동에 대해 도파민(쾌감)으로 보상한다. 도파민의 분출량이 평범하면 일상이고, 충분하면 쾌감, 부족하면 통증이 될 수 있다. 뇌는 도파민으로 만든 쾌감을 통해 우리의 행동을 지배하는 것이다. 음식은 생존에 반드시 필요한 것이라 좋은 음식을 먹으면 많은 도파민이 나온다.

맛의 방정식, 맛은 음식을 통한 즐거움의 총합이다

반복 효과: 반복은 기억을 만들고, 기억은 중독을 만든다

도파민은 쾌감을 주었던 행동을 기억하고 반복하게 하는 역할을 하고, 반복은 기억을 강화한다. 반복이 지속되면 습관이나 중독으로 이어지기 쉽다.

쾌감의 항상성: 도파민은 일정한 수준을 유지하려 한다

우리는 항상 더 많은 쾌감(도파민)을 원하지만 뇌는 결코 그 상태를 유지하지 않는다. 커다란 슬픔이나 압도적 공포도 시간이 지나면 약해지는데 쾌감이라고 계속 유지될 리가 없다. 쾌감에도 항상성이 적용되어 아무리 크고 영원할 것 같은 기쁨도 금세 거기에 적응하고 그것이 새로운 기준이 되어 쾌감을 느끼기 위해서는 더 강한 자극이 필요해진다.

도파민은 차이, 새로움, 더(More)에 잘 반응한다

뇌는 동일한 자극이 계속되면 도파민의 분비량을 줄인다. 도파민은 더(More)에 반응하는 방식으로 도전력을 키웠고, 실패에 크게 개의치 않는다. 오히려 흥미와 도전감을 높인다. 예측 가능한 보상보다는 예측하기 힘든 보상이 오히려 쾌감을 높인다. 축구처럼 실력과 운을 적당히 혼합되어 들쑥날쑥한 보상이 이루어질 오히려 더 매료된다.

균형과 조화: 절묘함은 아슬아슬한 균형에 있다

좋은 향은 좋은 향기 물질로만 만들어지지 않는다. 개별적으로는 악취인 물질도 적절히 조화되면 풍부함을 부여한다. 균형, 적절함의 극치인 황금비율은 아주 사소한 차이로 위대한 차이를 만들기도 한다.

입체감과 공간감: 맛에도 깊이가 있고 깊이가 빠져들게 한다

소리를 들을 수 있다고 모두 음악에 빠져들지 않고, 맛을 느낄 수 있다고 모두 빠져들지는 않는다. 아무리 음악을 듣는 능력 즉 리듬, 음 높이, 음색 같은 특징을 구분하는 능력이 멀쩡해도 그런 것을 바탕으로 뇌에서 음악을 입체적으로 재현할 능력이 사라지면 음악도 이차원 평면처럼 변해버리면서 감동이 사라진다. 맛도 입체적으로 느낄 때 깊이 빠져든다.

노출효과(학습효과): 맛의 절반은 추억이다

좋아하면 찾게 되고, 먹다보면 좋아진다. 먹다보면 알게 되고, 알게 되면 더 좋아진다. 인류가 이처럼 압도적인 잡식성을 가진 것은 그만큼 학습력과 기억력이 뛰어나기 때문이다.

정점이동: 평균이 호감을 만들고, 정점이동은 최고를 만든다

모든 얼굴을 평균내면 균형 있고 예쁘게 보이듯이 음식도 맛의 요소가 평균을 갖출 때 균형 있고 맛있다고 느낀다. 그리고 정점이동(Peak shift)에 의해 최고가 된다. 잘 조화된 평균을 구한 뒤에 좋아하는 요소를 강조하면 최고가 되는 것이다. 평균적인 맛을 구하고 거기에 선호요인을 강화하면 최고가 되고, 개성까지 추가되면 전설이 된다.

기대효과: 맛은 분위기에 좌우된다

식당의 최고 인테리어는 손님이라고 한다. 많은 사람이 좋아하는 것을 본인도 모르게 더 맛있다고 느낀다. 유명 맛집의 음식이 심심하면 담백한 맛으로 판단하고, 기대가 안 되는 식당의 음식이 심심하면 간도 못 맞추는 형편없는 음식으로 해석되는 식이다. 맛은 이미지와 신뢰를 바탕으로 이루어진 것이라 분위기에 따라 맛이 바뀐다.

맛도 뇌도 사회적이다

많은 사람이 자신의 생각과 행동을 스스로 결정하며 주도적인 삶을 산다고 생각하지만 실제로는 생각만큼 주도적이지 않다. 인간은 사회의 눈치를 많이 보는 가장 사회적인 동물이다. 그래서 외부의 칭찬 한마디에 기분이 달라진다. 여러 즐거움 중에서도 인정받는 즐거움이 가장 큰 것은 그런 이유다. 타인이 나를 인정하고 소중하게 생각해준다는 느낌이 들면 감동하는 것이다. 귀한 재료로 정성스럽게 만든 음식에 감동받는 것은 그만큼 존중받고, 대접받았다는 느낌이 크기 때문이다. 맛은 그런 사회성과 집단지성의 결과물이다. 남들이 모두 맛있다고 하는 것은 그만큼 안전하고 검증된 음식이라는 뜻이기도 하다. 그러니 그런 음식을 맛있게 느끼려고 감각을 보정하는 것은 생존에 매우 유리한 행동이라고 할 수 있다.

② 맛은 더하기가 아니고 곱하기다

맛을 방정식으로 정리하면 알 수 있는 것들

맛을 감각의 리듬, 영양(benefit), 감정(뇌의 작용)의 3요소로 정한다면 첫 단계로 3요소의 비율을 정해야 할 텐데, 각 요소의 비율을 얼마로 하는 것이 합리적일까? 이 질문 자체가 커다란 공부이다. 나는 뇌가 차지하는 비율이 40%가 넘는다고 생각하는데, 그렇게 되면 나머지 60%가 음식이 주는 가치(Benefit)와 감각의 역할로 나눌 수 있다. 그래서 각각 반반을 할당하면 오감의 역할은 30%가 된다. 오감의 역할이 30%라면 그중 리듬의 역할을 빼면 20%가 남는다. 여기서 절반이 미각의 역할이라고 해도 10%이다. 나머지 4가지 감각을 합해야 10%니 그것도 받아들이기 힘들겠지만, 미각의 역할 10%를 오미로 나누면 단맛이나 짠맛의 역할은 고작 2%이다. 소금의 역할이 맛에서 고작 2%라면 모든 음식에서 소금을 빼도 맛은 고작 2%만 나빠지는 셈인데, 2% 때문에 소금을 줄이지 못한다는 것은 말이 되지 않는다. 설사 뇌의 역할을 10%로 줄이고 오감의 역할이 60%라고 해도 소금의 역할은 4%에 불과하므로 여전히 납득하기 힘들 것이다.

이처럼 방정식을 세우기 위해 맛의 요소를 모으고 정리해보면 새로운 관점이 생길 수 있다. 내가 방정식을 세우다 알게 된 것은 맛은 더하기가 아니고 곱하기라는 것, 맛은 차이 식별장치로 시간이 지나면 점점 디폴드 값인 1로 수렴하고, 우리의 행동은 ON/OFF적이므로 맛도 필요에 따라 민감화 또는 둔감화해야 한다는 것 등이다.

맛은 곱하기, 부분의 합이 전체보다 훨씬 크다

외식업은 6차 산업이라고 부르기도 한다. 1차 산업인 식품원료, 2차 산업인 제조업, 3차 산업인 서비스업이 모두 결합(1×2×3)한 산업이라는 뜻인데, 어느 것 하나만 부족해도 완전히 망친다는 의미도 가지고 있다. 사실 맛도 그렇다. 여러 요소가 작용하는데 그중에 어느 하나만 망쳐도 전부를 망치기도 하고, 딱 무엇 하나 바꾸거나 추가했을 뿐인데, 맛이 완전히 달라지기도 한다.

향은 0.01%도 안 되는 정말 적은 양인데도 이상하면 맛을 완전히 망칠 때가 있고, 녹아버린 아이스크림은 성분이 그대로지만 맛의 즐거움이 사라지고, 불어터진 라면을 보면 식감이 맛의 90%를 넘어 보이기도 하고, 파란색의 음식을 보면 식욕이 확 사라지며, 서빙된 김치에 이 자국이라도 보이면 분노를 느낄 것이다. 이처럼 개별요소를 합하면 도저히 100을 맞출 수가 없다. 부분의 합이 전체보다 훨씬 더 큰 것이다.

On/Off, 황금의 배합비에서 폭발적으로 증가한다

지금 시중에 나와 있는 음식은 100년 전 황제가 먹던 음식만큼이나 맛있는 것이다. 보통은 분식점에서 떡볶이를 먹으면서 대통령이나 재벌은 훨씬 특별한 떡볶이를 먹을 것이라고 생각하지 않는다. 산업혁명을 통해 식재료가 풍부해지고 엄청난 경쟁을 통해 요리의 기술은 날로 발전해 지금의 모든 음식은 과거와 비교할 수 없이 맛있어졌다. 하지만 우리는 모든 음식에 맛있다고 감동하지 않는다. 기대를 뛰어 넘을 때만 감동한다. 어떤 것은 H버터칩처럼 대란이 날 정도로 인기를 얻기도 하지만, 대부분의 것들은 출시되었는지도 모르게 쓸쓸하게 잊혀진다. 그렇다고 제품의 맛 차이가 2, 3배 나는 것도 아니다. 우리의 평가는 극과 극으로 나뉠 뿐이다. 이런 현상이 일어나는 건 우리 뇌에 사소한 차이를 극적으로 증폭하는 회로가 있기 때문이다.

감각의 신호는 연합영역을 통해 안와전두피질로 전달되고 동시에 편도체와 해마로도 전달된다. 이들 신호는 결국은 루프를 돌고 돌아서 맛이 쾌감이 되고 쾌감이 맛의 일부가 된다. 이 과정에서 안와전두피질이 ON/OFF적인 행동을 유발하기 위해 감정을 증폭하거나 무시한다.

이것이 맛의 상승작용의 비밀도 설명한다. 과일은 당과 산이 있어야 제대로 향이 난다. 아무리 향이 있어도 감미가 없으면 향이 약하게 느껴지는데 산미도 마찬가지이다. 산이 있어야 향이 제대로 올라온다. 그래서 맛의 균형을 잡기 위해 산이 첨가되기도 한다. 간이 부족한 음식

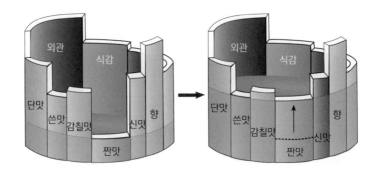

채움에 의한 증폭 효과

맛의 방정식, 맛은 음식을 통한 즐거움의 총합이다

에 소금을 조금 넣으면 맛이 확 살아나거나, 깊은 맛이 부족한 국물에 MSG를 조금 넣으면 맛이 확 살아나는 것도 결국에는 이 안와전두피질의 작용 때문이다. 안와전두피질은 일정 수준을 넘어가면 훨씬 더 좋게 느끼도록 강력한 쾌감을 추가한다. 어느 정도 좋으면 모든 것이 좋다고 평가하는 시스템인 것이다.

농도가 지나치면 불쾌감이 들고 여러 성분이 서로 조화가 이루어질 때, 칼날 위를 걷는 듯한 정확한 맛의 균형에서 맛은 폭발한다. 시장에서 성공하려면 이런 절묘한 맛의 균형점을 찾아야 한다. 사소한 차이로 모든 성패가 달라지고 부익부 빈익빈 현상이 가중된다. 손님이 많은 식당은 손님 때문에 손님이 더 몰리고, 썰렁한 식당은 충분히 맛이 있어도 손님이 외면한다. 맛은 곱하기이다. 0점을 피하는 것이 요령이고, 평균을 아는 것이 핵심이다. 평균만 잘 알고 관리해도 실패하지 않을 것이며, 여기에 매력을 부여하면 맛의 즐거움이 폭발적으로 증가한다.

맛에도 항상성이 작동한다. 익숙해지면 시들해진다

감정의 항상성은 맛에도 적용된다. 커다란 슬픔이나 압도적 공포도 시간이 지나면 희석되듯이 아무리 좋은 맛도 그것을 계속 먹으면 맛의 감동은 점점 줄어든다. 맛의 수많은 변수는 시간이 지나면 점점 디폴트 값(1)으로 수렴하려 한다. 맛이 점점 평범하게 느껴지는 것이다. 그래서 우리는 점점 더 맛있는 것을 찾아 헤매게 되고 맛 중독도 일어나는 것이다.

뇌는 항상 도파민을 일정한 수준으로 유지하려고 한다. 도파민이 계속 지나치게 많을 경우, 항상성 시스템은 도파민 분비량을 줄이거나 도파민 수용체를 줄여서 같은 양이면 적게 흥분하게 만든다. 맛은 뇌가 만든 쾌감이고 우리는 이 쾌감의 지배를 받는다. 그렇게 무섭다는 마약도 중독률은 15% 정도라고 한다. 날마다 몇 번씩 하지는 않기 때문이다. 그런데 담배는 중독률이 80%이다. 쾌감의 양은 적지만 하루에 200번이나 느끼기 때문이다.

음식의 맛은 지독하게 반복적이고 그만큼 중독적이다. 음식은 날마다 꼬박꼬박 평생 동안 지속하는 행위다. 그만큼 지울 수 없는 기억을 만들어 우리는 음식을 섭취하지 못했을 때는 오로지 음식 생각밖에 할 수 없게 된다.

맛이야말로 운명을 바꾸는 중독이다. 세상 어떤 동물도 인간처럼 다양한 식재료를 먹는 동물은 없고, 다양한 형태로 요리하여 쾌락을 즐기는 동물도 없다. 그럼에도 더한 중독을 꿈꾼다. 맛집 예찬은 맛 중독의 예찬이고, 맛의 레시피는 중독의 레시피인 것이다. 결국 뇌의 쾌감엔진을 생존과 자신의 발전에 도움이 되는 중독엔진으로 사용할지, 인생을 낭비하는 데 사용할지는 오로지 사용자에게 달려 있다.

맛의 방정식. 맛은 음식을 통한 즐거움의 총합이다

❸ 맛의 방정식? 아직 예측은커녕 사후평가도 힘들다

날씨를 알려주는 돌이 있다고 한다. 돌이 젖어있으면 비, 흔들리면 바람, 잘 보이지 않으면 안개로 현재 날씨를 슈퍼컴퓨터보다 더 정확히 알려준다. 아쉬운 점은 그 돌은 미래를 예측하지는 못한다는 것이다. 미래를 알아야 대비를 할 텐데, 돌이 알려주는 날씨는 이미 벌어진 일이라 쓸모가 없다.

맛의 평가도 이와 비슷한 경향이 있다. 소비자 조사를 통해 개발된 신제품의 성공 여부를 출시 전에 미리 알 수 있다면 비용의 낭비를 크게 줄일 텐데 그럴수가 없다. 가끔 어떤 신제품이 큰 성공을 하면 그 제품의 성공비결이 회자된다. 하지만 그것은 단지 사후 효과일 뿐이다. 그것이 정확한 성공 비결이었다면 그 비결을 활용해 다음 제품도 성공할 텐데 그렇지 못하다. 맛의 방정식이 있다면 변수 값만 알면 맛의 평점을 알 수 있고, 맛의 평점을 알면 신제품의 성공률은 놀랄 만큼 높아질 것이고, 제품 개선도 매일 같이 일어날 것이다. 그런데 우리는 맛의 방정식을 통해 성공 예측은커녕 완성된 제품의 품질평가도 제대로 하지 못한다. 아무리 정교한 관능평가를 해도 제품의 성패를 장담하지 못하는 것이다.

관능평가로 조사할 수 있는 것은 제한적이다

식품회사는 신제품 출시 전에 수많은 소비자 조사를 한다. 많은 비용과 노력을 기울여 하는 조사인데 그 결과도 자주 틀린다. 전문 관능검사기관은 오차 즉, 관능평가에 영향을 주는 외부 요인을 줄이려고 애쓴다. 맛은 먹는 순서, 대조, 그룹, 중심경향오차, 시간오차, 위치오차 등에 의해 달라지기에 제시 순서를 섞어서 통계적으로 편차를 줄이는 방법도 사용한다. 심리적 오차인 기대오차(원가절감용 샘플이라면), 자극오차(고급스러운 포장용기에 담기면), 논리오차(색이 진하거나 다르면), 후광효과(맛이 좋으면 나머지 모든 요소도 좋게 평가한다) 등을 줄이려 노력한다. 그래서 별도의 독립된 관능평가실을 마련해 따로 따로 평가하도록 한다. 관능평가실의 환경을 세심하게 설계하고, 심지어 시료를 제공하는 용기, 양, 제공 온도, 같이 제공되는 입가심용 식품까지 신경을 쓴다. 샘플 번호도 1, 2, 3이나 A, B, C처럼 일련번호를 붙이지 않는다. 순서효과마저 배제하기 위해 무작위로 번호를 붙인다. 그런 후 정교한 통계 프로그램으로 분석하지만 이런 관능검사로 알 수 있는 것은 제품의 판매요인 중 극히 일부에 불과하다.

'뉴코크'가 실패한 이유

1985년, 코카콜라는 한 번의 실수로 엄청난 비용을 낭비하고 소비자들로부터 심한 지탄을 받았다. 그것은 바로 신제품 '뉴코크' 때문이었다. 당시 코카콜라에 밀려 시장에서 2인자의 자리에 머무르던 펩시는 〈펩시 챌린지〉라는 소비자 프로모션을 통해 코카콜라를 강하게 압박하기 시작했다. 펩시 챌린지는 소비자들에게 눈을 가리고 펩시와 코카콜라를 마시게 한 후 맛이 더 좋은 제품을 선택하게 하는 프로그램이었는데 여기에서 펩시가 많은 선택을 받자 처음에는 무시하던 코카콜라도 점점 초조해지기 시작했다.

결국 압박에 시달리던 코카콜라 경영진은 코카콜라의 맛을 바꾸기로 결심한다. 100년 된 맛을 시대의 변화에 맞게 고치려 한 것이다. 정확한 제조방법은 아무도 모른다며 신비화하던 제조법을 공개적으로 바꾼다는 것은 이전에는 상상하기 힘든 시도였다.

그렇게 신제품 뉴코크가 탄생했고, 최초로 시장 테스트를 거친 것이 1985년이었다. 400만 달러를 들여 20만 회의 블라인드 테스트를 거친 끝에 최종 맛이 확정되었다. 회사는 신제품이 대히트를 칠 것으로 확신했으나 시장의 반응은 정반대였다. 신제품이 출시되자마자 소비자 수천 명으로부터 불만이 접수되었던 것이다. 처음에는 이들 불만을 대수롭지 않은 것으로 치부했다. 그러나 항의는 계속되었고, 결국 50

1980년대 펩시 챌린지

만 명이 넘는 성난 소비자들로부터 불만이 터져 나왔다. 심지어는 〈원래 코카콜라 살리기 운동〉이라는 추진 단체가 결성되고, 신문에는 코카콜라사의 결정을 부정적으로 보는 사설과 만평이 연일 실렸다. 코미디언들은 단골 코미디 소재로 삼기도 했다. 한마디로 "너희가 내 코카콜라를 망쳐 놓았다"라는 푸념이었다. 한 여성은 남편에게 옛날 코카콜라를 보는 대로 사달라고 졸랐고, 아내를 기쁘게 해주고 싶었던 남편은 자신이 살고 있는 주를 넘어 다른 주까지 원정을 가서 코카콜라를 사재기해댔다. 어떤 편지는 항의보다 슬픔의 호소였다. "이제 더 이상 코카콜라를 마실 수 없게 되었다니 무척이나 슬프군요. 그런데 앞으로 제 아이들과 손자들도 영영 이 맛을 보지 못할 것을 생각하니 더 슬퍼집니다. 나중에 제 아이들은 코카콜라의 맛에 대해 그저 저의 설명으로만 기억하게 되겠지요." 코카콜라 직원들은 주위의 반응 때문에 유니폼을 입은 채로는 퇴근을 하지 못했다.

이후로도 점점 상황은 악화되었다. 하지만 최고 경영자는 이는 일시적인 현상일 뿐 사람들은 곧 변화에 익숙해질 것이라며 계속 버텼다. 그렇게 한참 후에야 문제는 '맛'이 아닌 '소비자 심리'에 관한 것이라는 사실을 깨달았다. 그래서 뉴코크 출시 두 달 반 만에 회사는 두 손을 들고 기존의 코카콜라를 같이 팔겠다고 결정했다. 이 소식은 TV 방송 도중에 뉴스속보로 알려졌고, 이전의 콜라를 '코크 클래식(Coke classic)'이라는 이름으로 다시 출시했다.

이 해프닝이 시사하는 바는 너무나 많다. 맛은 입으로 느끼는 것과 마음속에 있는 것이 다를 수 있다. 소비자는 이미지를 통해 제품을 선택하고 '이 제품이 맛있어!'라고 자신의 선택을 미화하는 경향이 있다. 사실 우리는 어떤 식품을 선택할 때 그때마다 다른 것과 비교하여 점수를 내지 않는다. 일단 한 번 만족했으면 다음에는 그것을 믿고 또 선택한다. 그러니 브랜드 자체가 맛을 좌우하는 강력한 요인인 것이다. 지금 브랜드가 하는 역할을 과거에는 향이 했다. 포장지와 설명이 없는 야생의 식재료를 보고 어떤 선택할지를 결정할 때는 향이 식별 수단으로 중요한 역할을 한다.

스티브 잡스는 왜 시장조사를 하지 않았을까?

스티브 잡스는 "사용자는 자기가 원하는 것을 모른다. 따라서 시장조사 같은 건 필요하지 않다"라고 말했고, 실제로도 시장조사를 거의 하지 않았던 것으로 알려져 있다. 잡스가 애플에 복귀하기 전 애플의 야심작이었던 '뉴턴 PDA'는 철저한 시장조사에 근거하여 개발된 제품이었다. 그러나 잡스는 복귀하자마자 뉴턴을 포기했다. 마케팅 이론과 경영학 교과서를 완전히 뒤집는 황당한 방식이었으나 그는 이후 승승장구했다.

대부분의 기업이 신제품을 출시할 때 최선을 다해 시장조사를 한다. 앞서 코카콜라가 '뉴코크'를 개발할 때도 당시로써는 파격적인 금액인 400만 달러를 들여 철저히 소비자 조사를 한 결과를 토대로 진행한 것이었다. 결과적으로 스티브 잡스는 소비자들이 스스로의 마음을 잘 모른다는 사실을 간파했던 것이다. 그래서 그는 차라리 자신의 경험과 직관에 의지해서 제품을 개발했다.

설문조사는 응답자가 자신의 실제 느낌에 충실하기보다는 그럴듯한 선택을 하게끔 이끄는 경향이 있다. 그런 한계를 벗어나고자 '뉴로마케팅'이라는 개념까지 등장했다. 말보다는 뇌의 반응이 훨씬 정직하기 때문에 소비자가 제품에 대한 선호를 표출하는 과정에서 뇌의 각 부위에서 어떻게 반응하는지를 조사하겠다는 것이다. 코카콜라와 펩시콜라를 구매하는 소비자들의 뇌 반응을 기능성 자기공명영상장치(fMRI)로 촬영해보았다. 처음에는 본인이 마신 콜라가 어떤 회사 제품인지 모르는 상태에서는 두 회사 제품을 마신 소비자 모두 동일하게 뇌의 전두엽이 활성화되었다. 이어서 어느 회사 제품인지를 알려준 다음에는 코카콜라를 마시는 소비자는 전두엽 외에도 전전두엽과 해마가 활성화되었지만, 펩시콜라인줄 알고 마시는 사람들은 그렇지 않았다. 코카콜라인줄 알고 마시는 소비자의 뇌가 펩시콜라인줄 알고 마시는 소비자와 다르게 반응한 것이다.

소비자에게 묻느니 차라리 뇌를 직접 촬영하는 것이 낫다는 의견도 있다. 유니레버사는 20명의 연구팀에 3,000만 달러의 연구비를 투입하여 뇌 영상 검사 등을 통해 음식 중독을 연구했다. "사람들에게 왜 그런 것을 좋아하냐고 대놓고 물어봐도 별로 알아낼 수 있는 게 없습니다. 본인도 그 이유를 모르거든요. 무의식적인 본능이 그런 행동을 이끌기 때문입니다. 그런 까닭에 저는 묻고 답하는 번거로운 과정을 생략하고 바로 뇌 사진을 찍었습니다. 어떤 신경 반응 경로를 거쳐 행동을 하게 되는지 알아보려고요."

소비자가 구입한 것은 그 제품을 통한 종합적인 감정과 체험이지 내용물(성분)에 한정된 것이 아니다. 내용물에 포장까지 완성되어 상품 진열대에 진열되어야 평가가 가능한 부분도 많다. 내용물만 가지고 상품의 가치를 판단하려는 것은 사업 측면에서 위험한 시도이며, 브랜드와 포장 등이 다 갖추어진 최종 결과물로 평가할 수 있다. 그러고도 곧잘 틀리기도 하니 결국 조사로 알 수 있는 것은 제품력의 일부에 불과하다.

맛의 방정식, 맛은 음식을 통한 즐거움의 총합이다

말로 하는 것은 틀리기 쉽다

검사 자체가 부자연스러운 행위이고 언어가 사실을 왜곡하기도 한다. 언어로 묘사하면 오히려 인식을 방해하고 왜곡시키는 것을 '언어의 장막 현상'이라고 하는데 영상, 색채, 음악 등 다양한 형태의 자극에서 두루 나타난다. 예를 들어 사람은 뇌에 안면인식 부위가 따로 있어서 사람의 얼굴을 인식하는 데 매우 뛰어난 능력을 가지고 있다. 하지만 말로써 묘사하면 매우 서툴어진다. 그래서 억지로 묘사하게 되면 오히려 그 얼굴을 알아보는 데 중요한 시각적 정보를 잃어버린다.

이 현상은 당연히 향이나 맛에서도 일어난다. 향기와 맛은 말로 표현하기가 굉장히 어려워서, 말로 향과 맛을 표현할 경우 중요한 감각 정보를 놓치는 경우가 많다. 와인을 자주 마시는 사람에게 한 가지 와인을 마시게 하고 5분쯤 지나서 다시 여러 가지 와인을 마셔 보면서 아까 마셨던 와인을 찾게 하면 쉽게 찾아낸다. 그런데 시음했던 와인을 다시 찾기 전에 말로 그 와인을 묘사하게 하면, 오히려 그 와인을 다시 찾아낼 확률이 낮아져 버린다. 언어로 묘사하는 과정에서 그 와인의 향미와 특징을 제대로 묘사하지 못하고, 그 묘사로 인하여 자신의 기억이 왜곡되기 때문이다.

이런 언어의 장막을 극복하려면 고도의 훈련이 필요하다. 많은 훈련을 거친 전문가들은 언어를 통한 재현력이 매우 뛰어나다. 그래서 마신 와인을 말로 묘사하도록 해도 이들의 식별 능력은 전혀 손상되지 않는다. 그러니 소비자 조사를 통해 일반인에게 자신의 느낌을 정확히 기술해주기 바라는 것은 아주 지나친 기대인 셈이다.

PART 3

맛은 뇌가
그린 풍경이다

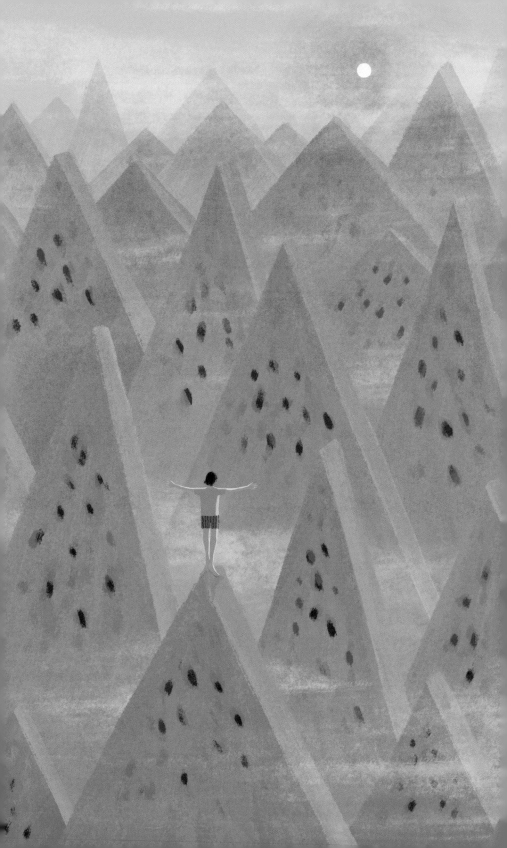

1장.
맛이 어려운
진짜 이유

백인백색, 맛은 사람마다 다르다.
숨겨진 감각, 오미오감은 감각의 극히 일부다.
공감각, 감각은 홀로 작동하지 않고 상호작용한다.
되먹임, 맛은 향이 지배하고, 향은 맛이 지배한다.
초정상 자극, 생존의 목적을 넘어 즐거움의 대상이 되었다.
흔들림, 뇌는 상반된 욕망의 시소게임을 한다.

맛이 어려운 이유는 변수가 너무나 많아서다.
차라리 맛이 어려운 것이 오히려 매력이라고
생각하는 게 나을 것이다.

맛은 어렵다는 것이 오히려 매력 아닐까?

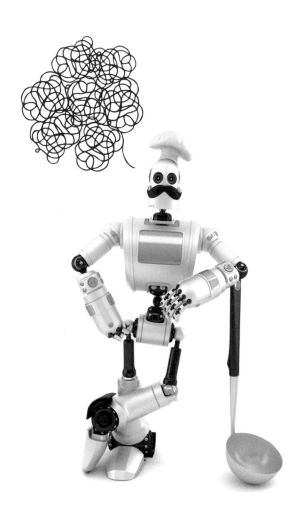

① 백인백색, 감각과 경험은 사람마다 다르다

내가 이 책에서 맛을 하나의 방정식으로 설명해보고자 한 것은 그 과정에서 맛을 설명하기 어렵게 하는 진범이 드러나지 않을까 하는 기대가 있었기 때문이다. 내가 그렇게 찾아낸 맛을 일관성있게 설명하기 힘든 대표적인 이유는 모든 사람의 감각이 다르고 경험이 다르다는 것, 같은 사람도 모든 감각이 동시에 작동하면서 상호작용을 한다는 것, 우리는 감각이 단계별로 작동하여 지각이 된다고 생각하지만 감각이 순식간에 지각이 되고, 지각이 다시 감각을 조정하는 식으로 끊임없이 되먹여지는 동적 평형상태라는 것 등이다.

우리는 다른 사람도 나와 비슷한 감각을 가질 것이라고 기대하지만 감각은 사람마다 다르고 시간과 학습에 따라 달라진다. 더구나 감각은 독립적이지 않다. 뇌에서는 미각과 후각이 만나고 또 다른 감각과 만나 통합되고 구분도 모호해진다. 커피가 달게 느껴질 때 그것이 단맛 성분 때문인지, 단 향 덕분인지 아니면 단지 향이 좋아 쓴맛을 덜 느끼는지 알기 힘들다. 모든 감각은 되먹임이 된다. 감각과 지각이 루프를 돌고 도는 것이다. 더구나 맛에서도 상반된 욕망을 동시에 추구한다. 그러니 맛은 결국 하나의 정답이 될 수 없고, 다양한 풍경이 될 수밖에 없다.

맛은 뇌가 그린 풍경이다

감각은 사람마다 다르다

똑같은 음식을 두고도 어떤 사람은 짜다고 말하고, 어떤 사람은 싱겁다고 말한다. 그런데 이것은 너무나 당연한 일이다. 감각은 사람마다 완전히 다르기 때문이다. 예를 들어 유전자의 차이로 쓴맛에 가장 민감한 타입(PAV)인 사람은 가장 둔감한 타입(AVI)보다 쓴맛에 대해 100~1,000배나 더 강하게 느낀다고 한다. 그래서 아스파라거스와 케일을 쓴맛에 덜 예민한 사람이 민감한 사람보다 훨씬 더 잘 먹는다. 특정 유전자 때문에 쓴맛에 예민한 사람들은 쓴맛이 강한 채소뿐 아니라 전반적으로 모든 채소를 멀리한다.

그런데 후각은 개인차가 더 심하다. 미각에는 단맛을 아예 못 느끼거나 신맛을 못 느끼는 것 같은 미맹은 드문데, 후각은 특정 냄새를 못 맡는 취맹이 50여 가지나 발견될 정도다. 시력도 사람마다 다르고 다양한 색맹도 있다. 심지어 촉각에도 개인차가 심하다. 뇌의 상단에는 신체 각 부위에서 일어나는 촉각의 신호가 모이는 호문쿨루스(작은 사람이라는 뜻)가 있는데 여기에 할당된 크기는 각 신체 부위의 크기에 비례하지 않는다. 손, 얼굴, 입술, 혀 같은 부위에 유난히 많은 영역이 할당되어 있다. 그리고 이런 호문쿨루스는 사람마다 다르고 배선에 혼선도 있다. 심하게 발에 집착하는 성적 취향은 호문쿨루스의 발과 성기의 사이가 가까워서 잘못된 배선이 생기기 쉬운 것으로 해석하기도 한다. 이처럼 감각은 사람마다 다르기 때문에 맛을 일률적으로 말하기 힘든 것이다.

감각은 나이에 따라 변한다

감각과 분별 능력은 나이에 따라서도 달라진다. 미각과 후각은 신생아가 가장 예민하다. 신생아 시기에는 입안 전체에 맛봉오리가 돋아 있고, 입천장, 목구멍, 혀의 옆면에 미각 수용체가 있다. 덕분에 아기들은 밍밍한 분유의 맛도 몇 배로 맛있게 느낀다. 그렇게 자라면서 10세 이후 어느 정도 일반적인 미각이 되었다가 60세 이후에는 급격히 둔화된다. 감각은 성별에 따라서도 다르게 느껴서 쓴맛과 향은 대체로 여성이 남성보다 민감한 것으로 나타났다.

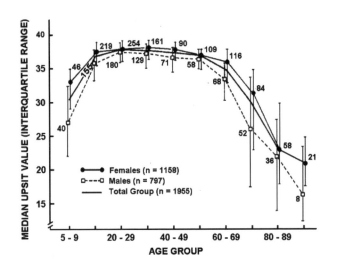

나이에 따른 감각의 노화 정도

감각은 상황과 경험에 따라 달라진다

감각은 자극에 따라 배선이 바뀌기도 한다. 그래서 갑자기 사고로 팔다리를 잃게 되면 그 부위를 담당하던 신경세포는 주면으로 슬그머니 연결을 옮기기도 한다. 훈련에 의해서도 바뀐다. 한 시각장애인은 청각만

맛은 뇌가 그린 풍경이다

으로 입체적 공간지각이 가능하다고 한다. 그래서 앞을 보지 못하지만 소리의 반향을 듣고 자전거 타고 다닐 정도다. 기타리스트는 뇌의 손가락을 담당하는 뉴런이 증가하고, 트롬본 연주자는 입술을 담당하는 부위에 뉴런이 증가한다. 맛을 느끼는 감각도 관심과 훈련에 따라 완전히 달라질 수 있다.

인간은 정말 위대한 적응의 동물이라 세계 온갖 도처에 산다. 인간만큼 다양한 환경에서 사는 동물은 없다. 적도에서 극지까지, 수생 생활에서 사막 생활까지, 바닷가에서 고산지대까지 정말 지구 모든 곳에서 사는 유일한 동물이다. 아프리카에서 기원한 현대 인류가 지리적 환경적 요인에 맞추어 몸을 약간씩 바꾸면서 적응한 것이다. 어떤 민족은 고기를 주식으로 먹기도 하고, 어떤 민족은 식물 위주로 먹기도 하고, 어떤 민족은 낙농 위주로 먹기도 한다. 그래서 맛에 대한 민감도도 차이가 있다. 여러 지역을 돌아다니며 현지에서 식용 식물들을 구해서 섭취했던 유목민족은 대부분 쓴맛에 민감하다. 쓴맛이 대부분인 유독성 식물을 정확히 구별하기 위해 쓴맛 수용체가 발달한 결과일 것이다. 반면 말라리아가 많은 지역의 사람들은 쓴맛을 내는 화합물, 특히 시안화물을 함유한 화합물에 둔감한 유전자를 갖고 있을 가능성이 크다. 시안화물을 미량 섭취하면 몸이 버티면서 말라리아 원충을 어느 정도 죽일 수 있기 때문이다.

사람마다 선입견과 기준이 다르다

문화와 환경에 따라 국가별로 맛의 기준이 달라진다. 한국인에게 맵다는 기준은 뭘까? 우리가 짬뽕을 먹으면서 맵다고 하는 것은 그 짬뽕에 매운맛이 있다는 뜻이 아니라 자신이 견디기 힘들 정도로 맵다는 의미일 뿐이다. 만약에 매운맛이 아예 없으면 그것을 짬뽕이라고 하지도 않을 것이다. 그래서 외국인이 닭강정, 쌈장, 떡꼬치 같은 것을 맵다고 하면 납득하기 힘들다. 하지만 거기에도 분명 매운맛 성분은 있고, 우리는 그 정도는 아예 무시할 뿐이다.

예전에는 물을 돈 주고 사먹는 행위를 상상조차 하기 힘들었다. 해외 여행 초창기에 유럽 여행을 다녀온 사람들이 가장 충격적이라고 말하던 것이 "세상에! 식당에서 돈을 받고 물을 팔더라!"였다. 지금도 한국에 오는 외국인들은 식당에서 반찬과 물이 공짜라는 것에 놀라고는 하는데, 처음 외국여행이 자유화되었을 당시의 충격은 얼마나 컸겠는가. 지금의 10만 원짜리 생수만큼 받아들이기 힘들 것이다. 수돗물은 1톤에 1,000원, 1kg에 1원 정도인데 생수는 500원 정도니 500배나 비싸다. 이 정도는 정말 약과다. 병당 90유로(11만 원)에 판매하는 생수도 있으니 말이다. 상황과 기준에 따라 가치도 완전히 달라지는 것이다.

한식에 대해 만족도를 조사하면 한국을 방문한 외국인과 북한사람 중 어느 쪽이 만족도가 높을까? 아마도 북한사람보다 외국인일 가능성이 높을 것이다. 2018년 레드벨벳의 북한 공연 당시 관람하던 사람들의 반응이 매우 냉담했다고 하는데, 사실 과거부터 아이돌의 방북 공연 때면 북한 관객은 언제나 무반응이었다. 일부러 그렇게 교육한 것이 아니라 어떻게 반응해야 할지 몰랐던 것이다.

북한 사람에게 라면과 최고급 한우 스테이크를 주면 어떤 것이 더 맛있다고 할까? 탈북민의 유튜브 방송을 보면 라면과 떡볶이에 대해서는 일관되게 긍정적으로 평가하고, 스테이크에 대해서는 최악의 음식으로 평가하는 경우가 많다. 라면을 맛있다고 하는 것은 이해가 쉽지만, 좋은 한우로 구운 스테이크를 두 번 다시 먹지 않겠다고 하는 것은 이해가 쉽지 않을 것이다. 탈북민의 불만은 어떻게 고기를 피가 보일

맛은 뇌가 그린 풍경이다

정도로 덜 익혀서 줄 수 있냐는 것이다. 북한에서 고기는 매우 귀한 것이고, 고기를 구하면 항상 솥에 넣고 완전히 익혀서 나눠 먹었는데 그렇게 귀한 고기를 피가 보일 정도로 덜 익혀서 완전히 망쳐 놓았다는 것이다.

알고 보면 과거의 우리도 그랬다. 예전에 해외여행이 자유화되면서 처음 외국을 다녀온 사람들도 피가 뚝뚝 떨어지는 고기를 보고 놀라워했다. 2000년대까지만 해도 우리나라의 모든 육고기는 완전히 푹 삶거나 겉면을 탈 정도로 익힌 것이었고, 미디엄으로 익힌 고기는 안 익었다고 생각했다. 그래서 패밀리 레스토랑에서는 미디엄을 주문해도 웰던으로 주는 경우가 많았다고 한다. 고기를 좀 먹을 줄 아는 사람은 레어나 미디움으로 먹는다는 말에 혹해서 폼 잡고 시켰다가 도저히 먹을 수 없어 화를 내거나 행패를 부리는 경우가 많았던 것이다. 그래서 외식업체에서는 뭘 주문하더라도 미디움 웰던 이상으로 구워주었다고 한다. 이처럼 맛은 자기 기준이 강해지면 그만큼 기준을 벗어난 음식에 대한 반감이 커지게 된다.

내가 입사 후 처음으로 동료와 일본 출장을 가서 조찬을 먹었던 일이 아직도 기억이 난다. 나는 그냥 외국 음식이라고 생각하고 별 불만 없이 먹었는데, 그 친구는 이것은 왜 짜고, 저것은 왜 싱거운지 불만이 많았다. 차라리 전혀 모르는 식재료 음식이었으면 덜 불만이었을 텐데, 우리와 매우 닮은 음식인데도 싱겁게 먹는 것은 짜고, 짜게 먹는 것은 싱거우니 하나하나가 맛이 없고 불만이었던 것이다. 전체적으로는 간의 균형이 맞았는데 개별 음식이 자기 기준과 맞지 않아 불만이었던 것 같다. 마찬가지로 탈북민도 우리 음식에 대해 그 친구와 같은 유형의 불만을 가질 확률이 높은 것이다.

② 공감각, 모든 감각은 동시에 작동하며 서로 영향을 준다

공감각, 감각은 서로 연결되어 작동한다

팝스타 레이디가가는 소리를 들으면 색이 보인다고 하고, 화가 칸딘스키는 네 개의 감각이 결합되어 동시에 느껴진다고 한다. 음악을 들을 때 색깔이 보이거나 단어를 들으면 맛이 느껴지는 것을 공감각이라고 하는데, 색을 느끼는 감각과 소리를 듣는 감각의 연결이 제거되지 않아 일어나는 현상으로 추정한다. 어릴 때는 과도한 뉴런이 있다가 성장하면서 제거되는데 불충분하게 제거되어 연결이 남아 있거나, 억제성이 부족하여 주변의 감각이 동시에 흥분이 일어나서 발생할 수 있다고 추측할 뿐이다. 이런 공감각은 본인의 의지와 상관없이 저절로 일어나고, 약물이나 질병과 무관하게 어린 나이에 발현되고, 유전되고, 치료할 필요도 없다. 본인에게는 전혀 혼란스럽지 않아 어떤 계기로 깨닫기 전에는 자기가 특별하다는 사실도 모르는 경우가 많다고 한다. 이런 공감각의 종류는 알려진 것만 50가지가 넘고, 공감각자의 비율은 4% 정도라고 한다.

'감옥'이라는 단어를 들었을 때 차갑고 딱딱한 베이컨 맛을 느끼는 사람도 있고, TV에 음식이 등장하면 그 음식의 맛이 입과 코에서 느껴져서 너무나 괴롭다는 사람도 있다. 이렇게 심한 정도는 아닐지 몰라도 사실 우리는 모두 약간씩의 공감각을 가지고 있다. 예를 들어 색에는 온도가 없지만 '따뜻한 색', '차가운 색'이란 단어가 어색하지 않고, 레몬이란 말(청각)을 들었을 뿐인데도 미각이 동시에 작동하여 혀에서 신맛이 느껴지듯 침이 나오기도 한다. 매운맛도 미각이 아닌 온도 감각인데 대부분 맛으로 착각할 정도로 구분이 힘들다.

이처럼 감각은 마치 공감각처럼 항상 서로 영향을 주고받는다. 다음 페이지 그림에서 색이 칠해진 문자를 읽어보자. 글자와 색이 일치할 때는 편하게 읽을 수 있지만, 글자는 파랑이라 쓰고 그 글자의 색이 초록으로 글자와 색이 불일치하면 읽는 게 불편해진다. 글자의 색만 말하라고 해도 저절로 글자가 보이고, 글자만 읽으려 해도 색이 방해를 하니 뇌는 이런 불일치를 매우 싫어한다.

이처럼 감각끼리 서로 영향을 주고받는 예는 너무나 많다. 우리는 음악을 감상할 때 자기도 모르게 눈을 감기도 하는데, 시각을 차단해야

청각에 집중하기 쉬워지기 때문이다. 몸을 어딘가에 부딪쳐서 아프면 반사적으로 문지르게 된다. 모기에 물려 가려우면 긁는다. 문지르거나 긁는 감각으로 아프거나 가려운 감각에 집중하지 못하게 하여 완화시키는 것이다.

우리는 필요하면 형태(시각)를 들을(청각) 수 있고, 말(청각)을 만질(촉각) 수 있고, 냄새(후각)를 맛볼(미각) 수 있다. 어쩌면 감각을 따로 나누어 설명하는 것 자체가 오류인지도 모른다. 우리의 감각은 항상 서로가 영향을 주고받으면서 작동하지 단독으로 작동하지 않기 때문이다.

우리가 알고 싶은 것은 세상이지 감각 자체가 아니다. 그래서 출처를 따지지 않고 위급하면 모든 감각, 심지어 무의식적 감각까지 총동원하여 세상을 읽는다. 우리의 뇌는 기능별로 여러 모듈로 나뉘어 작동하는 것처럼 보이지만 모두 서로 연결되어 신호를 주고받기에 명확히 구분되거나 독립적으로 작동되지 않는다. 더구나 엄청난 되먹임 구조로 되어 있어 '보고 아는 것인지 알고 보는 것인지'의 구분조차 모호하다. 모

일치	빨강	파랑	초록	노랑
	노랑	초록	빨강	파랑
불일치	파랑	빨강	노랑	초록
	초록	노랑	파랑	빨강

맛은 뇌가 그린 풍경이다

든 뇌의 신경세포는 좁은 범위에서 또는 넓은 범위에서 다른 신경세포와 연결되어 상호작용을 한다. 그렇게 해서 세상을 가장 빠르고 효과적으로 알기 위해 노력하지 그것이 어떤 감각에서 입력되었는지 그 출처는 별로 상관하지 않는다.

따뜻하면 더 맛있는 이유

인간은 생존을 위해 힘들게 음식을 찾아서 먹는다. 그런데 그렇게 섭취한 음식으로 내 몸이 가장 많이 하는 일은 바로 '체온을 유지하는 것'이다. 우리의 체온이 27℃ 이하로 떨어지면 죽을 수도 있다. 그래서 항온동물은 변온동물보다 10배까지도 많이 먹어야 한다. 외부 온도와 무관하게 활동할 수 있는 자유를 얻은 대신, 많이 먹어야 하는 짐을 얻은 것이다.

과거에는 추위에 고통을 겪는 경우가 정말 많았다. 집은 단열이 안되고 웃풍도 심하고, 옷은 얇고 단열성도 약해서 살을 에는 추위에 고통을 당했다. 그래서 따뜻한 국물과 밥은 그 자체로 감동이고 행복이었다. 한때 식당마다 뜨거운 돌솥밥이 나올 정도로 뚝배기가 큰 인기를 끌기도 했다. 물론 뚝배기에 담겨야 제맛인 것도 많다. 하지만 너무 뜨거우면 먹기가 힘들어지고 혀나 식도에 손상을 줄 수도 있다.

온도는 음식의 풍미 자체를 높이기도 한다. 프랑스 요리를 근대화시킨 장본인인 에스코피에는 온도와 음식의 관계를 제대로 활용하여 주방에 혁명을 가져왔다. 그는 미리 만들어 놓은 요리를 제공하는 대신 주문 후 만들기 시작한 따끈한 음식을 코스로 제공하여 대성공을 거두었다. 음식이 식으면 풍미의 조화가 깨어져 밋밋한 맛이 되어버리기 쉽다. 그래서 에스코피에는 그의 요리책에서 이렇게 경고한다. "손님들은 요리가 따끈따끈하게 갓 조리되어 나오지 않으면 밍밍하고 맛없다고 느낀다." 음식이 뜨거울 때는 분자들이 활발히 움직여 공중으로 날아가 맛있는 냄새가 부엌에 진동한다. 냄새는 침샘을 자극하여 맛있게 먹을 준비를 하게 한다. 그러니 음식은 주문이 들어온 후 만들어서 따뜻하게 제공해야 제맛인 경우가 많다.

과거 우리나라 엄마들은 손님이나 자식을 멀리 떠나보낼 때 따뜻한 밥 한 그릇이나 국 한 그릇을 먹여 보내지 못하면 그것을 한(恨)으로 기억하기도 했다. 사실 양식에 비해 한식은 미지근한 음식이 많은데, 이 것이 가능한 이유 중 하나가 상온에서 액체 상태를 유지하는 식물성 기름이다. 우지나 돈지를 사용하면 식으면서 외관부터 망가진다. 소고기 미역국이 식으면 흰 기름막이 위에 떠서 먹기 싫어지는 것처럼 상온에서 고체인 기름을 사용하면 식으면서 형태부터 먹기가 싫어지고 풍미도 크게 떨어진다. 이런 정도가 아니면 식어도 맛이 크게 떨어지는 것이 아니고 향이 풍부한 요리는 식으면 별미가 되는 경우가 많다. 차가움 자체가 맛으로 작용하기도 한다.

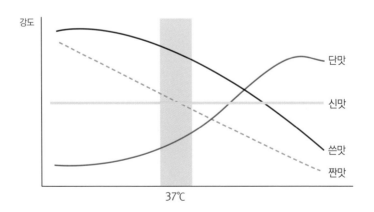

온도에 따른 감각 능력의 변화

맛은 뇌가 그린 풍경이다

따뜻하거나 시원하면 더 맛있게 느껴진다고 그 온도에서 맛이 더 섬세하게 잘 느낀다는 의미는 아니다. 오히려 온도가 주는 강력한 효과 때문에 섬세한 특징은 느끼기 힘들어질 수 있다. 매운맛이 압도하면 다른 맛을 느끼기 힘들어지는 것과 마찬가지다.

우리가 유난히 시원한 음식을 좋아하는 이유

아이스크림 개발팀에 일하면서 놀랐던 것은 아이스크림 소비량이 더운 나라보다 추운 나라가 더 많다는 사실이었다. 단순하게 생각했을 때 우리보다 더운 나라가 차가운 아이스크림을 더 좋아할 것 같지만, 과거에 그들은 얼음이나 눈 같은 것을 전혀 몰랐다. 그러니 아무리 더워도 얼음을 생각하지 못했고, 물은 미생물이 자라기 쉬워서 반드시 끓여 먹었다. 중국도 생채소나 냉수는 최근에 먹기 시작했지 예전에는 여름에도 찬물이 없고 뜨거운 차와 기름에 볶은 채소만 있었다. 유럽에서도 과거 차가운 음식은 금기시했다.

우리나라는 4계절이 뚜렷해서 여름의 혹독한 무더위에는 얼음을 갈망하게 했다. 지금도 여름에는 무더위에 힘들지만 과거에는 에어컨 같은 피난처도 없었다. 겨울이면 차라리 난로라도 있지만 여름에는 계곡물 말고는 시원해질 방법이 없었다. 그러니 여름에 차가운 얼음은 꿈같은 것이었고, 석빙고 같은 장소에 보관된 얼음은 왕의 진귀한 하사품이었다.

그래서 여름에는 차가운 음식, 겨울에는 따뜻한 음식이 귀한 대접을 받았는데 지금은 점점 그런 공식도 깨지고 있다. 아이스크림 중에 과자나 빵이 샌드된 제품은 덜 차가워서 겨울에 잘 팔리고 여름이 되면 쏙 사라졌는데 지금은 사철 인기이고, 냉면은 여름의 별미였는데 지금은 일 년 내내 인기를 끈다. 더구나 얼죽아의 전성시대다. 한겨울에도 아이스 아메리카노를 즐길 정도로 온도의 제한을 극복했다. 냉방과 난방이 워낙 발전한 덕분이다.

제품마다 서빙하기 적당한 온도가 따로 있다

우리 몸의 감각 수용체는 단백질이라 체온 정도의 온도에서 잘 작동한다. 그러니 적당한 온도의 음식이 맛을 느끼기 쉽고, 음식의 온도에 따라 맛의 강도가 조금씩 달라진다. 신맛은 온도에 영향을 별로 받지 않지만, 온도가 상승하면 단맛이 증가하고(과당 제외) 쓴맛과 짠맛은 감소

온도(0℃)

음식의 적당한 온도
전골: 95℃
감자튀김, 치킨: 74~75℃
커피: 65~73℃
스테이크: 65℃
우동, 된장국: 60~70℃
튀김: 64~65℃
수프, 단팥죽: 60~65℃
홍차: 60℃
밥: 45℃
냉수: 8~12℃
맥주, 주스: 7~10℃
냉커피: 6℃
사이다: 1~5℃
아이스크림: -6~-10℃

온도	종류
19°	빈티지 포트
18°	보르도, 시라즈
17°	레드 버건디, 카베르네
16°	리오하, 피노누아
15°	키안티, 진판델
14°	토니 포트, 마데이라
13°	모든 와인에 이상적인 온도
12°	보졸레, 로제
11°	비오니에, 소테른
9°	샤르도네
8°	라슬링
7°	샴페인
6°	아이스바인
5°	아스티 스푸만테

음식의 적당한 온도   서빙하기 좋은 와인의 온도

맛은 뇌가 그린 풍경이다

한다. 그래서 따뜻할 때는 맛있던 음식이 식으면 너무 짜게 느껴지고 맛없게 느껴지기 쉽다.

요리가 맛있게 느껴지는 온도는 뜨거울 때는 보통 60~70℃, 차가울 때는 5~12℃ 정도다. 차가움도 그 자체로 자극의 요소이고 과당은 차가울수록 달게 느껴지므로 과일, 음료, 디저트 등은 차가울 때가 더 맛있다. 하지만 5℃ 이하가 되면 너무 차가워서 맛을 구별하기가 힘들어진다. 가끔 70℃ 정도의 커피도 식었다고 느끼는 사람들이 있지만, 실제 우리 몸이 감각하는 온도는 10~50℃ 범위다. 10℃ 이하나 50℃ 이상은 통증으로 느낀다. 아주 뜨거운 국물을 즐기는 사람은 매운(Hot) 고추를 즐기듯이 온도가 주는 통증을 즐기고 있는 것이다. 음료를 김치냉장고에 넣고 차갑게 먹겠다는 것은 맛이나 향보다 차가운 통증을 즐기겠다는 사람이기도 하다. 의도된 통증은 나름의 쾌감이기는 하겠지만 지나침은 모자란 것보다 못한 법이다.

농도에 따라 맛이 달라진다

맛이나 향은 농도가 높아지면 당연히 강해지고, 농도가 낮아지면 약해진다. 그러다 일정 수준 이하로 낮아지면 더 이상 느낄 수 없어지며 그 농도를 역치라고 한다. 반대로 느낄 수 있는 최대한의 농도인 포화도도 있다. 향의 경우 1백만 분의 1 수준에서 작동하는 것이라 어느 정도 이상의 농도에서는 더 이상 강하게 느껴지지 않는 포화농도(Saturation)가 존재하는 것이다. 맛은 훨씬 높은 농도로 작동하여 포화도를 경험하기 힘들지만 적정 수준보다 훨씬 강해지면 다른 맛으로 느껴질 수 있다. 소금의 경우 농도에 따라 점점 짜지다가 지나치면 불쾌한 맛이 느껴지는데, 그 기작이 밝혀진 것은 2013 미국 컬럼비아대학의 찰스 주커 교수팀에 의해서다. 그들은 2010년 짠맛 수용체 ENAC를 발견했는데 고농도에서 불쾌한 짠맛은 쓴맛과 신맛의 정보를 전달하는 신경경로가 동시에 활성화되기 때문이라고 한다. 쓴맛을 느끼지 못하게 만든 변이 쥐는 농도에 따라 쓴맛을 느끼지만 고농도에 대한 불쾌한 반응은 약해진 것이다. 신맛 수용체가 고장 난 쥐를 만들어 미각 테스트를 한 결과, 이 쥐는 신맛을 못 느낄 뿐 아니라 불쾌한 짠맛에도 둔감해졌다. 그래서 두 변이 쥐를 교배시켜 두 미각이 모두 고장이 난 새끼를 얻은 뒤 미각 테스트를 하자 불쾌한 짠맛을 전혀 느끼지 못하는 것으로 나타났다.

이처럼 농도가 진해지면서 단순히 그 강도만 높아지는 것이 아니라 전혀 다른 맛이 출현하는 것은 향에서는 훨씬 흔한 현상이다. 4-에틸페놀은 저농도에서는 페놀과 같은 냄새지만 고농도(1,000μg/ℓ 이상)에서는 동물, 땀내 같은 악취가 출현한다. 인돌이나 황화합물 등도 마찬가지다. 고농도에서는 단순히 냄새가 강한 것이 아니라 새로운 이취가 느껴지는 경우가 있다. 반대로 수많은 이취 물질이 충분히 저농도로 존재하면 전혀 이취로 느껴지지 않게 된다.

같은 원료가 다른 느낌, 다른 원료가 같은 느낌을 주기도 한다

단맛이나 짠맛 등은 구체적인 단맛이나 짠맛 물질이 없어도 느껴지기도 한다. 설탕을 첨가하지 않은 커피에서 나는 단맛은 무엇일까? 커피의 생두에는 8% 정도의 설탕이 있으나 로스팅 중 메일라드 반응에 의해 모두 사라진다. 이것이 그대로 남아 있더라도 커피의 98.5%는 물이고 1.5% 정도만 고형분인데, 이 고형분 전부가 설탕이라고 해도 단맛을 느끼기에는 너무 적은 양이다. 단맛은 미각 중에서도 가장 둔한 감각이라 음료에 들은 설탕이 10% 정도는 되어야 충분히 달다고 느끼기 때문이다. 커피 추출물에는 단맛을 느낄만한 일반 당류는 없다. 향료로 쓰이는 물질 중에는 말톨(Maltol)처럼 단맛만 높여주는 역할을 하는 물질도 있다. 그래서 전체적인 향이 확 살아나는 효과를 준다. 식품에 어떤 향을 0.1% 정도만 추가하면 단순히 향만 증가하는 것이 아니라 감미마저 증가하는 경우가 있다.

어떤 사람은 위스키나 커피에서 짠맛을 느끼는 경우도 있다. 둘 다 짠맛을 느낄만한 성분은 전혀 들어 있지 않은데도 그렇다. 이처럼 우리의 감각은 생각보다 복잡하게 상호작용한다.

수용체 레벨에서도 복잡한 상호작용이 있다

수용체 레벨에서 착각하는 경우도 있다. 감각 수용체는 원래 작은 분자의 일부를 감각하는 것이라 단백질은 감각하지 못하는데, 모넬린(Monellin), 토마틴(Thaumatin) 같은 단백질은 강한 단맛을 띤다. 이들은 정상적인 감각 수용체의 결합 위치에 작용하는 것이 아니라 우연히 수용체 자체에 오랫동안 달라붙어서 활성화시키기 때문이다. 반대로 단맛을 억제하는 단백질도 있다. 김네마산(Gymnemic acid)은 단맛 수용체의 T1R3 부위에 결합하지만 단맛을 활성화시키지 못하고 단맛 물질과 결합하는 것을 막아 단맛을 느끼지 못하게 한다. 락티솔(Lactisole)도 100~150ppm의 적은 양으로도 설탕과 아스파탐 같은 감미료의 단맛을 크게 억제한다.

심지어 네오쿨린(Neoculin)이나 미라쿨린(Miraculin) 같은 단백질은 신맛을 단맛으로 느끼게 만들기도 한다. 미라쿨린은 인간의 단맛 수용체에 결합을 하지만 그것만으로는 단맛 수용체가 활성화되지 않는데, 산성(신맛) 상태가 되면 pH가 낮아지면서 단맛 수용체를 활성화시킨

다. 미라쿨린 자체만으로는 어떤 감각도 활성화를 못하지만 신맛을 첨
가하면 단맛 수용체가 활성화되기 때문에 신맛을 단맛처럼 느낀다고
착각하는 것이다.

맛끼리 상호작용을 한다

소금과 MSG를 같이 넣으면 소금 양을 줄여도 많이 넣은 것처럼 느껴
진다. 수치로 보면 MSG를 0.38% 넣으면 소금을 0.4%만 넣어도 0.9%
를 넣은 듯한 짠맛을 느낄 수 있다. 따라서 소금의 농도가 0.9~1% 정
도에서 최적일 때 MSG를 넣게 되면 0.7~0.8%로 최적 농도가 낮아지
고 맛은 더 좋아진다. 핵산계 조미료도 마찬가지 기능을 한다. 맛에 촉
감(물성)마저 연결되어 단맛은 동일한 액체라도 점도가 더 높은 것으로
느끼게 하고, 신맛의 경우 점도가 낮은 것으로 느끼기도 한다.

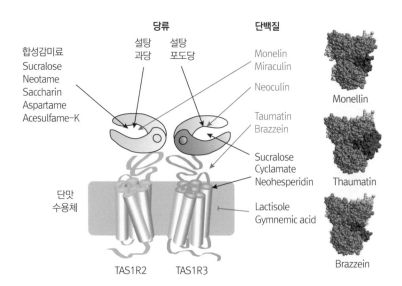

당류 이외의 물질과도 결합하는 단맛 수용체의 착각

맛은 뇌가 그린 풍경이다

단맛에 짠맛이 일부 추가되면 단맛이 더 강해진다. 감칠맛은 짠맛이 있어야 제대로 감칠맛이 난다. 짠맛에 약간의 신맛을 추가하면 짠맛이 진해지며, 신맛이 강할 때 단맛을 추가하면 신맛이 약해진다. 신맛이 강할 때 짠맛을 추가해도 신맛이 약해진다. 쓴맛은 단맛이 있으면 덜 쓰게 느껴진다. 따라서 신맛과 짠맛 또는 단맛과 신맛이 어울리면 맛이 조화롭게 된다.

같은 음식도 들숨일 때와 날숨일 때 향이 다를 수 있다

음식을 향만 맡을 때와 실제 먹을 때의 향이 다른 경우가 많다. 들숨(정비각) 즉, 코로 숨을 들이키면서 맡는 향과 날숨(후비각) 즉, 음식을 먹을 때 목 뒤로 휘발하면서 코로 느껴지는 향이 다른 것이다. 체온에 의해 음식의 온도가 올라가 향기 물질의 휘발성이 증가하고, 침과 반응해 pH가 변하면서 휘발성이 변하고, 미각과 연합하면서 상호작용이 발생해서 들숨일 때와 날숨일 때의 풍미가 달라질 수 있다.

동물은 들숨을 통해 냄새를 탐색하는 기능이 발달해 있고, 인간만이

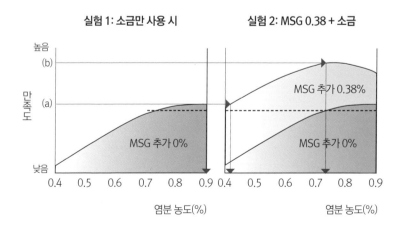

날숨의 경로를 통해 음식의 품질을 판단하는 능력이 발전했다. 쿵쿵거리면서 냄새를 맡을 때보다 음식을 먹을 때 목뒤로 넘어가는 향을 강하게 잘 느낀다. 그래서 커피는 코로 맡은 향은 좋지만 입으로 먹는 맛은 기대보다 떨어지는 경우가 있고, 치즈나 장류 같은 단백질을 발효한 식품은 단백질에서 만들어지는 특유의 향 때문에 냄새는 고약하지만, 맛은 매력적인 경우도 많다.

음식은 결국 겉에서 나는 향보다 입안에 넣고 씹을 때 목뒤로 넘어가면서 코에 느껴지는 향의 영향이 큰 편이다. 특히 한국인은 더한 편이라 서양인은 코로만 냄새를 맡는 향수를 좋아하지만, 한국인은 맛과 완전히 달라붙어 그것이 도대체 맛인지 향인지 구분이 되지 않는 향을 좋아한다. 그래서 한국인은 맛에 강하고 향에 약하다고 생각하지만 결국 둘 다 향이다.

코로 쿵쿵거리면 아무런 향도 없던 것이 입안에 넣으면 온갖 풍미가 살아난다고 해도 그것은 향이라고 생각해야지 맛(미각)이라고 생각하면 곤란하다. 혀로 느끼는 맛은 무조건 5가지뿐이다.

맛은 뇌가 그린 풍경이다

③ 되먹임, 어느 것이 먼저인지 구분도 힘들다

무한 루프, 감각이 지각이 되고 지각이 감각이 된다

감각은 상호작용도 많지만 뇌 안의 되먹임 작용도 엄청나게 많아서 그 시작과 끝이 무엇인지도 알기 힘들다. 뇌는 여러 감각에서 오는 정보가 모이는 부위가 있다. 감각들이 제각각 미각연합, 후각연합 등에 모인 후 최종적으로는 전두엽 중에서 눈 위쪽에 있는 '안와전두피질(OFC)'에 모인다. 이곳이 맛의 최종 판단영역인 것이다. 그런데 그 안에 맛을 판단하는 작은 난쟁이 같은 관찰자는 없다. 관찰자가 있어서 종합적인 판단을 한다면 그래도 뇌를 이해하기 쉬울 텐데, 그런 장치는 없고 신호의 되먹임만 있다.

우리가 와인을 마실 때 안와전두피질로 맛 정보, 향 정보, 가격 정보가 모이는데, 각각 독립적으로 작용하는 것이 아니라 시각으로 와인에 대한 정보를 취합해 가격이 짐작하고, 입과 코에게 이것이 더 맛있지 않느냐고 물어보는 식으로 감각하여, 역시 비싼 게 맛있구나 하고 지각하게 된다. 뇌는 모든 감각을 동원해 와인의 맛을 예측하는데, 뇌가 가격정보를 참고하여 코에서 느끼는 맛과 향에 가중치를 주는 것이 아니라 가격이 비싸다는 정보를 획득한 순간 입과 코를 더 맛있게 감각하도록 조정하는 것이다. 감각의 일부가 지각이 되고, 그 지각의 일부가 감각되는 루프를 돌고 돌면서 나름의 평가가 완성이 된다. 그 과정에서 감각과 지각의 구분마저 모호해진다.

안와전두피질과 전전두엽이 감각을 통합하는 과정에서 예측을 통해 부족한 부분을 채우거나 애매한 것을 보정한다. 그 과정에서 '맥거크 효과(McGurk effect)'같은 것이 발생한다. 크게 '가'라고 말하는 비디오와 '바'라는 소리를 따로 녹음한 후, 눈을 감고 소리만 듣게 하면 당연이 '바'로 듣는다. 그런데 눈을 뜨고 '가'라고 하는 비디오를 보여주면서 '바'를 들려주면 귀에는 '바'이고 눈에는 '가'라는 모순된 상황을 해결하기 위하여 '다'라는 새로운 해석을 내린다. 그리고 우리는 그냥 '다'라고 들었다고 생각한다. 지각에 조정된 감각인 것이다.

나이가 들면 외국어를 배우기 힘들어지는 이유 중 하나가 12살 이후에는 외국어 발음을 있는 그대로 듣지 못하기 때문이다. 뇌는 12살 이후가 되면 사람마다 제각각인 발음을 더 쉽게 알아듣기 위한 만능의 듣기 기능을 없애버리고, 불필요하고 애매한 음을 가장 확률 높은 음으로 변조하는 모국어 전용 소리듣기 회로로 바꾸어 효율을 높인다. 지각

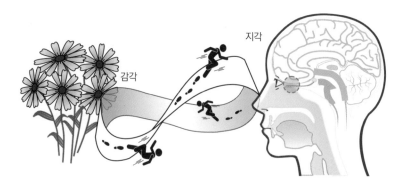

감각과 지각의 되먹임

맛은 뇌가 그린 풍경이다

을 위해 감각을 개조하는 것이다.

이처럼 뇌가 감각의 일부를 해석에 적당하게 조정하는 일은 생각보다 흔하다. 우리가 영화를 볼 때 스크린에서 배우가 말하는 장면이 나오더라도 배우의 입이 비치는 스크린에서 소리가 나오지 않는다. 실제 소리는 배우의 입과 전혀 무관한 곳에 위치한 스피커에서 나온다. 그럼에도 우리의 뇌는 귀로 듣는 소리와 화면에 나오는 배우의 입술의 결과를 통합하여 스크린에서 소리가 나온다고 느낀다. 그래야 뇌가 편하기 때문이다.

맛도 이런 모호화 때문에 여러 성분과 맛과 향이 섞이면 구분이 힘들어지고 그것이 단점을 줄이는 효과도 있다. 단맛이 있으면 쓴맛이나 이취가 적당히 감춰지고, 매력적인 향이 있으면 다른 단점을 덮어준다. 향신료가 음식을 맛있게 해주는 것은 자체의 풍미가 좋은 이유도 있지만 음식의 단점을 가려주는 역할도 하기 때문이다. 소금이나 설탕이 적절한 농도까지는 자체의 맛과 함께 다른 재료의 좋은 풍미를 부각시키고 나쁜 맛을 눌러주는 역할을 한다. 적절한 신맛도 향을 높이는 역할을 한다. 심지어 쓴맛마저 다른 장점이 있으면 적당한 수준까지는 긍정적으로 작용할 수 있다. 결국 뛰어난 맛이란 장점이 충분하면 사소한 단점에 눈을 감는 우리 몸의 공감각 현상과 모호화 현상이 만든 작품인 셈이다.

뇌 안에서 미각과 후각이 만나고 다시 다른 감각과 만난 결과가 다시 감각에 영향을 주기 때문에 맛과 향을 구분하기 힘들어진다. 과일에 단맛이 진하면 향도 진하게 느껴지고, 신맛이 적당하면 향도 맛도 좋다고 여기지 신맛을 잘 느끼지 못한다. 그냥 그 음식이 맛있어지는 것이다. 그래서 어떤 떡볶이가 맛이 있다고 할 때, 무엇 때문에 더 맛있는지 딱 꼬집어 말하기는커녕 그것이 무슨 맛으로 구성되었는지조차 말하기 어렵다.

　이런 감각과 지각의 되먹임이 없거나 공감각이 없다면 조건이 달라져도 입으로는 일정한 맛을 느끼고 코로도 일정한 향을 느끼는 사람보다 더 절대감각처럼 감각할 수 있겠지만, 그것이 더 바람직하거나 생존에 적합한 것은 아니다.

맛이 향을 지배하고 향이 맛을 지배한다

맛은 고작 5가지뿐이고, 맛 물질은 누구나 쉽게 구해서 해결할 수 있다. 그런데 향은 여전히 다루기 힘들고 온갖 다양하고 섬세한 풍미를 낸다. 그래서 미각보다 후각이 훨씬 중요하다는 학자도 많다. 후각이 마비되면 세상 모든 음식의 맛이 똑같게 느껴지는 것을 보면 확실히 향이 맛을 지배하는 것처럼 보인다.

　하지만 그런 향도 맛 성분이 없으면 완전히 빛을 잃는다. 향이 맛에서 90% 역할을 한다면 사과를 먹지 않고 사과 향만 맡아도 90%의 만족감이 있어야 한다. 하지만 차라리 단물을 마시지 향기만으로는 전혀 만족할 수 없다. 입에서 단맛, 신맛이 같이 느껴져야 비로소 사과 맛이 되고 쾌감이 일어난다. 맛이 향을 지배하는 것이다.

　흔히 과일의 맛을 나타내기 위해서 당도를 표시하는 경우가 있는데, 당도는 물에 녹아 있는 성분이 빛의 굴절률을 바꾸는 현상이라 실제 단맛이나 맛의 강도가 아니지만 당도를 기준으로 과일 맛을 평가해도 큰 문제는 없다. 당이 많다는 것은 그만큼 잘 익었다는 것이고, 그만큼 향도 풍부하게 느껴지기 때문이다. 아무리 향이 좋아도 당도가 약하면 향이 약하게 느껴진다. 당도에 따라 맛이 확 변하는 사례는 아스파탐을 사용한 제품에서도 볼 수 있다. 아스파탐은 아스파트산과 페닐알라닌이라는 2개의 아미노산을 결합시켜 만든 것이어서 다시 아미노산으로 분해되기 쉽다. 분해되면 감미가 사라지는데, 이때 제품의 단맛만 줄어들면 좋겠지만 아쉽게도 향까지 완전히 엉망이 되어버린다. 이처럼 맛은 향이 지배하지만 그 향을 맛이 지배하기도 하니 맛과 향은 떼려야 뗄 수 없는 관계다.

맛이 가격을 바꾸고, 가격이 맛을 바꾼다

맛이 좋으면 비싼 가격을 받는게 당연하지만, 가격이 비싸서 더 맛있게 느껴지기도 한다. 비싼 것이 더 맛있게 느껴진다고 하면 왠지 속물처럼 느껴지지만 우리의 입과 코는 원래 그렇게 작동하도록 설계되어 있으니 그것을 부끄러워할 이유는 전혀 없다.

2001년, 보르도대학의 프레데릭 브로세는 동일한 중등품 와인을 두 개의 다른 병에 담아 내놓았다. 병 하나는 고급브랜드, 하나는 평범한 브랜드였다. 그런 뒤 전문가에게 맛을 보게 하자 둘을 전혀 다른 것으로 평가했다. 고급 브랜드처럼 포장한 것은 "맛이 좋고, 좋은 오크 향이 느껴지며, 복잡 미묘한 여러 가지 맛이 조화롭게 균형 잡혀 있고, 목으로 부드럽게 잘 넘어 간다"는 평을 받은 반면, 싸구려 포장을 한 것은 "향이 약하고 빨리 달아나며, 도수가 낮고, 밍밍하며, 맛이 갔다"는 평가를 받았다. 이것은 단순히 심리적인 착각이 아니라 지각이 감각을 바꾸고 그 감각을 통해 다시 지각이 일어나는 생물학적 현상이다. 여기에 대해서는 『감각 착각 환각』에서 구체적인 뇌의 기작까지 설명한 바 있다.

프랑스 요리를 체계화시킨 요리사 에스코피에는 이런 사람들의 심리적 작용을 누구보다 빨리 깨닫고 적절히 활용했다. 그는 자신의 요리에 멋들어진 이름을 붙이고, 반드시 금박을 두른 은제 그릇에 요리를 담아내게 했다. 귀족들의 유산 매각 경매에서 구입해둔 그릇을 쓴 것이다. 웨이터들에게 턱시도를 입혔고, 식당 인테리어도 직접 감독했다. 요컨대 완벽한 요리에는 완벽한 분위기가 있어야 한다고 생각했다. 비싸게 보이면 맛있게 느끼는 우리 감각과 지각의 원리를 본능적으로 잘 알았던 것이다.

보면 좋아하고, 좋아하면 또 보게 된다

"You eat what you like, you like what you ate." 우리는 좋아하는 것을 먹기도 하지만 먹다 보면 좋아지기도 한다. 학습을 통해 잘 알게 될수록 선호도가 높아지고, 좋아하면 더 공부하게 된다.

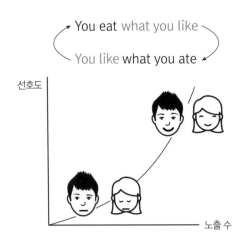

익숙해지면 편해지고, 편해지면 좋아진다

맛은 뇌가 그린 풍경이다

맛이 말을 만들고, 말이 맛을 만든다

말에는 강한 힘이 있다. 머릿속의 개념을 형태화한 단어가 만들어지면 우리는 그 단어 덕분에 느낌을 공유하고 소통할 수 있다. 이런 언어 덕분에 맛의 지평이 넓어지기도 한다. 여기서는 그런 사례 중 '미네랄리티'란 단어에 대해 알아보고자 한다.

위스키나 와인의 짠맛 또는 미네랄리티는 무엇일까? 간혹 특정 와인이나 위스키에서 간혹 짠맛이 느껴진다고 하는데, 제품의 성분을 분석하면 짠맛을 낼만한 성분은 들어 있지 않다. 소량의 미네랄이 와인에 있지만, 맛으로 느껴질 만큼 충분한 양은 아니다. 더구나 대부분의 미네랄은 그 자체로는 좋은 맛도 아니다. 헝가리 작가 벨라 함바스(Béla Hamvas)는 1945년 『와인의 철학』이란 책을 통해 '고유의 환경에서 생산된 와인은 모방할 수 없는 특유의 미네랄 풍미를 지닌다'라고 주장했다. 이를테면 모래 토양에서 재배한 포도로 만든 와인은 "아주 작은 별 같은 모양의 알갱이로 우리 혈관을 채우고 이 알갱이가 은하수처럼 우리 혈액 속에서 춤춘다"라고 한 것이다. 와인에서 '미네랄리티'란 용어는 1970~80년대에 등장했으며, 2000년대 초부터 본격적으로 사용되었다. 그리고 지금은 가장 흔하게 사용되는 표현 중 하나로 자리 잡았다.

와인은 테루아를 강조하고, 그 단어가 갖는 긍정적 이미지와 은유인 모호성 때문에 더 인기인 것 같다. 만약에 누가 와인에서 용암 같은 맛이 난다고 하더라도 아무도 용암의 일부가 들어 있을 것이라고는 생각하지 않는다. 아무도 용암을 맛보거나 그 맛을 알고 있는 사람은 없지만 모두가 공감할 수 있는 은유라면 좋은 표현인 것이다. 와인에서 미네랄리티는 적절한 은유이자 미스터리다. 그래서 사람들이 더 마음에 들어 하는지도 모른다.

맛의 많은 비밀을 뇌의 작동원리에 찾을 수 있을 텐데, 뇌는 특별한 주인공이 없이 작동하는 거대한 신경 네트워크이고 모든 감각은 되먹임 회로로 작용한다. 그러니 맛에도 수많은 되먹임 현상이 있고 그 덕에 맛을 정확히 구분하여 해석하기 힘들어진다. 이것도 나름 맛의 매력이기도 하다.

　맛은 뇌가 그린 풍경이다

4 흔들림, 상반된 욕망의 시소게임

우리의 뇌는 한 가지 욕망에 가만히 머무르는 법이 없다. 어느 한 쪽에서 흔들거리다가 조금 안정을 찾는 듯하지만 어느 새 딴짓을 시작한다. 그러다 휙 다른 모드로 넘어간다. 아래 가운데(②) 육각형을 가만히 주시하고 있으면 육각형이 ①처럼 보이거나 ③처럼 보일 것이다. 그러나 ① 상태로만 계속 머무르지는 않는다. 어느 순간 순식간에 ③으로 보이

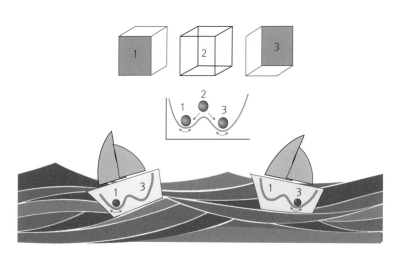

뇌의 쌍안전성(Bistability)

고, ③으로 보이던 것이 어느 순간 ①로 보인다. 이것은 단순히 눈이 어떻게 정육각형을 지각하느냐의 문제가 아니다. 뇌는 욕망과 맛에서도 그런 식으로 작용한다. 도시에 살면 시골이 부럽고, 시골에 살면 도시가 좋아 보이고, 자장면을 먹을 때는 짬뽕이 생각나고, 짬뽕을 먹을 때면 자장면이 더 맛있게 보이는 식이다.

리듬: 새로움(긴장의 쾌락) vs 익숙함(이완의 쾌락)

미각은 익숙함과 새로움의 두 축으로 굴러가고, 요리도 정형화와 다양화의 두 축으로 굴러간다. 프랑스 요리가 기존의 요리를 한 단계 끌어올린 후 오랜 시간이 흐르면서 그 방대한 레퍼런스에도 어느 정도 정

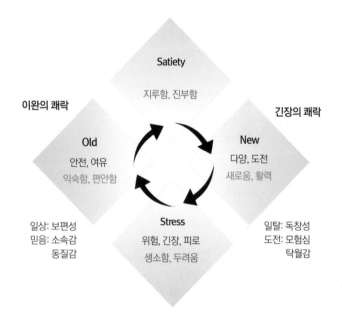

리듬: 긴장의 즐거움 vs 이완의 즐거움

맛은 뇌가 그린 풍경이다

형화된 모습이 생겼다. 그러자 '로컬 퀴진'이라는 주류에서 벗어난 새로운 형태의 작업들이 생겨났다. 다양화가 일어난 것이다.

리듬: 엄격함 vs 여유

위대한 장인들은 가끔 기교를 뛰어넘은 무심한 경지를 보여주는 경우가 있다. 질서를 갖고 있으면서 또 질서에 얽매이지 않는 창의력을 보여주는 것이다. 명품은 절대적 디테일의 긴장도 있고, 노자가 '대교약졸(大巧若拙)'이라고 말한 것처럼 큰 재주를 쉽게 드러내지 않는다. 그냥 평범해 보이는데 그 속에 큰 재주가 들어 있다. 조선의 달항아리가 가진 아름다움은 완벽한 원이 아니고 일그러진 것 같지만, 너그럽고, 손맛이 있고, 여백이 있다. 불완전성은 그것이 불완전해서 불완전하거나 미숙해서 미숙한 것이 아니다. 완벽한 것에는 오히려 우리가 감정이입할 수 있는 여백이 부족하지만, 어딘가 관객도 같이 호흡할 수 있는 여백까지 주는 더 높은 차원의 미학이라는 뜻이다. 이런 원리는 음식이든 예술이든 어디에나 적용된다.

리듬: 창의성 vs 보편성

새로움의 추구는 창의성의 추구와 같다. 그런데 창의적인 것이 인정을 받으려면 보편성을 가져야 한다. 가장 자유롭게 창의성을 발산하는 것처럼 보이는 예술에서도 항상 보편성은 내재되어 있다. 보편성의 바탕에서 창의성이 인정받는 것이다. 식품은 특히 보수적이어서 창의성의 발휘가 쉽지 않다. 새로움보다는 생소함으로 받아들여져 거부감을 가지기 쉬운 것이다. 보편성에 기초한 수용 가능한 창의성이 필요하고,

그것을 이해시키기 위한 분위기와 프레젠테이션과 커뮤니케이션이 중요하다. 그런 것을 갖추기 힘들면 차라리 보편성에 집중하는 것이 나은 선택일지도 모른다.

리듬: 강함과 약함

감각세포는 자극이 들어올 때 반응한다. 강한 자극에는 많은 신호를 발생하고 약한 자극에는 적은 신호를 발생한다. 하지만 자극이 없다고 신호를 발생하지 않는 것은 아니다. 뇌는 항상 깨어있다. 잘 때도 움직이고 아무 생각이 없을 때도 작동한다. 자극이 없다는 것은 상대적이지 절대적인 것이 아니다. 소음 줄이기(Noise reduction), 자극은 차이를 느끼는 것이라 주변이 조용해지면 소리는 커지는 효과를 가진다.

맛에서도 그렇다. 배경을 약하게 하면 주제가 돋보인다. 고급스러운 재료를 사용할 때는 주변을 정리하는 것이 기술이다. 생선회를 먹을 때 초장을 듬뿍 찍어 쌈을 싸서 먹는다면 횟감 자체의 풍미는 느끼기 힘들다. 강하기만 한 것은 좋은 전략이 아니다. 약함, 가벼움이 배경이 되어 적당한 자극이 충분히 강하게 느껴지게 하는 것도 좋은 전략이다.

리듬: 단순함과 다양함

한 가지 맛이 너무 강하면 소비자는 쉽게 질려버린다. 지금 이 맛은 충분히 섭취했으니 다른 식품을 찾으라는 신호를 몸이 보내는 것이다. 따라서 사람들은 다양한 자극의 조합을 추구한다. 첫맛의 짜릿함 이후에는 부드러워지는 타입, 강한 맛 뒤에는 개운한 마무리, 이런 다양성이 모난 데가 없이 맛의 균형을 잡으면 전체적인 매력은 증가하고 질리는

맛은 뇌가 그린 풍경이다

느낌은 감소한다. 맛에는 생각보다 다양성을 갖추는 방법이 많다. 꼭 맛이 아니라 체감각을 동원한 이산화탄소의 톡 쏘는 상쾌함, 아삭하게 씹는 맛, 온도의 리듬, 크림의 부드럽게 감싸는 느낌 등 수많은 자극을 조화시킬 수 있다.

리듬: 변화와 안정

맛의 즐거움은 여러모로 음악의 즐거움과 닮았다. 시간에 따라 음악을 즐기듯이 음식도 리드미컬한 자극을 제공한다. 사실 모든 예술은 적절한 리듬을 가지고 있다. 리듬이 있다는 것은 어느 정도 예측이 가능하다는 것을 의미한다. 예측은 익숙함과 편안함을 준다. 그리고 그 예측을 의도적으로 적절히 벗어나게 함으로써 놀라움과 신선함을 준다. 새로움도 수용가능한 정도로 정확히 디자인해야지 지나치면 생소함과 스트레스를 준다. 지나치게 익숙한 패턴으로 지루함을 주는 것만 못하다. 그런데 수용성은 개인마다 다르고 민족마다 다르다. 그래서 식품을 문화라고 하기도 한다.

우리의 욕망이 한 가지라면 우리는 이미 그것에 도달했을 것이다. 한쪽을 얻으면 한쪽을 잃을 수밖에 없는 상반된 욕망을 항상 같이 가지고 있으니 도달하지 못할 절반의 욕망을 품고 산다. 어쩌면 그것이 우리가 세상을 계속 지루하지 않게 살아가는 동력인지도 모르겠다. 우리가 항해에서 내리지 않는 한 이쪽에서 머물며 흔들리다 어느 새 다른 쪽에서 흔들리고 있는 자신을 발견하게 될 것이다. 생명 유지의 가장 근본적인 시스템이 항상성이다. 이런 항상성은 우리 마음에도 있다. 하지만 우리의 마음속 항상성은 상반된 상태를 오가는 것이지 결코 한 가지 상태를 계속 유지하는 것이 아니다.

2장.
뇌는 어떻게
풍경을 그릴까?

우리 뇌는 감각에서 얻어진 정보로

이 세상에 대한 다양한 모형을 구축한다.

그런 모형을 이용해

뇌는 우리가 보고 듣고 맛보는

모든 것에 대해 예측을 만들고,

예측과 실제 감각을 비교하면서

세상을 이해하고 지각한다.

뇌에 기억되는 모형은

다중 피드백 회로를 이용하여

끊임없이 만들어지고 다듬어진다.

적절한 모형이 있어야 적절한 판단이 가능하다.

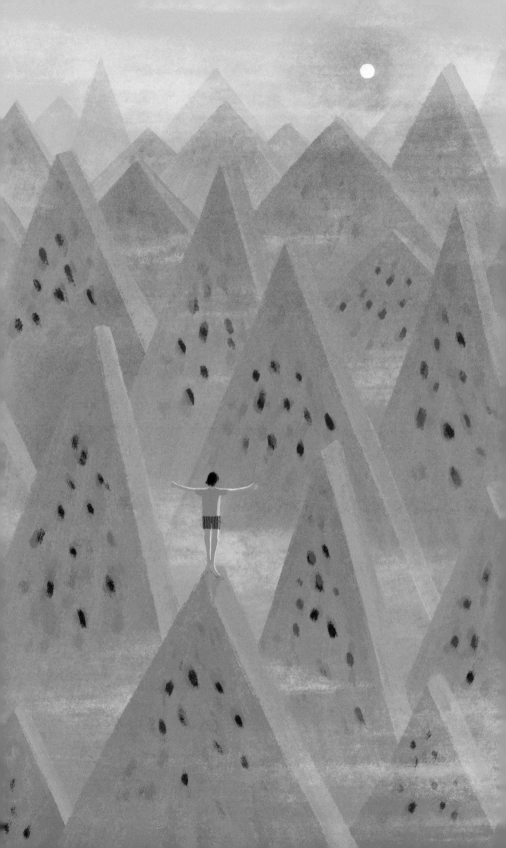

① 감각은 단순하지만 너무나 유동적이다

감각을 알면 지각을 알 수 있을까

앞서 설명한 맛이 어려운 이유만 잘 생각해봐도 우리는 어떻게 사과의 맛을 사과 맛으로 일관성 있게 지각하고, 그렇게 다른 감각을 가진 사람들이 같은 음식을 좋아할 수 있는지 그것이 오히려 놀랍다는 생각이 들지도 모른다. 만약 구체적인 감각과 지각의 과정의 흔들림을 알면 일관성과 공통성이 오히려 기적이라고 생각할 것이다. 그 속사정까지 알면 우리는 거꾸로 알고 있는 게 참 많다는 것을 알게 된다.

감각은 그렇게도 흔들리지만 우리의 뇌는 너무나 일정하다는 듯이 일관성을 유지하고, 그런 일관성을 기반으로 차이를 식별해낸다. 위조 지폐 감별사나 병아리 감별사처럼 아무런 차이가 없어 보이는 것의 차이를 식별해내고, 개가 아무리 크든 작든, 털이 많든 적든, 털색이 하얗든 까맣든 개를 개로 알아보는 우리 뇌는 그 패턴을 즉시 해석해낸다. 이처럼 흔들리는 감각 속에 일관성을 유지하는 비밀을 알려면 뇌를 온전히 이해해야 할 텐데, 뇌는 과학이 아직 그 전모를 밝히지 못한 마지막 과제 중 하나다.

뇌를 이해하기 힘든 결정적 이유 중 하나가 뇌 안에는 특별한 관찰자가 없다는 것이다. 어디나 똑같은 신경세포가 여러 패턴으로 연결된 네트워크만 있지 인간의 뇌라고 다른 동물과 다른 특별한 장치도 없고, 주도적인 장치도 없다. 예를 들어 지금은 전전두피질이 자기를 인식하고, 행동을 계획하고, 불필요한 행동을 억제하고, 문제 해결을 위한 전략을 수립하고, 의사결정을 하는 등 인간이 다른 동물과 차이를 만드는 가장 결정적인 기관으로 알려져 있지만, 처음에는 도무지 그 기능을 알기 힘들었다. 전기적 신호를 가하거나 수술로 일부를 제거해도 당장에 눈에 띄는 기능상 문제가 없었기 때문이다. 암 등으로 그 부위를 완전히 제거하면 서서히 행동의 변화가 나타나는데, 그것으로 기능을 추정할 정도였다.

신경세포의 다양한 연결만으로 어떻게 그렇게 복잡한 뇌의 기능이 출현하는지 아직 밝혀지지 않은 것이 더 많지만 그래도 나는 뇌의 작동도 근본적 원리는 단순할 것이라고 믿는다. 그 이유는 PC 때문이다. 내가 PC를 처음 접한 것이 1984년이고, 당시 PC는 정말 조악했다. 그런데 요즘 휴대폰의 칩은 그 원리는 똑같고, 단지 속도, 용량, 소프트웨어만 고도화되었는데 마치 지능이라도 있는 것처럼 작동한다. 만약 지금의 휴대폰을 15년 전으로만 가져가도 인간이 만든 것이라고 믿지 않을 것이다.

뇌도 근본 원리는 단순할 것이라는 믿음으로 지각의 원리를 찾다가 내 나름의 이론의 찾아 정리한 것이 『감각 착각 환각』이고, 개정판 작업을 통해 맛을 감각하고 지각하는 원리를 보다 상세하게 설명했다. 그렇게 뇌를 이해하다 보니 알게 되는 맛의 비밀이 참 많았다. 그중 가장 기본적인 사례를 통해 몇 가지 알아두면 좋은 뇌 작동의 패턴을 소개하고자 한다.

감각의 원리 자체는 생각보다 단순하다

식품에는 많은 분자가 들어 있다. 이 분자가 혀의 미각 수용체에 결합하면 맛이고, 코의 후각 수용체에 결합하면 향이다. 미각을 담당하는 수용체는 단맛, 신맛, 짠맛, 감칠맛, 쓴맛의 5종류가 있고, 해당 수용체에 맛 물질이 결합하면 전기적 신호가 만들어져 뇌로 전달된다.

후각 수용체는 400종으로 미각보다 훨씬 많다. 코 상단의 일정 부위에 후각세포가 있고, 후각세포 끝의 섬모에 후각 수용체가 있다. 식품의 휘발성 물질 중에 모양이 일치하는 분자와 결합하면 수용체가 ON 상태로 바뀌고, 그것을 바탕으로 전기적 신호가 만들어진다. 그렇게 만들어진 전기적 신호는 사구체(토리)에 모인다. 쥐의 경우 1,000만 개의 후각세포가 있고, 사구체는 2,000개 정도가 있으니 5,000개의 신경세포가 1개의 사구체에 모이는 셈이다. 쥐는 후각세포의 종류가 1,000종이니, 후각망울은 1,000종×2개의 전등으로 된 전광판이라고 할 수 있다. 인간의 후각세포 종류는 400종이고, 사구체는 5,000개 정도이니 400종×12개의 전등으로 된 전광판이 된다. 향기 물질에 따라 사구체에는 다양한 패턴으로 불이 켜지는데 그것을 어떻게 인식하느냐가 향의 지각인 것이다.

감각은 너무 심하게 흔들리고 상호작용을 한다

문제는 그 발화 패턴이 너무나 유동적이라는 것이다. 딱 한 가지 향기 물질만 후각을 자극해도 동시에 여러 개의 사구체에 불이 들어온다. 어떤 향기 물질은 1, 7, 11, 45, 99번 등의 불을 켜고, 다른 향기 물질은 5, 6, 11, 25, 103 등의 불을 켜는 식이다. 이때 불의 밝기도 제각각 달라서 어느 불은 밝게, 어느 불은 약하게 켜진다. 더구나 사람(동물)마다

맛은 뇌가 그린 풍경이다

향기 물질에 따라 켜지는 불의 위치가 다르고, 그 위치에 의미가 있는
것도 아니다. 위쪽은 좋은 향기, 아래쪽은 나쁜 향기, 좌측은 신선한 느
낌, 우측은 잘 익은 느낌처럼 구역별로 의미가 정해져 있으면 해석이
쉬울 텐데 그런 분류도 없다.

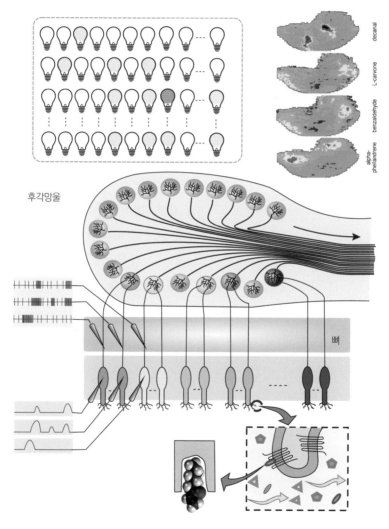

코의 후각망울의 발화 패턴

한 가지 식품에 한 종류의 향기 물질만 있다면 그래도 우리는 후각 망울의 발화 패턴으로 어떤 식품의 향인지 알 수 있을 텐데, 한 가지 식품에도 수백 종의 향기 물질이 있고, 향기 물질은 제각기 다양한 패턴으로 상호작용을 한다.

어떤 물질과 물질이 만나면 두 가지가 합해진 효과가 생기고, 어떤 때는 강력한 상승효과로 예상보다 훨씬 강하게 나타나기도 하고, 반대로 상호 억제나 일방적인 억제도 일어난다. 심지어 농도가 진해지면 동일한 위치에 더 강하게 불이 들어오는 정도를 넘어 새로운 위치에 불이 들어오기도 한다. 새로운 느낌이 출현하는 것이다. 이처럼 후각의 사구체에 수백 가지 향기 물질이 동시에 복잡한 상호작용을 하기 때문에 발화 패턴으로 향을 해석하기는 슈퍼컴퓨터로도 불가능한 것처럼 보인다.

혼합물의 향은 개별 물질의 느낌을 합한 것과 많이 다르고, 발화 패턴 자체에는 특별한 규칙도 의미도 없는데 우리 뇌는 그것으로부터 온갖 의미를 읽어낸다. 아마 그것이 우리가 이처럼 큰 뇌가 필요한 이유일 것이다. 생존을 위해 필요한 뇌는 그렇게 크지 않아도 된다. 다른 동물은 뇌의 비율이 인간의 1/10도 되지 않는다. 그래서 감각에 할당된 신경세포가 10이라면 그것을 해석하는 연합영역의 세포가 무려 10만이라고 한다. 그런 거대한 신경세포의 연합 작용을 통해 우리 뇌는 감각을 척척 해석해낸다.

시각은 1% 정도만 실제이고, 생각보다 더 기이하다

내가 이런 후각을 이해하기 위해 공부해본 것은 모순적이게도 시각을 지각하는 원리였다. 그런데 시각도 그 기작을 알아보면 감각의 순간부

맛은 뇌가 그린 풍경이다

터가 기대보다 대단히 기이하다. 시각수용체는 단순히 수동적으로 빛을 수용하여 그 신호를 뇌로 보내는 역할만 하지는 않는다. 자신의 연결망을 조절하여 지각에 적합하도록 신호를 조절한다. 우리 눈에는 1억 2,600만 개 정도의 빛 수용체가 있는데 그중에 1억 2천만 개가 원기둥형이고, 원뿔형은 600만 개 정도다. 이것이 동시에 작동하지 않고 밤에는 막대형만 작동하고 낮에는 원뿔형만 작동한다. 낮의 해상력은 600만에 불과한 것이다.

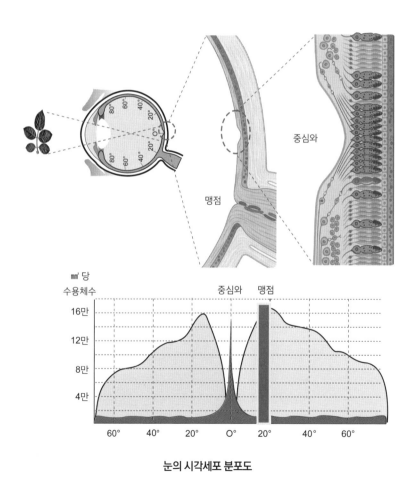

눈의 시각세포 분포도

밝은 곳에 있다가 어두운 곳에 가면 원기둥형으로 전환되고 수만 배 약해진 빛에도 대응이 가능해진다. 빛의 밝기에 따라 이렇게 수용체가 바뀌고 신호의 증폭 정도가 바뀌지 않으면 시각의 작동은 불가능해진다. 만약 돌연변이로 낮에 작동하는 수용체가 없이 밤에 작동하는 수용체만 가지고 태어나면 낮에는 눈도 뜰 수 없을 것이다. 20배나 많고 빛에 예민한 밤의 수용체로 섬세하게 보는 것이 아니라 너무나 강한 빛 때문에 아무 것도 볼 수 없게 된다. 낮에는 눈을 수건으로 감싸지 않으면 생활이 불가능할 정도가 될 것이다.

낮에 작동하는 원뿔세포는 배치마저 아주 불균일하다. 밤에 작동하는 원기둥 수용체의 1/20인 650만 개의 원뿔 수용체 신호 중 고작 100만 개만 뇌로 전달되는데, 그 수용체는 눈의 중심인 황반(중심와)에 대부분이 몰려 있다. 1%에 불과한 부분만 우리가 기대하는 레티나 해상력이고 나머지 부위는 형편없는 해상력인 것이다. 고작 100만 화소, 휴대폰의 1/10도 안 되는 해상력인데 우리는 어떻게 선명하게 볼 수 있는 것일까? 시각뿐 아니라 청각 등 다른 감각도 감각 수용체에서 들어오는 정보는 10% 정도에 불과하고, 그 신호를 바탕으로 뇌에서 만들어진 신호 90%가 합해져 감각이 시작된다.

맛은 뇌가 그린 풍경이다

❷ 지각은 단호하지만 너무나 즉흥적이다

맹점의 채움과 중심시만 알아도 시각의 놀라운 조작을 알 수 있다

후각이 사구체에 켜진 불빛의 패턴을 보고 그것이 무엇인지 알아내는 것이라면, 시각은 시각세포에서 만들어진 전기적 신호가 뇌의 시각영역에 만드는 불빛의 패턴을 보고 세상을 알아보는 현상이라고 할 수 있다.

그런 지각의 비밀을 탐구하다 내가 찾아낸 시각을 이해하는 핵심 원리는 우리 눈앞에 펼쳐진 정밀하고 사실적이며 입체적인 영상이 단순히 눈에 들어온 정보를 거울에 비춘 것처럼 뇌에 투사한 영상이 아니라 '뇌가 감각을 참조해 일일이 그린 그림'이라는 사실이다. 이것만 확실하게 이해해도 감각과 지각에 대한 많은 비밀이 풀린다. 우리가 보는 것이 거울에 비친 영상이 아니라 뇌가 일일이 그린 그림이라는 증거는 너무나 많지만 그중 맹점과 주변시만 잘 이해해도 본다는 것에 대한 생각을 확 바꿀 수 있을 것이다.

우리 눈에는 신경세포의 신호와 혈관이 지나는 맹점이라는 부위가 있다. 그런데 우리가 보는 세상에는 이 맹점이 존재하지 않는다. 혹자는 반대쪽 시선이 그 부분을 채워준다고 설명하는데, 한쪽 눈을 가려도 맹점이 나타나지 않는다. 한 눈을 가리고 거리를 조정하여 특정 각도를 맞추어야 맹점을 확인할 수 있다.

　맹점을 찾는 방법은 여러 가지가 있지만 내가 권하는 방법은 오른쪽 눈을 가리고 왼쪽 눈으로 아래 그림의 + 표시를 계속 보는 것이다. 시선을 + 표시에 고정하고 30cm 정도 떨어진 위치에서 천천히 당겼다 밀었다 하다 보면 어느 순간 하트(♥) 모양이 사라지는 지점이 생길 것이다. 시선을 돌려 하트 위치를 보면 당연히 하트가 보이지만, 계속 + 표시만 주시하면 하트가 사라진다. 여기서 핵심은 사라진 맹점의 위치가 어떻게 처리되는가이다.

　실험을 진행하다 보면 단순히 하트가 사라지는 것이 아니라 그 자리가 뭔가로 채워진다는 것을 알 수 있다. 아래 그림에서 하트가 사라지면 흰색이 되거나 흰색 범위가 넘어가면 주변 바탕과 같은 파란색으로 채워진다. 배경을 노란색으로 하면 맹점 부위도 노란색, 회색이면 회색으로 채워진다. 이런 맹점 채움 현상을 몇 개만 해보면, 어떤 맹점이든 그 부분이 어떻게 채워질지 쉽게 예측이 가능하다.

(a)

　『감각 착각 환각』에서 이미 여러 맹점 채움의 예를 제시했지만, '본다는 것에 대한 나의 생각'을 영원히 바꾼 것은 다음 페이지에 나오는 맹점 실험이다. 그림에서 맹점을 찾으면 하트는 당연히 사라진다. 문제

　　맛은 뇌가 그린 풍경이다

는 선이 약간 어긋나 있는 것이다. 맹점을 채우기 위해서는 막대를 이어야 하는 것이 합리적인데 선을 잇다보면 그 부분이 어긋나게 된다. 아주 부자연스러운 모습이다. 하필 맹점 부분에 이런 부자연스러운 연결이 있다고 뇌는 믿고 싶지 않아진다. 그래서 눈은 단순히 맹점 부위뿐 아니라 정상 부위의 자료까지 조작하여 순식간에 선이 어긋나지 않고 온전한 **+** 모양으로 보이게 한다. 뇌가 맹점을 채우기 위해 멀쩡한 정보까지 조작하는 것이다.

아무리 그렇게 조작하지 말라고 해도 맹점 지점이 되면 순식간에 그렇게 채워 넣는다. 그것도 대충 채워지는 것이 아니라 정교한 예측대로 채워진다는 것은 우연이 아니라 뇌의 정교한 계산의 결과라는 증거인 셈이다. 맹점을 채우기 위해 정상적인 신호마저 조작하여 그럴 듯한 이미지를 만드는 것이야말로 뇌에 대한 이해에 새로운 실마리를 제공한

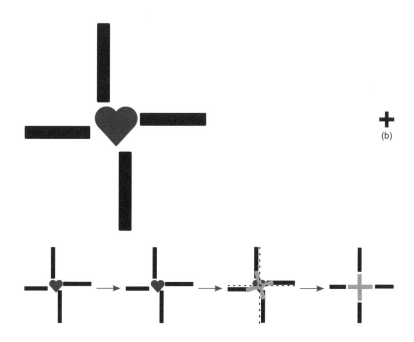

(b)

다. 우리 눈에는 정말 놀라운 채워 넣기와 보정의 장치가 들어 있다. 더구나 완전 자동이라 자신의 의도와 전혀 관계없이 어느 순간 순식간에 저절로 일어난다. 아무리 조작하지 말라고 해도 소용이 없다. 뇌는 우리가 도저히 알아챌 수 없는 순간에 자동으로 채워 넣는다. 여기에 주변시 현상만 이해해도 뇌에 대한 많은 생각이 바뀔 수 있다.

우리 눈은 황반(중심와) 위치만 선명하다

우리가 낮에 사물을 볼 때는 원뿔세포만 작동한다. 그 숫자가 650만 개에 불과하고 더구나 대부분이 눈의 1%에 불과한 황반(중심와) 부분에만 몰려있다. 따라서 이 부분만 선명하고 나머지는 10만 화소의 해상력 정도로 흐릿해야 한다. 더구나 근처에 아무것도 안 보이는 맹점이 있고, 신경세포와 핏줄이 지나가는 자리가 있다. 생물학적으로 눈에 보이는 세상은 손을 내밀었을 때 동전 크기 정도만 선명하다. 그림 (b)처럼 전체가 선명하게 보이는 것이 아니라 그림 (a)처럼 개미 한 마리 정도만 겨우 선명하게 보이는 시각인 것이다. 그런데 우리는 마치 1억 2천만 시각세포를 모두 활용해서 전체적으로 매우 깨끗하게 본다고 느낀다. 실제 해상력은 100만 화소에 불과한데, 어떻게 수천만 화소의 카메라처럼 선명하게 세상을 볼 수 있는 것일까?

우리가 특정한 것에 관심을 가지는 즉시 뇌는 눈동자를 돌려 그 부분과 황반의 각도를 일치시켜 상세한 정보를 받아들인다. 그 과정에서 눈동자가 단속적으로 움직이고 흔들린다는 것을 전혀 눈치 채지 못한다. 뇌가 움직임을 보상하기 때문이다. 중심와는 매우 좁은데 선명함과 흐릿함의 경계도 세상 전부를 선명하게 보고 있는 것처럼 조작한다.

내가 눈의 해부학적 근거로 중심시와 주변시를 설명해도 잘 믿으려

하지 않지만 다음에 나오는 '사라지는 점'이라는 착시만 잘 이해해도 우리가 선명하게 볼 수 있는 것은 매우 좁다는 것을 명확히 알 수 있다. 그림에서 ◎을 몇 개나 볼 수 있을까? 눈동자를 움직이면 물론 12개를 전부 볼 수 있다. 그런데 시선을 한 점에 고정하면 주시하는 곳을 제외한 대부분의 ◎은 사라진다. 왜 사라지는 것일까? 이것을 제대로 설명할 수 있어야 주변시를 이해한 것이다.

중심와의 크기 (동전 1개 크기)

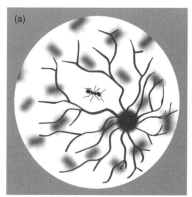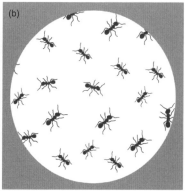

눈에 보이는 세상(a) vs 뇌가 보여주는 세상(b)

소멸착시 '사라지는 점(Disappearing Dots, 자크 니니오, 2000)'

맛은 뇌가 그린 풍경이다

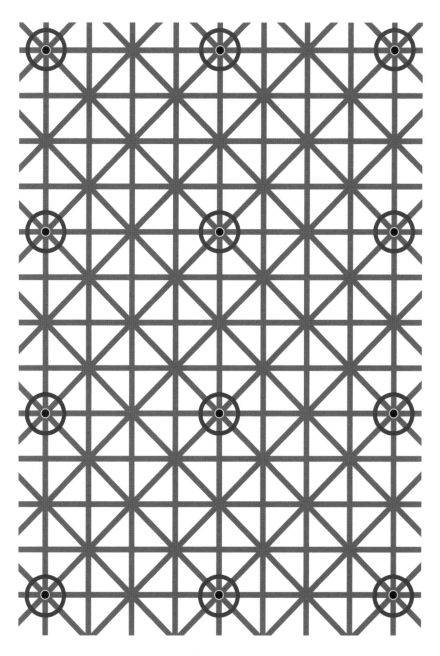

동일한 소멸착시에 원만 추가해도 점이 쉽게 사라지지 않는다

동일한 그림에 빨간색 원을 추가하면 ◎은 사라지지 않는 것처럼 보인다. 그것은 또 왜일까? 중심시는 선명하게 보이고 주변은 흐리지만 그래도 빨간 원이 있다는 정도는 보인다. 그러니 빨간 원을 근거로 ◎이 보이는 척한다. 우리 눈앞에 펼쳐진 생생한 현실은 중심와 주변의 1도 각도 정도만 실제로 눈으로 본 것이고, 나머지 100도 각도는 뇌가 그린 이미지인 것이다. 우리가 보았다고 생각한 것은 뇌가 그린 것이고, 뇌가 현실과 똑같이 그렸다는 자체가 지각이고 이해인 셈이다. 이렇게 시각의 기작을 알아가다 보면 감각, 착각, 환각, 지각이 별로 다르지 않고 단 한 가지 장치의 다양한 상태라는 것도 알게 된다.

감각, 착각, 환각 그리고 지각

이런 맹점 채움 현상과 중심와를 이용한 해상도의 증강 현상이 가능한 원리는 뇌의 생물학적 구조에서도 알 수 있다. 눈의 망막(Retina)에는 1억 개가 넘는 시각세포가 있지만, 이중에 LGN을 거쳐 뇌로 전달되는 신호는 100~120만 개에 불과하며, 더구나 낮에 보는 신호의 90% 이상이 눈의 1%도 안 되는 중심와에서 온 것이다. 그런데 LGN에는 뇌에서 보내온 400~900만 화소가 추가되어 1차 시각피질인 V1 영역에 500~1,000만 화소의 정보가 투사된다. 눈에서 오는 신호는 고작 10~20%이고, 나머지는 뇌에서 만들어 보낸 신호를 바탕으로 시각이 시작되는 것이다.

우리는 보통 지각의 경로가 감각 수용체의 신호가 점점 상위 기관으로 연결되는 단방향의 흐름일 거라고 생각하지만, 뇌는 결코 단방향으로 작동하지 않는다. 대부분 피드백에 피드백이 결합된 쌍방향의 무한 되먹임 구조로 작동한다. 시각 또한 격렬한 되먹임 구조로 눈의 감각이 지각이 되고, 그 지각이 만든 신호가 감각 자체가 되면서 지각의 루프를 초당 수십 번 돌면서 적절하게 조율되며 세상을 그리는 것이다.

이런 초고도 그래픽 장치를 이용하여 밤에 시각이 없이 그림을 그리면 꿈이고, 낮에 시각에 없는 꿈을 그리면 환시(환각)이다. 현실과 똑같이 그리면 그것이 지각인데 그중에는 눈에 보이는 것을 과도하게 보정하여 착시를 만드는 경우도 있다. 그런 측면에서 착시는 왜 착시인 줄 알면서도 우리 마음대로 수정을 할 수 없는지 그 이유를 아는 것이 나름 시각을 충분히 이해한 것이라고 할 수 있다.

뇌는 눈에서 오는 100만 화소의 정보만으로 모든 잠재력을 동원하여 색을 입히고, 빈곳을 채워 넣으면서 이미지를 완성한다. 그 과정에서 기존의 패턴과 비교하고, 의미를 해석한다. 눈에서 온 정보가 처음으로 뿌려지는 V1 영역은 시각의 시작일 뿐 아니라 시각을 담당하는 모든 모듈이 참여하여 조정하고 완성한 가장 그럴듯한 현실의 재창조인 것이다. 우리가 보는 것은 결국 뇌가 그린 그림이다. 감각에 들어

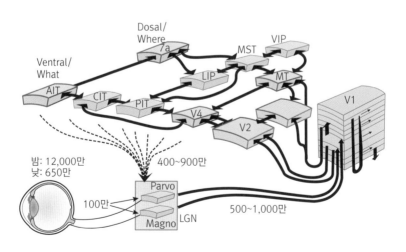

시각경로와 피드백 회로

온 정보를 바탕으로 뇌가 그대로 재현해보면서 그 의미를 이해하는 것이라 보면 알 수 있고, 알아야 볼 수 있다는 말이 결코 비유가 아닌 것이다.

다른 감각도 시각과 같은 원리로 작동한다

시각은 눈에서 들어오는 정보를 참조하여 뇌 안의 세상에 재현하면서 이해하는 것이고 다른 감각도 기본 원리는 같다. 청각은 귀로 전달된 진동을 뇌가 재현한 소리를 통해 듣게 된다. 시각보다는 청각의 정보가 제한적이므로 더 많은 짐작과 예측이 포함된다. 예를 들어 청각에는 '몬더그린(Mondegreen)' 효과가 있는데, 이것은 모호한 발음이 본인이 아는 단어로 들리는 현상이다. 특히 팝송과 같은 잘 모르는 외국어를 들을 때 잘 생기는데, 예전에 개그맨 박성호 씨가 팝송의 "All by myself" 부분을 "오빠 만세!"라고 하자 그 다음부터 모두가 그렇게 들

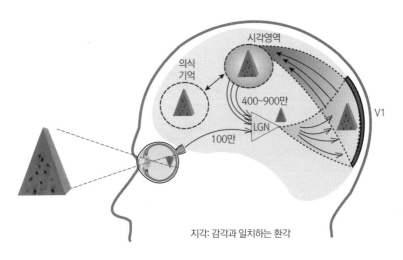

지각: 감각과 일치하는 환각

시각 경로와 지각의 원리

맛은 뇌가 그린 풍경이다

게 된 것이 좋은 예이다. 아무리 "오빠 만세"가 아니라고 생각해도 소용 없는 것은 뇌에서 그렇게 소리를 재구성하여 들려주기 때문이다.

이것을 향을 맡을 때도 마찬가지다. 뇌는 코에서 들어온 정보를 바탕으로 모형을 만들고, 기억하고 있는 모형 중에 비슷한 것을 찾으면서 무슨 향인지 알아내려고 한다. 뇌의 핵심적인 기능은 감각으로부터 얻어진 정보를 바탕으로 이 세상에 대한 다양한 모형을 구축하는 일이다. 여러 다중 피드백 회로를 이용하여 끊임없이 만들어지고 다듬어지는 이런 모형을 바탕으로 뇌는 우리가 보고 듣고 맛보는 모든 것에 대해 예측을 만들고, 예측과 실제 감각을 비교하면서 세상을 이해하고 지각한다. 뇌 안에 있는 맛과 향에 대한 모형이 있어서 부족한 정보에도 그럴듯하게 맛을 지각할 수 있는 것이다. 뇌는 입과 코로 느껴지는 감각을 토대로 뇌에 기억된 수많은 음식의 기억 중에서 유사한 것을 불러와 공통점과 차이점을 인식한다. 맛은 결국 숨은 그림 찾기와 유사하다. 아는 만큼 더 찾아낼 수 있는 것이다.

지각의 의미

뇌의 판단은 순간적이고 단호하다

뇌가 판단을 내리는 순간은 매우 짧다. 서비스 업계에는 '진실의 순간'이라는 용어가 있다. 원래는 투우사가 소의 급소를 찌르는 순간 즉, '실패가 허용되지 않는 매우 중요한 순간'을 의미한다. 그러다 스칸디나비아 항공사의 사장인 얀 칼슨(Jan Carlzon)을 통해 널리 알려졌는데, 그가 자사의 서비스를 조사한 결과 1회 응대 시간은 평균 15초였다고 한다. 결국 이 15초 동안의 짧은 순간이 모여서 스칸디나비아 항공의 전체 이미지와 사업의 성공을 좌우한다는 것이다.

우리의 뇌는 정보를 취합하여 차분히 판단하지 않고, 미리 판단하고 그 판단이 맞는지를 확인하는 식으로 빠르게 진행한다. 앞서 설명한 맹점 채움에서 맹점을 만나는 순간, 얼마나 부지불식간에 그 부분을 채워 넣는지를 생각해보면 알 수 있다. 맹점의 채움이 순간적으로 단호하게 일어나면 나머지 대부분의 생리학적 판단과 마음의 결정도 이런 식으로 일어나는 경우가 많다. 우리의 감각이 부족하고 흔들리지만 판단은 빠르고 단호하다. 결국 뇌는 빠르고 효과적인 행동을 위한 장치이지 숙고를 위한 장치가 아닌 것이다.

우리 뇌 안에는 특별히 견고하거나 심오한 판단 장치는 없다. 이런 가벼움에 대해서 닉 채터는 『생각한다는 착각』을 통해 우리의 생각은 매우 평면적(flat)이라고 주장한다. 뇌 안에 심오한 마음은 없고 그때 그때 창작을 하는데, 단지 그 과정이 너무나 빠르고 매끄러워서 마치 깊이 있게 잘 다듬어지고 정리된 판단의 장치가 준비되어 있고 그런 장치를 이용한 숙고 즉, 심오한 깊이에서 우리의 생각이 나오는 것처럼 착각한다는 것이다.

우리의 행동에는 무의식이 판단하고, 의식은 변명을 하는 식으로 작동하는 경우가 많다. 우리의 수많은 결정들은 워낙 상황에 따라 즉흥

맛은 뇌가 그린 풍경이다

적으로 만들어진 결정이라 우리 마음의 내면에 뭔가 견고한 틀이 있을 것이라는 가정하에 이루어진 조사나 프로젝트는 성공하기 어렵다는 것이다. 사람들은 똑같은 질문에 대해서도 전혀 다른 대답을 내놓고, 그런 선택에 대해 본인 스스로 정확한 이유를 설명하지 못하고 적당히 변명하는 식의 피상적인 설명만이 가능하다.

우리가 맛을 결정하는 순간도 짧고 즉흥적이다. 손님은 어쩌면 식당에 들어오면서 이미 맛을 결정하고 후각과 미각으로 재확인하는 것인지도 모른다. 분위기와 종업원 태도 등 짧은 순간에 느끼는 모든 것이 맛의 요인이 된다. 많은 사람이 자신은 상황에 영향을 받지 않고, 나름 맛을 있는 그대로 평가할 수 있다고 믿지만 진실이 아니다. 맛은 이미 생존의 목적을 훨씬 넘어서 모두가 충분히 훌륭하기 때문에 맛있는 음식보다는 맛있다는 인식을 지배하는 자가 마케팅에서 성공하는 경우가 많다.

③ 신뢰성은 검증과 상호억제에서 만들어진다

억제가 핵심, 잡음을 억제해야 신호를 파악할 수 있다

우리가 보고, 듣고, 맛보는 모든 것은 뇌가 감각을 참조해 그린 것이다. 아무리 맛과 향이 좋은 음식이 눈앞에 있어도 그것을 먹을 때 뇌가 그림을 그리지 않으면 아무런 맛도 향도 없는 음식이 되어버린다. 코로나로 후각을 잃어본 경험이 있는 사람은 이 말의 의미를 절감할 수 있을 것이다. 코로나에 걸려 후각을 상실하면 어느 순간 갑자기 세상의 모든 향기가 사라진다. 후각세포에는 아무런 문제가 없어도 그렇게 된다. 그러다 어떤 사람은 천천히 회복하고 어떤 사람은 한순간에 갑자기 맡을 수 있게 된다. 그리고 순간적으로 후각이 다시 사라졌다 되돌아오기를 반복하면서 회복하는 경우도 있다. 후각을 상실하는 동안 환후가 나타나 담배를 피우지도 않았는데 아래층에서 담배 냄새가 올라온다고 대판 싸우기도 한다.

보통은 향을 상상하기가 정말 힘들지만 환후는 다른 모든 환각과 마찬가지로 너무나 현실처럼 느껴진다. 환청의 경우 실제 소리와 아무런 차이가 없는데, 우리는 귀로 외부의 소리(진동)을 직접 듣는다고 생각하지만, 소리는 바깥귀의 일부인 고막을 흔들 뿐이고, 고막에 연결된 뼈

(이소골)가 감각하기 적합한 진동을 만들고, 그 진동이 달팽이관을 타고 흐르게 된다. 그 진동이 달팽이관에 다양한 길이로 포진된 청각세포를 활성화시켜야 전기적 신호가 뇌로 전달되고, 뇌는 그 신호를 바탕으로 뇌 안에 소리를 만들어야 우리가 들을 수 있다. 그런 장치 덕분에 소리도 듣고 환청도 가능한데, 환청은 외부에서 들려오는 소리와 아무런 차이가 없다.

이처럼 우리 뇌가 환시, 환청, 환후 같은 환각을 만들어 내는 능력은 거의 무한대이다. 그리고 위기의 순간에 그 능력을 살짝 보여준다. 높은 곳에서 떨어지는 위급한 순간, 물에 빠져 익사하기 직전의 아주 짧은 순간에 자신이 살아온 인생의 모든 기억이 한편의 파노라마처럼 생생하게 흘러갈 수 있다. 위기의 순간이 닥치면 초능력이 발휘된다고 생각하는데, 사실은 그 반대다. 기능이 만들어지는 것이 아니라 이미 있던 기능의 봉인이 풀리는 것이다. 엄청난 위기의 순간이라 평소처럼 강하게 억제를 하지 못해서 일어나며, 위기의 순간이 아니라 뇌에 전기적 충격만 가해도 일어난다.

그런 환각은 공간을 초월하고, 감각을 초월하고, 시간도 초월한다. 불과 1분에 인생 전체를 재생할 만큼 막강하다. 평소에 그런 기능이 봉인되어 있지 않고 자유롭게 사용할 수 있으면 어떻게 될까? 딱 마약에 빠진 상태가 될 것이다. 자신의 뜻대로 하늘을 나는 꿈(자각몽)만 꾸어도 즐겁고 남들이 설계한 컴퓨터 게임만 해도 즐거운데, 세상의 그 어떤 컴퓨터 게임보다 화려한 색과 완벽한 그래픽에 자신이 원하는 대로 입체적으로 펼칠 수 있다면 과연 맨정신으로 그 즐거움에서 빠져나올 수 있을까? 마약의 환각도 마찬가지 기작이다. 마약 자체가 환각을 만드는 것이 아니라 환각을 억제하는 능력을 푸는 것뿐이다.

뇌는 강한 억제로 현실과 일치하는 환각만 만들어야 한다

뇌의 막강한 환각 능력은 평소에는 감각의 신호에 의해 딱 현실에 재현할 정도로만 완벽하게 억제되어 있다. 모든 신경세포가 서로 경쟁을 하고 피드백 회로에 의해 보정되면서 생존에 적합하도록 억제하고 또 억제하는 것이다. 감각은 정말 제각각이고 맥락과 상황에 따라 마구 흔들리지만 우리는 별 문제없이 어제 같은 오늘을 대하고 오늘 같은 내일을 보낼 수 있다.

지각이 충분히 안정적인 것은 뇌의 모든 세포가 신호를 만들어도 그중 의미를 가지는 것은 동조가 되는 극히 일부이고, 나머지 대부분의 신호는 소멸되기 때문이다. 감각의 신호가 리듬을 타고 합의를 이루는 과정에서 신호는 거대한 되먹임 회로를 통해 억제되고 조정되고 통합되어 충분히 쓸모 있고 균형적인 지각을 이루어 내는 것이다.

그런 단면을 보여주는 것이 인공지능의 학습망이다. 인공지능은 논리적인 로직과 로직이 결합한 것이 아니다. 단지 인간의 뇌구조처럼 복잡한 연결과 피드백만 있다. 그것이 성공적으로 작동해도 도저히 어떤 논리인지 파악조차 할 수 없지만 그래도 쉼 없이 작동한다. 모든 연결이 가능하게 한 후 의미 있는 연결만 강화하는 것으로도 기능이 작동하는 것이다.

감각의 판단 모형은 검증을 통해 꾸준히 교정된다

병아리 감별사는 항문 쪽에 있는 생식돌기를 보고 감별을 한다. 생식돌기의 색이 선명하고 모양과 각이 분명하면 수컷으로 판정하는데, 새의 97%는 외부 생식기가 없고 더구나 갓 태어난 병아리는 일반인은 아무리 봐도 구분을 못한다고 한다. 그럼에도 프로 감별사는 99% 정확도로

맛은 뇌가 그린 풍경이다

감별을 한다. 감별법을 배우는 특별한 원리는 없고 단지 프로 감별사의 피드백만 있다. 유능한 감별사가 자신의 분류에 대해 피드백을 해주면 어찌되었거나 점점 식별력을 키워 감별을 해내는 것이다. 정확한 피드백이 신뢰성을 키우는 핵심이다.

맛의 신뢰성도 피드백을 통해 구축된 것이다. 독과 위험이 넘치는 야생에서 아무리 배가 고파도 먹어서는 안 될 것을 구분하는 기능이 그 시작이다. 야생에서 어렵게 뭔가 먹을 만한 것을 발견하면 그것을 한 입 먹어볼지 말지, 한 입 베어 물고는 계속 먹을지 말지, 먹고 난 뒤 다음에 똑같은 것을 발견하면 또 먹을지 말지를 결정해야 한다. 먹을 만한 음식을 맛있다고 느끼고, 몸에 해로운 음식을 맛없다고 느껴야 한다. 과거의 인류는 야생에서 뭔가 먹을 것을 발견하면 그것을 먹을지 말지를 판단할 유일한 수단이 감각을 통해 느껴지는 맛이었다.

그런데 우리의 입과 코는 음식 속의 영양분을 파악하기에는 많이 부족하다. 혀의 미각 수용체는 고작 5종뿐이고, 그것으로 느낄 수 있는 성분은 식품의 2~10% 정도이며, 코의 후각 수용체는 400종이지만 그것으로 느낄 수 있는 성분은 0.1%도 안 되는 양이다. 그래서 소량의 맛이나 향을 추가하여 입과 코를 잠시 속이는 게 가능한 것이다.

그렇다고 우리 몸이 그렇게 호락호락하지는 않다. 입과 코는 맛을 처음으로 정찰하는 수준이지 최종 판단이 아니다. 우리 몸의 내장기관은 음식을 소화하는 과정을 통해 탄수화물은 포도당, 단백질은 아미노산, 지방은 지방산으로 분해하여 흡수하면서 그 양까지 정확하게 측정한다. 장에 가서야 맛에 대한 평가가 제대로 이뤄지기 시작하는 것이다. 만약 혀로는 맛있다(=영양이 풍부하다)고 판단했는데, 실제로 장에서 흡수할 영양분이 없는 음식이면 어떻게 될까? 뇌(무의식)는 기만당했다는 것을 알게 되고 다시는 속지 않으려고 노력한다. 뇌에 저장된 맛의 판단모형을 수정하는 것이다. 그 음식을 먹었을 때의 기억을 되살려 차이를 찾아내고 검증을 한다.

자동차를 좋아하는 사내아이는 처음에는 승용차와 버스도 구분하지 못하다가 몇 번만 잘못된 것을 고쳐주어도 스스로 자동차에 대한 판단모형을 수정하면서 구분 능력을 키워 나간다. 그렇게 순식간에 어른도 따라하기 힘들 정도로 구분을 할 수 있게 된다. 인간은 누구나 타고난 패턴 분류의 천재인 것이다.

맛에 대한 판단 능력도 이처럼 모형의 수립과 수정을 통해 이루어진다. 단맛이 나면 무조건 당류(에너지)원이 공급될 것이라고 믿는 단맛의 모형을 가진 사람이 몇 번 인공감미료에 속다 보면 단맛과 함께 특유의 쓴맛이 날 때 이것은 가짜 단맛이구나! 하고 모형을 다듬는다. 이런 학습과 모형의 세분화를 통해 음식을 점점 더 잘 구분할 수 있게 되는 것이다. 반대의 경우도 마찬가지다. 입과 코로 느껴지는 것은 평범하지만 소화 후 만족감이 큰 음식이 있다면 뇌는 당연히 점수를 주도록 모

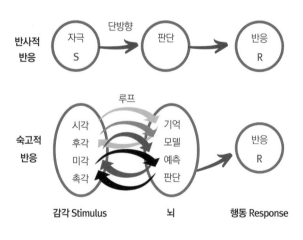

반사적 반응과 숙고적 반응

맛은 뇌가 그린 풍경이다

형을 수정한다. 그래서 나중에 큰 만족을 주는 음식의 패턴이라는 것을 아는 순간 우리는 미리(?) 맛있게 먹을 수 있다.

　단순히 혀와 코로 느껴지는 맛이나 향기 성분만 따지면 갖은 양념과 조미를 한 고기가 육회나 생등심보다 훨씬 맛있어야 한다. 하지만 고기를 먹어본 경험이 쌓이면 판단이 달라진다. 혀로 느끼는 맛은 적더라도 실제 소화가 잘되고 영양이 풍부한 음식에 평가가 점점 좋아지도록 평가 모형을 수정하는 작업을 한다. 그래서 겉에 드러난 것은 별로 없어도 나중에 큰 만족을 준다는 사실을 알고 있기 때문에 맛있게 먹을 수 있는 것이다.

경험을 통해 구축한 판단의 모형만큼 다양한 음식을 구분할 수 있다

후각에는 400여 종의 수용체가 있지만, 그 어디에도 '좋다/나쁘다'를 감각하는 수용체는 없다. 심지어 사과나 딸기를 구별하는 수용체도 없다. 그럼에도 우리는 과일을 먹자마자 그것이 잘 익었는지 혹은 신선한지 아닌지도 판단할 수 있다. 신선함을 구분하는 수용체나 신선함을 주는 구체적인 향기 물질이 없는데도 그렇다. 그만큼 뇌 안에는 다양한 맛의 모형이 있다. 감각된 신호의 패턴과 과거에 경험하고 기억한 패턴을 비교하여 판단한다. 그런 경험이 축적되면 판단 모델은 보다 정교해지고 좀 더 다양한 식재료의 맛을 구분할 수 있게 된다.

　지금의 모든 음식은 충분히 안전성을 검증한 것이라 먹으면서 탈날 걱정을 많이 하지 않는다. 그런데 과거에는 식재료가 부족하고, 상태도 열악한 것이 많아 굶어죽을지, 먹고서 배 아파서 죽을지를 결정해야 할 정도로 열악한 음식이 많았다. 그래서 이를 식별할 능력이 없으면 살아갈 수 없었다. 우리는 우리 몸이 어떻게 작동하는지 잘 모르지만 그래도 잘 돌아가고 있다. 단순히 혀와 코만 맛을 판단하지 않고 몸속의 모든 기관을 동원하여 계속적인 결과를 피드백하여 살아남기에 충분한 수준으로 음식을 구별할 수 있다.

기억은 단순히 과거의 추억이 아니라 생존을 위한 판단의 가이드이다. 그러니 기억은 감각의 초기 단계부터 빠르게 개입한다. 즉 우리 뇌는 저장된 기억(패턴, 모형)들을 이용하여 우리가 보고 듣고 맛보는 모든 것에 대하여 끊임없이 예측하고 감각과 비교하면서 의미를 파악한다.

④ 뇌의 호불호에는 이유가 있다

뇌는 효율성을 좋아한다: 단순화, 패턴, 리듬

감각은 생존을 위한 것이라 생존에 적합한 것을 좋아하는 게 당연하다. 그런데 가끔은 왜 그렇게까지 좋아하는지 이해가 잘 안 될 때도 있다. 이럴 때 뇌의 작동원리를 살펴보고 어떤 신호를 다루기 좋을지 생각해 보면 이해되는 부분이 생길 것이다.

뇌는 패턴을 좋아한다. 자연은 아주 랜덤하고 복잡해서 있는 그대로 판단하고 기억하기 힘들다. 그래서 뇌는 그 속에 숨겨진 패턴을 찾아 단순화시키려 노력한다. 뇌의 시각인식의 첫 단계도 전체적인 모양을 인식하는 것이 아니라 외곽선의 추출과 인식이다. 이런 단순화를 통해 패턴(절대표상)을 찾으면 절대표상과 차이점만 기억하면 되므로 정보는 많이 단순화되고 간편해진다. 잘 분간하기 어려운 숲속 배경 속에서 숨은 동물을 찾아내려면 유사성으로 잘 묶어서 똑같으면 무시하고 차이나면 주의하는 것이 필요하다.

반복은 한 가지만 알면 나머지는 저절로 풀리므로 이런 간편함 때문에 뇌가 좋아한다. 반복적 요소들이 리듬 있게 배열되면 질서가 생겨서 이해가 쉬워진다. 그러니 음악에도 적당한 반복이 필요하고 맛에도 적당한 반복이 있어야 즐겁고 편안하다. 새로운 요소만 잔뜩 등장하면 감각은 쉽게 피곤해진다.

효율적 작업을 위해 차이와 움직임에 민감하다

캐리커처도 윤곽만 그린 그림이 더 호소력을 가진다. 피카소도 그림에서 불필요한 요소를 제거하여 명성을 얻었다. 뇌세포의 가장 기본적인 간편화 전략은 '외측 억제(Lateral inhibition)' 기능이다. 외측 억제와 대조는 특징만을 인지하고 기억하거나 배경에 놓인 대상을 식별하는데 도움이 된다. 우리 인간의 감각기관은 전체를 파악하는 기관이라기보다 차이를 감지하는 기관이다. 미각은 화학 물질의 차이, 청각은 파동의 차이, 시각은 빛의 파동 차이를 감지한다. 만약 녹색이 가득한 나무나 풀밭에 빨갛게 익은 과일이 있다면 바로 눈에 띌 것이다. 그래서 우리는 캐리커처, 이모티콘, 픽토그램 같이 가장 단순한 것으로 가장 적절하게 정보를 표현해주는 것에 매료된다.

맛은 뇌가 그린 풍경이다

뇌가 단순한 것을 좋아하는 이유 – 편하고, 기억하기 쉽다

> 일본 규슈 구마모토현 아소시에 있는 100년이 넘는 역사를 자랑하는 이마킨(いまきん) 식당. 초행길인 사람을 여기로 데려가면 세 번 놀란다. 우선은 한적함을 넘어 거의 폐허에 가까운 동네 분위기에 놀란다. 식당 앞에 도착하면 두 번째로 놀란다. 대기자 명단에 이름을 올리고 족히 1시간은 기다려야 하기 때문이다. 마지막으로 음식을 먹으면서 놀란다. 메뉴는 '아까규동'. 하얀 쌀밥 위에 레어로 구운 와규가 깔려 있고 그 위에 반숙 달걀과 와사비 한 덩어리가 놓인 게 전부다. '겨우 이걸 먹자고 그 먼 길을 달려와 그 오랜 시간을 기다렸던가…….' 하는 표정은 한 입 먹는 순간 침묵으로 변한다. 그리고 누가 먼저랄 것도 없이 바닥을 훤히 드러낸 사발만 남길 때까지 한참 동안의 침묵이 흐른다.
>
> — 박상현, 『일본의 맛, 규슈를 먹다』

내가 대학교 기숙사 생활을 시작한 것은 80년대 초반이다. 당시 시골의 반찬은 너무나 뻔한 것들이었는데 기숙사의 메뉴는 매일 같이 바뀌고 처음 보는 메뉴도 많았다. 그런데 처음에는 환호하고 남김없이 식판을 비우던 동기들이 점차 음식을 남기기 시작하더니 결국 식사시간에 나타나지 않는 경우까지 생겼다. 그리고 아주 나중에야 그 이유를 알았다. 지나친 변화는 스트레스가 될 수 있다는 사실을 말이다.

위장이 소화를 하기 위해서는 엄청나게 많은 에너지가 필요하다. 하루 활동에 필요한 에너지나 하루 소화흡수에 소모되는 에너지는 별 차이가 없다. 그런데 갑자기 매일 메뉴가 다르게 바뀌면 몸부터 피곤해진다. 거의 매일 똑같은 것을 먹다가 매 끼니 다른 메뉴의 음식을 먹으니 몸이 피로하지 않을 수 없는 것이다.

뇌는 딱 지루하지 않을 정도의 단순함과 리듬과 반복을 사랑한다. 지나친 복잡함은 피로를 낳고, 절제가 애정과 마니아를 낳는 것이다. 많은 메뉴가 나열된 뷔페는 확실히 추억하기 힘들다. 서빙의 순서도 없고, 무엇을 먹고 먹지 않았는지도 기억하기 힘들다. 우리는 평범함의 가치를 너무 잊고 사는 경우가 많다.

단순한 것이 힘이 있다

마케터나 경영자에게 가장 참기 힘든 유혹이 계열 확장이다. 바닐라 맛 제품이 큰 인기를 끌면 딸기 맛, 포도 맛 같은 시리즈를 내서 매출을 확대하고 싶어 한다. 하지만 그랬다가는 오히려 브랜드 이미지는 흐려지고 소비자에게 잊혀지기 쉽다. 코카콜라는 140년간 많은 종류의 음료를 만들었지만 다른 제품에 코카콜라라는 브랜드를 사용하지 않았다. 음식점도 '○○전문점'처럼 단순화된 메뉴를 가진 식당이 신뢰도가 높다.

우리가 단순한 것을 좋아한다고 하지만 여기서 단순함은 비어 있는 것이 아니다. 더 이상 뺄 것이 없이 하나처럼 보일 때를 말한다. 사용한 재료가 복잡하지만 결과물은 간결해야 심오한 느낌이 든다. 복잡한 것이 하나로 느껴지기 위해서는 서로 다른 재료가 잘 어울려야 한다. 맛과 향이 잘 어울려 어디까지가 맛이고 향인지 구분되지 않고, 맛과 물성이 일치해 물성 때문에 맛있는지 맛 때문에 맛있는지 모호하며, 모든 것이 어울려 하나처럼 보여야 깊이가 생긴다.

우리는 화려한 재료의 음식도 좋아하지만, 단순하고 익숙한 음식에서 새로운 깊이가 느껴질 때 진정으로 감동한다. 흔한 요리를 아무도 따라 하기 힘든 수준으로 할 때, 분명 익숙한 재료만 사용한 것 같은데 처음 느껴보는 깊이를 보여줄 때 우리는 진정으로 감동한다. 그런 음식은 집중하기 쉽고 기억하기도 쉬워 오래 남는다. 온갖 종류의 음식이 차려진 뷔페보다 한 그릇의 제대로 차려진 음식이 더 기억에 남는 법이다.

선택의 역설, 뷔페는 무슨 기억을 남길까?

미식가의 리스트 중 빠지지 않는 것 중 하나가 바로 냉면이다. 보통은 냉면을 두고 물냉면을 시킬지 비빔냉면을 시킬지 심각하게 고민하는데, 뷔페에서는 이런 고민이 필요 없다. 300가지가 넘는 음식 중에서 자신의 취향에 맞추어 먹고 싶은 대로 마음껏 골라먹으면 된다. 그런데 미식가 중에 뷔페 음식을 말하는 사람은 드물고, 뷔페에 등장하는 300가지의 요리가 냉면 한 가지에 비해 300배의 쾌감은커녕 5배의 즐거움을 주기도 힘들다. 우리는 이것을 도대체 어떻게 해석해야 할까?

심리학자 배리 슈워츠(Barry schwartz)는 "선택은 우리를 자유롭게 하기보다 마비시켰고, 행복을 주기보다 불만을 주었다"고 말했다. 사실 모든 선택에는 기회비용에 따른 갈등이 있다. 선택할 수 있는 종류가 많아질수록 포기해야 할 대안도 많아지고, 선택한 것이 최선인지 확신하기 힘들어진다. 포기한 대안을 마음속에서 쉽게 지우지 못하고, 나의 선택이 그것만 못한 게 아닌지 불안해지며, 그 때문에 선택에 대한 만족이 희석되기 쉽다. 뷔페에 가서 차려진 모든 음식을 먹을 수는 없다. 그러면 먹지 못한 것이 먹은 것에 대한 만족을 방해한다.

나에게 선택의 책임이 있다는 스트레스도 있다. 병원에 갔더니 의사가 여러 가지 치료법의 장단점을 설명해주고 하나를 선택하라면 기분이 좋을까? 우리는 복잡한 설명보다는 나에게 최선인 선택을 제공받기원할 것이다. '유일한, 마지막, 하나 남은, 세상에서 가장 맛있는'과 같은 말은 확실히 유혹적이다. 자신의 선택은 자신이 책임져야 하고, 선택을 위한 에너지와 시간이 든다. 많은 음식에서 딱 맞는 음식을 고르기도 힘들고, 골라진 음식들 간에 궁합을 맞추기도 힘들다. 차라리 전문가가 한상 제대로 차려준 상차림이 기쁨을 누리기 쉽다.

현대는 예전과 비교할 수 없이 많은 선택이 가능해진 풍요로운 세상이다. 그런데도 사람들은 그다지 행복해보이지 않는다. 풍요의 역설, 선택의 역설이 많이 작용한 까닭이다. 우리 몸의 욕망의 코드는 이처럼 복잡하다. 내 몸에 숨겨진 욕망 코드를 이해하는 것이 맛의 비밀을 이해하는 핵심이다.

뇌는 오리지널과 스토리를 좋아한다

대다수 사람들은 맨 처음 알게 된 제품을 가장 우수한 제품으로 인식하는 경향이 강하다. 선도자의 법칙이다. 시장에 맨 처음 들어가는 것은 고객 기억 속에 처음으로 들어가는 것이다. 따라서 맨 처음 기억되는 것이 마케팅의 요체이고 고객에게 기억돼야 하는 사항이다.

사람들은 한번 겪어 알게 된 기억을 쉽사리 바꾸려 하지 않는다. 최초로 먹어본 아이스크림, 최초로 먹어본 초콜릿 같이 처음에 아주 맛있었던 음식이 그 맛의 표준이 된다. 한 제품이 히트하면 유사제품이 쏟아져 나와 한동안 비슷하게 팔릴지 몰라도 결국에는 맨 처음 히트한 제품만 명맥을 유지한다. 멜론 맛 아이스크림이 그랬고, 배 맛 음료, 식혜 음료, 매실 음료가 그랬다. 맨 처음 마음에 자리 잡은 것을 오리지널이라고 생각하고 뭔가 특별함이 있다고 믿는 것이다. 그래서 식당마다 원조임을 강조한다.

우리는 스토리의 마법에 너무나 쉽게 빠져든다. 그것은 아주 오래전부터 인류 공통으로 갖고 있는 속성이다. 누구나 이야기를 듣고 매혹되고 퍼뜨리고 싶어 한다. 고대 유물이 높은 가치가 있는 이유는 희소성 때문이기도 하지만, 사실은 그 희소성을 떠받치는 서사적인 '이야기'가 있어서다. 그 유물을 어디서 누가 사용했는지가 유물의 객관적 가치보다 훨씬 중요하다. 그래서 스토리가 있는 물건은 언제나 비싸게 거래된다. 그래서 마음을 자극하는 스토리텔링은 언제나 특별한 대우를 받아 왔다. 누군가의 마음을 움직인다는 것, 그것은 이야기가 가진 특별한 힘이다. 스토리는 모든 사람에게 잘 통하고, 기억하기 쉽고, 전염성도 강하다.

동일한 리듬도 어떤 가사가 붙었느냐에 따라 감동이 달라지듯 음식의 리듬에도 어떤 스토리가 실리느냐에 따라 감동은 완전히 달라진다. 그래서 마음을 자극하는 스토리텔링 능력은 대단한 것이다. 요즘은 누구나 제품을 잘 만든다. 그래서 한 가지 제품이 인정받기는 오히려 쉽지 않다. 그런데 만약 연구 개발자가 전문성, 진정성 등을 갖추고 제품의 개발 단계부터 소통을 하면 어떤 효과가 있을까? 홍보가 쉽지 않은 세상에 소통할 수 있는 사람이 많다면 좋은 자산이 된다.

뇌는 자연스러움을 좋아하고 억지스러움을 싫어한다

우리 뇌는 자연스러움을 사랑하고 우연을 혐오한다. 우연의 혐오는 촉각에도 있을 정도로 아주 다양하다. 눈을 감고 손가락으로 평평한 책상 면을 훑어가다가 작은 돌출부가 있다면 바로 느낌이 온다. 그러다 또 돌출부를 만나면 또 느낄 것이다. 그런데 만약 엄지와 검지로 훑어가다가 우연히 같은 타이밍에 각각 돌출부를 지나갈 경우 뇌는 어떻게 느낄까? 아마도 1개로 느낄 가능성이 높다. 엄지와 검지의 간격을 6cm로 고정하고 이동하면서 돌출부를 지나갈 때, 돌출부 간격이 9cm로 차이가 날 때는 대부분 돌출부를 2개로 인지하지만, 돌출부 간격을 손가락 간격과 같은 6cm로 하면 2개 손가락에 동시에 신호가 들어오면서 하나로 해석한다는 것이다. 실제로 두 돌출부 간격이 7.5cm로 줄어들 무렵부터 하나로 느꼈다고 답한 응답자가 50%를 넘었고, 6cm로 손가락 간격과 동일할 때는 80% 이상이 하나라고 답했다.

우리 뇌는 이미 감각이 불충분함을 잘 알고 있다. 그래서 맹점 채움과 같이 온갖 수단을 동원해 감각의 부족함을 채워서 지각한다. 더구나 뇌의 작동은 ON/OFF적이다. 애매함을 싫어하기 때문에 부족한 부분을 그대로 두지 못하고 경험과 패턴으로부터 예측치로 부족한 부분을 채우고 검증하면서 온전히 채운 형태로 완성시켜 판단한다. 결국 뇌는 이런 식으로 작동하므로 뇌가 좀 납득하기 힘든 판단을 할 때면 뇌의 작동 패턴을 이해하는 것이 그 배경을 이해하는 데 효과적이다.

본질주의: 뭔가 특별함이 있다는 믿음을 좋아한다

사람들은 와인을 마시면서 쾌락을 얻는 이유는 맛과 향 때문이고, 음악이 좋은 이유는 소리 때문이며, 영화를 즐기는 이유는 스크린에 나타나는 영상 때문이라고 말한다. 맞는 말이다. 하지만 일부만 맞는 말이다. 사실은 우리가 쾌락을 얻는 대상의 참된 본질을 어떻게 생각하는지에 영향을 받는다. 예술에서 얻는 쾌락의 대부분은 작품 이면에 존재하는 인간의 역사를 감상하는 데 있기 때문이다. 진품이라고 믿었던 그림이 위작으로 밝혀지면 그 순간 그림에서 느꼈던 즐거움은

맛은 뇌가 그린 풍경이다

눈 녹듯 사라진다. 물건을 소유하고 싶어 하는 인간의 욕망에는 끝이 없다. 특히 중요한 인물의 손길이 닿은 물건이면 가치가 크게 상승한다. 케네디의 집안에 있던 줄자를 4만 8,875달러에 구입한 사람은 맨해튼의 인테리어 디자이너 후안 몰리넥스였다. 그는 "줄자를 사고 맨 먼저 내가 제정신인지 재 보았다"고 말했다. 그렇게까지 자책할 필요는 없다. 줄자의 내력 때문에 좋아한 사람보다 줄자의 실용성을 좋아한 사람이 현명하거나 이성적이라고 주장하기는 애매하다. 누군가 사용했던 물건을 비싸게 사는 이유는 물건이 특별한 사람들과 접촉하면서 무언가 발생하였고, 그 물건을 접촉하면 그 사람의 본질이 흡수된다고 믿기 때문이다.

– 폴 블룸, 『우리는 왜 빠져드는가?』

조지 클루니를 좋아하는 사람에게 물어보았다. "조지 클루니의 스웨터를 살 수 있다면 얼마에 사실 겁니까?" 그는 상당한 가격을 제시했다. "당신은 스웨터를 되팔거나 다른 사람들에게 자랑할 수 있습니다." 가격이 더 올라갔다. 그런데 이때 "당신에게 스웨터를 드리기 전에 그것은 완벽하게 세탁될 것입니다"라고 하자 가치가 급락했다. 옷에서 클루니를 완전히 씻어 버렸다고 생각한 것이다. 유명인의 손길이 스친 것은 그에게서 나온 뭔가가 스며든다고 믿는다. 모조품을 싫어하고 진품에 집착하는 이유다. 유명한 화가가 직접 그린 그림에는 그 사람의 무언가가 남아있을 것이라고 믿는 것처럼 말이다.

아이폰을 사면 스티브 잡스의 영감과 아이디어가 아직도 묻어있는 것 같고, 에어조던 신발을 사면 전성기 때 코트 위를 날아다니던 마이클 조던을 느낀다. 비록 한국에서 OEM으로 만들어서 납품한 명품 가방이어도 이탈리아 장인이 한 땀 한 땀 만들었을 것 같은 만족감을 느낀다. 설사 사실이 아니란 것을 알아도 구체적으로 그 환상이 깨어지지만 않으면 된다. 오히려 변명거리를 찾아 기꺼이 속아주면서 자신의 욕망이 충족되기를 바란다.

우리는 이처럼 보이지 않는 힘을 믿는다. 동일한 스포츠 중계를 생방송이라고 하면 자기도 모르게 집중하지만, 녹화방송이라고 하면 그 결과를 전혀 모르는 상태라도 집중도와 열기가 확 떨어진다고 한다. 생방송은 자신의 응원이 TV를 통해 운동장에 뛰고 있는 사람에게 전달될 것이라 믿고, 녹화방송은 이미 끝난 게임이라 자신이 영향력을 미칠 수 없다고 생각하기 때문이다.

예전에는 화식(火食)은 음식의 생명력을 죽인 것이라 영양분이 살아 있는 생식(生食)이 건강에 좋다는 말을 곧잘 믿었다. 하지만 생명체가 우리 몸 안으로 살아서 들어오면 그건 감염이다. 위산은 상당히 강한 염산 용액인데, 세균을 죽이고 단백질을 변성시킨다. 변성을 시키고 완전히 분해를 시켜야 정상적인 소화와 흡수가 일어나는데, 살아 있는 영양이라는 말에 매료되어 '자라는 오래 사니 먹으면 오래 산다', '야생동물을 먹으면 야생의 힘을 얻는다', '호랑이 뼈를 먹으면 용감해진다', '코뿔소 뿔을 먹으면 강인해진다'와 같은 말을 곧잘 믿는다. 이것은 내가 MSG 유해론과 한참 싸울 때도 무척이나 힘들었던 점이다. 시중에 나온 온갖 거짓말과 의구심을 하나하나 해소해 줘도 천연재료에는 뭔가 특별한 기운이 있을 것이라는 믿음을 포기하지 않는다. 이것은 유전자에 남겨진 습성이라 극복하기가 쉽지 않다.

명성, 브랜드도 맛의 일부다

광고에 출연료가 비싼 유명 탤런트를 동원하는 것은 그만큼 효과가 있

맛은 뇌가 그린 풍경이다

기 때문이다. 세상에 잘생긴 사람은 정말 많다. 하지만 잘생긴 것만으로는 소용없다. 유명해야 한다. 이런 유명인에 대한 집착은 다른 나라도 마찬가지여서 영국인 36%가 병적일 정도로 유명인에게 집착한다고 한다. 과거에는 유명하다는 것이 권력자나 영웅이란 뜻이었고, 그런 사람과 가까이 지낼수록 생존에 유리했다.

같은 음식도 권위 있는 사람이 맛을 극찬하면 그때부터는 느낌이 바뀌게 된다. '와인의 황제'로 불리는 로버트 파커는 맛을 보는 것만으로 부와 권력을 쌓았다. 1982년산 보르도의 빈티지를 높이 평가한 최초의 인물이고, 와인 시장에 새로운 평가 기준을 제시한 이후 25년간 최고 비평가로 인정받았다. 전성기 시절에는 1년에 1만 종류의 와인을 맛보았고, 지금도 하루에 16~19종의 와인을 맛본다고 한다. 그는 현재 일반화된 100점 척도의 와인 평가를 정착시킨 사람이기도 하다. 보르도 와인 생산자들은 그의 평가가 나오기 전에는 가격 공시조차 하지 않으려 한다. 영국 와인 도매상 빌 블래치는 "파커 점수 85점과 95점의 차이는 해당 와인 매출로 볼 때 약 100억 원 정도 차이가 난다"고 말한다. 파커가 90점 이상을 주면 명품 와인이 되고, 100점 만점을 받으면 가격이 4배가 오르고 전설의 와인이 되는 것이다. 유명인의 말에 따라 맛과 가격이 달라지는 것이다.

요즘은 대부분이 버터와 치즈를 좋아하는데 만약에 잘사는 서구나 미국에서 버터를 먹지 않고, 못사는 나라에서 버터를 먹었다면 지금처럼 빨리 익숙해졌을까? 과거에는 가장 견디기 힘든 냄새였는데 우리가 동경하던 선진국의 문화라 입에 맞지 않는 버터에 그렇게 빨리 적응했는지도 모른다. 예전에는 한국 음식이 외국에서 철저히 푸대접 받았다. 그러던 것이 우리나라의 국력이 신장된 이후에야 제 대접을 받기 시작했고, 외국에서도 꾸준히 찾는 음식이 되었다.

3장.
맛은 존재하는 것이 아니고
발견하는 것이다

세상에 맛을 내는 분자도 향을 내는 분자도
색을 내는 분자도 없다.
오직 분자의 크기와 형태 등이 있을 뿐이다.

맛은 우리 생존에 필요한 분자에 적합한
수용체를 만들어 감각하고 해석하는 현상이다.
그러니 맛은 존재하는 것이 아니라
발견하고 발명하는 현상이다.

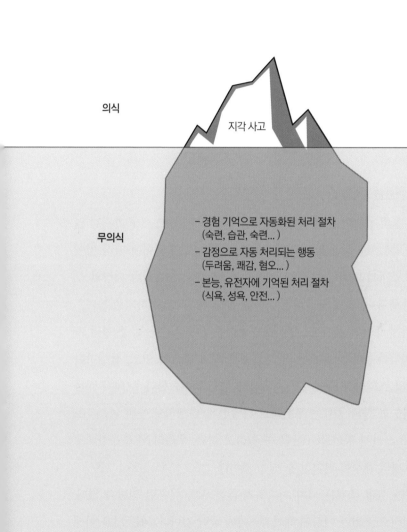

의식

지각 사고

무의식

– 경험 기억으로 자동화된 처리 절차
  (숙련, 습관, 숙련...)
– 감정으로 자동 처리되는 행동
  (두려움, 쾌감, 혐오...)
– 본능, 유전자에 기억된 처리 절차
  (식욕, 성욕, 안전...)

① 맛은 풍경처럼 다양하다

맛은 풍경으로 기억된다

세상에는 몇 종류의 음식이 있을까? 김치의 종류만 해도 100가지가 넘는다고 하고, 한 종의 김치도 만드는 사람과 재료의 차이에 따라 맛이 변하니 맛까지 따지면 종류만 수만 종이 될 것이다. 그러니 세상의 모든 음식 종류나 그 맛을 합하면 얼마나 많을지 짐작조차 하기 힘들다.

한 가지 종류의 물질도 코에 있는 400종의 후각 수용체 중 여러 가지를 자극하는데, 식품에는 11,000종의 향기 물질이 있고, 물질마다 제각각의 스타일로 수용체를 자극하고 상호작용을 한다. 그래서 식품에서 가능한 향의 종류는 무한대로 다양한데, 다행히도 우리 뇌는 1조에서 10조 가지 향기를 구분할 수 있다고 한다. 우리의 뇌에 무한대로 다양한 맛의 풍경이 펼쳐질 수 있는 것이다.

하지만 그런 풍경은 뇌가 지각하지 않은 이상 아무런 의미가 없다. 맛은 전적으로 뇌가 어떻게 해석하느냐에 달린 것이다. 뇌는 맛을 이해하기 위해 뇌 안에 무수한 모형을 만든다. 그런 모형이 모인 풍경인 것이다. 감각의 순간에 이미 짝이 되는 기억과 느낌이 호출되어 있고, 감각은 그들의 안내를 받으며 함께 간다. 감각은 그 풍경을 따라 흐르면서 풍경을 조금씩 바꾸어 놓는다.

기억은 풍경처럼 장면으로 인출된다

그런데 우리는 어떤 김치를 먹든지 그것이 무슨 김치인지 알고, 잘 익었는지 아닌지, 맛의 특징이 무엇인지 알 수 있다. 우리 뇌에 기억된 수많은 김치에 대한 기억 덕분이다. 우리 뇌는 감각으로부터 얻어진 정보를 바탕으로 다양한 모형을 구축하는데, 우리의 기억은 이런 모형을 기억하는 장치이고, 기억은 장면으로 저장되며, 사소한 단초에 의해 장면 (풍경)으로 인출된다. 그래서 우연히 예전과 같은 향기를 맡으면 기억에서 완전히 잊었던 음식뿐 아니라 그때 같이 먹었던 사람과 그 분위기까지도 회상해 낼 수 있는 것이다.

우리의 기억은 지극히 장면적이다. 그래야 생존에 도움이 되기 때문이다. 산에서 호랑이를 만나면 호랑이 따로, 공간 따로, 그때의 분위기를 따로 기억하는 것이 아니라 호랑이를 만난 순간의 장소, 냄새, 소리, 분위기까지 한꺼번에 기억해야 나중에 호랑이를 피하는데 도움이 된다. 지금이야 시장이나 마트 혹은 인터넷 화면에서 음식을 보고 고르지만, 과거에는 산이나 들로 직접 가지 않으면 과일이나 고기를 구할 수 없었다. 과거 모든 먹거리는 특정 공간의 산물이다. 기억은 장면이나 스토리에 맞추어 네트워크를 형성하여 저장된다. 우리가 스토리를 좋아하는 이유이기도 하다.

원시인 시절에 어떤 장면에서 사자를 만났고 어디를 가야 맛있는 음식을 찾고 어디를 가야 물을 마실 수 있는지 장소 또는 장면을 기억하는 것이 핵심이지 사자나 과일 그 자체를 기억하는 것은 별 의미가 없다. 지금도 인간은 무서운 경험을 하면 그것을 겪었던 상황, 장소, 냄새,

분위기를 통째로 기억하기에 그 비슷한 분위기만 느껴도 불현듯 소름이 돋기도 한다. 술, 담배, 마약을 끊었던 사람이 사소한 단초에 의해 재발하는 이유이기도 하다.

맛은 뇌가 그린 입체적인 풍경이다

음식이 풍경이라면 맛 또한 풍경처럼 다양하다. 그런데 어떤 사람은 풍경에 풍덩 빠져드는 반면, 어떤 사람은 무심하다. 맛을 볼 수 있다고 모두 맛에 빠져들지는 않고 소리를 들을 수 있다고 모든 사람이 음악에 빠져들지도 않는다. 음식은 그나마 씹고 삼키고 하는 실체라도 있지만 음악은 단지 파장일 뿐인데, 왜 어떤 사람은 한없이 빠져들고 어떤 사람은 무덤덤할까? 나는 이런 '빠져듦'의 차이를 설명할 가장 좋은 단어가 '입체감'이라 생각한다.

올리버 색스의 『뮤지코필리아』(2008, 알마)에는 노르웨이의 내과 의사인 요르겐 요르겐센의 사례가 등장한다. 그는 평소에도 음악을 정말 좋아했는데 청신경종 제거 수술을 받은 뒤 오른쪽 청력을 완전히 잃어버렸다. 그리고 그때부터 갑자기 음악을 감상하는 능력이 달라졌다. 소리를 듣는 능력 즉 리듬, 음높이, 음색 같은 특징은 예전과 다름없이 구분할 수 있지만, 음악이 완전히 밋밋하고 이차원적으로 변해 감동이 완전히 사라져버린 것이다. 그는 이전까지 말러의 음악을 들으면 '온몸이 압도되는 듯한' 강렬한 경험을 하고는 했는데, 수술 후 갔던 음악회에서는 '절망적일 만큼 밋밋하고 시시한' 경험을 했다. 입체적 건축물처럼 들렸던 음악이 완전히 찌부러진 평면처럼 들리면서 음악의 즐거움이 사라져버린 것이다.

나는 이 입체감이나 공간감이 감동을 결정하는 가장 중요한 요소라고 생각한다. 우리는 풍경을 항상 입체적으로 보고 한번도 평면적 세계를 경험한 적이 없으니 밋밋한 2차원적인 세상을 상상하기 힘들다. 수전 배리의 『3차원의 기적』이라는 책에는 수전 배리 본인의 체험담이 나온다. 그녀는 어렸을 적부터 사시였고, 그래서 입체를 보는 능력이 개발되지 못했다. 그러다 사시를 치료하고 시각 훈련을 받다가 48번째 생일 다음 날 갑자기 공간을 보게 되었다. 평범한 운전대가 공간 속에 둥실 튀어나왔고, 운전대와 계기판 사이에는 빈 공간이 생겨났다. 그 순간 그녀는 못 박힌 듯 제자리에서 꼼짝도 할 수 없었다. 그날 내내 간헐적으로 입체시를 보았고, 그때마다 절대적인 경이와 기쁨의 순간을 느꼈다. 싱크대의 수도꼭지가 그녀를 향해 뻗어 나왔고, 샐러드의 포도는 이전에 보았던 어떤 포도보다 둥글고 알찼다.

그녀처럼 뒤늦게 입체시를 얻게 된 사람들은 하나 같이 크고 작은 사물들이 날카롭고 깨끗하게 보인다고 말한다. 모든 것에 가장자리가 있다는 것을 알게 되고 섬세하게 하나하나 따로 보이는 것에 감동하는 것이다. 입체감이 생기면 색도 섬세해진다. 평면시로 숲을 볼 때처럼 단순히 초록빛 바다로 보이지 않고, 각각의 덩어리가 분리되어 제각각 올리브, 에메랄드, 정차, 비취, 청록, 연두 빛깔을 띠는 것이다. 입체를 본다는 것은 앞뒤로 떨어진 물체를 더 잘 구분한다는 것이고, 그만큼 각각의 가장자리를 더 잘 본다는 의미다. 각각 분리가 되면 그것은 색깔마저 더 선명해진다.

그리고 관찰자가 아니라 그 속에 들어가 일부가 되고 전체와 세부를 동시에 보는 능력을 갖게 된다. 수전 배리 박사는 운전을 할 때 시야가 앞에 가는 자동차 몇 대로 극히 제한적이었다. 그래서 운전이 불편했고, 낯선 곳에 가면 표지판도 읽지 못하여 길을 찾지 못해 한참을 헤매야 했다. 자동차를 운전할 때 유리창 밖의 풍경이 입체로 펼쳐지는 것이 아니라 평면 사진처럼 유리창에 붙어 있었던 것이다.

섬세하게 볼 수록 깊이 빠져든다

만약 음식을 먹게 되었는데, 재료의 맛이 뭉개져서 각각의 맛은 사라지고 하나의 뭉퉁한 맛으로 느끼게 된다면 우리는 감동하기 힘들 것이다. 각 재료의 맛이 가장자리까지 선명하고 섬세하게 따로따로 느껴지고, 풍미마저 더 선명하게 느껴져야 감동이 커질 것이다. 숲이 단순히 초록빛 바다로 보이지 않고, 나무마다 제각각 올리브, 에메랄드, 비취, 청록, 연두 빛깔이 구분되어 보이듯이 재료의 풍미가 개별적으로 느껴지면 그 다양성에 매료될 것이고, 그것이 조화롭게 숲을 이루듯이 식재료가 조화롭게 어울리면 맛은 커다란 입체를 이룰 것이다. 맛이 그렇게 입체적이 되면 우리는 멀리서 관찰자로 덤덤하게 바라보지 못하고, 그 안에 풍덩 빠져들 수밖에 없는 것이다.

우리의 뇌에는 경험으로 깎아 만든 맛의 풍경이 있는데, 입체적인 풍경을 만든 사람일수록 작은 차이에도 깊고 화려한 감동을 느낄 수 있다. 감각할 수 있다고 누구나 감동하거나 빠져드는 것은 아니다. 사람마다 빠져드는 대상이 다른데, 어디든 한번 빠져들면 공부를 하고, 공부를 할수록 더 섬세하게 느낄 수 있어 점점 더 깊이 빠지는 면이 있다.

맛은 뇌가 그린 풍경이다

❷ 드러난 맛과 숨겨진 맛

드러난 맛: 사람은 자극적인 것을 좋아한다

"새 속에 새를 넣어 17마리의 새로 속을 채운 요리가 있다. 즉 들칠면 조 속에 칠면조를 채우고, 그 속에 거위를 넣고, 그 속에 꿩을 넣고, 그 속에 닭을 넣고, 그 속에 오리를 넣고, 그 속에 뿔닭을 넣고, 그 속에 작은 오리인 쇠오리를 넣고, 그 속에 누른도요새를 넣고, 그 속에 자고새를 넣고, 그 속에 검은가슴물떼새를 넣고, 그 속에 댕기물떼새를 넣고, 그 속에 메추라기를 넣고, 그 속에 개똥지빠귀를 넣고, 그 속에 종달새를 넣고, 그 속에 멧새를 넣고, 그 속에 정원솔새를 넣고, 그 속에 올리브를 넣는다."

중세 유럽의 귀족 요리가 극성을 부리던 때는 지금은 도저히 이해가 가지 않을 정도로 자극적이거나 보여주기 식인 경우가 많았다. 그런데 지금이라고 그런 요소가 전혀 없지는 않다. 사람들은 좋은 재료를 구하면 거기에 만족하지 않고 온갖 양념과 요리법을 동원한다. 자극을 너무나 사랑하기 때문이다. 괜히 막장 드라마를 욕하면서도 계속 보는 것이 아니다. 막장 드라마는 보통 사람의 상식과 기준으로는 받아들이기 힘든 내용이라 욕을 하면서도 보는 사람이 많다. 사실 영화도 한때 공포

물이 인기였고, 놀이공원도 귀신의 집이나 스릴 넘치는 놀이기구는 항상 인기를 끈다.

한국인의 자극적인 음식에 대한 사랑의 정점은 고추가 잘 보여준다. 고추에 대한 사랑은 차고 넘쳐서 고추를 고추장에 찍어먹을 정도이고, 그 매움의 정도는 꾸준히 진화하여 불닭 같이 고통스러울 정도로 매운 음식도 먹는다. 마치 중세에 향신료에 대한 애정이 넘치고 귀족의 사치가 극에 달해 주객이 전도되어 음식의 풍미를 더하기 위해 향신료를 쓰는 게 아니라, 그 비싼 향신료를 이만큼 과도하게 쓸 수 있다는 것을 자랑하기 위해 먹기 힘들 정도로 마구 뿌려대던 것과 비슷하게 느껴진다. 고추를 맛있게 먹기 위해서가 아니라 나는 이만큼 매운 것도 먹을 수 있다는 걸 자랑이라도 하기 위한 것처럼 보이는 것이다.

우리는 '점점 더'를 벗어나기 힘들다

사람들은 좋아하는 맛의 요소가 강할수록 더 좋아하는 경향이 있다. 음식을 먹으면 먹었다는 느낌이 나야지, 충분히 먹어 배는 부른데 도무지 먹었다는 느낌이 적으면 만족하기 힘들다. 확실히 먹었다는 느낌이 드는 타격감이 있어야 만족한다. 드러난 맛에만 만족하지 않는 것이다. 만약 무작정 강한 것만 좋아한다면 모든 음식의 맛이 점점 강해질 텐데 그렇지는 않다. 조화로운 맛과 숨겨진 맛에 대한 사랑도 많기 때문이다.

우리의 귀는 음악 감상을 위해 만들어지지 않았고, 우리의 눈은 영화감상을 위해 만들어지지 않았다. 그럼에도 우리는 한없이 음악에 빠져들고, 온갖 영화의 마법에 빠져든다. 작곡가나 영화감독이 우리 뇌가 무엇에 빠져드는지 잘 알고 있기 때문이다. 그들은 뇌의 작동의 특징과 허점을 교묘히 파고들어 우리를 벗어나지 못하게 한다. 수많은 시행착오를 통해 웃고 울리는 방법을 찾은 것이다. 그렇게 우리의 뇌를 쥐락펴락하지만 음악가는 뇌과학을 모른다고 하고, 영화제작자도 뇌과학을 모른다 한다. 요리사도 2%도 안 되는 맛 성분을 조작하여 한없이 맛의 즐거움에 빠져들게 하지만 뇌과학을 모른다고 한다.

숨겨진 맛: 사람은 발견의 즐거움에 매료된다

불고기와 육회의 맛을 비교하면 단순히 혀와 코로 느껴지는 맛이나 향기 성분만 따져도 갖은 양념과 조미를 한 고기가 육회나 생등심보다 훨씬 맛있어야 한다. 하지만 고기를 먹어본 경험이 쌓이면 판단이 달라진다. 혀로 느끼는 맛은 적더라도 소화가 잘되고 영양이 풍부한 음식에 대한 평가가 점점 좋아지도록 평가모형을 수정하는 것이다. 그래서 겉에 드러난 것은 별로 없어도 먹고 난 뒤에 깊은 만족감을 주는 음식을 점점 사랑하게 된다. 아는 사람만 아는 맛이라고 하면서 말이다.

맛은 결국 영양이고 리듬이다. 음식의 1차 가치는 우리가 살아가는 데 필요한 에너지와 영양소를 제공하는 것인데, 우리의 입과 코는 음식 속의 영양분을 파악하기에는 많이 부족하다. 혀의 미각 수용체는 고작 5종뿐이고, 그것으로 느낄 수 있는 성분은 2~10% 정도고, 후각으로는 0.1%도 안 되는 양이다. 그래서 소량의 맛이나 향을 추가하여 입과 코를 잠시 속이는 것이 가능한 것이다. 그렇다고 우리 몸이 그렇게 호락호락하지는 않다. 입과 코는 맛을 처음 정찰하는 수준이지 최종 판단은 아니다. 혀에 단맛이나 감칠맛이 느껴지면 조만간 그것에 비례해서 몸속으로 탄수화물이나 단백질이 들어올 것이라고 예측하여 미리 소화액 등을 준비하는 수단인 것이다. 그리고 음식이 들어오면 탄수화물은 포도당, 단백질은 아미노산, 지방은 지방산으로 분해하여 흡수하면서 그 양까지 평가한다. 이때 맛에 대한 제대로 된 평가가 이루어진다. 그래서 입과 코로 예상한 것보다 훨씬 풍부한 영양분을 갖춘 음식에 높은 평가를 한다. 음식에 경험이 쌓이면 숨겨진 맛도 점점 더 사랑할 수 있게 되는 것이다.

그런 측면에서 맛에 만족도를 높이는 방법으로 점점 더 좋은 것을 찾는 것도 방법이지만, 반대로 기대를 줄이는 것도 좋은 방법이다. 음식을 축제의 음식과 일상의 음식으로 분리하여 가끔 즐기는 축제의 음식에서는 긴장(새로움)의 즐거움을 추구하고, 일상의 음식은 이완(평온)의 즐거움을 추구하면 되는 것이다. 항상 일상의 음식으로만 이어지면 지루할 것이고, 축제의 음식으로만 이어지면 피곤할 것이다. 서로 다른 목표의 음식을 적절히 넘나들 때 비로소 만족할 수 있다. 일상의 음식이 평온할수록 축제의 음식에 더욱 환호하는 것이다.

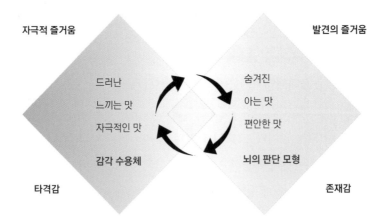

드러난 맛과 숨겨진 맛

맛은 뇌가 그린 풍경이다

❸ 본연의 맛과 최고의 맛

본연의 맛이란 있는 그대로의 맛?

과거에는 맛을 칭찬할 때 "재료 본연의 맛을 잘 살렸다"라는 표현을 자주 썼다. 그런데 '본연의 맛'이란 대체 무엇일까? 아마 대부분의 사람이 아무런 가공도 하지 않은 자연 그대로의 맛을 상상할 것이다. '좋은 재료는 단순한 조리가 가장 좋다'라는 명제 때문인지 양념이나 조리를 최소화한 요리를 최고로 치는 경우가 많다. 이것은 자연적인 것을 높이 평가하는 우리의 본질주의적 성향과도 잘 들어맞는다.

그런데 세상에 인위적 노력이 들어가지 않은 요리가 있을까? 아무런 가공도 없어 보이는 생선회에도 수많은 인위적인 행위가 들어간다. 일단 횟감 선택부터가 고도의 인위적 노력이다. 아무 생선이나 쓰지 않고 회에 적합한 어종을 고르고 제철과 생선의 크기(성숙도)를 따진다. 보관 온도와 기간에도 규칙이 있고 생선을 있는 그대로 통째로 먹지 않고 껍질과 뼈를 발라내 먹기 좋게 회를 뜬다. 그리고 회만 계속 먹는 경우는 없다. 가장 어울리는 양념인 와사비, 간장 등을 곁들인다.

"재료가 다 했다"라고 말할 수 있는 사람은 이미 어느 경지에 도달한 사람이다. 그 재료를 선택할 안목을 갖추기 위해 행했던 무수한 시행착오와 그 재료를 제대로 표현하기 위해 온 신경을 다 쏟아 부은 요리 과정은 완전히 잊을 정도로 만족스럽다는 표현일 수 있기 때문이다. 가끔 사용된 재료만 봐도 저절로 맛있을 것 같은 조합이 있다. 그런데 그 재료를 선택하고 그 정도로 조합하는 일이 쉬운 것일까? 본인이 직접해보기 전에는 알 수 없다. 얼핏 따라 하기 쉬워 보이는 것도 각각의 의미를 제대로 알지 못하면 사소한 변형조차 힘들고, 그것을 활용해 새로운 것을 창조하는 것은 불가능에 가깝다.

"오늘따라 오믈렛이 맛있군요"라는 칭찬에 "오늘따라 달걀이 싱싱하더군요"라고 무심히 대답할 수 있다는 것은 그만큼 다른 변수는 완벽히 이해하고 통제했다는 자부심이기도 하다.

- 파비오, 『요리사, 요리로 말하다』

본연의 맛이 최고라면 생선회가 가장 본연의 맛이니 최고의 맛이라고 칭찬을 받아야 할 텐데 회를 좋아하지 않는 사람도 많고, 심지어 가열하지 않은 생선은 사람이 먹을 만한 음식이 아니라고 생각하는 나라도 많다. 생선뿐 아니라 고기도 육회로 먹는 것, 구워서 먹는 것, 삶아 먹는 것 중 어느 것이 가장 본연의 맛인지 결론 내리기가 쉽지 않다. 결국, 우리가 꿈꾸는 본연의 맛은 있는 그대로 아무것도 개입하지 않은 무작위적인 맛이 아니다. 농작물과 축산물 자체도 이미 인간이 개입해 선별하고 개량한 인위적 노력이 가미된 상품이다.

우리가 말하는 본연의 맛이란 그 음식이 가질 수 있는 이데아적인 맛과 비슷한 개념이다. 생감자를 감자 본연의 맛이라고 하면서 즐기는 사람은 없고, 감자로 구현 가능한 맛 중에서 가장 이상적인 맛을 본연의 맛이라고 하는 경우가 많다. 심지어 생으로 먹는 바나나도 어떤 것이 본연의 맛인지 구분하기 힘들다. 시장에서 바나나를 사서 무심히 먹을 때는 불만이 없겠지만, 만약 가장 본연의 맛을 가진 바나나를 찾아온 사람에게 엄청난 보상을 하겠다고 하면 시장에서 판매하는 바나나는 대부분 결점투성이로 느껴질 것이다. 그러니 본연의 바나나란 세상에 존재하지 않고 여러 바나나를 먹어본 경험 속에서 머릿속에 만들어진 실존하지 않는 이상적인 제품이라고 말하는 게 더 가까울 것이다. 그런 측면에서는 실제 바나나보다는 바나나 맛 우유의 맛이 우리 머릿속에 있는 바나나 본연의 맛에 더 가까운 것일지도 모른다.

맛은 이미 생존의 역할을 벗어난 초정상자극

단맛이 강할수록, 향이 진할수록 맛이 좋다면 우리는 이미 최고의 맛에 도달했을 것이다. 개인의 취향에 맞추어 그런 자극 물질을 많이 넣으면 되기 때문이다. 문제는 맛에 영향을 주는 모든 요소를 찾고, 그 요소별

불변표상

로 최적점을 찾아도 그것은 참고자료일 뿐 단순히 그것을 합한다고 최고의 맛이 되지는 않는다는 것이다. 그런 측면에서 감동은 아직 과학이 설명할 수 없는 예술의 영역인지도 모르겠다. 감각에 대해서도 아직 밝혀야 할 것은 많지만, 그래도 기본원리는 충분히 밝혀져서 과학적인 설명이 가능하다. 과학은 아직 감동을 설명할 엄두도 잘 내지 못하고 있다.

과학이 맛을 잘 설명하지 못한 것에 대해서는 결정적인 변명거리가 있다. 감각은 생존을 위한 것이고, 생존에 적합한 맛은 이미 설명이 가능하다고 말이다. 사실 지금의 모든 음식은 충분히 맛있다. 예전처럼 노상 굶주리는 시기라면 지금 우리가 먹는 어떠한 음식도 맛이 없는 음식이 없을 것이다. 믿기지 않으면 직접 3일 정도만 굶어보면 된다. 세상에 허기보다 강력하고 훌륭한 반찬은 없다. 그런데 우리는 배고프지 않은 상태에서 음식 맛을 논한다. 맛의 생물학적 목적을 벗어난 범위여서 과학적 설명이 어려운 것이다.

감각은 원래 즐거움이 아니라 생존을 위해 설계된 것이다

모든 생명현상에는 비용이 든다. 비용 대비 적합한 성능을 추구하는 것이지 완벽함을 바라지는 않는다. 바다갈매기 새끼는 엄마의 부리에 있는 빨간 점을 보고 거기를 쪼면 먹이가 있다는 것을 안다. 어미를 알아보는 것이 아니고 부리의 특징을 알아보고 덤비는 것이다. 그래서 어미 머리와 유사한 모형을 더 열심히 쪼는 현상을 보이기도 하는데, 이것을 '초정상 자극(Supernormal stimulus)'이라고 한다. 문제는 어미 머리와 유사하지 않아도 쪼는 것이다. 부리만 있으면 쪼아대며, 부리의 특징이 과장된 뾰족한 막대기는 더 열심히 쪼다. 빨간 점이 표시여서 뾰족한

맛은 뇌가 그린 풍경이다

막대기에 점을 3개 찍으면 훨씬 열심히 쪼아댄다. 정상적인 자극을 벗어난 이른바 울트라정상 자극인 것이다.

과학으로는 새끼 갈매기가 어미 새 전체를 인식하지 않고 흔들리는 빨간 점이 있는 뾰족한 부리를 어미로 감지한다는 사실을 밝힐 수 있다. 하지만 얼마나 뾰족한 것을 가장 좋아하고, 점을 몇 개 찍는 것을 가장 좋아하고, 길이와 넓이의 비는 얼마가 최적인지 등은 생존적인 가치가 아니기 때문에 과학으로 예측하기 힘들다. 마찬가지로 음식의 맛도 이미 생존적인 가치를 훨씬 뛰어넘었기 때문에 과학적인 예측이 힘든 것이다.

지금 인간의 맛에 있어서도 그렇다. 우리가 왜 단맛, 감칠맛, 짠맛을 좋아하는지와 그것을 어떻게 감각하는지 등은 이미 밝혀졌다. 사실 그 정도면 충분하다. 그 정도로만 맛에 만족하며 살아가도 아무런 문제가

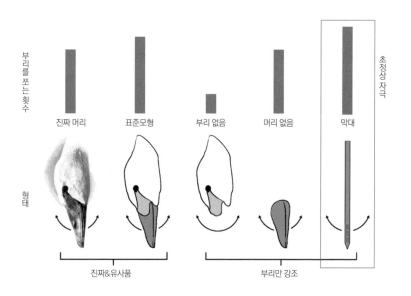

초정상 자극

없다. 그런데 인간은 그런 생존의 목적으로 개발된 감각기관을 이용하여 쾌락을 추구하고 있다. 새끼 갈매기에게 부리 모양을 바꾸고 점의 크기, 모양, 개수를 바꾸면서 언제 가장 기분이 좋은지를 실험하듯이 음식에서 맛의 요소를 바꾸면서 실험하고 있는 것이다.

맛은 이미 충분하다. 어떤 식당에 가도 과거에 어떤 엄마들이 해준 것보다 맛있는 요리를 만날 수 있다. 요리 선수급인 엄마들이 식당을 하고, 그 식당 간의 치열한 경쟁으로 살아남은 수준이 요즘은 평범한 식당의 맛이다. 그럼에도 그 맛에 만족하지 못하고 더 맛있는 집을 찾는다. 이런 초정상 자극을 통해 '최고의 맛'에 대한 나름의 정의도 내려볼 수 있다.

최고의 맛은 조화?

감칠맛에 이은 6번째 맛은 무엇일까? 맛에는 분명 5가지 맛 그 이상이 있지만 그것이 무엇인지는 실체가 모호하다. 나에게 6번째 맛이 무엇인지 묻는다면 구체적인 성분보다는 '적절함'이라고 답할 것 같다. 일본에서는 깊은 맛을 말하는 '코쿠미'를 주장하지만, 그것도 개별 성분이 아니라 적절함에서 나오는 것이기도 하다.

축제나 축하의 자리는 음식과 술을 같이 하는 경우가 많은데, 이때 빠지지 않고 등장하는 것이 음식과의 술의 궁합(Pairing)에 대한 것이다. 어떤 음식과 술이 서로 어울리는지는 결국 먹어봐야 확인이 가능하지만, 여러 가지 술을 마셔보면서 그중 하나를 선택할 수는 없으니 어떤 술이 어울릴지 미리 궁합을 따져보는 이론도 있다. 보통 생선요리에는 레드 와인 대신에 화이트 와인을 권하는데, 소금이 레드 와인의 타닌이 더 쓰게 느껴지게 하거나 레드 와인의 철분이 생선을 더 비리게 느껴지게 할 수 있기 때문이다. 소금에 절인 굴비, 간고등어, 간장게장, 젓갈류의 수산물에는 타닌이 적은 화이트 와인이 적당하다. 실제로 2mg/ℓ 이상의 철 이온이 포함된 와인을 생선요리와 같이 먹으면 와인의 철 이온이 생선의 맛을 죽이고 비린 맛을 낸다는 연구 결과도 있다. 사실 철분이 음식 맛을 버리는 경우는 예전에도 많았다.

스테인리스가 일반화되기 전에 사용된 칼은 철분(Fe)이 초미량 녹아나오는 경우가 많았는데, 특히 산성음식과 접촉할 때 더했다. 강철로 만든 칼은 식초와 조금이라도 닿으면 날이 잉크처럼 검게 변한다. 철은 식초가 들어간 음식과 상극인 셈이다. 그래서 프랑스는 요즘에도 샐러드 채소를 나이프로 자르지 않는다고 한다. 생선요리도 그랬다. 사람들은 오래 전부터 생선에 레몬이 어울린다는 사실을 알았다. 그런데 레몬을 뿌린 생선에 쇠로 된 칼이 닿으면 레몬의 산이 강철과 반응하여 쓴 금속성 뒷맛을 남김으로써 생선의 섬세한 맛을 덮어버렸다. 당시에 부자들이 은 나이프를 쓴 이유이기도 하다.

스테인리스강은 크롬 합금으로 매우 단단하고 산화 크롬막을 형성하여 녹이 슬지 않고 철분이 누출되지 않는다. 이런 스테인리스강이 본격 생산된 것은 2차 세계대전 이후이다. 지금은 누구나 스테인리스 제품을 쓰기에 미량의 철분이 음식 맛을 버릴 수 있다는 사실을 잊는 경우가 많다. 하지만 지금도 칼을 갈자마자 고기를 썰어보면 비린내가 날 수 있다.

매칭의 기본은 균형이다. 음식과 와인의 맛의 무게(바디감: Body, 풍부함: Richness)를 조화시키는 것이다. 어느 한쪽이 압도하지 않도록 짝을 지어 힘 있는 것은 힘 있는 것끼리, 섬세한 것은 섬세한 것끼리 맞추는 것이다. 와인의 바디감은 품종, 알코올 함유량 등에 따라 달라진다. 예를 들어 알코올 12% 이하의 와인은 대부분 가벼운 바디감을 가지고,

14% 이상은 무거운 바디감을 가진다. 그리고 산도와 타닌 등이 많으면 바디감이 증가한다. 이런 바디감을 맞추면 쉽게 잘 어울리게 된다.

　레몬이나 식초 같은 산도가 높은 요리 재료들은 마찬가지로 산도가 높은 와인과 어울린다. 요리의 산도가 와인의 산도를 부드럽고 둥글게 느껴지도록 만들기 때문이다. 하지만 지나치게 시큼한 요리는 균형 잡힌 맛의 와인을 평범하고 밋밋하게 만들 수도 있다. 달콤한 요리는 드라이한 와인을 더욱 신 것처럼 느끼게 할 수 있다. 와인에 약간 달콤함이 있다면 좋은 궁합이 된다. 와인의 타닌과의 어울림은 요리의 지방 함량과 소금, 향신료의 영향을 받는다. 스테이크처럼 풍부하고 기름 성분이 많은 요리는 타닌의 느낌을 줄여주게 된다. 아주 짠 음식은 타닌의 느낌을 높여서 떫은맛을 더 느끼게 할 수 있다. 또한 매우 스파이시한 풍미는 타닌과 높은 알코올에 좋지 않게 반응하는 경향이 있고, 과실 느낌이 많거나 약간 달콤한 와인과 더 어울린다. 와인의 숙성에 따라서도 바디와 풍미가 변한다. 숙성할수록 젊음의 패기는 점차 진정되고, 타닌은 부드러워지고, 와인은 섬세하고 우아해진다. 그런 와인을 돋보이게 하려면 아무래도 지나치게 풍성하고 강한 풍미보다는 미묘한 느낌이 빛나는 단순한 요리가 어울린다.

만족감의 핵심은 조화로운 리듬이다

이런 궁합이 어디 와인뿐이겠는가? 모든 음식에는 궁합이 있다. 단지 우리가 우리나라의 음식을 먹을 때는 몸에 이미 체화된 것이라 별로 의식하지 못한 것일 뿐 항상 궁합을 맞추어 먹는다. 어느 누구도 잘 차려진 밥상에서 밥만 계속 먹는다거나 반찬만 계속 먹거나 하지 않는다. 밥과 반찬을 온갖 방식으로 조합해서 먹는다.

이런 음식의 궁합을 너무 도식적으로 이해할 필요는 없다. 그저 기본 원리 정도만 익혀도 충분하다. 같은 음식이라도 여름철이면 좀 더 가볍고 시원한 느낌의 와인이 적합할 것이고, 왁자지껄하고 즐거운(산만한) 파티라면 굳이 비싼 와인이 왜 필요하겠는가? 분위기가 이미 맛을 주도하는데 말이다. 식당의 인테리어도 조화를 이루어야지 콘셉트와 맞지 않거나 과하거나 부족해도 거부감을 준다. 물론 조화의 정도에도 약간의 빈틈 즉, 여유와 유머는 필요하지만 기본은 각 구성요소의 상호조화이다. 그래서 맛은 종합예술이다.

　맛의 핵심은 감각 그 자체가 아니고, 그 감각이 어떻게 전개되느냐이다. 만약에 맛이 감각 자체로 결정이 된다면 우리는 빨주노초의 물감만으로도 만족해야 할 것이다. 하지만 우리가 좋아하는 것은 그 색 자체가 아니라 그 색이 어떻게 표현되고 조화를 이루느냐이다. 감동은 물감에 있지 않고 그림에 있듯이 맛도 감각에 있지 않고 감각의 표현인 리듬과 조화에 있다.

최고의 맛이란? 평균(적절함)과 정점이동

프랑스 보르도 지방에는 1만 2,000여 개의 와이너리가 있으며 각자 특징에 맞는 다양한 와인을 만들고 있다. 꼭 유명하지 않더라도 나라마다 고유의 전통주가 있으니 술만 해도 종류를 헤아리기 힘들고, 음식도 식재료와 요리법이 다르고 과일과 가공식품이 다른데 이런 모든 종류의 음식을 합하면 세상에는 도대체 얼마나 많은 종류의 식품이 있을까? 그리고 그런 음식 중에 어떤 것이 최고의 맛일까? 이를 알기 위해서는 우선 최고의 맛이 무엇인지에 대한 정의가 필요하다. 우리는 과연 최고의 맛이 무엇인지 정의를 내릴 수 있을까?

딱 하나의 식품에 대해서도 최고의 맛이 무엇인지는 정확히 정의하기 힘들다. 그럼에도 보편적인 가이드라인을 말해달라면 나는 오히려 쉽게 '정점이동'이라고 말할 것이다. 평균이 호감을 만들고, 정점이동은 최고를 만든다. 만약 어떤 얼굴이 한국 최고의 미인 얼굴인지 정의해달라고 하면 말도 안 되는 주문이라고 하겠지만, 컴퓨터를 이용해 나라별 미인의 얼굴을 만드는 것은 생각보다 쉽다. 그냥 각국의 최대한 많은 여성의 얼굴 사진을 구해 평균을 구해도 절반은 해결된다. 단지 평균을 구했으니 50점이 아닐까 생각하겠지만, 평균은 대칭과 균형도 잘 맞고 모난 구석 없이 친숙한 얼굴이라 그것만으로도 80점은 훌쩍 넘어간다.

마찬가지로 음식에서도 그것이 속한 제품군의 맛 요소를 평균만 맞

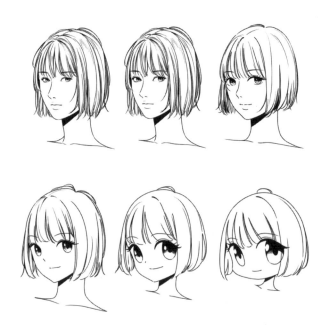

평균과 정점이동(ⓒOAOI)

맛은 뇌가 그린 풍경이다

추어도 잘 조화된 맛이라 실패하기 힘든 레시피가 된다. 그리고 여기에 '정점이동(Peak shift)'을 추가하면 최고가 된다. 정점이동은 가장 평균의 얼굴에 추가해서 눈이 큰 것이 인기이면 눈을 키우고, 턱이 가름한 것이 인기이면 턱을 가름하게 조정하는 것을 말한다. 음식도 동종 유형의 평균을 구하고 여기에 살짝 선호 요인을 강화하면 최고가 되고, 여기에 독특한 개성까지 있으면 전설이 된다.

최고는 평균과 아주 다르지 않다. 소위 황금비율이라고 할 정도로 균형과 개성이 잘 조화를 이루면 그게 최고다. 정점에 도달할수록 아주 사소한 차이가 큰 차이를 만들기도 한다. 이처럼 말로는 최고가 무엇인지 생각해볼 수 있지만, 최고란 무지개와도 같아서 멀리서 보면 잘 보이지만 구체적으로 다가가려 하면 점점 더 흐릿해지는 존재이기도 하다.

④ 맛은 개인적이라 취향이 있고, 사회적이라 유행이 있다

맛은 개인적이라 취향이 있다

사람들의 감각과 취향은 저마다 다르다. 그러니 당연히 먹는 음식에도 개성이 있다. 개인마다 좋아하는 음식이 다르고, 지역마다 좋아하는 음식이 다른 것이다. 누에는 뽕잎만 먹고 사는데 미각 수용체를 바꾸면 다른 나뭇잎도 잘 먹는다고 한다. 물고기는 큰 물고기가 작은 물고기를 먹고 사는데, 큰 물고기라 해서 모든 종류의 작은 물고기를 잡아먹는 것이 아니라 주로 먹는 종류가 정해져 있다고 한다. 어찌 보면 천적관계도 포식자의 취향 관계인 것이고, 그래서 몰살의 위기가 없이 다양성이 유지되는 것이다.

심지어 국가적인 취향도 있다. 한국인이 유별나게 많이 먹는 식품 중 하나가 콩나물이다. 하도 흔하다 보니 다른 나라도 전부 콩나물을 먹을 것 같지만, 우리 주변의 아시아 국가는 콩나물보다 숙주나물을 주로 먹는다. 숙주는 덜 익혀도 비린내가 나지 않고 샐러드로 먹을 수도 있어서 콩나물보다 훨씬 간편해 보인다. 그런데 우리는 도통 숙주나물을 먹을 생각을 하지 않는다. 다른 나라는 즉석에서 해먹는 것이 많지만 우리는 반찬으로 보관하면서 먹는데, 숙주는 남쪽 지역이 원산이라 바나

맛은 뇌가 그린 풍경이다

나가 갈변되듯 쉽게 갈변되어 상한 것처럼 보이는 영향이 크다. 콩나물 말고도 간장게장, 도토리묵, 참외, 번데기, 산낙지, 미더덕, 깻잎 등은 우리나라에서만 많이 먹는 음식이다. 골뱅이는 전 세계 생산량의 90%를 우리나라에서 소비하고, 삼겹살도 우리나라에서 유난히 애호하는 돼지고기 부위이다. 그리고 알고 보면 김을 좋아하는 나라도 많지 않다. 최근에는 우리나라에서 가장 많이 수출되는 식품이 되었지만 말이다. 이런 식품을 앞으로도 계속 한국에서만 먹게 될까 아니면 점점 세계 여러 나라도 먹게 될까? 아니면 우리나라에서도 인기를 잃어 더 이상 먹는 나라가 없어질까? 사실 알 수 없는 일이다. 맛은 서로가 서로에게 영향을 주며 유행처럼 같이 흐르기 때문이다.

맛은 사회적인 유행도 있다

바나나 우유가 가짜라는 시비가 많았던 것은 그만큼 인기가 있었기 때문이다. 그런데 만약 지금 개발되었다면 1974년 처음 등장했을 때만큼 인기를 끌 수 있을까? 불가능할 것이다. 당시 바나나는 누구나 선망하는 정말 귀하고 고급스러운 과일이었다. 그래서 바나나 우유가 폭발적인 인기를 끌었던 것이다.

과거 중세의 음식은 고급 요리일수록 후추를 많이 첨가하여 매웠지만, 어느 순간 고급 요리일수록 부드러운 맛으로 변했다. 이런 변화의 원인에도 희소성이 중요한 역할을 했다. 중세 유럽에 후추가 최고의 지위를 누리던 것은 고가의 상품일 때였다. 당시 후추는 지상낙원에서 자라는 나무에서 얻는다는 전설까지 가미되어 최고의 상품으로 승격했다. 그러다 후추가 대량으로 수입되어 가격이 저렴해지고 모두가 후추를 사용하게 되자 상류층은 그로부터 거리를 두기 시작했다. 17세기에 프랑스 엘리트들은 후추 대신 다른 것을 찾았고, 그때 등장한 것이 버터다. 버터는 오랫동안 유럽 본토 깊숙이 들어가지 못하고 북유럽이나 동유럽에서만 인기를 누렸는데, 후추 대신 버터가 대거 등장한 것이다. 예전에 한국인이 서양 음식에 적응하기 힘들었던 대표적인 이유가 이 버터이기도 했다.

그런데 요즘은 거부감은커녕 고가의 특별한 버터만 골라먹기도 하고, 모든 음식에 치즈를 사용하는 것이 대유행이다. 맛은 항상 세트로 작동한다. 지금 아메리카노의 인기는 단지 맛으로 설명하지 못한다. 우리의 식사 패턴이 변해서 아메리카노 타입을 좋아할 수 있게 되었고, 아메리카노를 쉽게 먹을 수 있는 환경이 식사의 메뉴에 알게 모르게 영향을 미치고 있다는 것이 더 정확하다. 해외여행을 가서 맛있는 술이나 차를 발견하고 그것을 가져와도 우리나라에서는 결코 그 맛이 나지 않는 경우가 많다. 맛은 세트이기 때문이다. 음식은 결코 홀로 존재하지 않고 거대한 수레바퀴처럼 맞물려 어디론가 구르는 것이라 서로에게 영향을 주며 변해간다.

내가 20년 전 아이스크림 팀에 근무할 때 가장 이해하기 힘들었던 것이 컵 제품이 인기가 없는 것이었다. 당시 우리와 트렌드가 비슷한 일본에서는 가장 인기인 아이스크림 형태가 컵 제품이었다. 콘 제품처럼 녹아 흘러내리지 않아 다양하고 멋진 형태를 만들 수 있어서 우리나라도 조만간 컵 제품이 대세를 이룰 것이라고 생각했다. 역시나 시장을 선점하기 위해 각 아이스크림 제조사들이 앞다투어 무수한 신제품을 출시했지만 컵 형태의 제품은 끝까지 흥행하지 않았다. 우리나라 사람은 수저 없이 간편하게 먹고, 버리기 편한 콘 제품에 대한 애정을 끝까지 포기하지 않았던 것이다. 수저로 음식을 먹는 일이 너무나 익숙한 한국인이 수저로 떠먹는 제품을 그렇게 싫어하는 것은 너무나 이해하기 힘든 현상이었다. 그런데 농후요구르트마저 떠먹는 타입만 있다가 마시는 타입이 나오자 금방 인기를 끌었고, 젤리나 푸딩 같이 떠먹는 것도 항상 기대보다 판매가 저조했다.

그러다 어느 순간 과육이 들어간 젤리 제품이 인기를 끌었다. 수저로 떠먹는 것도 싫어하는 사람들이 과즙이나 과육을 분쇄해서 넣은 것보다 떠먹기 훨씬 불편한 과육이 들어간 것을 왜 좋아하는지 이해가 쉽지 않았다. 최소한 이만큼의 진짜 과육은 들어 있는 제품에 대한 신뢰인지 아니면 나름 재미인지, 소비자의 마음은 참 예측이 힘들다. 이처럼 음식에 대한 기호는 시간에 따라 조금씩 달라진다. 맛은 개인적인 것이라 취향이 있지만, 또한 사회적인 것이라 유행도 있다. 맛도 패션이나 음악처럼 유행이 있어서 서로가 서로에게 영향을 주며 조금씩 변해간다.

맛은 사회성 덕분에 일관성도 있다

사람들의 감각 차이만 잘 살펴보아도 여러 사람이 공통적으로 좋아하는 요리나 맛집이 존재한다는 자체가 얼마나 놀라운 일인지 알 수 있다. 만약 개인의 차이가 반영된 주관성이 없다면 음식의 다양성은 사라지고 가장 좋아하는 한 가지 맛으로 수렴할 것이다. 감각의 차이와 기호의 다양성 덕분에 음식의 다양성이 유지되는 것이다.

우리는 거꾸로 알고 있는 것이 많다. 사람들은 정말 각양각색의 감각을 가지고 있다. 따라서 "어떻게 이것을 맛있다 또는 맛없다고 할 수 있을까?"는 완전히 잘못된 질문이고, "우리는 각자 천차만별의 다른 감각을 가지고 있는데, 어떻게 이 정도로 똑같이 맛있다고 느낄 수 있을까?"가 훨씬 제대로 된 질문이다.

우리가 같은 음식에 똑같이 만족할 수 있는 것은 우선 개인 간의 차이를 만드는 요소가 한쪽으로 극단적으로 몰리지 않고, 차이가 또 다른 차이에 의해 상쇄되는 면이 많기 때문일 것이다. 사람마다 제각각 지문이 다르고, 얼굴도 피부색도 다르지만, 보면 그래도 사람인지는 안다. 그만큼 서로 다르지만 또한 공통적이다.

더구나 맛은 서로가 서로에게 의지하는 사회적인 산물이다. 과거에 음식을 나눈다는 것은 내가 먹을 것을 구하지 못할 때 남들이 나에게 먹을 것을 나누어줄 것이라는 믿음을 바탕으로 이루어진 생존의 보험이었다. 음식을 나누는 것은 입맛을 나누는 행위이기도 했다. 한국인은 따로 먹는 것보다 같이 싸온 도시락을 큰 양푼에 전부 때려 넣고 고추장을 넣어 같이 비벼 먹는 것을 좋아했고, 찌개는 크게 끓여 모두 같이 나누어 먹었다. 그래서 양푼비빔밥, 쟁반국수, 쟁반짜장 같이 나누어 먹는 메뉴가 나오고, 빙수도 대형으로 시켜서 나누어 먹어야 더 기분 좋은 경우가 많았다.

사람들은 자신이 한 요리가 자기 입맛에 맞는 것보다 남들이 맛있다고 해주는 것을 훨씬 좋아한다. 남에게 인정받는 것을 좋아하고, 개인의 입맛보다 공동의 입맛에 자신의 입맛을 맞추는 것이다. 인간은 사회적 동물이라고 하는 것은 맛에도 너무나 잘 맞는 표현이다.

인간이 큰 뇌를 갖게 된 핵심적인 이유는 거대한 사회를 이루고 살아갈 수 있는 능력을 갖기 위함이라고 말한다. 뇌가 커진 것은 수학이나 과학 같은 논리적 판단 능력을 키우기 위한 것이 아니라 대규모 사회를 이루면서 사람 간에 일어나는 복잡한 이해와 상호작용을 감당하려면 분위기를 파악하고 맞출 수 있는 정말 고도의 지능과 경험이 필요하기 때문이다.

우리의 감각기관은 제각각 다르지만, 뛰어난 사회성으로 훈련된 공감력과 적응력 덕분에 서로가 전혀 다른 입맛을 가졌다는 것을 인식하지 못할 정도다. 인류는 항상 서로 아웅다웅 다투는 것 같지만, 인간처럼 평화롭게 살면서 서로가 서로의 입맛을 존중하고 기쁨과 슬픔을 같이 나누는 집단도 없다. 맛에서 뇌의 역할이 크고 그만큼 차이를 보정하는 능력이 큰 덕분에 같은 식당에서 같은 음식을 즐길 수 있는 것이다.

우리 몸의 감각은 부정확하고 유동적이지만, 몸에 있는 2, 3차 검증 장치를 통해 신뢰성을 확보한다. 감각과 경험의 다양성을 생각하면 도저히 같은 음식을 두고 같이 맛있다고 하는 것이 불가능할 정도로 제각각이지만, 스스로 자신의 감각을 보정하고 서로가 서로에게 입맛을 교환하며 맛을 보정(Calibration)하기 때문에 공통성과 일관성이 있는 것이다. 만약에 그런 사회성으로 만들어진 일관성이 없다면 맛 이야기가 이처럼 공통적인 관심사가 되지 못했을 것이다.

식사는 각자의 몸에 필요한 영양을 섭취하는 누구도 대신해 줄 수 없는 개인적인 행위이고, 또한 같이 식사를 하는 사람끼리 결속과 통합을 다지는 지극히 사회적인 행위이다. 식구는 같이 끼니를 나누는 사이이고, 식구끼리 행복한 가정을 이루는 것이 삶의 가장 큰 목표의 하나기도 하다. 그런데 지금은 많은 탈시스템화와 탈가족화가 이루어져 식사의 메뉴도 시간도 방법도 제각각인 경우가 많다. 그렇다고 입맛이 개인화된 것은 아니다. 휴대폰으로 고를 수 있는 식재료와 메뉴는 가장 많은 사람에게 인기 있는 메뉴 즉, 사회적인 입맛뿐이기도 하다.

4장.
나에게 맛이란

맛은 나 자신을 들여다보기 좋은 창문이다.
맛은 우리의 욕망을 실현하는 과정이라
맛의 현상만 섬세히 들여다봐도
우리 내면의 욕망을 관찰할 수 있다.

우리는 날마다 음식을 먹는다.
평생 3만 시간을 맛과 향에 투자하는 것이다.
그 시간을 조금만 더 섬세하게 관찰하면
맛의 즐거움을 훨씬 다채롭게
발견할 수 있을 것이다.
나에게 맛은 나를 관찰하는 시간이다.

우리는 매머드 사냥에 최적화된
유전자를 가지고 현대 생활을 살아가고 있다.

① 맛은 내 안의 욕망을 이해하는 과정

욕망이 발전의 추진력이다

흔히 "음식은 가장 오래된 외교의 수단"이라고 말한다. 음식은 우리 사회를 하나로 묶어주는 연결고리로 작용해왔다. 음식을 나누는 사이는 생존을 나누는 사이이기도 했다. 과거에는 음식이 항상 부족했고, 그런 음식을 나누는 사이는 내가 굶어죽을 확률을 낮추어주는 일종의 보험이었다. 과거 우리 부모님들은 콩 한쪽도 나누어 먹으라고 가르쳤다. 콩 한쪽은 그 누구도 만족할 수 없는 적은 양이다. 한 사람이 다 먹으나 두 사람이 반쪽씩 나누어 먹으나 어차피 배를 채울 수 없지만, 그런 나눔의 정신이 결국 어려움을 극복하는 결정적 힘이었다. 외국은 콩 대신 빵을 말하기도 한다. 라틴어 Com(함께)과 Panis(빵)에서 동료를 뜻하는 영어의 companion, 스페인어의 compaero, 이탈리아어의 compagno, 프랑스어의 copain이 유래했다고 한다.

인간의 여러 욕망은 고통과 번뇌의 원천이자 발전의 원동력이기도 하다. 게리 크로스와 로버트 프록터는 『우리를 중독시키는 것들에 대하여』를 통해 산업혁명을 '포장된 쾌락의 혁명'이라고 말한다. 우리는 산업혁명을 기술의 혁명이라 생각하지만, 그 기술을 통해 이룬 것은 그

전에 오랫동안 꿈꾸었던 욕망의 혁명이었다. 인간의 기본 욕구가 식욕, 성욕, 수면욕인데, 식욕은 식품을 세상에서 가장 큰 규모의 산업으로 만들었고, 성욕은 비디오와 IT의 초기 시장을 선도했다고 할 정도로 산업화되었다. 수면욕은 안전의 욕구와 결합해 안락한 주거환경으로 아파트 등 다양한 주택과 침구류로 산업화되었다. 좀 더 편히 살고 싶은 욕망이 세탁기, 냉장고, 오븐, 전자레인지 등 온갖 취사용품과 가정용품으로 상품화되었고, 자동차나 비행기 같은 편리한 이동 수단을 만들게 했다.

나에게 맛은 욕망에 대한 이해의 과정이다

나에게 맛은 나 자신을 이해하는 과정이다. 맛의 현상을 들여다보면 우리의 욕망을 알기 전에는 이해하기 힘든 현상도 있고, 맛의 현상을 공부하다 보면 이해되는 숨겨진 욕망도 있다. 나에게는 '인정받고 싶은 욕망'과 '원시인 DNA에 숨겨진 욕망' 같은 것이 그랬다.

그 전에도 남들이 좋아하는 것을 나도 좋아하고, 남들이 하고 싶어 하는 것을 나도 하고 싶어 하고, 남들이 갖고 싶어 하는 것을 나도 갖고 싶어 하는 욕망이 있다는 것을 알고는 있었지만, 맛을 이해하기 위해 궁리하는 과정에서 이런 욕망들이 새롭게 보였다.

생각보다 강력한 인정받고 싶은 욕망

좋은 대접을 받으면 즐거운 이유는 대접의 내용물보다 인정받았다는 느낌 때문인 경우가 많다. 우리가 정성이 들어간 음식을 좋아하는 이유도 결국 '대접받는 느낌' 때문이다. 아무리 독립되고 홀로 고고한 삶을 추구하는 사람도 그 안에는 인정받고 싶은 욕망이 생각보다 강력하다. 그래서 물건을 살 때도 그 용도에 맞는 것도 중요하지만 남들이 알아 봐 주는 브랜드가 인기이다. 심지어 혼자서 하는 운동이나 여행에도 그런 욕망이 있다. 남들이 알아봐주는 운동을 해야 더 운동할 맛이 나고, 남들이 부러워할만한 여행을 해야 더 즐거운 것이다.

남들이 자신의 능력과 존재감을 인정해주는 것은 어쩌면 먹는 즐거 움보다 클지도 모른다. 원시시대의 남자는 큰 사냥감을 잡아오면 영웅 대접을 받았고, 지금도 그 욕망이 남아있다. 가성비를 생각하면 생선은 수산시장에서 사는 것이 훨씬 싸지만, 큰 물고기를 잡을 때의 쾌감이 많은 시간과 비용의 투자를 완전히 잊게 한다.

남자가 비싼 양주를 마시고 만족하는 것에는 맛과 더불어 '나는 이 정도는 아무렇지 않게 마시는 능력 있는 남자'라는 것을 인정받고 싶은 욕망이 숨어 있다. 능력의 과시보다 강력한 보상도 드물다. 귀족은 비 싼 향신료를 과도하게 사용하면서 능력을 과시했다. 심지어 인정받고 싶은 욕망이 너무나 큰 나머지 자신을 알아봐주는 사람에게 목숨을 바 치기도 했다.

이런 인정받고 싶은 욕망은 우리가 사회적 동물로 살아가는 결정적 인 힘이 되기도 한다. 심지어 우리의 뇌는 타인의 욕망을 욕망하도록 설계되어 있다고 한다. 남들이 맛집에 가면 자기도 따라서 그 맛집에 가서 줄을 서야 하고, 남들이 맛있다고 하면 자신도 맛있다고 느껴야 한다. 아이가 음식을 먹으면서 행복한 표정을 지으면 부모는 자신이 먹 는 것보다 더한 즐거움과 행복감을 느낀다. 가족과 친척을 넘어서 타인 과 힘들게 구한 음식을 나누고 즐거운 모습에 큰 기쁨을 느낄 줄 아는 인간의 특성이 거대한 사회를 만들고 찬란한 문화를 성취한 배경이 되 기도 했다.

맛은 뇌가 그린 풍경이다

감정(욕망)의 힘은 강하다

보건당국은 건강을 위해 소금과 설탕을 줄여라, 고기를 굽지 말고 삶아 먹으라고 한다. 고기를 구우면 맛, 색, 향뿐 아니라 벤조피렌, 아크릴아미드 같은 위험한 물질이 만들어지기 때문이다. 하지만 아무리 굽는 것 대신 삶아 먹으라고 떠들어도 굽기를 멈추지 못한다. 사람들이 왜 그렇게 구운 요리를 좋아하는지 그 이유를 찾으려면 진화론부터 알아보는 것이 제격이다. 우리 몸은 실질적으로 원시인 시절과 아무 차이가 없기 때문이다.

로스팅(고소한 맛)에 집착하는 이유는 결국 원시인 시절의 기억 때문일 것이다. 불의 발견과 요리는 원시인에게 너무나 강력한 생존 수단이었다. 고기는 매우 귀한 음식이고, 그 시절에는 유일한 요리법이었다. 지금도 가장 맛있는 고기 요리법은 바비큐다. 고기를 구울 때 나는 향도 우리의 뇌(DNA)에 각인되기 충분했을 것이다. 그래서인지 지금도 사람의 후각은 로스팅 중 많이 발생하는 향기 물질에 대해서만은 개의 코만큼이나 민감하다고 한다. 평균적인 후각의 민감도가 개에 비해 수백~수천 배나 둔한 것에 비하면 놀라운 일이다.

수렵채취 사회에서 농경사회로 바뀌면서는 많은 것이 변했다. 고기

의 섭취량이 감소했고, 식물에 없는 소금의 섭취와 로스팅 향을 즐길 기회가 줄었다. 그래서 소금에 대한 갈망이 심해졌고. 고소한 향에 대한 욕망이 커졌다. 그것을 우리 조상은 누룽지(숭늉), 참기름의 로스팅 향으로 대신했다. 한국인의 참기름 사랑은 정말 대단하다. 오죽했으면 이름이 참기름이겠는가? 예전에는 가짜 참기름이 불량식품의 대명사처럼 자주 등장했고, 한동안 한풀이를 하듯 모든 나물과 비빔밥의 맛을 참기름 맛으로 통일시키기도 했다.

조금 이해하기 힘든 욕망은 진화의 여정에서 힌트를 찾을 수 있다

이렇게 많은 욕망이 실현되었음에도 우리의 행복감은 실제로는 별로 늘지 않았다. 욕망을 구현하는 기술보다 행복을 구현하는 기술이 크게 부족하기 때문이다.

만족을 위해서는 욕망을 실현하는 방법도 있지만 한편으로는 욕망을 줄이는 것도 방법이다. 점점 더 맛있는 것을 추구하면 한계가 있지만 평범한 음식에 만족할수록 축제의 음식이 즐거워진다. 이런 욕망에 대한 이해와 관리는 쉽지 않지만, 그래도 우리 유전자 안에 숨겨진 비합리적인 욕망을 이해할 필요가 있다. 예를 들어 성욕만큼 비합리적인 욕망도 드물다. 유명 정치인이 여성과의 불미스러운 일로 인해 평생 힘겹게 쌓아올린 경력을 한순간에 파탄 내는 경우도 종종 볼 수 있다. 이를 이해하려면 이성적으로는 도저히 납득이 안 되는 욕망이 우리의 유전자에 숨겨 있다는 사실을 알 필요가 있다.

우리 DNA에 각인된 인간의 욕망을 이해하려 하지 않고 무작정 굽는 것은 몸에 좋지 않으니 삶으라고 권하는 것은 실효성을 거두기 어렵다. 이성보다는 DNA에 새겨진 욕망의 힘이 언제나 강하기 때문이다. 가성

맛은 뇌가 그린 풍경이다

비의 추구, 안전의 추구, 영양의 추구 등은 이성으로 쉽게 납득되지만, 로스팅 향처럼 이성적으로 납득이 잘 안 되는 것은 진화적 배경을 찾아보는 게 도움이 된다. 진화학은 지난 200년간의 담금질로 인해 이제 생명의 의미와 현상을 설명하는 가장 훌륭한 이론으로 확고하게 자리 잡았다. 진화학의 가장 큰 매력은 간결함이다. 그 간결함으로 설명하지 못할 현상이 거의 없다는 것이 더욱 큰 놀라움이다. 겉보기에는 완전히 달라 보이는 것도 조금만 안을 들여다보면 너무나 닮아있는 것이 진화이기 때문이다.

세상에 아무리 많은 돈과 노력을 들여 와인을 만들어도 그것이 최고라고 평가할 사람은 70% 이하라고 한다. 사람의 몸과 감각기관은 모두 달라서 한 가지로는 모든 사람을 만족시킬 수 없는 것이다. 그렇다고 생명은 모두 각각 다르니 설명이 불가능하다고 하는 것은 과학적 태도가 아니다. 한 조상에서 진화되어 나온 생명이므로 언제나 공통성이 있다. 과학은 그런 공통성을 찾아 다양한 현상에 숨겨진 일관성을 찾아내어 간결하게 설명하는 매력이 있다.

유전자에 새겨진 원시인의 욕망

최근 1만 년 동안 인류의 생활환경은 급속도로 변화했다. 그동안 인간의 진화도 물론 가속화되었지만 환경의 변화에 완전히 적응하기에는 너무 짧은 시간이었다. 현대인은 아직도 수렵, 채집에 더 적합한 몸과 정신으로 현대 사회를 살아간다. 요즘 유행하는 캠핑에서도 잘 드러난다. 뜨거운 물이 틀기만 하면 나오고 취사와 따뜻함이 보장된 집을 나가서 굳이 불편한 장소에 옹기종기 모여 앉아 불을 피우고 고기를 구워 먹으면서 자연을 즐긴다. 무엇을 먹어도 야외에 둘러앉아 먹으면 다 맛있다고까지 한다. 밤이 되면 모닥불을 지피고 둘러앉아 상대의 얼굴에 넘실거리는 불빛을 바라보며 끝없는 희열에 젖는다.

이제는 생계수단과는 거리가 멀어진 일을 돈과 시간을 써가면서 하는 경우도 있다. 시장에 나가면 더 저렴하고 양질의 식품을 살 수 있음에도 낚시를 하고, 조개 몇 개를 주워가며 즐거워하고, 숲속에서 고사리를 따고, 송이버섯을 찾으려 소나무 밭을 헤매고 다닌다. 언뜻 이해하기 힘든 이런 행동의 근원이 바로 원시인의 DNA다. 인류는 약 1만년 전까지도 석기를 사용하며 사냥과 채취를 했다. 문명이라는 옷을 입고 의젓하게 넥타이를 매고 앉아서 아무리 거드름을 피운다고 해도 유전자에 프로그램된 추억을 숨기지 못하는 것이다.

맛이나 식품에 관한 이해하기 힘든 욕망을 이해하기 위해 진화적 현상을 공부했는데 정작 이 공부가 나에게 가장 도움이 된 부분은 남자와 여자의 차이를 이해하는 것이었다. 사실 부부싸움은 그 이유가 사소할 때 더 큰 상처를 입기도 한다. 힘든 일은 서로 힘들다는 것을 뻔히 알기에 하지 못한다고 해서 상처가 되는 말을 하지 않는데, 사소한 것들은 왜 그까짓 걸 해주지 않느냐며 상처를 주기 쉽다. 이 문제는 단순하게 '남자는 사냥(Hunting)하고, 여자는 채집(Collecting)해서 저장(Keeping)하기 때문이다'라고 정리하면 모든 것이 명쾌해진다.

남자는 사냥꾼 역할에 필요한 기능이 잘 발달되어 있으며, 여자는 살림꾼 역할이 잘 발달되어 있다고 생각하면 여러 가지 현상이 일관성 있게 설명된다. 멀리 사냥을 하러 가려면 시각 능력과 방향, 거리 같은 공간 감각이 필요하다. 남자는 시각에 민감할 수밖에 없고 용어도 사냥과 관련된 무기, 집중, 성취, 협동, 모험, 스피드 등을 좋아한다. 사냥감에 명중시킨 순간의 쾌감이 사냥의 힘든 과정을 모두 상쇄하기에 충분해야 하고, 집에 가서 자랑할 즐거움이 돌아가는 과정의 배고픔을 이

맛은 뇌가 그린 풍경이다

겨내고 오로지 수확물을 집으로 가져갈 생각밖에 하지 못할 정도로 커야 한다. 남자는 자기를 인정해주는 사람에게 목숨을 걸 수밖에 없다. 만약 남자가 사냥감을 자랑거리로 생각하지 않고, 몰래 혼자 먹는 것을 더 좋아하면 문제가 심각해진다.

여자는 어두운 동굴에서 수다를 떨면서 기다리던 기억이 DNA에 각인된 듯하다. 쓴맛, 후각, 청각이 예민해서 남자는 전화 목소리에 반하는 경우가 드물지만, 여자는 곧잘 목소리에 반하기도 한다. 여자는 수다 또는 대화를 통해 공감을 원하지만, 남자는 여자의 말을 대화가 아닌 지시로 받아들이는 경우가 많다. 밖에 비가 오고 있는데 남자에게 "배고프지 않아요?"라고 말하면 남자는 자기에게 배고픔을 해결해달라는 주문으로 받아들여 "밖에 비가 오는데(그러니 위험해서 사냥하러 나갈 수 없어)"라고 대답하고, 여자가 다시 "배고프지 않아요?"라고 물으면 "비 온다고 했잖아!"라고 버럭 화를 내기 쉽다. 만약에 여자가 나중에 한 번 더 "배고프지 않아요?"라고 물으면 문을 박차고 나가버릴지도 모른다. 여자는 문제를 공감하는 것으로 충분한데, 남자는 문제를 해결해야 직성이 풀리기 때문이다.

여자는 버티는 데 능해야 하므로 자신을 끝까지 돌봐줄 힘 있는 남자(아버지·남편·아들)를 의지한다. 버티기 위해서는 가치가 오래 지속되는 보석에 관심이 가고, 쌀 때(있을 때) 물건을 비축하여 없을 때를 대비해야 한다. 주위에 온갖 음식이 넘치는 요즘도 냉장고는 계속 커질 수밖에 없고, 자신이 예쁘게 보이는 데 도움이 될 옷은 옷장에 아무리 많이 있어도 부족하게 느껴지는 것이다.

남자는 슈팅하고 여자는 탐색한다. 사냥을 하는 남자는 사냥감이 눈에 띄면 바로 쏘아야 한다. 아니면 달아나버려서 다시 기회를 잡기 힘들어진다. 그래서 목적 지향이고 타이밍이 중요하다. 하지만 식물을 채취하는 여자에게 처음의 목표는 별로 중요하지 않다. 큰 바위 밑에 있을 뿌리식물을 캘 계획으로 나갔는데 중간에 탐스럽게 잘 익은 과일을 발견했다면 목적을 바꿔 과일을 따는 것이 현명한 행동이다. 식물은 달아나지 않고 최적의 순간이 있으므로 여자는 항상 전체적 관점에서 판단해야 한다. 지금 채취할 것인지, 나중에 좀 더 성숙한 다음에 채취하는 게 이익일지 고민해야 한다. 그러니 쇼핑을 할 때 목적 달성이 핵심인 남자는 항상 모든 것을 탐색하려는 여자를 이해하기 힘들다. 여자는 식물을 채집하듯 물건의 소재와 색깔, 향기 등을 따지는 데 많은 시간을 소비한다. 원시시대 여성의 채집 방식이 현대에서 백화점 쇼핑에도 그대로 적용되는 것이다.

여자는 지도를 못 읽고, 남자는 표정을 못 읽는다. 남자는 미지의 지역을 탐사해야 하므로 방향과 거리에 따라 길을 찾는데 능하다. 그래서 지도가 편하지만 여자에게 지도는 정말 낯선 것이다. 식물을 탐색할 때 큰 나무 밑, 어떤 바위 옆 이런 식으로 기억하고 탐색하는 여자들은 특정한 지형이나 물체를 말해주고 찾아가게 하면 귀신같이 잘 찾는다.

이런 이론은 사람마다 적용되는 정도가 다르고, 요즘은 특히 남자들이 여성화되어서 더 적용이 안 될 가능성이 높다. 하지만 나는 이처럼 한 가지 이론으로 다양한 현상이 통합적으로 설명되는 것을 정말 좋아한다. 이론은 정반합의 과정을 거치며 발전하는데 맛의 이론도 어느 정도 통합되어야 그것을 바탕으로 또 다른 발전을 기대할 수 있기 때문이다.

맛은 뇌가 그린 풍경이다

2 맛은 앞으로도 계속될 관찰의 대상

한 잔의 커피가 완성되기까지

나에게 맛은 탐구의 과정이었다. 맛의 방정식까지 동원하여 "맛있다." 또는 "맛없다"라는 한마디에 들어 있는 의미와 배경을 풀어보았지만 여전히 풀리지 않는 부분이 더 많은 것 같다. "맛있다"는 말 한마디가 뭐 그리 어렵냐고 반문할 수 있겠지만, 맛있는 방법보다 맛을 망치는 방법이 1만 배는 많다는 점을 생각해보면 될 것이다.

커피를 재배하는 것에서부터 한 잔의 커피로 완성되기까지 과정만 살짝 알아보아도 그 과정에 맛을 망치는 방법이 얼마나 많은지 알 수 있을 것이다. 커피나무에서 좋은 열매를 얻으려면 어떤 품종을 어디에 심어서 키울 지부터 시작해서 재배과정에서 많은 변수가 개입한다. 그리고 수확도 기계로 대량 수확한 것과 잘익은 것만 골라 따는 것은 많은 품질의 차이가 있고, 커피의 과육을 제거하여 속씨를 얻는 것도 기후와 물 사정에 따라 다르고 그 결과물도 다르다. 요즘은 그 과정에 다양한 풍미를 부여하는 무산소 발효를 실시하기도 한다.

생두를 로스팅하는 과정에도 많은 변수가 개입한다. 생두의 조건과 로스팅의 온도, 시간, 회전 등에 여러 조건에 따라 맛이 완전히 달라지기에 그 과정에 대한 전문서가 있고, 로스팅된 원두에서 어떻게 하면 원하는 성분만 잘 추출할 수 있을지에 대한 전문서도 있다. 그런 것을 잘 따라 해도 원하는 품질을 재현하기 힘든데, 맛을 의도적으로 망치려 하면 잘하는 방법의 수백 배는 될 것이다. 한 잔의 커피가 완성된 뒤에도 어떻게 서빙되느냐와 누구와 어디에서 마시느냐가 더 결정적일 수 있다. 커피는 한 가지 원료로 만들어진 음료인데도 이렇게 많은 변수가 개입되는데 다른 음식은 간단할 리가 없다. 만약에 요리 로봇에게 당근을 가늘게 잘라서 넣으라고 하면 흙을 씻지도 않고 잘라 넣어서 요리 전체를 완전히 망칠수도 있다. 로봇이 재료의 선택, 유지 보관, 손질까지 알아서 잘하게 하려면 정말 방대한 지시서가 필요할 것이다. 요리에 익숙한 사람은 한 장의 레시피만 보고도 음식을 만들 수 있는 것은 이미 축적된 기본이 엄청나게 많아서지 결코 요리가 쉬워서가 아니다.

이런 것들을 생각해보면 내가 지금까지 이 책에 맛을 설명하기 위해 동원한 내용들이 과도한 것이 아니라 오히려 모든 식품을 포괄하여 설명하기 위해 기본적인 것만 다룬 초간단 버전이라고 여겨질 것이다.

한 조각 치킨을 이해하기 위해서는

유튜브를 보면 외국인들은 하나같이 치킨은 한국이 최고라고 말하는데, 반대로 한국 닭이 가장 맛없다는 주장도 있다. 어느 것이 진실일까? 나는 그런 닭의 맛을 따지는 것보다는 닭에 얽힌 이야기를 알아보는 것이 훨씬 재미있다. 내가 닭에 대해 가장 놀란 것은 닭(조류)이 공룡의 후손이라는 사실을 처음 알았을 때다. 공룡은 완전히 멸종된 것으로 알았는데 닭(새)의 형태로 하늘을 누비고 있었던 것이다. 조류는 날개 달린 포유류가 아니라 족보가 근본적으로 다른 생명체다. 티라노사우루스의 최신 복원도를 봐도 거대한 닭 모습을 하고 있다.

한국 치킨이 맛없다는 주장을 보면 닭도 어느 정도 자라야 조직과 육향이 발달하는데 키우는 기간이 고작 1달이라 제 맛을 가지기 힘들다는 것이다. 그런데 이때 닭의 맛보다는 닭을 1달만에 먹을 수 있는 크기로 키울 수 있다는 것이 정말 놀라운 일이다. 가축은 보통 고기 중량의 10배 정도 사료를 먹는데, 닭은 고작 3배의 사료를 먹는다. 정말 놀라운 성장 효율이 아닐 수 없다. 닭이 어떻게 그렇게 빨리 자랄까를 생각해보면 닭의 조상인 공룡의 크기 성장이 얼마나 폭발적이었는지 알아보면 도움이 된다. 당시에는 산소가 희박했고 식물자원도 훨씬 빈약해서 역설적으로 체격을 빨리 키우는 전략으로 위기를 극복했다.

닭은 독특하게 백색육이다. 미국에서 건강과 관련되어 음식을 따지기 시작할 때 동물성(적색육), 포화지방, 콜레스테롤이 가장 먼저 이슈가 되었는데 닭은 백색육이라 칭찬받고, 달걀은 콜레스테롤 때문에 최악의 물질로 매도되었다. 보통 동물의 살은 붉은색이다. 헤모글로빈이나 미오글로빈 같이 산소를 공급하는데 필요한 분자가 많기 때문이다. 그런데 닭은 중량의 30%를 차지하는 가슴살이 매우 희다. 가슴살은 날개를 동작시키는 근육이므로 강력한 힘이 필요하고, 그만큼 산소 공급이 필요할 것 같은데도 흰색이다. 닭을 포함한 꿩과 동물은 하늘을 오래 날지 않고, 순간적인 힘을 사용해 일직선으로 100m 정도만 난다. 이렇게 순간적인 비행은 무산소호흡으로 이루어지므로 미오글로빈이 없어서 흰색인 것이다. 인류는 하늘을 자유롭게 나는 새를 몹시 부러워했는데, 새는 알고 보면 하늘을 나는 것을 그리 좋아하지 않는다. 천적이 없는 섬에서 사는 새는 곧잘 비행 능력을 잃어버린다. 닭은 처음부터 별로 날고 싶지 않았던 새다.

닭이 달걀을 계속 낳는 이유도 충격적이다. 보통 새는 알을 몇 개만 낳는 것이 정상인데 닭은 12개를 품고 싶어 한다. 그런데 알을 낳는 족족 인간이 가져가 버리니 계속 낳는 것이다. 달걀을 삶으면 왜 굳을까? 당연한 현상이라고 생각하지만, 사실 대부분의 재료는 가열하면 녹는다. 달걀의 난황은 고형분이 50%로 근육에 비해 훨씬 고체가 될 수 있는 성분이 많은데 액체인 것이 신비한 것이고, 그래서 달걀에서 달걀보다 큰 병아리가 나올 수 있는 것이다.

닭을 튀겨먹는 것이 인기인 이유도 과학적 현상이다. 닭의 지방은 15~20%인데, 대부분(90%) 껍질에 있다. 지방의 단열성, 방수성, 상처 보호 기능이 뛰어나 가벼운 체중을 유지해야 하는 조류는 지방을 가급적 껍질에 비축한다. 그것을 180℃ 이상 고온의 기름에 넣고 튀기면 겉부터 온도가 빠른 속도로 올라간다. 그래서 메일라드 반응으로 색과 향이 만들어진다. 만약 지방이 고기 안쪽에 많다면 그 부분은 온도가 별로 올라가지 않아 풍미에 기여를 하지 못했을 텐데 닭은 구조적으로 튀김에 최적화되어 있는 것이다. 이런 식으로 지식은 꼬리에 꼬리를 물고 연결되어 있다. 처음에는 맛은 과학보다는 관능적 영역이라 생각했는데 생각보다 논리적이고 연결된 세계라는 것을 알게 된 것이다.

③ 맛은 주관적이라 다양성이 있고, 객관적이라 과학이 있다

어떻게 개인이 거대한 식품회사와 경쟁할 수 있을까?

닥터페퍼는 다른 음료처럼 99%는 설탕물이다. 그런데 이런 제품의 개발이 쉬울까? 단순할수록 개발은 어려운 법이다. 개발자는 최적점을 찾기 위해 미묘한 차이가 나는 조합으로 수십 가지 시제품을 만든다. 그리고 소비자를 초청하여 평가하도록 한다. 그리고 통계 기법을 이용하여 분석한다. 닥터페퍼의 경우 당도를 미세하게 조절한 60가지 시제품을 가지고 전국 여러 참가자에게 무려 3,904번 테스트를 했다. 그런 통계를 분석하고 조절한 후에야 겨우 만들어졌다. 가공식품에 특별한 마법의 물질이 있는 것이 아니라 과학과 노력이 있는 것이다. 그리고 치열한 경쟁이 있다. 슈퍼마켓에 수만 가지 새로운 식품이 등장하고 그만큼 또 사라진다. 마케팅 전문가 제니스는 다음과 같이 말한다. "이 바닥은 골육상쟁이라는 표현이 딱 들어맞습니다. 조금이라도 틈을 보이는 순간 모두의 먹잇감이 되고 말죠. 특히 상위 제품이 주춤하는 기미가 조금만 보여도 모든 부서에서 난리가 납니다."

– 마이클 모스, 『배신의 식탁』

이처럼 체계적으로 연구하는 세계적인 회사와 어떻게 경쟁할 수 있을까? 소수의 식품회사가 전 세계인의 입맛을 지배할 수 있다는 것은 그리 놀랄 일이 아니다. 그나마 맛은 주관성이 있어서 아직은 나름의 다양성의 유지되고 있는 편이다.

우리의 미각 프로필은 지문만큼 제각기여서 모든 사람이 다르게 느낀다. 최고급 요리인 상어 지느러미가 아무 맛도 없고 밍밍하다고 하는 사람도 있고, 푸아그라가 맛있기는커녕 역겹다고 하는 사람도 있다. 아이들에게는 굴이 그런 식품의 하나다. 굴은 과거부터 서양에서 고급 식재로 취급받았다. 상류층의 사치스러운 식도락을 보여주거나 약간 문란한 이미지를 보여줄 때 생굴이 만찬에 등장했다. 유명한 바람둥이 카사노바가 늙은 나이에도 정력을 유지한 비결로 굴을 즐겨먹었다는 얘기가 인기를 더한 것이다.

굴은 바다의 우유로 알려질 정도로 영양적으로 훌륭하고, 해산물을 날로 먹는 경우가 별로 없는 서양에서도 신선한 굴만큼은 생으로 먹었다. 이런 굴이 우리나라에 전혀 나지 않고 소설이나 영화로만 볼 수 있었다면 그 맛이 얼마나 궁금했을까? 우리나라는 굴이 자라기 좋은 환경이고 오래전부터 양식 기술이 발전해 수확량이 많고 품질도 매우 좋다. 유럽인이나 유럽 출신 셰프들에게 한국의 굴 값을 알려주면 열에 아홉은 장난이나 사기라고 생각할 정도로 저렴하다.

그런데 아이들은 대체로 굴을 싫어한다. 흐물거리는 식감과 특유의 강렬한 냄새를 거부하는 것이다. 이처럼 음식에 대한 호불호는 제각각이고 관심 정도도 제각각이다. 맛집이라면 천 리 길도 달려가는 사람이 있고, 먹는 즐거움을 간단히 포기하는 사람도 있다. 장보기가 귀찮고 매일 세 번이나 요리하고, 먹고, 설거지하는 것이 귀찮아서 식사 대용 음료를 개발해서 그것만 하루 3~4회 마시며 살아가는 사람도 있다.

맛은 뇌가 그린 풍경이다

이런 식사법을 하면 건강이 나빠질 것 같지만 영양학적으로 충분히 타당한 행동이다. 1965년 미국립보건원(NIH)은 우주비행사가 유동식만으로 생존이 가능한지 파악하기 위해 교도소 재소자 중 희망자를 대상으로 19주간 실험을 실시했다. 실험 결과 대상자들은 이전보다 훨씬 건강해졌다. 사실 이런 내용은 동물 사료를 통해서도 너무나 잘 증명된 것이다. 사료는 한 가지 메뉴뿐이며 100% 가공식품이지만 사료를 먹는 동물들이 더 건강하기도 한다.

최고만 추구하면 다양성이 사라진다

최고만을 추구한다고 행복해지지는 않는다. 품질(Quality)을 높이는 데만 치중하다 보면 결국엔 동일성까지 높아져 개성이 사라져 버릴 가능성이 높다. 개성이 있어야 다양성도 존재할 수 있지, 만약 끝까지 최고만 살아남기 경쟁을 한다면 하나만 남게 될 것이다. 자신이 원하는 대로 똑같이 구현하면 재현성이지만, 남의 평판만 추종하면 평균화되고 획일화되는 것이다.

가장 자유로워야 할 예술마저 획일성이 문제라고 하는데, 맛도 마찬가지다. 요즘 맛에서도 너무 최고만을 추구하는 경향이 있고, 그것만 따라하려는 사람들이 많다. 인기 있는 식당이면 모두 프렌차이즈화 되고, 지방의 맛있는 음식은 어김없이 서울에 분점이 생긴다. 그래서 음식은 맛있는 음식으로 획일화되고 어디를 가도 비슷한 음식을 먹을 수 있으니 감동은 사라지고 있다.

최근 와인마저 큰손이 좋아하는 맛을 점점 닮아가고 있다고 우려하는 사람도 있다. 경쟁이 치열할수록 이긴 1, 2등만 살아남게 된다. 휴대폰 시장이 그 예다. 쓰는 사람은 과거보다 훨씬 많아졌지만 그것을 만드는 회사는 오히려 줄어들었다. 음식은 아직 그 정도는 아니지만 그런 방향으로 열심히 가고 있는 것이 사실이다. 그러면 지금 사람들이 똑같은 휴대폰을 쓰듯이 음식도 똑같아질 것이다. 맛에 우열이 없는데 최고의 맛을 추구한다는 것은 어쩌면 신기루를 쫓는 일인지도 모른다.

> 맛은 감각적이요, 멋은 정서적이다.
> 맛은 적극적이요, 멋은 은근하다.
> 맛은 생리를 필요로 하고, 멋은 교양을 필요로 한다.
> 맛은 정확성에 있고, 멋은 파격에 있다.
> 맛은 순간이고, 멋은 여운이 있다.
> 맛은 현실적이요, 멋은 이상적이다.
> 그러나 맛과 멋은 반대어는 아니다. 사실 그 어원이 같다.
> 맛과 멋은 아름다운 조화를 이루는 것이다.
>
> – 피천득, 『인연』 중 '맛과 멋'에서 발췌

기다림도 맛이고, 만족의 시간을 늘린다

음식을 통한 행복은 음식을 먹는 순간뿐 아니라 음식을 먹기 전의 기다림에서부터 시작하고, 완전히 기억에서 잊히는 순간까지 지속된다. 음식은 평생 동안 찾아오는 유일한 즐거움인데, 그 즐거움을 제대로 느끼기 위해서는 먹는 순간에 느끼는 기술도 중요하지만 기다림과 여운을 관리하는 기술도 필요한 것 같다. 예전에는 맛있는 음식은 명절 때나 먹을 수 있는 아주 설레는 기다림이었다. 그러다 소풍, 운동회, 크리스마스 등 여러 행사의 날로 늘어났다. 이때만 해도 축제를 기다리는 마음의 절반은 축제 음식을 기다리는 마음이기도 했다. 그런데 지금은 축제의 음식이 너무 일상적이라 명절이라고 특별한 기다림은 없다. 그러니 기억도 별로 없다.

쇼핑에서 물건을 구입하고 나서 물건이 도착하기 전까지의 기다림, 캠핑이나 여행을 계획하고 준비하면서 가지는 기다림 등 이런 기대가 진정한 즐거움인지도 모른다. 우리는 먹는 것보다 이런 기대를 하면서 행복해하는 순간을 길게 늘이는 것이 지혜인지도 모른다. 감정은 쪼개면 다루기 쉬워지고, 행복은 나누면 이어가기 쉬워지는 법이다.

맛은 적당히 기억하고 적당히 잊어가는 즐거움이다

식구(食口)는 같은 것을 같이 먹는다는 뜻과 가장 비슷하다. 그만큼 많은 경험을 같이 쌓은 관계이다. 특별한 날에 특별한 분위기에서 특별한 음식을 먹으면 특별한 기억을 만들 수 있다. 그리고 그 기억은 그 특별한 음식의 일부에 의해서 언제든지 꺼낼 수 있게 된다. 그때의 분위기, 당시의 대화와 감정까지도 함께 말이다. 그런 기억은 꺼내볼수록 강화되고 조금씩 미화되기도 한다. 음식의 기억은 먹을 때마다 쌓인다. 식품의 성분은 몸의 기억으로 남고, 성분의 리듬은 뇌의 기억으로 남는다. 그래서 취향이 생기기도 하고 바뀌기도 한다. 음식은 항상 기억으로 남는 것이다.

이런 기억력에도 적당함이 필요하다. 만약 기억이 너무 선명하면 음식을 즐기는 데 방해가 된다. 식당에 가서 음식을 시켜 먹는데 지난번에 먹었던 음식이나 최고의 맛집에서 먹었던 기억이 너무나 생생하여 지금 먹는 것과 하나하나 비교가 된다면 만족도가 확 떨어질 것이기 때문이다. 그렇다고 과거에 먹었던 기억이 전혀 남아있지 않다면 모든 음식이 너무나 생소하여 불안하고 매력을 알 수 없을지도 모른다. 음식을 먹을 때 적당한 수준의 기억이 안심을 가져오고 평가기준을 주기 때문에 우리는 항상 음식을 즐겁게 먹을 수 있는 것이다. 예전의 기억은 적당히 잊혀야 새로움의 기쁨이 있고, 적당한 기억이 있기에 익숙함의 즐거움도 배가 될 수 있다. 맛에 있어서 완전한 기억도, 완전한 망각도 결국은 재앙이다.

맛은 생각보다 과학적이고, 과학이 맛의 즐거움을 방해하지 않는다

식품에 대한 오해를 풀어보고자 식품 공부를 다시 시작하면서 여러 가지 주장의 진실을 찾아보자 그동안 당연히 했던 것이 특별한 경우가 많았고, 유별한 현상이 반대로 당연한 경우가 많았다. 엄마 젖이나 우유에는 왜 소화하기 불편한 유당이 많은지, 왜 낯선 설탕을 좋아하는지, 인간은 왜 비타민C의 합성능력을 잃게 되었고, 비타민C의 진짜 기능이 무엇인지, 독과 약이란 무엇인지 등 수많은 질문에 대한 답을 찾아가는 과정이 즐거웠고, 그런 즐거움이 이 책을 네 번이나 개정하는 작업까지 이르게 한 것 같다. 물론 아직도 풀어야 할 질문이 더 많지만 말이다. 식품에 없는 답은 주변의 자연과학이 답해주는 것이 정말 많았다. 자연은 원래 하나이고 식품 또한 자연의 일부이기 때문이다.

맛의 방정식을 완전히 알게 되면 맛에 대한 흥미가 사라질까? 내가 맛의 과학을 설명하다 보면 맛에 대한 신비감이 깨지는 것 같아 아쉽다는 분도 있었다. 하지만 거기에서 조금만 들어가면 더 깊은 신비가 들어 있다. 물리학이 우주의 비밀을 푼다고 우주에 대한 신비가 줄어들지 않는 것처럼 말이다.

우리는 음악을 듣지 않고 지나가는 날이 별로 없는데 음악에 포함된 과학적 원리를 알면 음악의 즐거움이 줄어들까? 우리는 음악을 단지 감각적이고 심리적이고 영감의 산물이라 여기는 경향이 있지만, 음악에는 생각보다 많은 과학이 들어 있다. 내가 이 책의 원고를 마무리할 때쯤 대니얼 J. 레비틴이 쓴 『뇌의 왈츠』를 읽게 되었다. 저자는 인지심리학자이자 신경과학자이지만 그전에는 참여한 음반의 총 판매량이 3,000만 장이 넘을 정도로 뛰어난 음악 프로듀서였다. 어려서부터 음악을 좋아해서 여러 가수의 음반 제작을 했지만, 그는 도저히 이해할 수 없는 것이 있었다. 같이 일한 사람들은 모두 특출한 재능을 가진 음악가인데 왜 어떤 사람은 유명한 음악가가 되고, 어떤 사람은 흔적도 남기지 못하고 사라지는 것인지, 또 어떤 노래는 큰 감동을 주는 불멸의 히트곡이 되는데 어떤 노래는 전혀 그렇지 못한지 그 이유가 너무나 궁금했던 것이다. 그래서 그는 학교로 되돌아가서 탐구를 시작하고, 그런 내용을 책으로 정리했다. 그 과정에서 해답보다 더 많은 질문을 얻게 되었지만 말이다.

그는 한 학생에게 음악에 대한 지나친 교육으로 인해 자기가 사랑하는 음악의 즐거움과 수수께끼가 사라지지 않을까 두렵다는 말을 들었다. 생각해보니 그도 처음에는 학생과 같은 고민을 했었는데 자신은 지금도 여전히 음악에서 즐거움을 얻는 중이었다. 그래서 음악에 대해, 과학에 대해 더 많이 알수록 더 매혹되었고, 더 잘 이해할 수 있게 되었다고 대답했다고 한다.

식품도 마찬가지인 것 같다. 맛에도 생각보다 많은 생물학적, 과학적인 근거가 있는데, 그것을 알아간다고 해도 맛의 즐거움은 전혀 줄지 않는다. 맛은 결국 과학적이면서 문화적인 현상이고, 맛에는 인간의 모든 욕망이 투영된 것이라 과학만으로 온전히 설명하기 힘들지만, 그래도 과학으로 설명이 되는 내용은 과학으로 이해하는 것이 효과적이다. 그렇게 이해가 높아지면 즐거움이 더 깊어질 수 있을 것이다.

나의 맛에 대한 생각 정리

1. 맛은 살아가는 힘이다

- 조물주는 인간이 먹지 않으면 살 수 없도록 창조했으며, 식욕으로 먹도록 인도하고 쾌락으로 보상한다. (브리야 사바랭)
- 인간은 생존을 위하여 탄수화물은 단맛으로, 단백질은 감칠맛으로, 미네랄은 짠맛으로, 에너지 대사는 신맛으로, 그리고 독은 쓴맛으로 감각한다.
- 감각이 운명이다. 단맛을 잃은 호랑이는 고기만 먹고, 감칠맛을 잃은 판다는 대나무만 먹는다.
- 식품의 성패는 맛에 달려있고, 식당의 성패도 맛에 달려있다.

2. 후각, 맛의 다양성은 향에 의한 것이다

- 혀로 느끼는 맛은 5가지뿐이고, 수만 가지 풍미는 향에 의한 것이다.
- 향이 사라지면 음식은 거의 똑같은 맛이 된다.
- 후각 수용체는 인체에서 가장 많은 유전자(400종)가 투입되었다.
- 인간의 코는 1조 가지 이상의 향의 차이를 구분할 수 있다.
- 맛을 말로 표현하기 힘든 이유는 향에 대한 단어가 없기 때문이다.

3. 미각, 맛은 단순하지만 깊이가 있다

- 맛은 단순하지만 깊이가 있고, 향은 다양하지만 쉽게 흔들린다.
- 미각은 후각보다 독립적이다. 섞여도 최소한의 특성은 남는다.
- 세상의 맛은 주식(Savory)의 맛과 간식(Sweet)의 맛으로 구분할 수

있다.

- 세상에서 가장 강력한 맛 성분은 소금이다. 소금은 맛의 모든 것을 바꿀 수 있다.
- 소금은 미치도록 맛있는 맛이다. 너무 많이 넣었을 때만 짜다.
- 단맛은 낯선 음식을 쉽게 친해지게 만들지만 지루해지기 쉽다.
- 쓴맛은 까다롭지만 친해지면 깊어지고 오래간다.

4. 감각은 정말 작고 사소한 양의 분자에서 시작된다

- 감각 수용체는 나노 크기여서 나노 크기의 분자만 감각한다.
- 식품 속 향기 물질의 양은 0.1% 이하로도 충분하다.
- 향은 분자량 300 이하의 휘발성 물질일 뿐 자체에는 어떤 의미도 없다.
- 향은 역치의 차이가 최대 100만 배, 양보다 역치가 훨씬 중요하다.
- 자연은 무미이거나 쓴맛이다. 30종류의 미각 수용체 중 25종이 쓴맛이라 피하기는 쉽지 않다.

5. 맛은 공감각, 오미오감을 포함한 모든 감각의 협연이다

- 미각과 후각은 완전히 다른 것이지만 우리는 그것을 구분하지 못한다.
- 우리는 맨 처음 눈으로 맛을 본다. 보기 좋은 떡이 먹기도 좋다
- 동일한 음식도 온도와 궁합, 심지어 먹는 순서에 따라서 느낌이 달라진다.
- 맛은 분위기이다. 정보와 스토리, 신뢰와 맥락이 맛을 좌우한다.
- 때로는 쓴맛과 고통마저 맛의 즐거움을 높이는 작용을 한다.

6. 맛은 입과 코로 듣는 음악이다, 리듬이 핵심이다

- 잘 차려진 한 상의 음식도 한꺼번에 믹서에 넣고 갈면 맛의 즐거움은 완전히 사라진다. 맛에서 중요한 것은 성분보다 리듬이다.
- 물성의 중요성은 식감보다 다양한 리듬감을 구현할 수 있는 바탕을 제공하는 데 있다.
- 대비(contrast)를 통한 긴장과 절제를 통한 조화가 깊이를 만든다.
- 맛은 새로움에 의한 긴장의 즐거움과 익숙함에 의한 이완의 즐거움이 펼치는 협연이다.
- 새로움을 추구할 때는 생소함을 조심해야 하고, 익숙함을 추구할 때는 지루함을 조심해야 한다.
- 새로운 것은 편안하게, 익숙한 것은 감각적으로 제공할 수 있는 능력이 핵심이다.

7. 먹어야 산다, 맛은 칼로리(영양분)에 비례한다

- 식품 성분의 98%는 물, 탄수화물, 단백질, 지방으로써 무색·무미·무취다.
- 입과 코로 느끼는 맛은 음식의 표정일 뿐 본질이 아니다.
- 몸이 입과 코보다 훨씬 정확하고 강력하다. 섭취한 음식을 소화하고, 흡수하여 낱낱이 평가한다. 단지 침묵의 언어로 뇌에 전달되어서 그 강력함을 모를 뿐이다.
- 세상에 허기보다 강력한 반찬은 없다.
- 몸의 정교함을 모르고 무작정 칼로리를 줄인 다이어트 제품은 실패할 수밖에 없다.

8. 감정, 맛은 도파민 분출량에 비례한다

- 뇌는 생존과 번식에 유리한 모든 행동에 도파민(쾌감)을 분출한다. 몸에 좋은 음식에 많은 도파민을 분비하고 맛있다고 기억한다.

- 도파민은 행동을 위한 호르몬이다. 맛은 먹을지 말지를 결정하기 위한 것이지, 객관적으로 평가를 위한 것이 아니다.

- 뇌는 선택과 행동을 결정하기 위해 때로는 사소한 차이를 크게 증폭하고, 때로는 상당한 차이를 완전히 무시한다.

- 도파민 즉 쾌감의 항상성 때문에 중독도 있고, 민감화와 둔감화도 있다.

- 인간의 행동은 무의식이 주인공이다. 무의식이 판단하고 의식은 변명한다.

- 의식은 충동적이고 무의식은 습관적이다. 무의식을 읽는 것이 예측의 핵심이다.

9. 맛의 방정식, 맛은 종합과학이다

- 입과 코는 맛의 시작일 뿐, 오미오감을 모두 합해도 맛의 30%도 설명하기 힘들다.

- 맛은 인간의 모든 욕망이 반영된 것이다.

- 맛은 곱하기이다. 한 가지 변수만 0점이어도 전체가 0점이다.

10. 맛은 뇌의 끝없는 되먹임 구조로 작동한다

- 뇌는 감각(현실)과 일치하는 환각을 만들면서 세상을 지각한다.

- 맛은 감각의 상향식 흐름과 기억과 판단의 하향식 흐름이 대화하고 타협한 결과다.

- 맛이 가격을 결정하고, 가격이 맛을 좌우한다.

- 맛있으면 즐겁고, 즐거우면 맛있게 느껴진다.
- 예측이 먼저고 감각은 나중이다. 모든 감각에는 이미 판단이 반영되어 있다.
- 맛은 뇌의 재구성 결과다. 뇌는 생존을 위해 존재하지 세상을 객관적으로 보기 위해 설계되지 않았다.
- 세상에 순수한 눈은 없다. 우리가 보는 세상은 인간의 동기와 가치가 물든 세계이고 해석이다.
- 뇌를 아는 것이 맛을 아는 것이고, 맛을 아는 것이 뇌를 아는 것이다.

11. 평균은 호감을 만들고, 정점이동은 최고를 만든다

- 모든 얼굴을 평균하면 균형 있고 예쁘게 보이듯이, 음식도 맛의 요소가 평균을 갖출 때 균형 있고 맛있다고 느낀다.
- 정점이동(Peak shift), 잘 조화된 평균에 좋아하는 요소가 강조되면 최고의 맛이 된다.
- 적절함의 극치인 황금비율은 아주 사소한 차이로 위대한 차이를 만든다.
- 본연의 맛이란 날것 그대로의 맛이 아니라 그 재료로 낼 수 있는 가장 이상적인 맛이다.

12. 맛은 감각이 호출한 경험과 기억이다

- 맛의 절반은 추억이고, 추억의 절반은 맛이다.
- 좋아하면 먹게 되고, 먹다 보면 더 좋아진다(You ate what you like, you like what you eat).
- 맛은 기억을 남기고, 기억은 맛을 결정한다.

- 향에서 타고난 취향은 별로 없고, 대부분 학습에 의해 형성된 것
  이다.
- 맛을 좌우하는 기억의 상당 부분은 DNA에 각인된 조상들의 기억
  도 있다. 맛은 경험과 문화적 배경 말고도 진화적 배경도 알아야
  한다.

13. 맛은 객관적이라 과학이 있고, 주관적이라 다양성이 있다

- 절대 미각이나 절대 후각은 맛의 즐거움에 도움이 되지 않고, 의미
  도 없다.
- 어떤 음식을 70% 이상이 최고라고 동의한다면 그것은 기적이다.
- 감각은 사람마다 다르고, 나이와 환경에 따라 달라진다.
- 조명이 달라져도 항상 흰색이 하얗게 보이는 것처럼 맛도 꾸준히
  뇌가 보정한다.
- 맛은 보정과 타협의 결과물이다. 천차만별의 감각을 가진 사람들
  이 같은 음식을 좋아할 정도로 꾸준히 서로가 서로를 조율한다.
- 맛은 주관적이라 어렵고, 어렵기 때문에 매력이 있다.
- 생존을 위한 맛은 설명이 쉽다.
- 3일을 굶으면 맛이 없는 음식은 없다. 맛은 생존의 수단을 넘어 즐
  거움의 수단으로 변했기 때문에 해석이 어렵다.

14. 맛은 존재하는 것이 아니고 발견하는 것이다

- 모든 식재료는 자연에서 엄선하고 다듬어진 것들이다.
- 30만 종의 식물 중에 900종만 식용으로 쓰이며, 칼로리의 90%는
  그중 15종에서 얻는다. 먹는 것의 절반은 포도당이다.
- 세상에는 맛 물질도 향기 물질도 없다. 내 몸이 필요에 의해 수용

체를 만들어 애써 느끼는 것이다. 음식이 맛있는 것이 아니라 우리가 그것을 맛있게 느끼도록 진화해 온 것이다.

- 맛의 감동은 뇌가 감각의 결과를 얼마나 입체감 있게 펼치느냐에 달려있다.

15. 맛은 나를 들여다보기 가장 좋은 창문이다

- 맛의 즐거움은 평생토록 하루에 한 번 이상 찾아온다. (브리야 사바랭)
- 먹는 즐거움과 식사의 즐거움은 다른 것이다. (브리야 사바랭)
- 음악과 예술이 생존에 필요성과 무관하게 가치가 있듯이, 맛도 그 자체로 가치 있다.
- 인정의 욕구는 가장 근본적인 욕구이다. 정성이 느껴지는 음식에 감동하는 이유는 대접받는 느낌 때문이다.
- 미식은 행복을 위한 것이지 건강을 위한 것이 아니다. 건강은 절제의 현명함을 갖출 때 얻는 덤이다.
- 맛을 아는 것이 나를 아는 것이고, 나를 아는 것이 맛을 아는 것이다.

재료는 악기일 뿐이고 우리가 즐기는 것은 음악이다

사례:
많은 사람이 좋아하는
음식에는 충분한 이유가 있다

아이스크림을 좋아하는 이유

초콜릿을 좋아하는 이유

콜라를 좋아하는 이유

피자를 좋아하는 이유

떡볶이를 좋아하는 이유

내가 맛에 대해 처음으로 쓴 책이 『Flavor, 맛이란 무엇인가』라는 제목을 가진 바람에 결국 이 책까지 쓰게 되었는데, 사실 처음에는 너무나 막막했다. 25년 넘게 식품회사에서 근무했지만 누군가 맛의 이론을 세웠다는 말은커녕 그런 시도를 하는 사람이 있다는 말도 듣지 못했다. 그러다가 스티븐 위더리가 쓴 『사람들은 왜 정크 푸드를 좋아하는가?』를 보게 되었다. 그는 여러 맛의 이론을 수집하고 그중 핵심적인 맛의 이론을 선발하여 16가지 제품의 인기 비결을 분석했다. 그런 시도가 너무 좋아서 나도 그 책처럼 우리에게 인기인 제품의 비결을 하나하나 파헤쳐 볼까 했는데, 어쩌다 맛에 대한 종합적인 설명에 집중하게 되었다. 그래도 그냥 끝내는 것은 아쉬운 것 같아 우리 주변의 너무나 평범한 몇 가지 음식의 인기 비결을 다루어 보고자 한다.

첫 번째는 아이스크림이다. 직장생활을 아이스크림 개발 업무로 시작한 인연도 있고 물성의 독특함을 이유로 골랐다. 두 번째는 초콜릿이다. 옛날에 초콜릿은 비만의 주범이라는 오명을 받았는데 사람들이 왜 그렇게 좋아하는지 알아보고자 한다. 세 번째는 콜라다. 세상에 콜라보다 오랫동안 많이 팔린 음료는 없다. 아무리 언론에서 나쁘다고 연신 말해도 잘 팔리는 배경을 알아보고자 한다. 네 번째는 피자다. 피자 대신 햄버거, 김밥 어느 것을 말해도 맥락은 비슷할 것 같다. 마지막으로 떡볶이다. 제품의 구성을 생각하면 떡볶이 대신 라면을 택해도 비슷한 맥락일 것 같지만, 라면에 비해 떡볶이는 분석하는 이야기가 없어서 떡볶이를 통해 맛 이야기를 마무리하려고 한다.

내가 이렇게 평범하거나 소위 정크 푸드라고 불리는 음식을 선택한 것은 그것들이 가장 정직하게 우리의 욕망을 표상한 제품이기 때문이다. 햄버거, 라면, 콜라 하면 맹렬히 비난을 하는 사람은 많아도 그것이 인기를 끄는 진짜 이유를 찾아보는 사람은 없다. 식품회사는 특별히 가공식품이나 첨가물을 탐하지는 않는다. 그저 잘 팔려서 매출과 이익을 늘려줄 제품을 탐할 뿐이다. 사람들이 진짜로 좋은 제품을 좋아하면 그들이 원하는 좋은 식품을 만들어 팔아서 칭찬받고 매출도 늘어 일거양득일 텐데 왜 그렇게 욕먹는 식품들을 만들고 있을까? 사실 햄버거나 라면을 잘 만드는 실력이면 세상 어떤 식품도 잘 만들 수 있다. 그리고 실제 식품회사들도 몸에 좋다는 음식을 많이 개발하여 출시했다. 하지만 그런 제품은 모두 실패했다. 햄버거와 라면을 만들기 시작한 것은 햄버거 가게와 라면 공장일지 모르지만, 현재의 햄버거와 라면을 만든 것은 바로 우리이다.

매달 많은 신제품이 나오고 그만큼 많은 제품이 퇴출되는데 잘 팔리는 제품을 이유 없이 안 팔 회사는 없고, 안 팔리는데 계속 버틸 회사도 없다. 결국 지금 남아있는 제품들이 소비자의 욕망에 가장 충실한 것들인 셈이다. 그러니 무작정 폄하하는 말에 귀 기울이는 것보다 이들 식품 속에 숨겨진 욕망의 코드를 알아보는 것이 더 의미 있을 것이다.

① 아이스크림을 좋아하는 이유

바닐라 아이스크림은 누구라도 일단 먹게 되면 좋아할 수밖에 없다고 한다. 그 이유는 무엇일까? 아이스크림은 냉동 상태로 먹는 유일한 식품이며 그 차가움 자체만으로도 대단한 매력을 가진다. 요즘에야 에어컨과 냉동고가 워낙 보급이 잘 되어서 여름에 느끼는 시원함과 얼음이 별것 아니지만, 예전에 얼음은 왕이 특별히 내리는 진귀한 하사품이었다. 우리나라에서도 동빙고, 서빙고 같은 얼음 보관소를 만들어 겨울에 보관한 얼음을 여름에 조금 맛볼 수 있었을 뿐, 여름에 얼음을 만드는 기술이 나온 것은 불과 100년 정도밖에 되지 않았다. 1960년 이후에나 여러 곳에서 빙과를 팔기 시작했고, 일반 가정에 냉장고가 보급된 것도 고작 40년 남짓이다.

감각: 다이내믹한 감각적 만족을 준다

▶ 아이스크림의 절반은 부드러운 바람이다

아이스크림만큼 입안에서 부드럽게 사르르 녹는 식품은 드물다. 사람들은 뭔가 단단한 것이 입안에서 사르르 녹는 느낌을 너무나 좋아하는데, 그렇게 부드럽게 녹는 비결은 바로 아이스크림의 절반을 차지하는 바람(공기)이다. 아이스크림에는 고체, 액체, 기체가 한꺼번에 존재하는데, 이중 가장 큰 비중을 차지하는 것이 바로 공기 입자다. 물도 얼어서 입자를 만들지만 급속 동결이라 입자의 개수는 많고 크기는 30μm 이하 작은 크기로 언다. 혀로 느낄 수 있는 최소한의 입자 크기가 20μm이니 아이스크림 속 얼음의 입자는 크기가 너무 작아 혀로 느껴지지 않기에 부드러울 수밖에 없다. 또한 공기(기체)와 얼음(고체)만 존재하는 것이 아니라 상당량의 액체도 들어 있다. 그것이 적당한 탄력과 부드러움 그리고 강력한 맛의 요인이 된다.

솜사탕처럼 사르르 녹아서 스며드는 느낌은 매우 기분 좋은 감각이다. 원시인 시절의 먹을거리를 생각하면 대부분 질기고 딱딱하고 거친 것이었다. 딱딱하고 질긴 것은 강한 턱과 이로 꼭꼭 씹어야 했고, 씹는다고 소화가 잘되는 음식도 아니었다. 가장 부드러운 음식이 가장 소화가 잘되는 음식일 가능성이 높았다. 그래서 우리는 부드러움과 사르르 녹는 감각을 아직도 선호한다.

냉동고의 온도는 보통 -18℃이다. 그러면 모든 수분이 얼어붙을 것 같지만 전혀 그렇지 않다. 아이스크림에는 설탕, 우유 등 물에 녹는 성분이 있는데 이들은 얼지 않는다. 순수한 물만 얼고 이들은 얼지 않는 물 층에 계속 남게 되어 어는점이 점점 낮아진다. 온도가 낮을수록 어는 물은 증가하지만 얼지 않은 수분은 점점 더 성분이 농축되고, 얼지 않는 채로 남아있다. 그래서 -18℃까지 냉동시켜도 물의 15% 정도는 얼지 않는다. 이렇게 동결되지 않는 부분이 제품에 탄성을 준다. 어떤 아이스크림도 -180℃ 액체질소에서 얼리면 거의 모든 수분이 얼어서 제품을 떨어뜨리면 유리처럼 산산이 부서진다.

세상에 아이스크림처럼 한 가지 제품에 기체, 액체, 고체 3가지 물체가 동시에 공존하는 식품은 별로 없다. 정말 다이나믹한 물성이다. 이것은 입에서 사르르 녹는 감촉의 매력 이외에 에멀션을 형성하여 물에 잘 녹는 맛 성분 등은 수용액 층, 기름에 잘 녹는 향기 성분은 지방에 농축되어 더욱 풍부한 느낌을 준다.

▶ 부드러움 뒤에는 생각보다 깊은 과학이 있다

보통의 얼음은 단단한데 비해 아이스크림의 얼음은 부드럽다. 얼음의 입자가 매우 작기 때문이다. 얼음은 생각보다 다양한 형태로 언다. 하늘에서 내리는 눈이 온도와 환경에 따라 아주 다양한 형태로 만들어져 내리는 것과 비슷하다. 얼음 입자의 크기를 결정하는 가장 기본적인 요인은 온도로, 온도가 낮을수록 많은 미세한 빙핵(얼음 핵)이 만들어진다. 그리고 이것으로 $20 \mu m$ 크기 이하의 얼음 입자가 형성된다. 하지만 동결조건이 나쁘면 빙핵은 적게 만들어지고 이것이 자라서 커다란 얼음 입자를 만든다. 얼음 입자가 커지면 조직은 거칠어진다.

얼음과 무관하게 아이스크림 조직을 거칠게 만들 수 있는 것이 유당이다. 우유의 탄수화물은 대부분 유당의 형태인데, 유당은 설탕의 1/5 수준으로 용해도가 매우 낮다. 고급 아이스크림일수록 물에 비해 고형분의 함량이 높아 유당이 녹기 힘들다. 그리고 온도가 낮아지면 유당의 용해도는 더욱 급격히 낮아진다. 언제든지 다시 결정이 될 수 있는 것이다. 그래서 고급 아이스크림은 탈지분유의 비율을 낮추고 유지방의 비율을 높인다. 지방이 많으니 더 부드럽고 맛이 풍부할 수밖에 없다. 유지방은 유화물이 되어 물에 녹는 것은 수용성 층에 더 진하게 농축되고, 향과 같이 기름 층에 녹는 것은 지방구 표면에 더욱 농축된다. 향도 더 풍부하게 느껴지는 것이다.

아이스크림의 시원함(차가움)도 맛의 일부이다. 물론 갑자기 지나치게 차가운 자극이 많아지면 통증이 발생한다. 우리는 자극의 총량과 방향을 감지하지 세세히 하나하나 분리하여 평가하지는 않는다. 뇌는 맛, 향, 조직감, 온도, 통증 등 모든 감각을 종합하여 전체적으로 좋으면 통째로 좋다고 느끼는 것이다. 좋은 향이어도 향만으로는 자극의 총량이 적어서 높은 쾌감을 얻기 힘들고, 자극이 많고 방향만 좋으면 크게 쾌감을 얻는 엉성한 시스템이기도 하다.

▶ 다양한 변신이 가능해서 지루할 틈이 없다

이처럼 아이스크림은 세상에서 가장 이상적인 방법으로 보관되기에 장시간 유통기간에도 맛과 영양은 그대로 유지된다. 과일은 열처리를 하지 않으므로 신선함이 유지되고 어떤 pH의 제품도 가능하여 어떤 맛도 어울리게 할 수 있다. 가공우유의 맛은 생각보다 제한적이다. 시중에서 볼 수 있는 것은 바나나, 딸기, 커피, 초콜릿 맛 정도가 대부분이다. 이것은 우유에는 산을 넣기 힘드므로 새콤한 맛 제품을 만들기 힘든 점도 있지만, 유통기간이 짧아 가장 대중적인 향이 아니면 유통기간 내에 판매가 되기 힘들어 상품화하기 힘든 면도 작용한다. 그런데 아이스크림은 산이 들어가도 좋고 유통기간도 길다. 짧은 시간 내에 판매되어야 한다는 부담감이 적으니 우유보다 훨씬 다양한 맛의 제품을 시도할 수 있는 것이다.

음료도 유통기간이 길고 산에 의해 변성되는 우유(단백질) 성분이 없으므로 다양한 향의 제품이 가능하지만, pH가 4.2가 넘는 제품은 멸균을 해야 하므로 다양성에서는 아이스크림보다 제한적이고, 상태가 액체라서 건더기를 넣기 힘들고, 물성에 의한 다양화가 힘들어 아이스크림보다는 다양성이 떨어진다. 아이스크림은 제조 과정에서 반고체 상태의 동결이 이루어지므로 다양한 부재료와의 조합이 가능하다. 쿠키, 너트, 초콜릿, 과일, 시럽, 과자 등을 토핑하거나 혼합하여 아이스크림의 맛을 더하고 다양한 리듬을 줄 수 있다. 아이스크림 자체도 한 가지가 아닌 두세 가지를 동시에 넣어주는 조합이 가능하다. 수분이 많지만 냉동 보관을 하므로 pH가 중성인 제품도 가능해서 일본에서는 녹차 아이스크림, 중국에는 녹두맛 아이스크림, 우리나라는 밤, 메론, 배 같이 다른 나라나 유럽에 없는 맛이 큰 인기를 끌 수 있게 해주었다. 아이스크림은 가장 다양한 맛을 구사할 수 있다는 점이 진짜 매력이다.

영양(Benefit): 영양과 품질 유지는 최고

▶ 우유의 영양 그대로이다

맛있는 아이스크림의 배합비는 사실 아주 간단하다. 일반 우유는 고형분이 11%인데, 2배 농축된 우유에 설탕 15% 그리고 0.1% 정도의 바닐라 추출물만 있어도 훌륭한 맛이 난다. 농축 우유 대신 우유에 전지분유를 넣거나 탈지분유와 생크림(버터)을 조합하여 넣어도 된다. 이처럼 아이스크림은 우유를 베이스로 한 제품이기에 영양학적으로도 우수하다. 배합을 보면 버터나 생크림이 들어가고 설탕도 들어가니 칼로리가 꽤 높을 것 같지만, 배합물의 60~70%가 물이고 동결과정에는 50%의 공기가 들어가므로 겉으로 보기보다 열량은 낮다. 더구나 당 지수도 다른 식품보다 낮다. 공기가 조직을 부드럽게 하고 칼로리도 부드럽게 하는 것이다.

▶ 냉동은 가장 완벽하게 맛과 영양이 보존된다

냉동은 가장 이상적인 식품 보관법이다. 미생물뿐 아니라 품질의 변화마저 동결시키기에 당연히 보존제가 필요 없다. 냉동제품에 보존료 사용 여부를 걱정하는 것만큼 바보 같은 생각도 없다. 효소의 작용이 억제되니 산패도 적게 일어나고 향 등의 변화도 적다. 온도가 10℃ 낮아지면 품질 유지 기간은 10배 정도까지 길어진다. 일반 냉장고보다 김치 냉장고에 넣어두면 음식의 신선도가 훨씬 오래 가는 이유와 같다. 우유는 10℃에서 10일간(실제로는 50일 이상) 품질이 유지된다. 0℃면 100일, -10℃면 1,000일 -20℃면 100,000일 유지된다. 따라서 아이스크림의 유통기간을 좌우하는 것은 온도이지 시간이 아니다.

아이스크림을 보관하는 냉동고는 높이에 따라 온도가 다르다. 맨 아래쪽 -20℃ 이하에서는 3년이 지나도 문제가 없던 제품이 냉동고 최상단의 적재선 위에서는 단 몇 시간 만에 3년치 이상의 품질 손상이 일어난다. 식품은 가능한 신속히 먹거나 아니면 저온에 냉동시켜 보관하는 것이 좋다. 단지 채소나 과일처럼 수분이 많은 식품은 동결되면서 부피 팽창이 일어나 세포조직이 파손되기 때문에 냉동고에 보관하지 못할 뿐이다. 이것을 제외하면 유일한 단점이 보관하는 비용이 많이 든다는 것이다. 하지만 품질이 그 비용을 보상하고도 남는다.

심상: 모두가 바닐라 아이스크림을 좋아하는 이유

아이스크림에서 가장 인기 있는 맛은 바닐라이다. 그 뒤를 초콜릿과 딸기가 따르지만 바닐라 아이스크림의 절대 아성에 도전하기는 무리이다. 바닐라 아이스크림이 지닌 인기의 비결은 무엇일까? 바닐라 향은 발사믹한 특징이 있어서 그 자체로는 딱히 매력적이지 않다. 더구나 바닐라는 이름은 자주 들었을지는 모르지만, 산지가 특정 지역에 국한되어서 직접 원물을 보기 힘든 낯선 작물이기도 하다.

그런데 우리는 왜 그렇게 낯선 향신료인 바닐라를 좋아할까? 사람들은 낯선 향은 우선 경계를 하고, 사람에 따라 호불호가 나뉘는 편인데, 바닐라 아이스크림만큼은 누구나 처음 먹어보는 순간부터 좋아한다. 우유에 바닐라 향을 첨가하면 모유와 같은 향이 되어 그것을 무의식적으로 좋아한다는 것이다. 이 이론이 사실인지는 확실치 않지만 바닐라는 알고 보면 우리와 꽤나 친숙한 향이다. 바닐라의 핵심 향기 성분인 바닐린(Vanillin)이 나무가 타거나 분해될 때 소량씩 만들어지는 성분이기 때문이다. 나무의 목질에는 다량의 리그닌이 포함되어 있다. 그것이 분해되면 다양한 향기 물질이 만들어지는데 그중에는 상당량의 바닐린도 포함되어 있다. 도서관 같이 오래된 책이 많은 곳에서도 책(종이)의 리그닌이 천천히 분해되면서 여러 향기 물질이 만들어지는데 여기에도 바닐린이 상당량 있다. 우리의 주변에 바닐라 빈(Bean)처럼 바닐린을 대량으로 함유한 작물은 없지만, 알고 보면 우리 주변에 바닐라 향을 조금씩은 느끼게 해준 것은 항상 있어왔던 것이다.

바닐라는 지금 세계에서 2번째로 비싼 향신료이다. 평소에는 그렇게 비싸지 않은데, 바닐라의 주산지인 마다가스카르의 바닐라 나무가 태풍으로 큰 피해를 보는 바람에 가격이 몇 배로 폭등했기 때문이다. 바닐라의 주 향기 물질에 대한 비밀이 밝혀진지 100년이 넘었지만, 우리는 여전히 천연 바닐라의 풍미를 제대로 이해하지 못해 천연에 의지한다. 그런데 바닐라의 생두도 커피의 생두처럼 풍미가 없다. 커피가 생두를 로스팅하여 원두로 가공하듯이 바닐라도 발효하고 가열하는 등 인위적인 조작을 해야 천연 바닐라 향이 된다.

❷ 초콜릿을 좋아하는 이유

초콜릿은 여성들의 웃음 속에서, 그녀들의 입안에서 녹아내리며 달콤
한 맛의 입맞춤 속에서 죽음을 맞는다.

- 브리야 사바랭

초콜릿은 사랑의 음식이라고 한다. 달콤하지만 쓴맛의 모순은 '사랑
해서 괴롭다'는 사랑의 역설을 떠올리게 하고, 한번 맛들이면 헤어나
기 어렵다는 점도 닮았다. 요즘에는 납득하기 힘들겠지만 예전에 초콜
릿은 최음제로 명성이 높았다. 중세 유럽 성직자는 "음란한 욕망을 없
애기 위해 벌이는 단식 기간에 성적 욕망을 불러일으키는 초콜릿을 마
신다는 것은 반종교적"이라고 설교하기도 했다. 초콜릿은 정력에 좋은
음료로 유럽 귀족들 사이에서 인기를 끌었고, 스페인에서는 최음제로
쓰이기도 했다. 바람둥이 카사노바도 여성을 사로잡는 음식으로 초콜
릿을 꼽았을 정도로 그 맛의 쾌감은 당시로써는 상당히 충격적인 것이
었다.

예전부터 초콜릿은 특히 여성에게 사랑받는 식품이었다. 1590년대
기록에도 "스페인 여자들은 이 검은 초콜릿 음료에 사족을 못 쓴다"라

는 표현이 있을 정도다. 그리고 현대에는 캐나다 여성의 38%는 섹스보다 초콜릿을 택할 것이라는 조사 결과가 나오기도 했다. 일부 여성들은 생리를 전후로 초코홀릭이 되기도 하는데, 초콜릿에 있는 몇몇 성분들이 생리로 인한 긴장증세를 덜어준다고 한다. 하지만 이것도 광고와 홍보로 만든 심리적 현상일 뿐이라는 주장도 있다.

감각: 코코아 버터가 특히 비싼 이유

▶ 초콜릿은 마요네즈와 비슷한 유화물이다

보통의 식품은 물에 식품 성분이 녹아있는 상태이다. 그런데 초콜릿과 마요네즈는 기름에 식품 성분이 녹아있다. 맛 성분은 물에 잘 녹고 향기 성분은 기름에 잘 녹는다. 코코아 자체에는 나름 쓴맛 성분이 많다. 물에 녹이면 이 쓴맛 성분이 많이 녹아나와 코코아 성분이 일정 수준 이상 높아지면 맛이 나빠지는 경우가 많은데, 기름에 녹이면 이 쓴맛 성분이 덜 녹아 나온다. 그래서 쓴맛은 적고 풍부한 맛이 만들어질 수 있다. 우리가 싫어하는 쓴맛 성분이 물에 녹기는 해도 아주 잘 녹지는 않는 성분이라는 것만 알아도 다루는 방법을 찾기가 훨씬 쉬워진다. 커피, 차, 초콜릿 전부 이런 쓴맛 성분이 있어서 고온에서 시간이 길면 급격하게 많이 녹아나오므로 온도가 높을 때는 짧게 하고, 낮은 온도에서는 충분한 시간을 두고 다뤄야 한다. 그래서 차를 우릴 때 온도를 너무 높이지 않고 시간을 너무 오래 끌지 않는다. 그리고 커피 등을 추출할 때 분쇄한 입자가 크면 시간을 길게 하지만, 입자가 작으면 쓴맛 성분이 녹아나오지 않도록 온도와 시간을 낮춘다. 그래서 저온 추출 시 고온보다 수십 배 시간이 걸리는 것이다. 낮은 온도에서 추출하면 효율이 떨어지고 시간이 많이 걸리고 향이 약하다. 향 또한 물에 잘 안 녹는 성분이라 고온에는 많은 향기 성분이 추출되지만 쓴맛 성분도 많이 추출된다. 결국 최적점을 찾는 것이 기술이다.

초콜릿은 물 대신 기름을 이용해 맛과 향기 성분을 추출하는 것이라 제품 속에 포함된 쓴맛에 비해 혀로 느끼는 쓴맛이 적어서 맛있다. 친숙한 식품 중에서 초콜릿과 비슷한 것은 마요네즈 정도다. 기름 속에 맛 성분이 포함되어 풍부한 맛의 즐거움을 준다. 아이들이 마요네즈를 좋아하는 이유와 여자들이 초콜릿을 좋아하는 이유에는 나름 공통점이 있는 것이다.

▶ 사르르 녹아내리는 물성(Cool melting down)

초콜릿의 가장 큰 매력 중 하나는 만질 때는 딱딱했던 것이 입안에서는 사르르 녹아내리는 점이다. 이렇게 시원하게 녹는 초콜릿만의 독특한 특징은 코코아 열매에서 추출한 코코아 버터라는 기름 덕분이다. 코코아 열매를 가공한 후 분쇄하여 코코아 액(Cocoa liquor)을 만들고, 이것을 압착하면 고형분(코코아 분말)과 기름(Cocoa butter)으로 분리된다. 코코아 기름은 버터처럼 상온에서 고체다. 그런데 입안에서는 가장 깔끔하게 사르르 녹는다. 이와 같은 특징은 코코아 기름을 구성하는 지방산이 팔미트산 25%, 스테아르산 32%, 올레산 36%라는 초 간단한 조성이기에 생긴다. 지방산마다 녹는 온도가 다른데, 보통의 기름은 지방산의 조성이 복잡하여 아주 넓은 범위에서 녹는다.

그런데 코코아 버터는 지방산의 조성이 기름 중에서 가장 단순하여 가장 좁은 범위에서 녹는다. 좁은 온도 범위에서 급격하게 녹으니 열을 빼앗아 청량감을 주기도 한다. 자일리톨이 녹으면서 열을 빼앗아 시원한 것처럼 지방이 급격히 녹으면 그럴 수 있는 것이다. 이렇게 시원하게 녹는 범위가 기가 막히게 체온보다 낮기에 입안에서 잘 녹는다. 그리고 그보다 낮은 온도에서는 딱딱한 고체를 유지한다. 상온에서 녹으면 초콜릿을 판매할 수 없다. 입안에서 녹지 않으면 맛으로 느낄 수 없고 몸에도 좋지 않다. 입안에서 조금이라도 덜 녹는 부분이 있으면 초를 씹는 듯한 느낌을 주어 좋지 않은데 코코아 버터는 입안에서 완전히 녹는다. 초콜릿을 만들기에 최고의 기름이고 비싼 대접을 받기에 충분한 가치가 있는 것이다. 이것을 대체할 기름이 많이 개발되기는 했지만 여전히 그 특성이 떨어진다. 화이트 초콜릿은 코코아 분말이 없는데도 상당한 만족감을 준다. 그래서 초콜릿의 매력에서 이렇게 시원하게 녹는 물성이 핵심이라는 주장도 있다.

▶ 다양한 변신으로 지루할 틈이 없다

초콜릿 자체도 성분에 따라 다크, 밀크, 화이트 초콜릿 등 여러 버전이 있지만 제품의 형태도 친숙한 판 초콜릿, 특정 형태의 몰딩 초콜릿, 속에 다양한 재료를 채운 프랄린(셸 초콜릿), 트러플, 파베, 홀로, 비스킷이나 웨하스, 과일 등을 초콜릿으로 씌운 것, 땅콩이나 아몬드 등에 초콜릿을 입히고 설탕으로 코팅한 것 등 다양한 형태와 변형이 있어 지루할 틈이 없다.

영양(Benefit): 건강에 탁월한 효능을 가진 식품

▶ 칼로리가 맛이다

역사적으로 고대 멕시코의 아즈텍 사람들은 초콜릿을 미약(媚藥)으로 사용했다. 세기의 바람둥이 카사노바도 초콜릿을 애용했다고 알려져 있다. 그 이유를 두고 초콜릿 속에 많이 들어 있는 탄수화물이 뇌의 세로토닌을 증가시키고, 이 물질이 뇌혈관을 수축시키는 데 어느 정도 역할을 하는 것으로 추정한다. 알고 보면 초콜릿은 영양이 풍부한 식품이다. 견과류가 주성분이기 때문이다. 그래서 초콜릿 속에는 식물성 단백질, 비타민E, 칼륨, 마그네슘, 아연, 철 같은 성분이 풍부하게 존재한다. 영양이 부족한 과거에 모든 영양이 풍부한 식품은 정력을 높이는 데 훌륭한 식품이기도 했다.

초콜릿은 열량이 높은 편이라 비만을 유발하는 식품으로 비난을 많이 받았다. 하지만 최근에는 오히려 다이어트에 좋다는 평가를 받는다. 초콜릿에 함유되어 있는 카카오 버터는 체내에서 흡수가 잘 안 되어서 적당한 양을 먹는다면 비만을 전혀 걱정하지 않아도 된다. 배가 고플 때 초콜릿을 먹으면 공복감이 쉽게 사라져 오히려 다이어트에 도움이 된다. 1,000명의 미국인을 대상으로 조사한 연구 결과에서 초콜릿을 매주 몇 개 정도 먹는 사람이 더 날씬하다는 조사 결과도 있다. 세계에서 가장 오래 살았던 '잔 루이즈 칼망' 할머니는 모든 음식에 올리브유를 발라서 먹고 일주일에 1kg 정도의 초콜릿을 규칙적으로 먹었다.

▶ 건강에 좋은 성분이 많다

예전에는 초콜릿이 건강에 나쁘다는 말이 많았지만, 요즘은 건강에 좋다는 말이 훨씬 더 많다. 그래서 나는 우리의 몸이 어설픈 과학보다 더 믿을만하다는 생각이 자주 든다. 2004년, 영국 과학자들은 초콜릿 속에 있는 테오브로마이드라는 성분이 폐의 신경을 안정시켜 기침을 감소하는 효과가 있다고 발표했다. 또한 초콜릿 속에는 플라보노이드와 페놀계 화학 물질도 많은데 이들은 강한 산화방지제 역할을 하기 때문에 세포의 손상을 막고 동맥이 막히는 것도 억제한다고 한다. 초콜릿이 혈압강하, 간경화 치료, 심장질환 위험을 줄이는 등 몸에 유용하다는 임상결과가 속속 나오고 있다.

초콜릿에는 리그닌이란 식이섬유가 들어 있어 변비 해소나 대장암 그리고 혈액 중 콜레스테롤을 줄이는 데도 도움이 된다고 한다. 그리고 타닌은 치아의 세균 발생을 억제하고, 불소 성분은 에나멜을 튼튼하게 해준다. 또한 레드 와인보다 3배나 많은 폴리페놀을 함유하고 있어서 혈류를 원활하게 하여 동맥경화나 심장병 뇌졸중을 예방하는 효과가 있다고 알려져 있다. 네덜란드에서 65~84세의 남성들을 대상으로 5년간 역학 조사한 결과에 따르면 폴리페놀의 일종인 플라보노이드를 하루 19mg 이상 섭취한 사람들이 섭취량이 적은 사람들보다 심장병에 걸릴 확률이 3분의 1밖에 안 되는 것으로 확인되었다. 미국 심장학회 연구팀도 고혈압 환자에게 항고혈압제 대신 다크 초콜릿을 섭취하게 하자 혈압을 최고 5%까지 내리게 해주는 효과가 있음을 밝혀냈다. 체내에서 혈압을 올리는 효소를 억제한다는 사실이 확인되기도 하였고, 플라보노이드는 혈관을 확장, 이완시키는 혈관의 평활근세포에 도움을 주는 것으로 알려져 있다. 또한 혈중 지질을 개선하며 혈액순환을 좋게 해 심혈관질환을 예방할 수 있음이 밝혀졌다. 독일의 인간영양연구소가 지난 8년간 35~65세 성인 2만 명을 대상으로 조사한 결과, 하루 7.5g의 초콜릿을 섭취한 사람이 하루 1.7g을 섭취한 사람보다 심장마비로 인한 사망률은 39%, 뇌졸중으로 인한 사망률은 27% 가량 낮았다고 밝혔다.

나는 식품의 효능에 대한 기사는 별로 믿지 않는 편이다. 그럼에도 이런 내용을 소개하는 것은 예전에 초콜릿이 건강에 나쁘다는 이야기가 너무 많았던 것에 대한 반론일 뿐이다. 식품은 특별한 효능이 있는 것보다 즐거움이 큰 식품이 좋은 식품이라고 생각한다.

심상: 초콜릿은 사랑을 부른다

초콜릿은 생각보다 오래된 전통 식품이다. 2,600년 전, 마야 문명에서 마셨던 음료가 초콜릿의 시초라고 밝혀져 있다. 그 이후 콜럼버스가 처음으로 유럽에 소개했고, 유럽과 아메리카 대륙 사이에 카카오 콩 무역이 시작된 것은 1585년부터였다. 지금과 같은 고체 형태의 초콜릿은 1828년 처음 개발되었다. 요즘 먹는 음식의 기원을 추적하면 대부분 50년, 길어야 100년 정도인 것에 비하면 초콜릿은 나름 굉장히 오래된 전통식품인 것이다.

초콜릿에 천연적으로 존재하는 각성제 성분으로는 아난다마이드(Anandamide)과 페닐에칠아민(Phenylethylamine)이 있는데 아난다마이드는 마리화나에 존재하는 THC라는 물질과 닮은 형태이고, 긴장을 완화시키는 역할을 한다. 담배를 끊은 후 금단 증상이 심할 때 초콜릿을 먹으면 한결 나은 것이 바로 이 성분 때문이다. 암페타민 계열의 페닐에칠아민(Phenylethylamine)은 이성을 바라보거나 이성의 손을 잡을 때와 같이 사랑하는 감정을 느낄 때 분비되는 물질이다. 물론 양이 워낙 적어서 사람을 실제로 흥분 상태에 빠뜨리지는 못한다. 몸에 페닐에틸아민을 주사하면 혈당이 올라가고 혈압이 상승한다. 이것은 긴장감을 느끼게 해주며, 뇌에서 도파민을 방출하는 방아쇠 역할도 하여 기분 좋은 상태를 유지하게 해준다. 그런 물질이 실제로 얼마나 기능을 할지 모르지만 어떻게든 초콜릿이 작은 사랑의 위안을 준다면 나름 훌륭한 식품인 셈이다.

❸ 콜라를 좋아하는 이유

한동안 한식의 세계화가 화두였지만
이미 오래전에 음식의 세계화를 완전
히 이룬 기업이 있다. 바로 맥도널드
와 코카콜라다. 특히 콜라는 100년이
넘도록 1위를 고수하고 있다. 콜라를
이기기 위한 수많은 제품이 개발되고
있지만, 결코 콜라만큼 성공하지는
못했다. 그 이유를 제대로 아는 것이

특이한 제품의 성공담을 아는 것보다 훨씬 의미 있지 않을까 생각한다.
코카콜라 120년의 역사 가운데 일어난 여러 가지 굴곡을 통해 인간의
욕망과 위기의 관리를 제대로 알아보는 것보다 좋은 공부도 별로 없을
것 같지만, 그것을 여기서 전부 다룰 수 없어 아쉽다.

감각: 익숙한 감각의 독창적인 조합

▶ 탄산수의 인기 비결

요즘은 탄산수가 큰 인기를 끌고 있다. 몇 년 전만 해도 일부 마니아들만 마시던 탄산수가 매년 40% 이상 가파른 성장세를 보이고 있고, 이런 인기에 동반하여 만병통치약이나 되는 것처럼 선전하기도 한다. 탄산수가 미네랄이 풍부하고 변비, 소화불량 해소, 피부 관리에 이롭다고 하며 일정 기간 탄산수를 마시면 콜레스테롤과 심장 관련 지수, 혈당치가 줄어 심장질환 예방과 대사성 질환 개선에 도움이 된다고 주장하기도 한다. 물론 탄산수가 위와 장 기능을 활성화해 소화기능과 신진대사를 촉진하는 것은 사실이다. 하지만 그런 정도의 효과를 가진 식품은 많고, 건강에 결정적인 요소도 아니다.

사실 탄산수의 역사는 길다. 우리나라는 초정리 광천수가 유명한데 미국의 샤스타 광천, 영국의 나폴리나스 광천과 함께 세계 3대 광천수로 꼽히는 곳이다. 이들 광천수가 질병에 좋다고 하자 그 비밀이 광천수의 특별한 성분인 기체(탄산)에 있을 것이라고 여겨졌지만, 사실 탄산의 약효보다는 감각적으로 기분을 풀어주는 효능이 훨씬 크고, 우리 몸에 진화적으로 숨겨진 욕망이 더 큰 역할을 한다. 그런데 동일한 탄산을 함유한 탄산음료는 건강의 적으로 비난받고 있다. 도대체가 너무나 불균형한 시각이다. 과일주스에 탄산만 주입해도 탄산음료이다. 그런데 탄산음료를 무작정 비난한다. 그래서 탄산에 대한 욕망을 탄산수로 대신 풀고 있는지도 모른다.

▶ 탄산은 생각보다 익숙하다

콜라, 발효유, 맥주, 샴페인, 빵, 김치 심지어 로스팅한 커피에도 탄산이

들어 있다. 발효에는 미생물이 개입하고 미생물은 유기물을 분해하여 이산화탄소를 만든다. 그 정도만 차이가 있는 것이다. 심지어 커피에서처럼 가열을 해도 유기물이 열에 의해 분해되면서 이산화탄소가 만들어진다. 이처럼 탄산은 친숙한 것이며, 원래 생명은 이산화탄소로부터 만들어진 것이기도 하다. 식물이 이산화탄소와 물을 이용하여 만든 포도당이 모든 유기물과 생명이 시작되는 분자이기 때문이다.

태초에 지구에는 산소가 없었고 이산화탄소만 있었다. 이산화탄소가 물에 녹으면 탄산이 된다. 탄산과 소금이 녹아 있는 바다가 생명의 가장 기본적인 조건을 제공하는 곳이고, 실제 여기에서 모든 생명이 탄생했다. 그리고 우리 몸은 산소와 이산화탄소 농도를 감지하는 센서가 있다. 다른 동물도 마찬가지다. 그래서인지 탄산은 스트레스를 해소하는 기능이 있다.

그리고 물에 녹은 탄산은 입안에서 터지는 재미를 준다. 스파클링 와인(샴페인)의 후발효를 통해 만들어진 탄산은 와인 속에 가득 녹아 있으며, 마실 때 미세한 버블을 만들어 혀를 자극한다. 이런 거품은 맥주의 매력이기도 하고 탄산음료의 매력이기도 하다. 예전에는 탄산수를 일부 광천수에서나 느낄 수 있었다. 그러다가 18세기에 탄산수의 비밀이 이산화탄소임이 밝혀지자 현대 화학의 창시자이기도 한 라부아지에 등에 의해 탄산수를 쉽게 만드는 방법이 고안되기도 했다. 요즘 너무나 쉽고 흔하게 탄산수를 즐길 수 있게 된 배경에는 이런 화학 기술의 발전이 있었다. 미국에서 소다수는 금주령의 시기에 커다란 위안이기도 했고, 바로 이것이 콜라의 탄생을 촉진한 배경이 되었다.

▶ 아주 독특하고 창의적인 향이 있다

콜라의 맛은 자연의 어떤 맛과도 닮지 않은 독특한 향이다. 그래서 뭔가 의심스럽다고 여기기도 한다. 그런데 사실 콜라는 가장 자연적인 향이기도 하다. 레몬, 라임, 오렌지 같은 시트러스 향을 기본으로 계피, 생강, 육두구, 정향, 고수 같은 향신료의 조합에 의해서 만들어진 향이기 때문이다. 콜라가 처음 만들어질 당시에는 합성보다 천연이 훨씬 흔한 것이었다. 우리에게 익숙한 과일과 향신료를 이용한 것인데도 우리에게 전혀 낯선 향인 이유는 식별력의 한계 때문이다. 아무리 뛰어난 조향사도 4개 이상의 향료 물질이 섞이면 그것이 무엇으로 만들어졌는지 알아내기 힘들다.

식품은 대단히 보수적인 성향이라 익숙하지 않으면 거부되는 것이 당연한데, 당시 콜라는 음료(식품)가 아니라 약으로 개발된 것이고, 약이라면 뭔가 모르는 성분이 있다는 느낌이 있으므로 콜라의 향이 그렇게 쉽게 받아들여진 것 같다. 물론 당시에는 지금과 같은 식품에 대한 불신도 없었고, 새로움에 대한 열망이 큰 역할을 했다고 생각된다. 식품에서 독특함은 새로움보다는 생소함으로 받아들이는 경향이 있어서 성공이 쉽지 않다. 하지만 일단 성공하면 영원한 차별화 요소가 되고, 먼저 성공한 것이 맛의 기준이 되기 때문에 성공의 성과는 대단히 매력적이다.

영양(Benefit): 콜라는 약으로 개발되었다

▶ 설탕은 가장 훌륭한 피로회복제

인터넷에 가끔 꿀의 효능을 칭찬하는 글이 올라온다. 그런데 설탕에는 그런 기능이 없을까? 오히려 설탕이 효능은 많고 부작용이 없는 편이다. 설탕은 다른 감미료가 흉내 내기 힘든 바디감이 있다. 이 바디감과 조화된 단맛이 설탕의 최대 강점이다. 설탕보다 맛있는 감미료는 없다. 포도당은 포만감을 주지만 혈당을 빠른 속도로 높이고, 과당은 당부하지수가 낮아 혈당은 별로 올리지 않으나 포만감이 없다. 그리고 설탕은 포도당과 과당이 결합한 것으로 설탕의 흡수 속도와 밥의 흡수 속도는 별 차이 없다.

어떤 당이 좋고 어떤 당이 나쁜지를 따지는 것은 그저 우문이고, 자체는 너무나 훌륭한 것들이다. 단지 너무 먹을 뿐이다. 미국과 영국에서 설탕 소비량이 급증한 것은 1800년 이전이다. 1870년에 벌써 지금의 한국인 평균 섭취량인 1인당 25kg을 훌쩍 넘어섰다. 하지만 그 당시에는 비만이나 당뇨가 문제되지 않았고 오히려 어떤 사람에게는 강한 생명줄인 경우가 많았다. 당시 가난한 사람에게 최고의 피로회복제는 밀크티였다. 홍차에 설탕, 우유를 넣은 밀크티는 차로부터 비타민, 우유로부터 영양, 설탕으로부터 에너지를 주어 피로를 풀고 활력을 되살려주는 서민에게는 그야말로 진정한 위로의 소울 푸드였던 것이다.

사실 설탕의 유일한 문제는 가격이 너무 싸고, 맛도 너무 좋다는 것이다. 그래서 사람들이 먹어도 먹어도 너무 먹는다. 우리나라의 1인당 연간 쌀 소비량이 67kg인데 미국인은 설탕과 과당을 합해 90kg을 넘게 먹는다. 그렇게 많이 먹으면서 설탕을 욕하는 것은 도리가 아니다. 사탕수수는 정말 기적의 작물이다. 지구상에 그보다 생산성이 좋은 작물도 별로 없다. 만약에 설탕이 비쌌다면 소비량은 적었을 것이고 설탕에 대한 악명은 존재하지 않았을 것이다. 설탕은 소화 과정을 촉진하며 음식의 쾌감을 배가시킨다. 강력한 쾌감의 물질이 값마저 싸니 악명은 피할 수 없는 숙명이기도 하다.

설탕 같은 감미료는 단지 단맛을 주는 원료가 아니다. 좋은 맛은 더 높이고 쓴맛 같은 나쁜 맛을 덜 느끼게 한다. 그리고 열을 가하는 식품에서 설탕은 메일라드 반응을 통해 향기 성분이 되기도 하지만 그런 반응이 없어도 향을 더 좋게 한다. 앞에서 살펴본 아이스크림, 초콜릿도 단맛이 충분히 있어서 맛이 좋다.

▶ 미네랄의 여왕 인산

대부분의 음료는 새콤하며 그 매력은 주로 구연산에 의한 것이다. 그런데 콜라는 인산이라는 좀 독특한 산을 사용한다. 인산은 물론 맛을 위해 사용하지만 몸에서 가장 중요한 미네랄의 하나다. 뼈가 인과 칼슘이 결합한 인회석으로 되어 있기 때문이다. 인이 없으면 뼈가 없을 뿐 아니라 생명의 배터리인 ATP가 없고, 효소의 인산화가 없어져 관련 반응이 1억 배 느려지고, 유전자의 핵산 DNA, RNA가 없다. 그래서 인의 90%만 뼈에 있고, 무려 10%가 세포 내에 있는 것이다. 인은 칼슘과 같이 3번째로 많이 섭취해야 하는 미네랄이다. 우리 몸속의 세포 하나에는 늘어뜨리면 대략 1.8m에 달하는 DNA가 들어 있다. 인간의 몸은 30조 가량의 세포를 갖고 있으니, 한 줄로 이으면 540억 km다. 지구에서 태양까지의 거리가 1억 5천만 km임을 생각하면 굉장한 길이인데, 이것이 인산을 뼈대로 만들어졌다.

콜라 하면 치아를 손상하는 주범으로 알려졌지만 실제로는 건강에 좋다고 하는 과일주스가 치아 부식을 더 유발하는 것으로 분석됐다. 2011년 6월, 캐나다 연구팀이 밝힌 연구 결과에 따르면 6~11세 연령을 대상으로 한 연구 결과에서 청량음료를 마시는 아이가 소위 건강한 음료를 마시는 또래들보다 비만이 될 위험이 더 높지 않았으며, 아이들이 마시는 음료 패턴과 아이들이 향후 과체중과 성인병이 될 위험성 간에 연관이 없는 것으로 나타났다. 흔한 음식에는 즐거움과 감사보다 편견과 증오가 너무 많은 편이다.

심상: 이제는 전통이 된 음료

▶ 미국 병사들의 소울푸드

제2차 세계대전 당시 미군의 가장 중요한 병참 물자 중 하나가 콜라였다. 가장 맛있고 효과적인 에너지원인 설탕, 뼈의 주성분이자 ATP의 구성 성분인 인산, 아데닌과 유사한 형태여서 뇌가 피로를 감지하지 못하게 하는 카페인, 원시 바다부터 존재했고 지금도 혈액의 pH를 안정화시키는 스트레스 해소 물질인 탄산, 세균이 절대 자라지 못하는 안전성 등 콜라 자체의 매력도 높지만 이것보다 더 중요한 것은 오히려 정신적 위로였을 것이다.

2차대전 당시 한 수송기의 조종사는 수천 병의 코카콜라 빈병을 공수해야 했다. 그런데 적재중량이 초과되어 비행기가 고도를 잃고 비틀거리자 같이 탑승한 기자가 코카콜라 병을 버릴 것을 건의했다. 그러나 조종사는 다음과 같이 단호하게 거절했다고 한다. "절대 안 됩니다. 총이나 지프, 탄약이나 곡사포까지라도 버릴 수 있지만 코카콜라 병이라니? 말도 안 됩니다." 또한 어떤 병사는 독일에서 전쟁포로로 1년 이상 있었는데 당시에 단지 코카콜라를 떠올리는 것만으로도 살아야겠다는 의지를 다질 수 있었다고 회고했다.

2차대전 당시 미군에게 콜라는 목마를 때 마시는 청량음료가 아니라 전쟁의 긴장과 죽음의 고통 속에서도 자신들이 떠나온, 그러나 언젠가는 돌아가야 할 고향과 집을 추억하게 하는 소중한 대상이었다. 이처럼 병사들에게 콜라는 언제나 고향에서의 즐거웠고 좋았던 기억을 떠올리는 매개물이 되었다. 물론 그들에게 고향을 떠올릴 수 있는 것이라면 그것이 코카콜라든 초콜릿이든 추잉검이든 상관 없었다. 세상 어디를 가도 똑같은 맛! 콜라는 그들에게 고향의 맛을 느끼게 하는 영혼의

식품으로 미국 승리의 숨은 공신이었다.

개인적으로는 싱가포르로 처음 해외 출장을 갔을 때 기억이 난다. 처음 먹어본 음식이 많았지만 새롭고 즐거웠다. 특별히 가리는 음식이 없어서 음식이 별로 불편하지는 않았다. 그러다 문득 콜라를 먹게 되었다. 한국에서 먹던 맛과 같았다. 낯선 곳에서 느낀 익숙함의 편안함을 아직도 기억한다. 콜라가 그렇게 고마웠던 것은 처음이었다. 그때 콜라는 나에게도 로컬 푸드였다. 요즘 옛날처럼 콜라에 열광하는 어린이는 없다. 소비는 이미 오래 전부터 침체다. 그런데 탄산음료에 대한 비난 기사만 나오면 참으로 뜨겁게 반응한다.

착한 식당? 코카콜라나 맥도널드보다 착한(?) 기업도 별로 없다

맥도널드에서 일을 하는 수많은 직원들을 맥도널드를 관둔 후에도 오히려 맥도널드를 응원하고 위생적인 음식이라고 사람들에게 홍보한다고 한다. 그래서 많은 아르바이트 학생들이 나중에 고객으로 거듭나고 오히려 새로운 고객을 창출하는 영업사원이 된다.

1987년, 우리나라에 진출한 맥도널드는 한국인에게 한국 전체의 가맹권을 주었다. 그러나 당시의 능력으로는 맥도널드의 철저한 매뉴얼대로 운영하기가 쉽지 않았고, 자본력도 약해서 제대로 성공하지 못했다. 그래도 맥도널드는 가맹점주가 상황이 어려워지거나 운영할 수 없는 상태가 되면 그 매장을 본사가 다시 인수해주는 멋진 모습을 보여주었다.

맥도널드가 미국에서 번창할 수 있었던 것은 가맹비의 최소화에 있다. 다른 프랜차이즈는 처음부터 높은 가맹비를 책정하여 대부분의 수익을 가맹비에서 올렸고, 이후 가맹점의 지속적인 생존에는 관심을 기울이지 않는 경향이 있었는데, 맥도널드는 가맹료를 당시 최저가인 950달러로 고정했다. 그리고 가맹비 대신에 매출액의 1.9%를 내게 함으로써 가맹점이 이익을 내야 자신이 이익이 생기는 상호보완적인 관계를 최초로 완성했다. 그렇게 수많은 백만장자를 탄생시킨 것이다. 이런 나눔의 정신은 코카콜라에도 넘친다. 코카콜라는 매출의 5%만 본사에서 가져간다. 나머지는 현지 회사의 몫이다. 그래서 수많은 백만장자를 탄생시켰다.

그리고 코카콜라는 세상에서 설탕을 가장 많이 쓰고 색과 향료, 향신료도 많이 쓴다. 하지만 직접 설탕 농장을 가지거나 원료 회사를 만든 적이 없다. 가장 많은 포장 재료를 사용하지만 포장 회사를 차린 적도 없고, 가장 광고비를 많이 집행하는 회사지만 광고회사를 만든 적도 없다. 한국 기업의 문어발식 확장과는 너무나 대조를 이룬다. 코카콜라는 한 잔에 5센트였다. 1941년, 미국이 2차 세계대전에 참전하게 되자 우드러프는 "회사에 얼마나 부담이 되든 간에 어디서든 코카콜라 한 병을 5센트에 마실 수 있게 하겠다"고 발표했고 실제로 그것을 지켰다. 그 후 50년 가까이 그 가격이 유지되었다.

한식의 세계화를 주장하기 이전에 먼저 이들에 대하여 정확히 알 필요가 있다. 한국 기업은 과연 그러한 스토리를 만들 준비와 노력을 하고 있는지 말이다.

❹ 피자를 좋아하는 이유

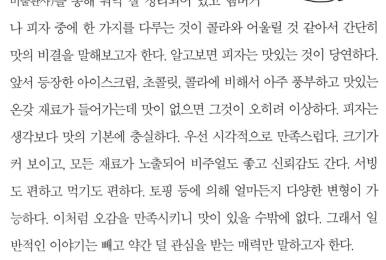

콜라 하면 같이 생각나는 제품이 피자, 햄버
거, 치킨 같은 음식일 것이다. 치킨 이야기는
최근에 발간된 『대한민국 치킨전』(정은정, 따
비출판사)을 통해 워낙 잘 정리되어 있고 햄버거
나 피자 중에 한 가지를 다루는 것이 콜라와 어울릴 것 같아서 간단히
맛의 비결을 말해보고자 한다. 알고보면 피자는 맛있는 것이 당연하다.
앞서 등장한 아이스크림, 초콜릿, 콜라에 비해서 아주 풍부하고 맛있는
온갖 재료가 들어가는데 맛이 없으면 그것이 오히려 이상하다. 피자는
생각보다 맛의 기본에 충실하다. 우선 시각적으로 만족스럽다. 크기가
커 보이고, 모든 재료가 노출되어 비주얼도 좋고 신뢰감도 간다. 서빙
도 편하고 먹기도 편하다. 토핑 등에 의해 얼마든지 다양한 변형이 가
능하다. 이처럼 오감을 만족시키니 맛이 있을 수밖에 없다. 그래서 일
반적인 이야기는 빼고 약간 덜 관심을 받는 매력만 말하고자 한다.

기본에 충실하게 오감을 자극한다

사람이 먹는 음식에서 가장 공통적인 속성을 가진 음식은 곡식으로 만든 밥, 빵, 국수 등에 고기나 양념을 조합한 것이다. 곡류를 시트로 만들어 먹는 음식은 생각보다 다양하다. 얇게 만든 시트로 속을 채운 음식은 멕시코의 타코, 아시아에는 만두가 있다. 햄버거는 빵 사이에 끼운 것이고, 피자는 빵 위에 재료를 토핑한 것이고, 부침개는 얇은 빵 속에 부재료를 넣은 음식이다.

가열로 단단해진 시트나 빵에 넣은 부드러운 속의 조합은 남다른 충만감을 준다. 피자의 빵은 적당히 부드러우면 좋고 얇으면 바삭여서 좋다. 그 위에 뭔가를 토핑하여 온갖 다양성을 만들 수 있다. 적당히 촉촉한 것과 아삭거리는 것, 감칠맛 그리고 향 또는 향신료가 있으면 좋고, 소스와 같은 적당한 액체로 더욱 맛을 높인다. 피자는 확실히 강력한 비주얼을 가지고 있다. 일단 넓게 펼쳐서 커 보인다는 장점이 있고, 사용된 재료가 한눈에 보여서 시각적으로 풍성함을 준다. 그런데 그 형태는 나름 친숙한 것이다. 다른 나라에도 나름 그런 형태의 요리가 있다. 그래서 더욱더 여러 나라에서 쉽게 받아들여졌다.

피자의 모든 준비가 완료되면 굽기 시작한다. 구우면 사람들이 무조건 좋아하는 로스팅 향이 재료마다 스며들게 된다. 향뿐만 아니라 색이 만들어지고, 어떤 것은 부드럽고, 어떤 것은 탄성이 있고, 어떤 것은 바삭거리는 물성이 만들어진다. 크러스트의 변형도 가능하고, 토핑의 변형도 가능하다. 온갖 크기, 온갖 크러스트, 온갖 토핑에 의하여 무한 변신이 이루어진 것이 피자다. 10가지 정도의 토핑은 너무 흔하다. 10가지 토핑 중 2가지를 택한다면 100가지의 토핑 조합이 되고 크러스트와 소스를 바꾼다면 1,000가지 종류를 만드는 것은 너무나 간단하다. 또한 굽는 방법에 따라 맛이 달라지고, 피자 도우의 두께에 따라 맛이 달라진다. 익숙한 것을 가지고도 얼마든지 다양한 변형이 가능해서 피자는 도무지 지루할 틈이 없다.

감칠맛의 덩어리

MSG가 가장 풍부하게 들어간 제품은 무엇일까? 밀가루의 단백질은 30% 이상이 글루탐산이다. 그런 밀가루 도우에 채소 중에서도 글루탐산이 가장 풍부한 토마토로 만든 소스를 바르고, 전체 식품을 통틀어 유리 글루탐산 함량이 가장 높은 치즈와 글루탐산과 핵산이 풍부한 버섯과 고기를 토핑하고, 오븐에서 잘 구우면 MSG를 단 한 톨도 넣지 않고도 MSG가 가장 풍부한 맛좋고 영양 많은 피자가 된다.

　토핑에 쓰이는 고기의 종류와 형태도 참으로 다양한데 외국에서는 페퍼로니(소시지 일종)가 가장 흔하게 사용되는 재료다. 이런 페퍼로니, 소시지, 햄 등이 인기인 이유는 숙성 중에 단백질이 분해되어 감칠맛이 더욱 증가하고, 가공 중에 향이 생성되고, 향신료와의 조합으로 맛과 향을 더 풍부하게 만들기 때문이다. 그러니 피자는 가장 강력한 감칠맛 덩어리이고 많은 아이들이 좋아할 수밖에 없는 음식이다.

김밥, 비빔밥, 피자의 공통점: 섞인 듯 섞이지 않는 매력

이 책의 초반에 사람들은 모두 다양한 자극의 리듬을 좋아해서 어떤 음식이든 믹서기에 갈면 맛의 즐거움이 사라진다고 말했다. 그런데 김밥, 비빔밥 등은 먹을 때마다 똑같은 상태가 되도록 만들어 놓은 것들이다. 피자도 비교적 그런 식품에 속한다. 어느 조각 어느 부위를 먹으나 맛이 비슷하다. 그러면 지루해하고 싫어야 할 텐데 오히려 인기인 것은 무슨 이유일까? 사람의 욕망은 참 복잡한 균형의 상태다. 300가지 요리를 먹는 뷔페가 단 한 가지 일품요리를 먹는 것보다 별로 즐겁지 않듯이 무작정 자극이 많다고 좋아하지 않는다. 그리고 균일해 보이는 비빔밥이나 김밥에도 나름 예측불허의 다이나믹성이 있다. 무슨 재료가 들어갔는지는 알지만 씹을 때마다 어떤 것이 주로 씹혀서 어떤 맛이 날지는 알 수 없다. 비빔밥이라고 리듬이 완전히 사라지는 것이 아니고 아주 잔잔하게 바뀌는 정도가 남아있는 것이다.

그렇다고 어차피 비빌 것이라며 모든 재료를 한꺼번에 준비한다면 전혀 맛이 없게 된다. 재료마다 나물마다 따로따로 알맞게 맛을 맞추고 재료의 균형을 맞추어 제공하면 소비자는 입안에서 모든 재료의 맛을 따로, 또 같이 즐길 수 있는 것이다. 피자도 마찬가지다. 각각 제대로 준비된 재료를 적절히 배합함으로써 씹을 때마다 같은 것 같지만 다른 느낌을 주어 지루하지도 복잡하지도 않은 리듬의 즐거움을 준다. 피자는 이런 절제가 있어서 매력적인 음식이다.

⑤ 떡볶이를 좋아하는 이유

나는 원래 떡볶이를 좋아하지 않았다. 떡볶이는 가래떡과 매운 소스의 조합이고, 가래떡은 떡 중에서 내가 가장 좋아하는 떡이며, 고추장에 뭐든 비벼먹기 좋아하던 시절이라 이론적으로는 도저히 싫어할 이유가 없지만, 그럼에도 떡볶이는 내가 싫어하는 몇 개 안 되는 음식 중 하나다. 그때는 싫어하는 이유까지는 생각해보지 않았는데, 지금 보니 처음 기대와 너무 달라 실망이 오히려 미움이 된 음식인 것 같다. 이번 전면 개정판의 목적이 미각에 대한 설명을 보충하기 위한 것인데 굳이 여기에 떡볶이 이야기를 추가한 것은 자신이 어떤 식품에 대해 명확한 기준이나 기대를 가지고 있을 때 그것이 맛 평가에 어떤 영향을 주는지, 그리고 '맛있다'는 것의 의미가 무엇인지를 마무리로 정리해보고 싶었기 때문이다.

과거에는 냉면을 예찬하면 고상한 미식가이고, 라면을 예찬하면 초딩 입맛으로 취급했다. 영양의 관점에서 별 차이도 없는 똑같은 탄수화물 위주의 소금기 넘치는 국물 요리인데도 그렇다. 두 가지를 믹서기에 갈아서 성분 분석을 맡기면 어느 것이 더 비싼 가격을 받아야 할지 판단하기 힘들다. 이 생각을 좀 더 확장하여 파스타와 떡볶이에 적용하면 떡볶이는 면발이 매우 두꺼운 라면이고, 파스타와 자장면은 중간 두께 면발의 라면이라 해도 크게 틀리지 않을 것이다. 냉면, 라면, 떡볶이, 자장면, 파스타는 형태와 표현이 다른 것이지 성분이 아주 다른 음식이 아니다. 그러니 생존과 생리적인 욕구만 따지면 냉면을 좋아하는 욕구나 파스타, 떡볶이 그리고 라면을 좋아하는 욕구가 별로 다르지 않을 것이다. 그러니 많은 사람이 왜 떡볶이를 좋아하는지 이해하려면 먼저 라면부터 알아보는 것도 괜찮을 것이다.

떡볶이, 파스타, 자장면, 냉면, 라면

예전에는 라면이 싸고 간편해서 먹는다고 변명(?)했지만, 이제는 당당하게 맛있어서 먹는다고 말한다. 사람들은 맛있는데 편하기까지 해야 좋아하지 편하다고 먹지 않는다. 라면은 겉보기에는 맛있다고 말할 만한 이유를 찾기 힘든 음식이다. 세상에 없는 특별한 재료나 비싼 고기 한 조각, 새벽 장에 나가서 구입한 신선한 재료도 없다. 고작 면발에 수프가 전부다. 예전의 미식평론은 그 음식을 만들 때 사용한 식재료나 만드는 과정에 소요되는 노력에 대한 예찬, 즉 그것이 얼마나 귀하고 정성껏 만들어진 음식인지 설명하는 내용이 주류를 이루던 시절이라 너무나 흔하고 평범한 재료로 무심히 만들어진 것 같은 라면은 뭐라 칭찬하기 힘든 음식이었다. 더구나 당시에는 우리나라 음식에 대한 자신감도 없고, 외국에 나가면 그보다 훨씬 맛있는 음식이 많을 것이라 기대하던 시절이다. 그런데 어느 새 우리나라의 라면이 세계적인 식품의 하나가 되었고, 라면이 맛있다고 당당하게 말하는 사람도 많아졌다.

그런데 왜 라면은 맛이 있는 것일까? 지금도 그 이유를 찾기는 쉽지 않다. 일단 라면은 면발이 좀 다르다. 밀가루 등을 사용해 반죽하고, 제면기로 꼬불꼬불한 형태로 면을 뽑고, 그것을 100℃ 이상의 스팀에 먼저 익힌 후, 다시 150℃ 이상의 팜유로 튀겨낸 것이다. 면을 익힌 뒤 튀기지 않고 열풍으로 건조한 '건면'도 있지만 기름에 튀긴 면보다 확실히 선호도가 떨어지고 시장규모가 작다. 기름에 튀긴 것이 왜 매력적일까? 일단 튀김이나 스테이크를 구울 때 일어나는 메일라드 반응을 꼽을 수 있다. 라면은 기름으로 튀겨 이미 생으로 먹어도 맛있는 튀김인 것이다. 그런데 단지 튀겼다는 것으로 라면의 매력이 충분히 설명될까? 그렇다고 말하기에는 튀김, 돈가스, 프라이드치킨, 프렌치프라이, 탕수육 등 튀겨서 만든 음식의 종류가 너무나 많다. 중국요리에서 가장 기본적인 볶음밥처럼 재료를 기름에 볶는 것도 메일라드 반응이고, 삼겹살이나 스테이크처럼 고기를 굽는 것, 군고구마, 군밤, 호떡 심지어 커피도 튀김과 같은 원리의 메일라드 반응의 결과물이다.

면을 튀기면 이런 풍미의 특성뿐 아니라 면발의 개선효과도 있다. 면의 전분이 소화하기 쉽게 완전히 호화가 되고, 고온에서 면의 수분이 순식간에 기화되어 급격히 빠져나오면서 면발에 미세한 구멍을 만든다. 수분이 급속히 빠져나가면서 생기는 미세한 구멍들이 스펀지 같은 구조를 만들어 면을 다시 삶을 때 열전달을 도와주고, 국물이 면발에 잘 스며들게 한다. 면발과 국물이 겉돌면 맛이 떨어진다. 파스타 등은 소스에 점도를 얼마나 부여하여 얼마만큼 면에 붙어있게 할지도 중요하다. 라면은 면발의 구조에서도 그냥 말린 면보다 유리한 것이다. 그리고 기름 자체가 맛이다. 라면은 튀길 때 기름의 일부가 면발에 침투하는데 이 또한 라면 맛에 큰 몫을 한다. 라면을 끓일 때 면을 삶은 물은 버리는 식으로 기름을 줄이면 다이어트에 조금 도움될지는 모르지만 맛 또한 조금 떨어지고, 소장과 같은 내장기관이 느끼는 만족도는 크게 떨어진다. 소장에는 지방의 양뿐 아니라 종류까지 구분하는 지방

감각 수용체가 있다. 맛은 칼로리에 비례한다는 것은 과학이지 그냥 지어낸 말이 아니다.

한국인이 독특하게 좋아하는 찰진 식감

라면의 면발은 다른 면과 다르게 고불고불해서 독특한 촉감이 있고, 튀겼다는 차이가 있지만 그것만으로 라면의 매력을 설명하기는 힘들다. 수많은 라면회사와 라면 종류가 있는데 그중 유난히 인기 있는 제품이 있는 까닭은 면발보다는 수프에서 오는 맛의 차이가 크다. 라면의 수프는 고작 10g 정도지만 그것에 포함된 성분은 실로 만만하지 않다.

수프의 표시사항을 보면 간장 분말, 소고기맛 베이스, 조미소고기 분말, 조미효모 분말, 돼지뼈 조미분말, 발효표고 조미분, 표고버섯 분말, 건표고버섯, 말린 당근, 마늘발효 조미분, 양파 풍미분, 말린 파, 마늘 분말, 생강추출 분말, 홍고추 분말, 후추 가루, 흑후추 분말, 건고추 등이 나열되어 있다. 종류를 보면 충분히 맛이 날 것 같고 단지 양이 적어 보이는데 알고 보면 수프 10g은 엄청난 양이다. 건조 상태의 10g은 95%가 물인 채소와 비교하면 200g에 해당하는 양이기 때문이다. 어떤 식품이든 짠맛 1%, 감칠맛 0.5%, 신맛 0.2%, 향 0.1% 정도면 충분한 맛이 나기 때문에 맛을 내는데 탁월한 재료만 골라 건조 농축한 라면 수프 10g은 다른 어떤 음식보다 맛 성분이 많이 들어간 음식이다. 이처럼 라면의 수프에는 충분한 짠맛과 엄청난 감칠맛이 들어 있고, 거기에 한국인이 사랑하는 매운맛이 잘 어우러져 있다. 이것은 떡볶이도 마찬가지다.

떡볶이 양념도 단순하지 않다. 언뜻 고추장으로 낸 매운맛 양념 하나처럼 보이지만, 그 속에는 설탕, 간장, 가쓰오, 다시다나 MSG, 파, 오뎅 등 여러 재료에서 오는 단맛, 짠맛, 감칠맛이 풍부하게 조화를 이루고 있다. 식당마다 다르지만 사용된 재료 종류가 라면 수프보다 많은 경우도 있다. 그리고 떡볶이의 면발(?)에는 특유의 찰진 식감이 있다. 쌀의 품종은 크게 자포니카종과 인디카종으로 나뉘는데 자포니카종은 우리나라와 일본, 중국 북부에서 소비되며, 전 세계 쌀 생산량의 10%에 불과하다. 대부분의 쌀은 모양이 길쭉하고 찰기가 없어 밥알이 분리되는 인디카종이다. 더구나 떡을 만들 때 쓰는 찹쌀은 아밀로펙틴 함량이 100%로 찰기가 많고 노화가 느리다. 다른 나라는 달라붙는 느낌이 없는 쌀을 좋아하는데 우리 조상님은 찰진 쌀에 만족하지 않고, 찰짐 그 자체인 찹쌀까지 좋아한 것이다. 우리나라는 쌀농사에 유리한 환경이 아니었다. 그런 유전자가 아직도 남아 있어서 떡볶이 떡의 찰진 식감을 '찰지다'는 생각도 하지 않으면서 즐긴다.

떡볶이는 참 편안한 음식이다

라면은 매우 개방적인 음식이다. 여기저기에 어울리면서 자신의 맛은 잃지 않고, 다른 식재료의 맛도 살려준다. 대게를 넣으면 영락없이 '대게라면'이 되고, 문어를 넣으면 '문어라면'이 된다. 떡볶이 또한 그러하다. 떡볶이가 메인인 식탁에는 내 떡볶이, 네 김밥이 따로 없고 튀김, 어묵 등 여러 메뉴를 시켜서 나눠 먹는다. 그리고 떡볶이 양념에 김밥이나 튀김 등 온갖 것을 찍어서 먹는다. 모든 것이 격의 없이 섞이는 음식이 떡볶이인 것이다.

사람들은 같은 것이 반복되면 싫증을 낸다. 그런데 라면이나 떡볶이에 싫증을 내는 사람은 거의 없다. 날마다 먹으면 싫증이 난다고 하겠지만 그것은 최고급 회나 풀코스 요리를 먹어도 마찬가지다 하루 세끼

를 매일 먹으면 며칠 버티지 못한다. 오히려 떡볶이나 라면이 훨씬 질리지 않고 여러 번 먹을 수 있다. 그리고 라면이나 떡볶이는 생각보다 베리에이션이 많다. 라면은 판매되는 종류도 많지만 같은 라면도 무엇을 더 넣어 먹으면 맛있을지 알고 있고, 심지어 어떤 라면과 어떤 라면을 섞어야 잘 어울리는지도 알 정도다. 떡볶이도 생각보다 종류가 많다. 떡 자체가 밀떡과 쌀떡이 다르고 떡의 두께와 길이가 달라져도 많은 것이 달라진다. 소스도 다양하고 더구나 같이 먹는 것이 무엇이냐에 따라 느낌이 완전히 달라지며, 떡볶이 국물에 찍어 먹는 차원을 넘어 전용으로 개발된 튀김가루를 넣어 비벼 먹기도 한다.

세상이 복잡해서일까? 사람들은 처음부터 복잡한 종류보다 한 가지 종류를 다양하게 변화시키면서 먹는 것을 좋아하는 것 같다. 자신이 충분히 마스터한 맛을 적당히 변형해가면서 즐기는 것이다. 커피도 단순해 보이지만 원두 종류와 로스팅, 추출 방법 등에 따라 무한한 변화가 가능하다. 그런 변화를 통해 익숙하지만 감각적이고, 새롭지만 편안함을 즐기는 것이다. 사실 모든 맛의 기본은 익숙함과 편안함이다.

우리는 새로운 환경, 새로운 자극에서 신선함과 즐거움을 찾지만 동시에 스트레스와 피로도 같이 느낀다. 이런 스트레스를 잠재우는 가장 쉽고 강력한 방법이 익숙한 음식이 주는 편안함과 안도감이다. 신나게 해외여행을 가는 사람이 고국의 라면과 과자를 바라바리 싸들고 떠나는 이유가 바로 그것이다. 그런 음식을 소울 푸드라고도 하는데 떡볶이도 당연히 여기에 포함된다.

요즘 젊은이에게 불호가 없는 음식으로 남자는 돈가스, 여자는 떡볶이를 꼽는다. 떡볶이는 여학생에게 하굣길에 가장 큰 즐거움의 하나였고, 그때 먹은 떡볶이는 단순한 배고픔의 해소 음식이 아니라 '입시지옥에 찌든 학생에게 허락된 유일한 휴식' 역할을 했다. 단짝들과 수다 떨며 먹었던 떡볶이는 음식의 차원을 넘어 하나의 정서인 것이다. 그러니 여성들은 나중에 회사에 가서도 점심에 떡볶이를 먹는 사이라면 단순히 직장 동료를 넘어서 격의 없이 친근한 관계라고 말한다.

단순한 것에 깊이가 있다

라면이나 떡볶이는 중독적이다. 중독이란 장기기억 현상이고, 기억이란 강렬한 느낌이나 반복에 의해 만들어지는데, 라면이나 떡볶이는 매우 반복적이다. 라면은 항상 일정한 맛이다 보니 가장 익숙하고 편안한 음식이 된다. 예전에 맛있는 음식이라고 하면 무조건 엄마가 해준 맛, 고향의 맛을 꼽았다. 그런데 지금 서울의 음식은 모든 고향의 음식, 더구나 최고의 음식솜씨를 가진 엄마 손맛들이 올라와 치열하게 경쟁하며 다듬어진 맛이다. 결국 엄마의 손맛과 고향의 맛은 어렸을 때부터 먹어왔던 친숙한 음식이라는 뜻이지 특별한 맛의 음식이 아닌 것이다. 그런 의미에서 떡볶이나 라면이 오히려 고향의 맛이라 할 수 있다.

우리는 재료가 복잡하지만 결과물은 단순한 것에서 심오한 느낌을 갖기도 한다. 그러기 위해서는 서로 다른 재료가 잘 어울려야 한다. 맛과 향이 잘 어울려 어디까지가 맛이고 향인지 구분되지 않고, 맛과 물성이 일치해 물성 때문에 맛있는지 맛 때문에 맛있는지 모호하며, 향과 향이 어울려 몇 가지의 향으로 만들어진 향인지 구분이 되지 않을 때 깊이가 생긴다.

우리는 화려한 재료의 음식도 좋아하지만 단순하고 익숙한 음식에서 새로운 깊이가 느껴질 때 감동한다. 아무나 할 수 있는 요리를 아무도 따라 하기 힘든 수준으로 할 때, 분명 익숙한 재료만을 사용한 것 같은데, 처음 느껴보는 깊이를 보여줄 때 우리는 진정으로 감동한다. 그런 음식에는 집중력도 높아져 오래 기억하기도 한다. 온갖 화려한 음식의 뷔페보다 한 그릇의 음식이 기억에 오래 남는 이유이기도 하다.

식품을 개발하는 사람이 주의할 것이 '맛있다'와 '맛없다'의 진정한 의미를 파악하는 것이다. 한국의 소주와 맥주가 맛없다고 하지만 사람들이 편하게 주로 마시는 것도 소주와 지금의 맥주다. 맛을 평가하라고 하면 평소에 본인의 취향을 진정으로 파악하지 않았기 때문에 본인이 실제 사먹는 음식이 아닌 관념적인 평가를 한다. 라면과 떡볶이는 다 먹고 난 뒤에 얼마나 오랫동안 든든함이 유지되는지도 중요한데, 맛 평가에서 그런 것까지 고려하여 평가하는 경우는 드물다. 소비자는 개발자처럼 조금 먹고 입과 코로 평가하는 것에 끝나지 않고 먹고 난 한참 뒤에 진정한 평가를 무의식적으로 한다. 먹고 난 뒤 나중에 무의식적으로 다시 사먹는 음식이 설문지에 좋은 평가한 제품과 일치한다는 보장은 없다.

살아가는데 필요한 영양은 결코 복잡하지 않다

하지만 이런 저런 요인을 다 합해도 떡볶이가 맛있는 음식이라고 하기엔 뭔가 부족한 것 같다. 뭔가 더 좋은 재료, 더 특별한 요소가 있어야 할 것 같다. 그런데 '맛있다'는 것은 '만족스럽다'의 또 다른 의미이다. 누가 "이 물 맛 정말 좋다"라고 했을 때 "아니, 물에는 아무런 맛 성분도 향기 성분도 식감도 없는데 어떻게 물이 맛있다고 할 수 있지?" 하고 반문하지 않는다. 맛있다는 말은 만족스럽다는 의미이기 때문이다. 갈증에는 물보다 맛있는 것도 없다. 갈증의 욕망을 물보다 잘 풀어줄 음식은 없으니 최고로 맛있는 음식인 것이다. 그 목적에 가장 맞는 음식이 가장 맛있는 음식이다.

학생들은 왜 그렇게 떡볶이를 좋아하는 것일까? 우리가 수시로 목이 마르듯이 성장기의 청소년은 수시로 칼로리가 마르다. 탄수화물 갈증을 느끼는 것이다. 청소년기에는 가장 에너지 소비가 왕성할 때이고, 그 에너지를 채워줄 음식이 필요하다. 복잡한 재료나 복잡한 영양분이 필요한 것이 아니라 병원에 입원하면 포도당 주사를 맞듯이 청소년에게는 칼로리를 보충할 음식이 필요하고, 그것은 탄수화물 같은 칼로리원이면 뭘 더 추가할 필요가 없다. 지금 우리가 먹는 것은 60% 이상이 탄수화물이다. 탄수화물은 우리가 먹는 목적 그 자체인 것이다. 우리 몸을 구성하는 성분은 가끔씩 필요하지만 몸에 에너지는 매순간 매초마다 필요하다. 그러니 탄수화물은 먹고 또 먹어도 질리지 않고 특히 어릴수록 더 그렇다.

떡볶이의 목적이 딱 그것이다. 떡볶이에 1등급 한우를 넣고, 최고급 치즈를 넣는다고 좋은 떡볶이가 아니다. 그런 특별한 음식은 가끔 먹어야 맛있는 것이고, 일상의 음식은 편해야 한다. 소화에 편하고, 마음도 편하고, 주머니도 편한 음식이 좋은 음식이다. '삼시세끼'에 유해진이 5년 만에 대형 참돔을 낚고 환호하는 장면이 나온 적이 있다. 출연자 모두 환호하고 차승원이 온갖 솜씨를 펼쳐 최고(?)의 만찬이 펼쳐졌다. 그런 만찬을 즐기고 방송의 끝부분에 마지막으로 등장한 것이 라면이었다. 연출진에게 라면을 요구하자 "참돔 잡은 기념으로 라면을 쏩니다!" 하면서 라면을 내어주었다. 그리고 참돔 덕에 얻은 소중한 라면이라고 하면서 조명도 없이 냄비에 둘러 앉아 라면을 먹으면서 "딱이야!"를 외치면서 끝난다.

맛에 정답은 없다

한식은 우리가 느끼지 못한 사이에 사상 유래 없이 빠른 속도로 변하고 있다. 타임머신을 타고 50년 미래로 간다면 지금보다 훨씬 맛있는 라면이나 떡볶이를 먹고 있을까? 우리가 타임머신을 타고 50년 전으로 가면 떡볶이가 별로 대중화되지 않아서 찾기도 힘들겠지만, 50년 미래로 간다고 떡볶이가 인기가 사라져 없어질 것 같지는 않다. 그런데 그 맛은 지금보다 나을까? 아니면 북한 사람이 남한 음식에 이질감을 느끼듯이 우리의 입맛에는 기이하게 변해 있을까?

나는 지금의 떡볶이보다 더 맛있을 것 같지는 않다. 지금도 이미 맛 경쟁의 끝자락에 도달한 상태가 아닐까 생각되기 때문이다. 지난 몇십 년 동안 식품은 우리가 별로 의식하지 못한 사이에 무서운 속도로 발전해 왔다. 그래서 요즘 음식 맛은 모두 상향평준화되어 지금보다 더 남들보다 뛰어난 제품을 개발하기가 쉽지 않다. 와인이 대표적인 예이다. 요즘은 최고급 와인과 중저가 와인에 품질 차이가 거의 없다. 심지어 수만 종의 와인이 맛을 겨루는 대회에서 1만 원도 안 되는 와인이 우승을 차지하기도 한다. 그래서 앞으로도 지금보다 맛있는 와인의 시대는 등장하지 않을 것이라고도 한다. 라면이나 떡볶이도 지금 나름 맛의 절정에 도달한 상태다. 새로운 맛의 제품은 계속 나오겠지만 확실히 더 맛있는 제품이 나오기는 쉽지 않을 것이다.

내가 여기에 아이스크림, 초콜릿, 콜라, 피자 그리고 떡볶이를 소개한 것은 그것이 다른 음식보다 특별히 더 맛있거나 좋은 식품이어서가 아니다. 과거에 오해와 구박이 심해서 조금 위로를 해주고 싶었고, 우리 몸과 감각이 크게 틀리지 않았다는 것을 말하고 싶었을 뿐이다. 지금 우리는 세상에서 가장 안전하고, 맛있고, 건강한 식생활을 누리고 있다. 채소와 과일 그리고 해산물과 해조류 소비량은 우리나라가 세계에서 으뜸이다. 보통 소득이 늘면 고기 소비량은 늘고, 채소 소비량은 줄어드는데, 우리나라는 소득이 늘어도 채소의 소비량이 줄지 않은 유일한 나라이자 가장 많은 채소를 소비하는 나라다. 우리가 음식에 관해 세상에 가장 자랑할 수 있는 것은 한국에서 생산하는 특별한 작물이나 상품이 아니라 떡볶이나 라면을 좋아하면서도 채소도 가장 맛있게 먹을 줄 아는 한국인의 입맛일 것이다.

그럼에도 우리 음식에 대한 자신감이 부족한 것은 맛에서 정답을 찾으려 하기 때문일지도 모른다. 하지만 우리의 뇌는 절대적인 평가는 못하고 상대적인 평가만 가능하다. 그리고 확고한 기준을 마련하기는 쉽지 않다. 음식에 대해 자신의 판단 기준이 명확하다는 것은 나름 전문가일 수 있지만, 반대로 피곤할 수도 있다. 누구나 절대음감을 가진 사람을 부러워하지만 정작 본인은 조금만 조율이 안 된 피아노 소리를 들어도 신경이 쓰여서 음악 전체를 즐길 수 없게 될 수도 있으니 말이다.

예전에 감정을 다룬 책을 쓴 적이 있는데, 감정에 대한 이러 저러한 생각을 정리한 결과 "올바른 감정이 이성보다 소중하고, 감정은 풍경과 같아서 다양한 것이 매력이지, 최고만 합한다고 결코 최고가 되지 않는다"라는 내 나름의 결론을 내렸다. 맛에서 가장 중요한 것도 감정이다. 번데기를 '먹을지 안 먹을지'를 결정하는 것은 그것이 번데기인지 아닌지를 알아내는 감각과 지각이 아니라 번데기에 대한 본인의 감정이다. 어릴 때 맛있게 먹었던 추억이 있는 사람은 간만에 번데기를 보면 반가울 것이고, 처음 보는 징그러운 벌레로 보이면 전혀 먹으려고 하지 않을 것이다. 화려한 축제 음식을 먹고도 따로 챙겨먹는 라면은 우리의 몸을 다시 일상으로 돌리는 리셋버튼이고, 먹을 것이 라면밖에 없어서 먹는 라면은 서글픔의 버튼일 것이다. 화려한 축제의 음식은 일상의 음식이 반복되고 편안할 때 빛을 발한다. 날마다 축제의 음식이 지속되면 그보다 피곤한 일도 드물다. 우리의 욕망은 축제와 일상이라는 상반된 욕망이 항상 출렁거린다. 그런데 정답을 찾으려 하는 것은 무리다.

맛은 결국 과학적이면서 문화적인 현상이다. 맛은 객관적이라 과학이 있고, 맛은 주관적이라 다양성이 있다. 맛은 개인적이라 취향이 있고, 사회적이라 유행이 있다. 맛은 인간의 모든 욕망이 투영된 것이라 과학으로 맛 전체를 설명할 수는 없지만, 그나마 과학으로 설명하는 것은 과학으로 이해하는 것이 가장 효과적이다.

1. 맛이란 무엇인가?

맛은 살아가는 힘이다

맛은 살아가는 힘이다.
먹지 않고 살아갈 수 있는 동물은 없다.
조물주는 우리가 살아가기 위해 먹도록 명령했고,
먹지 않을 때는 심한 허기의 고통을 주고,
먹을 때는 한없는 맛의 즐거움을 준다.

맛은 객관적 평가가 아니라 행동을 위한 것이다.
그러니 뇌는 부족한 정보에도 단호하게 행동을 결정하기 위해
때로는 사소한 차이를 크게 증폭하고,
때로는 상당한 차이도 완전히 무시한다.

맛은 살아가는 리듬이다.
인간은 결코 한 가지 욕망에 멈추는 법이 없다.
상반된 욕망을 자유롭게 넘나들며 리듬을 탄다.

맛은 인간의 모든 욕망을 투영한 것이라
그만큼 다양하고 변화무쌍하다.
맛은 음식을 통한 즐거움의 총합이고,
맛은 평생 매일같이 찾아오는 유일한 즐거움이다.

맛은 뇌가 그린 풍경이다

맛은 뇌가 그린 풍경이다.
뇌에는 각자의 경험이 새겨 놓은 풍경이 있고,
감각은 그 풍경을 따라 흐르면서
풍경을 조금씩 바꾸어 놓는다.
감각은 결코 홀로 목적지로 가지 않는다.
감각의 순간에 이미 짝이 되는 기억과 느낌이 호출되어 있고,
감각은 그들이 안내를 받으며 함께 간다.
그들이 걷는 길을 따라 감정이 출렁이고,
그 출렁임에 따라 조금씩 풍경도 바뀌어 간다.
그러니 맛은 존재하는 것이 아니고,
발견하고 가꾸어가는 과정이다.

감각할 수 있다고 모두가 감동할 수 있는 것은 아니다.
경험과 훈련을 통해 섬세하고 입체적인 풍경을 만든 사람일수록
조그마한 차이에도 깊고 화려한 감동을 느낄 수 있다.

맛은 감정을 통해 기억에 흔적을 남기고,
기억은 느낌을 통해 맛을 구성한다.
맛은 각자 만들어가는 풍경이고 각자의 인생이다.

맛은 존재하는 것이 아니고 발견하는 것이다

세상에는 인간의 먹이가 되기 위해 태어난 생명체는 없다.
동물은 생존을 위해 싸우거나 도망치고, 식물은 독을 만든다.
세상에는 맛을 내는 물질도 향을 내는 물질도 없다.
단지 3,000만 종의 분자가 존재할 뿐이다.
분자 중에 극히 일부가 내 몸의 감각 수용체와 결합할 수 있고,
그때 만들어진 전기적 펄스가 뇌에 전달될 뿐이다.

내 몸이 감각 수용체를 만들어 감각하는 것은
생존에 필요한 극히 일부일 뿐이고, 그중에는 맛과 향도 있다.
그러니 "왜 설탕은 달고, 소금은 짠가?" 하는 질문은 틀린 것이고,
"왜 우리 몸은 왜 설탕은 달게, 소금은 짜게 느끼도록 진화했을까?"
하는 것이 올바른 질문이다.

세상에 인간을 위해 만들어진 것은 없다.
우리가 필요한 것을 느끼고 찾아서 쓸 뿐이다.
그리고 각자의 몸은 너무나 다르기 때문에 맛에 정답은 없다.
따라서 미식의 핵심은 음식 자체보다
그것을 만드는 사람과 그것을 먹고 느끼는 사람에 있다.
맛은 존재하는 것이 아니고 발견하는 것이다.

2. 좋은 관찰자가 될 필요가 있다

우리 몸이 어설픈 과학보다 훨씬 믿을 만하다

내가 식품에 대한 책을 쓰게 된 계기는 식품과 건강에 대한 엉터리 정보가 너무 많아서였다. 어떤 식품이 좋다고 하면 나만 못 챙겨 먹어 손해 보는 게 아닐까 불안해하고, 어떤 식품이 나쁘다고 하면 그것을 먹는 바람에 건강에 문제가 생겼으면 어쩌나 전전긍긍하는 경우가 많았다. 그래서 온갖 식품의 위험요소를 따져보기도 했는데, 그러다 내린 결론은 더 이상 식품의 영양이나 안전에 대한 걱정은 내려놓고 편하게 즐겨도 충분하다는 것이었다. 우리의 몸이 어설픈 건강 전도사보다 훨씬 똑똑하다는 것을 알게 되었기 때문이다.

우리 몸이 너무 똑똑하다 보니 그동안 출시되었던 모든 다이어트 제품은 실패했다. 우리 몸을 오래 속일 수 없기 때문이다. 맛은 입과 코로만 느끼는 것이 아니고 내장기관과 온몸의 세포로 느끼는 것이고, 기억하고 검증하기 때문에 우리 몸을 오래 속일 수 없다. 사람들은 자신의 몸을 믿기보다는 단편적인 정보에 일희일비하지만 여자가 임신을 하면 입맛이 급변하고, 남자가 군대에 가면 입맛이 급변한다. 상황에 따라 몸에 필요한 것을 내 몸이 알아서 잘 챙기는 것이다. 그래서 영양학은커녕 과학 자체가 없던 과거에도 그런 몸의 감각 덕분에 잘 살아남았다.

자신의 몸에 안 맞는 식품을 먹을 수 있는 기간은 생각보다 길지 않다. 우리 몸을 속일 수 있는 기술이 있다면 비만 문제도 금방 해결할 수 있고, 설탕, 나트륨 문제도 금방 해결할 수 있을 것이다. 하지만 그런 기술은 없고 그런 속임수도 없다. 단지 과거에는 항상 먹을 것이 부족했기 때문에 요즘도 필요량보다 30% 정도 더 먹도록 세팅되어서 문제를 일으키는 것일 뿐, 우리 몸의 감각이 나쁜 식품을 구분하지 못하여 생긴 문제가 아니다.

몸의 목소리에 귀를 기울일 필요가 있다

요즘도 유튜브를 보면 식품에 대한 의사와 약사들의 온갖 조언이 쏟아진다. 본인들이 '음식에는 사용하면 안 될 최악의 식용유', '아침에는 절대 먹어서는 안 되는 음식'을 골라주겠다는 식이다. 그런데 그렇게 건강에 나쁜 음식이 존재하면 식품의 안전을 책임지는 식약처에 근거를 제시해 법으로 금지시키는 것이 국민 건강에 훨씬 도움될 것이다. 우리가 날마다 먹는 음식에 대한 무책임한 매도는 과거부터 있었고, 10년 전에는 '합성 지옥, 천연 천국'이라 하면서 첨가물이나 가공식품에만 주로 하던 엉터리 주장이 지금은 일반 식품으로 많이 옮겨졌을 뿐이다.

10년 전에는 바나나 맛 우유에 대한 비난이 정말 대단했다. 그것을 만드는 방법을 시범까지 보여주면서 바나나는 조금도 넣지 않고 0.1%도 안 되는 향으로 소비자를 속이는 가짜 식품이라는 것이었다. 그런데 식품회사가 어차피 가짜라는 비난을 받을 바에야 차라리 맹물에 우유 향과 흰색 색소를 넣은 바나나 우유 맛 음료를 만들어도 될 텐데 왜 만들지 않았을까? 그것은 맹물에 아무리 그럴 듯한 우유 향을 넣는다고 우리 몸이 우유라고 속을 정도로 어수룩하지 않기 때문이다. 우리 몸은 1%의 수분만 부족해도 갈증을 느낀다. 체중의 60%가 물이라 성인 남자라면 40kg 이상의 물을 짊어지고 다니는데, 2%에 불과한 1ℓ의 물만 부족해도 심한 갈증을 느낀다. 그래서 아무리 심한 갈증도 1ℓ의 물이면 해결이 가능한 것이다. 갈증에는 물 말고는 다른 것으로 우리 몸을 속일 수 없다. 바닷가에 표류할 때 목이 마르면 처음에는 바닷물을 1~2번 마셔보기도 하지만 이내 훨씬 강한 고통을 받기에 더는 마실 수 없다. 갈증에 소금물을 먹으면 안 된다는 것은 머리가 아니라 몸으로 바로 아는 것이다.

음식 또한 마찬가지다. 미각과 후각을 잠시 속이는 2만 6,000가지의 다이어트 방법이 개발되었지만 단 한 가지도 우리 몸을 오래 속이는데 성공하지 못했다. 우리 몸은 고작 입과 코로 음식의 가치를 판단하지 않고, 장과 몸 세포 등 수많은 검증 장치를 통해 판단한다. 그런 정교한 검증 시스템을 속이지 못하므로 다이어트 식품은 항상 실패하는 것이다.

사실 모두가 음식 전문가이다

갈증이나 허기처럼 생존과 직결되는 것을 관리하는 시스템은 고작 감각 몇 개나 호르몬 몇 개에 맡길 정도로 우리 몸이 어수룩하지 않다. 음식이 있으면 필요량보다 30% 정도 과하게 먹도록 설정된 것 말고는 우리 몸이 생각보다 믿을 만한데, 우리는 그런 자신의 몸이나 식품안전 체계보다는 고작 단편적인 논문 한 개를 읽고 말하는 쇼닥터의 주장에 자주 낚인다. 어른이 되고서도 자신이 먹는 음식에 대해 자신이 없어 방송사 작가와 피디, 영양학자, 의사, 한의사 등의 말을 따라 우왕좌왕한다.

사실 음식의 기능보다 맛이 훨씬 어렵다. 그런데 사람들은 맛에 대해 틀린 말을 하면 화를 내도, 식품의 효능이나 위험에 대해 완전히 엉터리 말을 하면 그러려니 한다. 맛보다 식품의 영양이나 화학이 어렵다고 생각하는 것이다. 본인이 화학에는 10시간도 투자하지 않았고, 맛은 1만 시간 이상 투자한 전문가라는 사실을 깜박하는 것이다.

우리는 날마다 음식을 먹는다. 음식을 먹거나 마시거나 요리를 하거나, 무엇을 먹을지 결정하는 등에 매일 최소 1시간 이상 사용한다. 하루에 1시간만 써도 1년이면 365시간, 평생 3만 시간을 '맛'과 '향'에 투자한다. 결국 학교 또는 직장에서 식품을 몇 년 공부한 것보다 평소 음식에 얼마나 관심을 갖고 집중했는지가 실력의 차이를 낸다. 보통 과학(화학)을 어렵게 생각하고 식품을 쉽게 생각하는데, 사실 식품은 모두가 엄청난 시간을 투자한 나름 전문가라 쉽게 여겨지는 것이지 맛이 결코 영양이나 화학보다 쉬운 것은 아니다.

맛도 좀 더 자유로워질 필요가 있다

나는 자신의 감각을 제대로 훈련하여 풍성한 감동을 느낄 줄 아는 것이 진짜 훌륭한 능력이라고 생각한다. 어차피 살아가려면 원하든 원하지 않든 음식에 많은 투자를 해야 하는 것이니 이왕이면 제대로 느끼고, 자신의 맛 세계를 구축하여 품위 있게 미식을 누리는 것이 나름 멋있다고 생각한다.

맛은 원래 독은 피하고 영양이 풍부한 음식을 찾기 위한 수단이었다. 하지만 지금은 이미 조상들이 고르고 고른 엄선된 식재료만을 사용하기에 그런 역할이 끝났고 즐거움의 수단이 되었다. 그러니 남의 말에 그렇게 신경을 쓸 필요도 없고, 사람마다 몸이 다르고 감각도 다르기에 모든 사람에게 최고인 맛도 없다. 아무리 소비자 조사를 잘하여 잘 만든 와인도 70% 이상의 사람을 만족시킬 수는 없다. 그래서 제품의 다양성도 있는 것이니 각자의 취향에 맞는 것을 선택하면 되지, 남들이 좋다고 하는 음식에 자신의 취향을 억지로 맞추려고 애쓸 필요는 없다. 그러기에는 인생이 너무 짧다. 남들이 좋아하는 것에 자신도 매력을 느껴 같이 좋아하면 즐겁고, 자신은 특별한 매력을 발견하지 못해도 아무런 문제가 없는 것이다.

좋은 관찰자가 될 필요가 있다

인류는 긴 세월 동안 먹는 것을 즐기기는 했지만 먹는 행위에 대한 제대로 된 성찰은 많지 않았다. 그래서 나는 사바랭의 미식예찬이 너무나 멋져 보인다. 1755년에 프랑스에서 태어난 앙텔므 브리야 사바랭(Jean Anthelme Brillat-Savarin)은 음식을 먹는 행위에 대한 면밀한 관찰을 하였고, 『미각의 생리학(한국어판, 미식예찬)』을 통해 자신의 통찰을 밝혔다. 나는 200년 전 사람인 그의 영민한 관찰이 지금의 어설픈 과학보다 훨씬 훌륭하다는 생각이 든다.

- 동물은 삼키고, 인간은 먹고, 영리한 자만이 즐기며 먹는 법을 안다.
- 조물주는 인간이 먹지 않으면 살 수 없도록 창조하였으며, 식욕으로 먹도록 인도하고 쾌락으로 보상한다.
- 식사의 쾌락은 나이와 조건과 나라를 불문하고 나날이 경험된다. 그것은 다른 어떠한 쾌락과도 어우러질 수 있으며, 이 모든 쾌락이 사라진 후에도 마지막까지 남아 우리에게 위안을 준다.
- 새로운 요리의 발견은 새로운 천체의 발견보다 인류의 행복에 더 큰 기여를 한다.
- 소화를 못할 때까지 먹거나 취할 때까지 마시는 사람은 먹을 줄도 마실 줄도 모르는 사람이다.

변변한 과학적 도움이 없이도 그는 예민한 관찰력만으로 지금보다 오히려 맛의 진실에 접근했다. 사실 그의 진보성은 음식 지식이 뛰어남보다 다른 곳에서 드러난다. 당시는 그리스도의 세계관 하에서 육체는 배척되고 탐식과 쾌락은 커다란 죄로 여겨졌다. 그는 이를 뛰어넘은 것이다. 그는 식욕이 자연스러울 뿐만 아니라 즐거운 것, 아름다운 것이라고 말했다. 그리고 종교적 사슬에서 벗어나 욕망에 솔직해지고, 그것을 죄악시하지 않는 인권존중의 사상을 표출한다. 결국 그가 고민한 것은 어떻게 해야 행복하게 먹을 수 있는지였다. 그런데 지금 우리는 그보다 영민하게 관찰을 하지도 못하고, 음식의 품질 대비 기쁨을 적게 누리고 있다.

좋은 미식가가 되기 위해 특별한 미각과 후각은 필요 없다. 파트리크 쥐스킨트의 『향수』라는 책에는 그르누이라는 천재적인 후각을 가진 주인공이 등장한다. 후각이 어찌나 뛰어난지 그 당시에 유행하는 향수 냄새를 맡고 한 번에 따라서 만들어 내고, 몇 km 떨어진 곳의 향을 다 구분할 수 있다고 묘사된다. 이런 류의 이야기를 믿고 인간에 내재된 절대 감각에 대한 환상을 가지는 사람도 있다. 하지만 맛을 평론하기에는 보통의 감각이 오히려 적절하다. 지나친 예민함은 부정적으로 작용하기 쉽기 때문이다. 섬세하고 지속적인 관심과 관찰 그리고 통찰이 중요하지 감각은 그렇게 중요하지 않다. 민감도로 해결할 것이라면 전자코나 개가 맛을 잘 평론한다고 해야 할 것이다.

우리는 결국 사는 동안 3만 시간을 맛과 향에 투자할 것인데, 그 순간에 집중하면 맛의 즐거움은 배가될 것이다. 음식 자체만 볼 것이 아니라 그 음식의 재료에 얽힌 이야기, 음식의 과정에 대한 이야기, 음식을 만들어준 사람에 대한 이야기, 장소와 문화에 대한 이해가 깊어지면 누릴 수 있는 즐거움은 커질 것이다.

내가 찾아본 맛 이야기는 과학적인 부분이었지만 과학이 설명할 수 있는 내용만 골라도 너무 많아서 한 권의 책으로 엮기 쉽지 않았다. 하여간 이 책으로 맛에 관한 이야기는 일단락할 수 있게 된 것 같아 기쁘다. 맛에 대한 공부가 내 몸에 대한 공부였고, 나를 알아가는 데 도움이 되는 것들이라 즐거웠다. 맛의 이유를 알기 위해 본 진화심리학 관련 책도 재미있었고, 맛의 인지과정을 이해하기 위해 찾아본 뇌과학 책도 재미있었다. 그러다 『감각, 착각, 환각』이라는 책도 썼으니 맛으로 인해 알게 된 부수익이 참 많았다.

최 낙 언

참고서적

『Food aroma evolution』 Matteo Bordiga, Leo M.L. Nollet, CRC Press, 2019

『Springer Handbook of Odor』 Andrea Buttner (Editor), Springer, 2017

『Why human like junk food』 Steve Witherly, iUniverse, 2007

『3차원의 기적』 수전 배리 지음, 김미선 옮김, 초록물고기, 2010

『감각 착각 환각』 증보판, 최낙언 지음, 예문당, 2022

『감정은 어떻게 만들어지는가?』 리사 펠드먼 배럿 지음, 최호영 옮김, 생각연구소, 2017

『감정이 어려워 정리해 보았습니다』 최낙언 지음, 예문당, 2020

『규슈를 먹다』 박상현 지음, 따비, 2013

『냄새』 A. S. 바위치 지음, 김홍표 옮김, 세로, 2020

『뇌의 왈츠』 대니얼 J. 레비턴 지음, 장호연 옮김, 마티, 2008

『느낌의 진화』 안토니오 다마지오 지음, 임지원·고현석 옮김, 아르테, 2019

『맛의 과학』 밥 홉즈 지음, 원광우 옮김, 처음북스, 2017

『맛의 배신』 유진규 지음, 바틀비, 2018

『뮤지코필리아』 올리버 색스 지음, 장호연 옮김, 알마, 2012

『미각의 비밀』 존 메쿼이드 지음, 이충효 옮김, 따비, 2015

『미식 쇼쇼쇼』 스티븐 풀 지음, 정서진 옮김, 따비, 2015

『미식 예찬』 장 앙텔므 브리야 사바랭 지음, 홍서연 옮김, 르네상스, 2004

『미식인문학』 김복래 지음, 헬스레터, 2022

『배신의 식탁』 마이클 모스 지음, 최가영 옮김, 명진출판, 2013

『브레인 센스』 페이스 히크먼 브라이니 지음, 김미선 옮김, 뿌리와이파리, 2013

『사회적 뇌, 인류 성공의 비밀』 매튜 D. 리버먼 지음, 최호영 옮김, 시공사, 2015

『선택의 심리학』 배리 슈워츠 지음, 형선호 옮김, 웅진지식하우스, 2005

『어쩐지 미술에서 뇌과학이 보인다』 에릭 캔델 지음, 프시케의숲, 2019

『오감프레임』 로렌스 D. 로젠블룸 지음, 김은영 옮김, 21세기북스, 2011

『오래된 연장통』 전중환 지음, 사이언스북스, 2010

『와인 테이스팅의 과학』 제이미 구드 지음, 정영은 옮김, 한스미디어, 2019

『왜 맛있을까』 찰스 스펜스 지음, 윤신영 옮김, 어크로스, 2018

『우리는 왜 빠져드는가』 폴 블룸 지음, 문희경 옮김, 살림출판사, 2011

『우리를 중독시키는 것들에 대하여』 게리 S. 크로스 지음, 김승진 옮김, 동녘, 2016

『음식과 요리』 해롤드 맥기 지음, 이희건 옮김, 백년후, 2011

『인문학에게 뇌과학을 말하다』 크리스 프리스 지음, 장호연 옮김, 동녘사이언스, 2009

『제2의 뇌』 마이클 D. 거숀 지음, 김홍표 옮김, 지만지, 2013

『탐식생활』 이해림 지음, 돌베개, 2018

『통찰의 시대』 에릭 캔델 지음, 이한음 옮김, 알에이치코리아, 2014

『튀김의 발견』 임두원 지음, 부키, 2020

『포크를 생각하다』 비 윌슨 지음, 김명남 옮김, 까치, 2013